Analytiker-Taschenbuch

Band 2

Herausgegeben von

R. Bock · W. Fresenius · H. Günzler
W. Huber · G. Tölg

Mit 50 Abbildungen und 85 Tabellen

Springer-Verlag
Berlin · Heidelberg · New York 1981

Prof. Dr. RUDOLF BOCK
Chemin de Beranges 141
CH-1814 La Tour de Peilz

Prof. Dr. WILHELM FRESENIUS
Institut-Fresenius
Im Maisel,
D-6204 Taunusstein

Dr. HELMUT GÜNZLER
BASF Aktiengesellschaft
WAA/Analytik — M 325
D-6700 Ludwigshafen

Dr. WALTER HUBER
BASF Aktiengesellschaft
WAA/Analytik — M 320
D-6700 Ludwigshafen

Prof. Dr. GÜNTER TÖLG
Institut für Werkstoffwissenschaften
der Universität Stuttgart und
Max-Planck-Institut für Metallforschung
Katharinenstr. 17, D - 7070 Schwäbisch Gmünd

CIP-Kurztitelaufnahme der Deutschen Bibliothek

Analytiker-Taschenbuch Band 2
Berlin, Heidelberg, New York: Springer, 1981

ISBN-13:978-3-642-67804-2   e-ISBN-13:978-3-642-67803-5
DOI: 10.1007/978-3-642-67803-5

Vorwort

Die Analytische Chemie ist eine angewandte Wissenschaft, die
weit über die Chemie, die Biochemie und Lebensmittelchemie hinaus für die Biologie, die klinische Medizin, die Geowissenschaften,
die Umweltforschung und auch für die Physik grundlegende
Bedeutung erlangt hat. Eine Fülle neuer analytischer Möglichkeiten
erwuchs aus dieser Zusammenarbeit; insbesondere der Physik und
der Physikalischen Chemie verdankt die Analytik manches neue
Verfahren. Die Automatisierung der chemischen Analytik ist in
rascher Entwicklung begriffen. Aus dieser Situation erstand
die Forderung nach einem aktuellen, handlichen Taschenbuch, das
am Arbeitsplatz präzise Informationen über Prinzip und Anwendbarkeit der analytischen Verfahren bietet.

Das etwa alle zwei Jahre erscheinende Werk soll, der Entwicklung folgend, in einer Reihe von Einzelbeiträgen sowohl neue
als auch bewährte klassische „Grundlagen", „Methoden" und
„Anwendungen" beschreiben. Im Anschluß an diesen Beitragsteil
erscheinen ab Band 2 einige für den Analytiker ständig nützliche
Informationen als „Basisteil". Das Taschenbuch hat seine Aufgabe
erfüllt, wenn es dem analytisch Arbeitenden ein Hilfsmittel am
Arbeitsplatz ist, das ihm täglich auftretende Fragen beantwortet
bzw. ihm Hinweise gibt, wo er eine Antwort finden kann.

Ein Sachregister erschließt den Inhalt jedes erscheinenden Ban-
des; es ist vorgesehen, in späteren Bänden auch den Inhalt der
vorausgegangenen Bände registermäßig zu erfassen.

Die Herausgeber danken Frau A. Heinrich, Springer-Verlag,
für die Koordinierung von Planung und Produktion.

R. Bock
W. Fresenius
H. Günzler
W. Huber
G. Tölg

Autoren

Ahr, Gertrud M., Dipl.-Chem., Angewandte Physikalische Chemie, Universität des Saarlandes, D-6600 Saarbrücken

Bartels, Hermann A., Priv.-Doz. Dr., Ciba-Geigy AG, CH-4002 Basel

Brümmer, Wolfgang, Dr., E. Merck, Biochemische Forschung, Postfach 4119, D-6100 Darmstadt 1

Cordes, Johann F., Prof. Dr., BASF AG, Forschung-WOH, D-6700 Ludwigshafen. — Chemisch-technologisches Laboratorium der Universität Mannheim, Schloß, D-6800 Mannheim

Engelhardt, Heinz, Prof. Dr., Angewandte Physikalische Chemie, Universität des Saarlandes, D-6600 Saarbrücken

Huber, Walter, Dr., BASF AG, Analytisches Laboratorium, D-6700 Ludwigshafen

Klockenkämper, Reinhold, Dr., Institut für Spektrochemie und angewandte Spektroskopie, Bunsen-Kirchhoff-Str. 11, D-4600 Dortmund

Mayer, Wilhelm D., Dr., E. Merck, Postfach 4119, D-6100 Darmstadt

Nürnberg, Hans W., Prof. Dr., Institut 4: Angewandte Physikalische Chemie, Chemiedepartment, Kernforschungsanlage Jülich, D-5170 Jülich

Schmidt, Volker, Dr., E. Merck, Postfach 4119, D-6100 Darmstadt

Schumacher, E., Dr., Anorganisch-Chemisches Institut der Universität Münster, Gievenbecker Weg 9, D-4400 Münster

Schwedt, Georg, Prof. Dr., Anorganisch-Chemisches Institut der Universität Göttingen, Tammannstr. 4, D-3400 Göttingen

Specker, Hermann, Prof. Dr., Lehrstuhl für Anorganische Chemie der Ruhr-Universität Bochum, Postfach 2148, D-4630 Bochum-Querenburg

Umland, Fritz H., Prof. Dr., Anorganisch-Chemisches Institut der Universität Münster, Gievenbecker Weg 9, D-4400 Münster

Van der Smissen, Carl E., Dr., Drägerwerk AG, Postfach 1339, D-2400 Lübeck

Wydler, Christoph, Dr., Gotthardstraße 99, Ch-4054 Basel

Inhaltsverzeichnis

I. Grundlagen

Größen- und Einheitensysteme; SI-Einheiten (*J. F. Cordes*) 3

Techniken der Automatisierung chemischer Analysenverfahren
(*H. Bartels*) 31

Ausschütteln von Metallhalogeniden aus wäßrigen Phasen
(*H. Specker*) 47

II. Methoden

Affinitätschromatographie (*W. Brümmer*) 63

Elektronenspinresonanz organischer Radikale in Lösung (*Ch. Wydler*) 97

HPLC, Schnelle Flüssigkeitschromatographie
(*H. Engelhardt, Gertrud M. Ahr*) 139

Gas-chromatographische Trenn- und Bestimmungsmethoden in der
anorganischen Spurenanalyse (*G. Schwedt*) 161

Röntgenspektralanalyse am Rasterelektronenmikroskop
II. Wellenlängendispersive Spektrometrie (*R. Klockenkämper*) . . . 181

Neue Titrationen mit elektrochemischer Endpunktsanzeige
(*E. Schumacher, F. Umland*) 197

Differential-Pulspolarographie, Pulsvoltammetrie
und Pulsinversvoltammetrie (*H. W. Nürnberg*) 211

III. Anwendungen

Chemischer Nachweis funktioneller organischer Gruppen (*W. Huber*) . 233

Methoden zur Bestimmung von Element-Spezies in natürlichen
Wässern (*G. Schwedt*) 255

Indikatoren und ihre Eigenschaften (*V. Schmidt, W. D. Mayer*) . . 267

Filter-Atemschutzgeräte (*C. E. van der Smissen*) 317

IV. Basisteil 331

Sachverzeichnis 349

Berichtigung zu Band 1:

Die Formel 16 auf Seite 84 lautet richtig:

$$\bar{x}_G = \sqrt{2} \cdot t(99,\,f) \cdot \frac{s}{\sqrt{n}} = \sqrt{2} \cdot t(99,\,f) \cdot s_{\bar{x}}$$

I. Grundlagen

Größen- und Einheitensysteme;
SI-Einheiten

Professor Dr. J. F. Cordes

Chemisch-technologisches Laboratorium
der Universität Mannheim, Schloß, D-6800 Mannheim 1

1. Historisches

Nach mehrjährigen vorbereitenden Gesprächen und Konferenzen wurde
im Jahre 1875 die *Meterkonvention* als Staatsvertrag von 17 Staaten
unterzeichnet; am 1. 5. 1975, nach einem Jahrhundert, waren 44 Staaten
diesem metrologischen Vertragswerk beigetreten.

Vertreter der Signatarstaaten versammeln sich mindestens alle sechs
Jahre in Paris zu einer Vollversammlung, der „Generalkonferenz für Maß
und Gewicht" (GKMG). Ausführende Organe für die Beschlüsse der Generalkonferenzen sind das „Internationale Komitee für Maß und Gewicht"
(IKMG, das aus 18 metrologischen Experten als persönlichen Mitgliedern be-
stehende ständige Gremium, dem die Leitung der von den Signatarstaaten
der Meterkonvention beschlossenen wissenschaftlichen und technischen
Arbeiten obliegt), das „Internationale Büro für Maß und Gewicht" (IBMG,
ein wissenschaftliches Institut, das unter der ausschließenden Leitung des
IKMG arbeitet) sowie die „Beratenden Komitees" aus wissenschaftlichen
Experten, nationalen oder internationalen Instituten oder Organisationen,
die das IKMG zu speziellen Fragestellungen beraten. Für die Bundesrepublik Deutschland ist die Physikalisch-Technische Bundesanstalt (PTB)
das nationale metrologische Laboratorium, das in Zusammenarbeit mit dem
IBMG die Einheiten im Meßwesen mit höchster Präzision herstellt und für
die Bedürfnisse von Interessenten aus Wissenschaft, Wirtschaft und Industrie bereithält. Die erste GKMG ist im Jahre 1889, die sechzehnte 1979
zusammengetreten. Die GKMG-Beschlüsse über Einheiten im Meßwesen
sind in den Signatarstaaten, die das metrische System gesetzlich verankert
haben, mit juristischen Normen vergleichbar; zu ihrer Wirksamkeit müssen
sie aber noch in nationale Gesetze umgesetzt werden.

Die Erarbeitung und Festlegung von Größen, Einheiten, Normen, Stan-
dardisierungs- und Nomenklaturvorschlägen für die verschiedenen Gebiete
der Wissenschaft und Technik im Rahmen der GKMG-Vorschläge und der
dazu erlassenen Gesetze und Verordnungen wird in der Bundesrepublik
Deutschland insbesondere vom Deutschen Institut für Normung (DIN) und
seinen zahlreichen Normen- und Fachnormenausschüssen geleistet. Dach-
organisation der nationalen Normungsinstitutionen ist die Internationale
Organisation für Standardisierung (ISO). Die Internationale Union für reine
und angewandte Chemie (IUPAC) hat eigene Kommissionen ins Leben ge-
rufen, die sich mit Fragen von Symbolen, Einheiten, Vereinbarungen und
Nomenklaturregeln in der Chemie beschäftigen.

Von der 10. GKMG ist im Jahre 1954 ein sowohl für die Wissenschaft als auch für die Technik geltendes physikalisch-technisches Einheitensystem („Système International d'Unités" — SIU) formuliert und von der 11. GKMG 1960 für den allgemeinen internationalen Gebrauch vorgeschlagen und empfohlen worden. Im Bereich der Chemie sind die damit abgestimmten Vorschläge der „Commission on Symbols, Terminology, and Units" der „Division of Physical Chemistry" in der IUPAC zu beachten.

Für die Bundesrepublik Deutschland und für West-Berlin ist das Internationale Einheitensystem durch das am 9. 5. 1969 vom Bundestag verabschiedete, am 2. 7. 1969 verkündete und zum 2. 7. 1970 in Kraft gesetzte „Gesetz über Einheiten im Meßwesen" (Einh. G.) für den amtlichen und geschäftlichen Verkehr eingeführt worden. Die ergänzende Ausführungsverordnung vom 26. 6. 1970 ließ noch einige der nicht in das neue System passenden älteren Einheiten für begrenzte Übergangsfristen zu; die letzte darin vorgesehene Frist ist am 31. 12. 1977 abgelaufen. Inzwischen sind die Übergangsfristen für einige Einheiten durch Änderung der Ausführungsverordnung zum Einh. G. (vom 12. 12. 1977) verlängert worden.

Die internationale Diskussion um die sinnvollsten Größen und die zweckmäßigsten Einheiten ist aber keineswegs abgeschlossen. Praktisch jede neue GKMG bringt Modifikationen der bis dahin geltenden Vereinbarungen. Die Beschlüsse der 14. GKMG haben z. B. mit der Einführung der Stoffmenge als Basisgröße mit dem Mol als Basiseinheit zum „Gesetz zur Änderung des Gesetzes über Einheiten im Meßwesen" vom 6. 7. 1973 und der zugehörigen Ausführungsverordnung vom 27. 11. 1973 geführt.

2. Größen, Einheiten und Dimensionen

Die in Naturwissenschaft, Technik und Wirtschaft gebräuchlichen Maßsysteme schließt man im allgemeinen an wichtige in Raum und Zeit anschaulich erfaßbare Größen an. Unter physikalischen *Größen* versteht man meßbare Eigenschaften physikalischer Objekte, Vorgänge oder Zustände, z. B. Länge, Zeit, Masse, Geschwindigkeit, Energie usw. (DIN 1313). Eine *Einheit* ist eine aus der Menge der durch Messung miteinander vergleichbaren Größen unter Gesichtspunkten der Zweckmäßigkeit aber willkürlich ausgewählte und gemäß Übereinkunft festgelegte Bezugsgröße.

Der *Zahlenwert* einer Größe ist das Verhältnis der Größe zur Einheit oder:

$$\text{Größe} = \text{Zahlenwert} \cdot \text{Einheit}$$

Die Größe ist invariant gegenüber einem Wechsel der Einheit. Die Namen und die Formelzeichen für physikalische Größen sollen keine Hinweise auf Einheiten, in denen die Größen gemessen werden können, enthalten; die Zeichen werden in kursiver Schrift gedruckt, z. B.

$$\text{Länge } l, \text{ Geschwindigkeit } v, \text{ Druck } p.$$

Die Zeichen für Einheiten werden in senkrechter Schrift gedruckt (DIN 1313).

Das alte physikalische Maßsystem kannte die drei Basisgrößen Länge, Masse und Zeit (Dauer) mit den Basiseinheiten Zentimeter

Zeichen: cm), Gramm (g) und Sekunde (s); es war ein sogenanntes Dreiersystem und wurde als CGS-System bezeichnet. Unzuträglichkeiten bei der Beschreibung elektrischer Phänomene führten vor etwa 80 Jahren zu dem Vorschlag, die Stromstärke als vierte Basisgröße mit der Basiseinheit Ampere (A) einzuführen; da gleichzeitig als Basiseinheit für die Länge das Meter und als Basiseinheit für die Masse das Kilogramm gewählt wurde, sprach man vom MKSA-System. In der Praxis wurde ein anderes Vierersystem, das technische Maßsystem, mit der Kraft statt der Masse als Basisgröße und dem Kilopond (kp) als Basiseinheit verwendet. Vor allem die Schwierigkeiten beim gleichzeitigen Gebrauch von zwei (oder gar noch mehr) Basisgrößensystemen führten zu dem GKMG-Vorschlag von 1960, international ein einziges System, und zwar ein Sechsersystem, einzuführen. Schließlich ergänzte die 14. GKMG 1971 die Basisgrößen um die Stoffmenge mit der Basiseinheit Mol (mol) auf ein Siebenersystem.

Die Dimension einer Größe (DIN 1313) ist das Produkt der Potenzen der Basisgrößen, durch das die Größe dargestellt wird. Bei der Angabe der Dimension schreibt man die Größenzeichen meist in senkrechter Grotesk-Schrift:

$$\dim l = \mathsf{L}; \quad \dim v = \mathsf{L} \cdot \mathsf{T}^{-1}; \quad \dim p = \mathsf{M} \cdot \mathsf{L}^{-1} \cdot \mathsf{T}^{-2}$$
(Länge)   (Geschwindigkeit)   (Druck)

Ungelöste Probleme im Größensystem kann man z. B. daran erkennen, daß manche, ihrer Natur nach offensichtlich verschiedene Größen die gleiche Dimension haben.

3. Das internationale Einheitensystem und wichtige Ergänzungen

3.1. SI-Einheiten

Der Inhalt der internationalen Übereinkunft, die Übertragung — mit gewissen Modifikationen — ins Einh. G. und die Erweiterung zum System der gesetzlich zugelassenen Einheiten sei mit Betonung der für die Chemie wichtigen Teile zusammenfassend dargestellt. Man unterscheidet bei den SI-Einheiten

1. Basiseinheiten (siehe auch Tabelle 1):

a) die Basiseinheit 1 Meter für die Basisgröße Länge,

b) die Basiseinheit 1 Kilogramm für die Basisgröße Masse,

c) die Basiseinheit 1 Sekunde für die Basisgröße Zeit,

d) die Basiseinheit 1 Ampere für die Basisgröße Stromstärke,

e) die Basiseinheit 1 Kelvin für die Basisgröße Temperatur,

f) die Basiseinheit 1 Mol für die Basisgröße Stoffmenge,

g) die Basiseinheit 1 Candela für die Basisgröße Lichtstärke.

Tabelle 1. SI-Basiseinheiten

Name Zeichen	Definition
1 Meter 1 m	Das 1 650 763,73fache der Wellenlänge der von Atomen des Nuklids ^{86}Kr beim Übergang vom Zustand $5d_5$ zum Zustand $2p_{10}$ ausgesandten, sich im Vakuum ausbreitenden Strahlung.
1 Kilogramm 1 kg	Die Masse des Internationalen Kilogrammprototyps.
1 Sekunde 1 s	Das 9 192 631 770fache der Periodendauer der dem Übergang zwischen den beiden Hyperfeinstrukturniveaus des Grundzustandes von Atomen des Nuklids ^{133}Cs entsprechenden Strahlung.
1 Ampere 1 A	Die Stärke eines zeitlich unveränderlichen elektrischen Stromes, der, durch zwei im Vakuum parallel im Abstand 1 Meter voneinander angeordnete, geradlinige, unendlich lange Leiter von vernachlässigbar kleinem, kreisförmigem Querschnitt fließend, zwischen diesen Leitern je 1 Meter Leiterlänge elektrodynamisch die Kraft $2 \cdot 10^{-7}$ Newton hervorrufen würde.
1 Kelvin 1 K	Der 273,16te Teil der thermodynamischen Temperatur des Tripelpunktes des Wassers.
1 Mol 1 mol	Die Stoffmenge eines Systems, das aus ebensoviel Einzelteilchen besteht, wie Atome in 12/1 000 Kilogramm des Kohlenstoffnuklids ^{12}C enthalten sind. Bei Verwendung des Mol müssen die Einzelteilchen des Systems spezifiziert sein und können Atome, Moleküle, Ionen, Elektronen sowie andere Teilchen oder Gruppen solcher Teilchen genau angebbarer Zusammensetzung sein.
1 Candela 1 cd	Die Lichtstärke einer Quelle in einer gegebenen Richtung, die eine monochrometische Strahlung der Frequenz $540 \cdot 10^{12}$ Hertz ausstrahlt und deren Strahlstärke in dieser Richtung 1/683 Watt je Steradiant beträgt (Definition der 16. GKMG 1979).

2. Supplementeinheiten oder ergänzende Einheiten (Tabelle 2).

3. Abgeleitete Einheiten.

Alle abgeleiteten Einheiten sind als Produkte aus Potenzen von Basiseinheiten (und evtl. Supplementeinheiten) ohne von 1 abweichende Zahlenfaktoren definiert. Einige abgeleitete Einheiten sind in Tabelle 3

Tabelle 2. Die SI-Supplementeinheiten nach GKMG (1954). Das Einh. G. führt sie als abgeleitete Einheiten mit eigenen Namen auf.

Name Zeichen	Definition
1 Radiant 1 rd	Der ebene Winkel, der als Zentriwinkel eines Kreises vom Halbmesser 1 m aus dem Kreis einen Bogen der Länge 1 m ausschneidet. Nach Einh. G.: $1\ \mathrm{rd} = 1\ \mathrm{m} \cdot \mathrm{m}^{-1} = 1$
1 Steradiant 1 sr	Der räumliche Winkel, der als gerader Kreiskegel mit der Spitze im Mittelpunkt einer Kugel vom Halbmesser 1 m aus der Kugeloberfläche eine Kalotte der Fläche $1\ \mathrm{m}^2$ ausschneidet. Nach Einh. G.: $1\ \mathrm{sr} = 1\ \mathrm{m}^2 \cdot \mathrm{m}^{-2} = 1$

Tabelle 3. Abgeleitete SI-Einheiten

Größe	Einheitenzeichen (Potenzprodukte von Basiseinheiten)
Flächeninhalt	$1\ \mathrm{m}^2$
Volumen	$1\ \mathrm{m}^3$
Dichte	$1\ \mathrm{kg} \cdot \mathrm{m}^{-3}$
Geschwindigkeit	$1\ \mathrm{m} \cdot \mathrm{s}^{-1}$
Beschleunigung	$1\ \mathrm{m} \cdot \mathrm{s}^{-2}$
Stoffmengenkonzentration	$1\ \mathrm{mol} \cdot \mathrm{m}^{-3}$
Leuchtdichte	$1\ \mathrm{cd} \cdot \mathrm{m}^{-2}$
Winkelgeschwindigkeit	$1\ \mathrm{rad} \cdot \mathrm{s}^{-1}$

als Beispiele aufgeführt. Für manche in der Praxis viel verwendete abgeleitete Einheiten sollen eigene Namen, die von der Generalkonferenz vorgeschlagen worden sind, den Gebrauch erleichtern; sie sind in Tabelle 4 mit ihrer Verknüpfung zu den Basiseinheiten, ihren Namen und den Zeichen zusammengestellt.

Diese Einheiten bilden mit ihren Zeichen gemeinsam ein *kohärentes Einheitensystem*, das internationale Einheitensystem (SI-Einheiten).

Man hat sich bei den Generalkonferenzen bisher nicht entschließen können, die Einheiten für ebene und räumliche Winkel als Basiseinheiten festzusetzen. Sie werden als Supplementeinheiten bezeichnet; man hat ihnen aber eigene Namen und Zeichen zugeordnet. Das Einh. G. spricht sie als abgeleitete Einheiten an. Wären sie Basiseinheiten, läge ein Neunersystem vor. Dann hätten manche Größen zur Beschreibung von Rotationsvorgängen nicht mehr die gleichen Dimensionen wie andersartige rotationsfreie Größen; ein bekanntes Beispiel für diese wenig befriedigende

Tabelle 4. Abgeleitete SI-Einheiten mit eigenen Namen

Größe	Abgeleitete Einheit	
	Name Zeichen	als Potenzprodukt von Basiseinheiten
Kraft	1 Newton 1 N	$1\,N = 1\,kg \cdot m \cdot s^{-2}$
Druck	1 Pascal 1 Pa	$1\,Pa = 1\,N \cdot m^{-2} = 1\,kg \cdot m^{-1} \cdot s^{-2}$
Energie	1 Joule 1 J	$1\,J = 1\,N \cdot m = 1\,kg \cdot m^2 \cdot s^{-2}$
Leistung	1 Watt 1 W	$1\,W = 1\,J \cdot s^{-1} = 1\,kg \cdot m^2 \cdot s^{-3}$
Elektrische Ladung	1 Coulomb 1 C	$1\,C = 1\,A \cdot s$
Elektrische Spannung	1 Volt 1 V	$1\,V = 1\,W \cdot A^{-1} = 1\,kg \cdot m^2 \cdot s^{-3} \cdot A^{-1}$
Elektrischer Widerstand	1 Ohm 1 Ω	$1\,\Omega = 1\,V \cdot A^{-1} = 1\,kg \cdot m^2 \cdot s^{-3} \cdot A^{-2}$
Elektrische Leitfähigkeit	1 Siemens 1 S	$1\,S = 1\,A \cdot V^{-1} = 1\,kg^{-1} \cdot m^{-2} \cdot s^3 \cdot A^2$
Elektrische Kapazität	1 Farad 1 F	$1\,F = 1\,A \cdot s \cdot V^{-1} = 1\,kg^{-1} \cdot m^{-2} \cdot s^4 \cdot A^2$
Induktivität	1 Henry 1 H	$1\,H = 1\,V \cdot s \cdot A^{-1} = 1\,kg \cdot m^2 \cdot s^{-2} \cdot A^{-2}$
Magnetischer Fluß	1 Weber 1 Wb	$1\,Wb = 1\,V \cdot s = 1\,kg \cdot m^2 \cdot s^{-2} \cdot A^{-1}$
Magnetische Flußdichte	1 Tesla 1 T	$1\,T = 1\,V \cdot s \cdot m^{-2} = 1\,kg \cdot s^{-2} \cdot A^{-1}$
Frequenz	1 Hertz 1 Hz	$1\,Hz = 1\,s^{-1}$
Aktivität	1 Bequerel 1 Bq	$1\,Bq = 1\,s^{-1}$
Energiedosis	1 Gray 1 Gy	$1\,Gy = 1\,m^2 \cdot s^{-1}$
Äquivalentdosis	1 Sievert 1 Sv	$1\,J \cdot kg^{-1}$ (16. GKMG)
Lichtstrom	1 Lumen 1 lm	$1\,lm = 1\,cd \cdot sr^{-1}$
Beleuchtungs- stärke	1 Lux 1 Lx	$1\,lx = 1\,lm \cdot m^{-2} = 1\,cd \cdot sr^{-1} \cdot m^{-2}$

Koinzidenz liefern die Größen Energie E und Drehmoment M:

$$\dim E = \mathsf{M} \cdot \mathsf{L}^2 \cdot \mathsf{T}^{-2}; \quad \dim M = \mathsf{M} \cdot \mathsf{L}^2 \cdot \mathsf{T}^{-2}$$

Aber auch aus anderen Gebieten von Physik und Chemie liegen vergleichbare Fälle vor.

3.2. Die Stoffmenge und ihre Einheit Mol

Die Einführung der Stoffmenge als Basisgröße (14. GKMG von 1971) macht — wegen der Besonderheiten, die im Vergleich zu den anderen Basisgrößen mit ihrem praktischen Gebrauch verbunden sind — einige Erläuterungen erforderlich. So wie die Basisgrößen Stromstärke, Temperatur und Lichtstärke mit den Basiseinheiten 1 Ampere, 1 Kelvin und 1 Candela auf die Bedürfnisse von Teilgebieten der Physik (Elektrizitätslehre, Wärmelehre und Optik) abgestellt sind, so ist die Basisgröße Stoffmenge mit der Basiseinheit 1 Mol den Bedürfnissen der Chemie angepaßt. Der Einheitenname Mol ist von früher her übernommen worden, seine alte Definition stand aber außerhalb des damals vereinbarten Maßsystems. Er hat jetzt — wie das Wort Stoffmenge — eine modifizierte und präzisierte Bedeutung. Man kann die Stoffmenge heute auch als *Abzählgröße* ansprechen, und die Einheit Mol gibt dann jeweils eine normierte Anzahl der abzählbaren Dinge an (vgl. Abschn. 3.2.5). Von Fall zu Fall muß aber vor einer Anwendung der Einheit Mol angegeben werden, um welche abzuzählenden Teilchen (siehe Tabelle 1) bzw. elementaren Einheiten es sich handeln soll. Neben den Teilchen selber sind auch „Gruppen solcher Teilchen", die *Formeleinheiten*, zugelassen. Die früher mit dem Molbegriff eng verbundenen Namen Atomgewicht, Molekulargewicht und Äquivalentgewicht passen nicht in das neue Maßsystem und sind heute überflüssig; an ihrer Stelle sind ins System passende Größen und Einheiten eingeführt worden.

3.2.1. Atom-, Molekular- und Äquivalentgewichte; Mol und Val

Die „Atomgewichte" haben sich nach 1800 schnell zu wichtigen Kennzahlen für die Elemente entwickelt. Dabei handelte es sich aber, wenn man den Namen ernst nahm, um fiktive Größen; weder Abmessungen noch Massen von Atomen waren experimentell zugänglich. Man konnte nur feststellen, in welchen Verhältnissen makroskopische Portionen der Elemente oder Verbindungen ohne Rückstand miteinander reagieren oder welche Portionen von je zwei Stoffen zueinander chemisch äquivalent sind.

Da sich das Wasserstoffgas als der spezifisch leichteste aller bekannten Stoffe erwies, lag es nahe, von möglichst vielen Elementen die Massen (damals Gewichte) derjenigen Portionen zu ermitteln, die direkt oder indirekt mit jeweils einem Gramm Wasserstoffgas rückstandslos reagieren; man bestimmte also die auf 1 g Wasserstoff bezogenen *Äquivalentmassen* der Elemente. Der Quotient von jeweils zwei äquivalenten Massen, eine relative Masse mit der Dimension 1, bei der stets die Masse einer Wasserstoffportion im Nenner stand, wurde voreilig als „Atomgewicht" bezeichnet.

Die Meßergebnisse jener Zeit hatten ausschließlich makroskopisch wägbare Stoffportionen zum Gegenstand, die ihrem Wesen nach nichts über einen kontinuierlichen oder diskontinuierlichen Feinbau der Materie aussagen konnten. Aufgrund der spekulationsfreien experimentellen Erfahrungen mit makroskopischen Stoffportionen waren die „Atomgewichte" Kontinuumsgrößen. Daß die aus makroskopischen Wägungen erschlossenen Grundgesetze der Stöchiometrie unter der Annahme einer Existenz von Atomen zwanglos und elegant erklärbar waren, steht dem nicht entgegen; diese Ergebnisse waren zwar Hinweise auf, aber keine Beweise für das Vorhandensein von Atomen.

In der ersten Hälfte des 18. Jahrhunderts sind für die Ermittlung der „Atomgewichte" neben dem Wasserstoff auch noch andere Elemente als Bezugselemente verwendet worden. Berzelius hat seinen umfangreichen Berechnungen das „Atomgewicht" 100 für den Sauerstoff zugrunde gelegt.

Eine Klärung bahnte sich an, als um 1850 die unterschiedlichen *Wertigkeiten* der Elemente („Atomigkeiten" nach Kekulé) in der ersten, noch primitiven Bedeutung erkannt wurden. Die Wertigkeit eines Elementes war damals eine Zahl, die angab, wieviele Wasserstoffatome direkt oder indirekt von einem Atom dieses Elementes gebunden oder verdrängt werden können.

Auf dieser Basis hat Cannizzaro den Begriffen Atom und Molekül die uns noch heute geläufige Bedeutung gegeben und die endgültige Klärung der Inhalte für diese grundlegenden Begriffe eingeleitet. Erst damit wurde eine Unterscheidung zwischen den „Atom-", „Molekular-" und „Äquivalentgewichten" möglich. Das „Molekulargewicht" war für die mehratomigen Teilchen (Einheiten bzw. Moleküle) die Summe der „Atomgewichte" der in ihnen enthaltenen Atome, und die „Äquivalentgewichte" ergaben sich als Quotienten aus den „Atom-" bzw. „Molekulargewichten" und den jeweiligen Wertigkeiten. Die internationale Verbreitung dieser neuen Ideen hat der Chemiker-Kongreß des Jahres 1860 in Karlsruhe nachhaltig gefördert.

Neben den Definitionen mit dem Diskontinuumsbild können aber auch — und grundsätzlich gleichberechtigt — solche mit Hilfe des Kontinuumsbildes herangezogen werden. In der Praxis wurde für die Ermittlung stöchiometrisch, d. h. vollständig und ohne Rückstand ablaufender Reaktionen mit individuellen Massen makroskopischer Stoffportionen gerechnet. Diese Massen wurden jeweils durch die Zahlenwerte der „Atomgewichte", „Molekulargewichte" oder besonders der „Äquivalentgewichte" angegeben. Die zu den Zahlenwerten gehörenden individuellen Hilfs(massen)einheiten waren Grammatom, Grammolekül und Grammäquivalent. Als zweckmäßige Abkürzung für das Grammolekül, das „in Grammen abgewogene Molekulargewicht" (vgl. L. Meyer, Grundzüge der theoretischen Chemie, 3. Auflage, Leipzig 1902, Seite 30), wurde der Name „Mol" (W. Ostwald) eingeführt. Der entsprechende Name für das Grammäquivalent war das „Val"; für das Grammatom hat sich keine Abkürzung durchsetzen können (gelegentlich begegnet man dem Namen „Tom"). Alle diese Überlegungen bewegten sich im Kontinuumsbild; für ihre Begründung war die Frage nach der Existenz oder Nichtexistenz kleinster Teilchen überflüssig. Die Annahme eines diskontinuierlichen Aufbaues der Materie blieb weiterhin eine — wenn auch durch manche experimentelle Erfahrungen nahegelegte — reine Spekulation. Für die Gesamtproblematik ist es auch belanglos, wie intensiv die Naturforscher dieser Periode an die Existenz von Atomen geglaubt oder auch nicht geglaubt haben. Die Definitionen für das Grammatom usw. nahmen keinerlei Bezug auf kleinste Teilchen.

Zu den Bemühungen, die Atomvorstellung abzusichern, kann man auch die Überlegungen des Physikers J. Loschmidt (1865) zählen, der aus gaskinetischen Untersuchungen die Anzahl der kleinsten Teilchen (Atome oder Moleküle) in der Volumeinheit ermittelt hat. Bei Berücksichtigung der Regel von Avogadro ermittelte er damit auch die Teilchenanzahl in einer Portion Wasserstoff(H_2)gas von 2 Gramm unter Normalbedingungen oder in entsprechenden Portionen anderer gasiger Elemente oder Verbindungen. Der beste heute bekannte Wert dieser Avogadro-Konstanten N_L bzw. der Loschmidt-Zahl L lautet:

$$N_L = 6{,}022045 \cdot 10^{23} \text{ mol}^{-1}$$
$$L = 6{,}022045 \cdot 10^{23}$$

3.2.2. Zur Bedeutung des Namens Stoffmenge

Atome oder Moleküle kann man nicht direkt abzählen oder wiegen. Betrachtet man jedoch eine immer gleiche Anzahl von Atomen oder Molekülen verschiedener Stoffe, dann stehen die Summen der jeweiligen Massen in den makroskopischen Stoffportionen natürlich auch im Verhältnis der Atom- bzw. Molekülmassen zueinander. In der Praxis wählt man sinnvollerweise so große Teilchenanzahlen, daß eine Messung und ein Vergleich mit der Waage möglich wird. Die makroskopischen Stoffportionen können nun einerseits als Portionen des Kontinuumsbildes behandelt werden; andererseits kann man im Diskontinuumsbild ihren Aufbau aus kleinsten Teilchen betonen. Die für die Praxis wichtige Verknüpfung beider Bilder erfolgt über das Mol. Seit den Untersuchungen von Loschmidt war die Anzahl N_L der Teilchen in Stoffportionen aus 1 mol zugänglich, und umgekehrt kann seit der Zeit 1 mol als Ansammlung von L Teilchen gedeutet werden. Dem ausschließlich im Kontinuumsbild entstandenen Mol kann damit nachträglich auch das Teilchenbild übergestülpt werden; genau das ist in der Definition der Einheit 1 mol im Einh. G. geschehen. Die gelegentlich aufgeworfene Frage, ob die Stoffmenge eine Kontinuums- oder Diskontinuumsgröße sei, spricht ein Scheinproblem an; sie kann in beiden Bildern definiert werden und man wählt den jeweils zweckmäßigeren Weg.

Die Einheit Gramm zur Angabe von einem Mol eines Stoffes in der Bedeutung des früheren Grammoleküls (Ostwald) war willkürlich, aber vom allgemein verwendeten Einheitensystem her vorgezeichnet. Statt dessen hätten aber grundsätzlich genau so gut andere Einheiten gewählt werden können; geändert hätte sich dann nur der Zahlenwert der Avogadro-Konstanten N_L. Dieses Vorgehen hat den Blick dafür getrübt, daß der Chemiker beim Abwiegen von einem Mol das Abzählen der Teilchen oder die Bestimmung der Teilchenanzahl in einer makroskopischen Stoffportion durch eine Wägung — bei Gasen oft durch eine Volumenmessung — ersetzt. Vergleichbares ist bei der Temperaturmessung üblich; meist ersetzt man sie durch eine Längen- oder Volumenmessung.

3.2.3. Die Stoffportion

Die Stoffmenge ist seit 1970 im Sinne einer Teilchenanzahl offiziell als Basisgröße des international vereinbarten Größen- und Einheitensystems mit der Basiseinheit 1 Mol (SI-Einheit — Definition in Tabelle 1) definiert worden. Man sollte sich aber daran erinnern, daß das Mol schon lange vor 1970 in der Chemie an vielen Stellen — etwa bei der Angabe der Gaskonstanten — wie eine Quasi-Basiseinheit (ohne definierte Basisgröße) behandelt worden ist.

In den zurückliegenden Jahrzehnten ist aber auch häufiger darauf hingewiesen worden, daß eine derartige Verwendung des Mols eine „Erfindung" der Chemiker sei, die das Einheitensystem nicht abdecke und daher als unzulässige Erweiterung des international vereinbarten Einheitensystems angesehen werden müsse. In der Chemie wäre es andererseits sehr unzweckmäßig, stöchiometrische und thermochemische Angaben oder das Gasgesetz nur mit der Basiseinheit Gramm oder Kilogramm für die Masse auszudrücken; stöchiometrische Rechnungen würden dann sehr kompliziert.

Für die Beschreibung der Eigenschaften „abgegrenzter Materiebereiche" (DIN — Normblatt-Entwurf 32629 vom März 1978) ist daher neben der Basisgröße Masse noch eine weitere Basisgröße für die Angabe der mit der Masse gleichzeitig auftretenden Anzahl elementarer Einheiten (Atome, Moleküle usw.) sehr zweckmäßig. Aus abzählbaren kleinsten Teilchen aufgebaut zu sein, gehört also zu den möglichen meßbaren Eigenschaften einer Stoffportion. Die Diskussion um die Benennung dieser Basisgröße hat bei der IUPAC zur Bezeichnung „amount of substance" und anschließend in den deutschen Normungsgremien zu dem — u. a. wegen der im Bewußtsein vieler Chemiker verankerten Mehrdeutigkeit zweifellos nicht gerade glücklich gewählten — Namen Stoffmenge geführt.

Die Aufnahme der Stoffmenge in die Reihe der Basisgrößen hat aber die Konsequenz, daß dieser Terminus nur noch eine ganz bestimmte Bedeutung hat und — um Verwirrungen zu vermeiden — auch nur noch mit dieser Bedeutung gebraucht werden darf; er erfaßt eine meßbare Eigenschaft von Stoffen, nämlich die in einer Stoffportion enthaltene Anzahl von Teilchen in Vielfachen von N_L. Der Name Stoffmenge steht daher für andere Begriffe nicht mehr zur Verfügung; seine Verwendung an anderen Stellen führt heute zu falschen Aussagen.

Damit ergab sich insbesondere die Notwendigkeit, für die allgemeine Bezeichnung eines abgegrenzten Materiebereiches — gerade dafür ist der Name Stoffmenge in der Vergangenheit oft verwendet worden — eine neue Bezeichnung zu finden und einzuführen. Von Weninger ist 1959 dafür der Name *Stoffportion* vorgeschlagen worden. Inzwischen hat er sich in der Literatur zunehmend eingebürgert; nähere Angaben finden sich im Normblatt-Entwurf 32629. Zur vollständigen Beschreibung einer Stoffportion (z. B. „Kupferwürfel von 2 cm Kantenlänge") sind drei Angaben erforderlich:

1. zum Stoff, aus dem die Stoffportion besteht,
2. zur „Größe" der Stoffportion und
3. zur Form der Stoffportion.

In der Praxis fehlt oft die letzte Angabe („1 g Kupfer"). Eine Stoffportion hat also unter den verschiedenen meßbaren Eigenschaften, wie Masse, Volumen, Temperatur, Dichte usw. jetzt auch die eigens benannte Eigenschaft Stoffmenge, die man gelegentlich auch als „Quantität einer Stoffportion" bezeichnet.

3.2.4. Mol und Val im Kontinuums- und Diskontinuumsbild

An sich hätten alle stöchiometrischen Rechnungen mit den „Atomgewichten" und den „Molekulargewichten" sowie ihren Grammanalogen durchgeführt werden können. Aber schon die frühesten Untersuchungen über quantitative Beziehungen bei chemischen Reaktionen von J. B. Richter (1762—1807) und seinen Zeitgenossen hatten gezeigt, daß die Äquivalentgewichte" mit den zugehörigen Grammäquivalenten für den praktischen Gebrauch sehr nützlich sind; mit ihnen wurden bekanntlich die elementaren Einheiten, die auf 1 g Wasserstoff bezogenen „letzten Teilchen" bei chemischen Reaktionen erfaßt. Bei den mit Bezug zum Wasserstoff einwertigen Atomen, Ionen usw. waren die Zahlenwerte von Mol und Val gleich; bei ihnen handelte es sich um makroskopische Stoffportionen gleicher Masse. Bei mehrwertigen Gebilden ging das Val aus dem Mol durch Division durch die Wertigkeit hervor.

Mol und Val waren in diesem Bild aber verschiedene Einheiten, auch wenn das damalige Einheitensystem keine Möglichkeit zur deutlichen Unterscheidung bot; weder das Mol, noch das Val und schon gar nicht die Wertigkeit waren im vereinbarten Einheitensystem enthalten. Trotzdem hatte man es sich in der Chemie angewöhnt, mit ihnen umzugehen, als seien sie zugelassen.

Erst mit der Verifizierung des Diskontinuumsbildes wurde die Anzahl der Teilchen in einer Stoffportion eine Größe mit der man uneingeschränkt arbeiten konnte; mit dieser Größe entstand eine gemeinsame Basis, von der aus mikroskopisch-quantitative Aussagen für das Mol und das Val bei Stoffportionen möglich wurden. Wenn beide Größen mit Teilchenanzahlen definiert werden können, fließen sie zu einer Größe zusammen. Aus der Makroperspektive, im Kontinuumsbild, ist es widersinnig, Mol und Val auf eine Größe zu reduzieren; aus der Mikroperspektive, im Diskontinuumsbild, ist das eine zwangslose Folge einer sinnvollen Definition der abzählbaren Teilchen bzw. Einheiten. Ein Val wird dann zu einem Mol Äquivalente. Allerdings müssen dafür auch Bruchteile von miteinander reagierenden Teilchen chemischer Stoffe (Atome, Moleküle und deren Ionen), die Reaktionsäquivalente oder Äquivalente, für das Abzählen zugelassen werden. Nach ihrem Charakter gehören die Äquivalente zu den Formeleinheiten (Abschn. 3.2). Man kann daher über-

Tabelle 5. Einige früher in der Stöchiometrie verwendete „Größen", die durch gesetzliche Größen und Einheiten — in Anlehnung an das Internationale Einheitensystem — abgelöst worden sind

Alte „Größen"	Neue Größen mit ihren Einheiten
Atomgewicht	$\rightarrow$ Atommasse m_a (in u oder g)
Molekulargewicht	$\rightarrow$ Molekülmasse m_m (in u oder g)
Äquivalentgewicht	$\rightarrow$ Äquivalentmasse m_v (in u oder g) Formelmasse m_g (in u oder g)
Grammatom (Tom) Grammolekül (Mol) Grammäquivalent (Val)	$\rightarrow$ molare Masse M (in g/mol)

legen, ob nicht auch dieser Name überflüssig geworden sei; mit Blick auf Praxis und Lehre gibt es aber gute Gründe für seine Beibehaltung. Die Einführung des Namens „Äquivalentteilchen" (DIN 32 625) erscheint aber irreführend und überflüssig; die zugrunde liegende Übersetzung des englischen „equivalent entity" ist sehr unglücklich. 1 Grammatom wird zu 1 mol Atome. Bei der Verwendung der Einheit Mol muß aber von Fall zu Fall vorher festgelegt werden, welche elementare Einheit der Zählung — die durchaus über eine Massenbestimmung erfolgen kann — zugrunde gelegt werden soll.

Der Wechsel von einigen alten zu neuen Größen ist in Tabelle 5 zusammenfassend dargestellt.

3.2.5. Zur Kritik von Stoffmenge und Mol

Der Name für die Basisgröße Stoffmenge und die Definition ihrer Basiseinheit Mol im Einh. G. sind in sich widersprüchlich, unvollständig und von der ursprünglichen Konzeption her (vgl. Abschn. 3.2.2) Bestandteile des Kontinuumsbildes. Der Name Stoffmenge besteht aus einem Teil (Stoff), der nach seiner ganzen Vorgeschichte ein Begriff des Kontinuumsbildes ist, und einem zweiten Teil, der eigentlich ins Diskontinuumsbild gehört. Eine Menge ist aus diskreten Elementen zusammengesetzt. Man könnte anstelle des Namens Stoffmenge die Bezeichnung Teilchenmenge bevorzugen. Doch auch dieser Name wäre nicht vollauf zufriedenstellend. In der heutigen Mol-Definition, die sich im zweiten Teil ausdrücklich auf Teilchen bezieht, fehlen die Bruchteile von Teilchen und Teilchengruppen; diese sind aber für die Erfassung der Äquivalente unentbehrlich. Derartige Ungereimtheiten sind darauf zurückzuführen, daß das Teilchenbild nachträglich auf vorher im Kontinuumsbild geprägte Begriffe übertragen worden ist.

Besser ist die Mol-Definition im IUPAC-Manual. Dort wird statt von Teilchen von *elementaren Einheiten* (elementary units oder elementary entities) gesprochen. Die elementaren Einheiten bedürfen — wie die Teilchen im Einh. G. — von Fall zu Fall einer besonderen Spezifikation. Dann werden neben den materiellen auch immaterielle Entitäten (Photonen usw.) und auch Teile von Teilchen und Teilchengruppen erfaßbar.

Die physikalischen Größen beschreiben von ihrer Konzeption her stets Kontinuumseigenschaften. Sie können beliebig unterteilt werden. Das gilt auch, wenn eine Eigenschaft, beispielsweise die Ladung eines Elektrons, gequantelt auftritt.

Eine echte Diskontinuumsgröße ist die Anzahl. Sie erfaßt die ganzzahligen Vielfachen einer elementaren Einheit. Sie hat von ihrer Konzeption her keinen konkreten physikalischen Inhalt, sondern ist eine reine Zähl- oder Abzähleinheit; um welche Sache es sich bei der elementaren Einheit handeln soll, muß von Fall zu Fall gesondert angegeben werden. Bis in die Gegenwart im Alltagsleben verwendete abgeleitete Einheiten dieser Art sind

$$
\begin{aligned}
1 \text{ Dutzend} &= 12 \text{ elementare Einheiten} \\
1 \text{ Schock} &= 60 \text{ elementare Einheiten} \\
1 \text{ Gros} &= 144 \text{ elementare Einheiten}
\end{aligned}
$$

Damit wird deutlich, daß die heutige Anbindung des Mol im Einh. G. an $6{,}02 \cdot 10^{23}$ Teilchen vom Kenntnisstand der Chemiker vor reichlich einhundert Jahren herrührt und von den experimentellen Möglichkeiten beim Umgang mit makroskopischen Stoffportionen sowie der gängigen Masseneinheit 1 g bestimmt worden ist. Die Wahl ist zufällig; sie war damals aber kaum anders möglich.

Die Verknüpfung des Teilchenbildes mit makroskopischen Stoffportionen unterliegt aber nicht zwangsläufig diesen Einschränkungen. Ausgehend vom Teilchenbild könnte sich die Einheit der Stoffmenge statt auf 2 g Wasserstoff (H_2)-Gas oder 12 g des Nuclids ^{12}C beispielsweise auf die Teilchenanzahl in

1 l Wasserstoff (H_2)-Gas (1013 mbar und 273,15 K) oder
10 l Wasserstoff (H_2)-Gas (1000 mbar und 300 K) oder
10 g, 20 g oder 100 g Natriumfluorid oder aber direkt auf 10^{23} oder 10^{24} Teilchen

beziehen.

Der Zusammenhang zwischen beiden Bildern sei mit einigen Zahlenbeispielen verdeutlicht:

Diskontinuumsbild	**Kontinuumsbild**
Masse $m(H)$ des Wasserstoffatoms $m(H) = 1{,}008 \text{ u}$ $= 1{,}674 \cdot 10^{-24} \text{ g}$	Molare Masse M_H des atomaren Wasserstoffs: $M_H = 1{,}008 \text{ g/mol}$
Masse des Wasserstoffmoleküls: $m(H_2) = 2{,}016 \text{ u}$ $= 3{,}348 \cdot 10^{-24} \text{ g}$	Molare Masse $M(H_2)$ des molekularen Wasserstoffs: $M(H_2) = 2{,}016 \text{ g/mol}$
Masse des Ammoniakmoleküls: $m(NH_3) = 17{,}032 \text{ u}$ $= 28{,}290 \cdot 10^{-24} \text{ g}$	Molare Masse des Ammoniaks $M(NH_3) = 17{,}032 \quad \text{g/mol}$

Der Übergang von einem Bild zum anderen sei für die molare Masse des Ammoniaks mit $1 \text{ u} = 1{,}661 \cdot 10^{-24} \text{ g}$ und $N_L = 6{,}022 \cdot 10^{23} \text{ mol}^{-1}$ gezeigt:

$$M(NH_3) = m(NH_3) \cdot N_L$$
$$= 17{,}032 \text{ u} \cdot 6{,}022 \cdot 10^{23} \text{ mol}^{-1}$$
$$= 102{,}567 \cdot 10^{23} \text{ u} \cdot \text{mol}^{-1}$$

aber auch

$$= 102{,}567 \cdot 10^{23} \cdot (1{,}661 \cdot 10^{-24} \text{ g}) \text{ mol}^{-1}$$
$$= 17{,}032 \text{ g} \cdot \text{mol}^{-1}$$

Von Weninger wird (1979) vorgeschlagen, die *Anzahl* als eine Größe eigener Art an erster Stelle in das Größensystem aufzunehmen, elementare Einheiten — um den Eindruck der Bindung an materielle Dinge zu vermeiden — als Monaden zu bezeichnen und die Basiseinheit „1" einzuführen. Bei einer konsequenten Verfolgung dieses Ansatzes, der erstmals auf die Besonderheiten des Diskontinuums abgestellt ist, wird für die aus elementaren Einheiten bestehenden Stoffe neben der jetzigen Basisgröße Stoffmenge auch deren Basiseinheit Mol im Prinzip überflüssig. Bei stöchiometrischen oder thermochemischen Rechnungen könnten sämtliche quantitativen Angaben auf die elementaren Einheiten (Monaden), die Atome, Moleküle, Äquivalente usw. und deren Anzahlen bezogen werden. Statt mit n Mol hätte man es dann mit der Anzahl $N = n \cdot L$ zu tun.

3.2.6. Anwendungen der Einheit Mol

Für die Anwendung der Einheit Mol muß stets eine Angabe über die Natur der elementaren Einheit vorhergehen, insbesondere, ob es sich um Atome, Moleküle, Ionen usw. oder Bruchteile bzw. Vielfache von ihnen handelt. Bei chemischen Verbindungen, die keine Moleküle bilden, bei Salzen oder intermetallischen Phasen, kann ganz entsprechend eine Formeleinheit (Gruppe von Teilchen nach Einh. G.) die elementare Einheit sein. Für die Wahl der Formeleinheit, die jeweils unter Gesichtspunkten der Zweckmäßigkeit erfolgt, ist kein festes Verfahren vorgeschrieben. Beim Kochsalz $(NaCl)_x$ wäre von Fall zu Fall zu entscheiden, welche der Formeleinheiten

$$NaCl, \quad Na_2Cl_2, \quad Na_{0,5}Cl_{0,5}, \quad 0,2\,(NaCl)$$

verwendet werden soll. Die Massen von Molekülen, Ionen, Formeleinheiten usw. ergeben sich im Rahmen der Meßungenauigkeit als Summen der Massen der in ihnen enthaltenen Atome. Teilchenmassen werden mit m (Atommassen: m_a oder $m(a)$, Molekülmassen: m_m oder $m(m)$ und Formelmassen: m_f oder $m(f)$) und molare Massen mit M (M_a oder $M(a)$, M_m oder $M(m)$ und M_f oder $m(f)$) bezeichnet.

Bei den Ionen machen sich die gegenüber dem neutralen Zustand der Atome fehlenden oder überschüssigen Elektronen bei den Massenangaben im allgemeinen erst in der 3. bis 4. Stelle hinter dem Komma bemerkbar:

$$
\begin{aligned}
m(e^-) &= 0,0005486 \text{ u} \\
m(Al) &= 26,98154 \text{ u} \\
m(Al^+) &= 26,98100 \text{ u} \\
m(Al^{2+}) &= 26,98044 \text{ u} \\
m(Al^{3+}) &= 26,97989 \text{ u}
\end{aligned}
$$

Daher ist es üblich und auch zulässig, für die Berechnung von Ionenmassen die tabellierten Werte der Atommassen zu verwenden.

Die Zusammenhänge seien an einigen konkreten Beispielen erläutert:

Wasserstoff: H_2

Das Molekül Wasserstoff besteht aus 2 H-Atomen mit den Atommassen von jeweils 1,008 u. Die Molekülmasse folgt damit zu $m(H_2) = 2,016$ u
1 mol $H_2 \triangleq 2,016$ g Wasserstoff oder $M(H_2) = 2,016$ g $\cdot$ mol^{-1}
aber: 1 *mol* $H_1 \triangleq 1,008$ g atomarem Wasserstoff
    oder $M(H) = 1,008$ g $\cdot$ mol^{-1}

Schwefelsäure: H_2SO_4

$m_m = 2 \cdot 1,008 \text{ u} + 32,062 \text{ u} + 4 \cdot 15,999 \text{ u} = 98,076 \text{ u}$
$M(H_2SO_4) = 98,076$ g $\cdot$ mol^{-1}
aber: $M\left(\dfrac{1}{2}\,H_2SO_4\right) = 49,038$ g $\cdot$ mol^{-1}

Kochsalz oder Steinsalz bzw. Natriumchlorid: $(NaCl)_x$

Formeleinheit: $NaCl$ $(x = 1)$
$m_f = 22,99\ u + 35,45\ u = 58,44\ u$
$M(NaCl) = 58,44\ g \cdot mol^{-1}$
oder:
Formeleinheit: Na_2Cl_2 $(x = 2)$
$m_f = 2 \cdot 22,99\ u + 2 \cdot 35,45\ u = 116,88\ u$
$M(Na_2Cl_2) = M(2\,NaCl) = 116,88\ g \cdot mol^{-1}$

Magnesium: Mg oder Mg^{2+}

Atommasse: $m(Mg) = m(Mg^{2+}) = 24,31\ u$
$M(Mg) = M(Mg^{2+}) = 24,31\ g \cdot mol^{-1}$
aber: $M(1/2\,Mg^{2+}) = 12,15\ g \cdot mol^{-1}$

Calciumchlorid: $(CaCl_2)_x$

Formeleinheit: $CaCl_2$ $(x = 1)$
$m_f = 40,08\ u + 2 \cdot 35,45\ u = 110,98\ u$
$M(CaCl_2) = 110,98\ g \cdot mol^{-1}$
oder:
Formeleinheit: $(1/2\,CaCl_2)$ $(x = 1/2)$
Formelmasse $m_f = 1/2 \cdot 40,08\ u + 35,45\ u = 55,49\ u$
$M(1/2\,CaCl_2) = 55,49\ g \cdot mol^{-1}$

Kaliumpermanganat: $(KMnO_4)_x$

$m_f = m(KMnO_4) = 39,10\ u + 54,94\ u + 4 \cdot 16,00\ u = 158,04\ u$
$M(KMnO_4) = 158,04\ g \cdot mol^{-1}$
$M\ (1/5\,KMnO_4) = 31,61\ g \cdot mol^{-1}$
$M\ (1/3\,KMnO_4) = 52,68\ g \cdot mol^{-1}$

3.3. Dezimale Teile und Vielfache von SI-Einheiten

Grundsätzlich könnte man sich in Wissenschaft, Technik und Handel auf die Verwendung von SI-Einheiten beschränken. In vielen Fällen ist es jedoch zur Vermeidung unhandlicher Zahlenwerte zweckmäßig, weitere Einheiten zu verwenden, die den jeweiligen Anwendungsgebieten angepaßt sind und die Bildung einfacher Zahlenwerte erlauben. Beispielsweise wäre es wenig sinnvoll, für die Angabe von Entfernungen zwischen Spiralnebeln und Abständen zwischen Atomen in einem Molekül nur die Einheit Meter zuzulassen.

Sehr große Unterschiede bei den Zahlenwerten von Meßergebnissen können mit Hilfe der dezimalen Teile und der dezimalen Vielfache von Einheiten unter Verwendung von Zehnerpotenzen als Faktoren bequem beschrieben werden. Diese Schreibweise hat sich schon seit längerem in der Praxis durchgesetzt. Zur weiteren Vereinfachung werden die Einheitennamen mit charakteristischen Vorsilben (Tabelle 6). versehen. Solche Präfixe oder Vorsätze werden im allgemeinen für solche Zehnerpotenzen eingeführt, deren Exponenten Vielfache von 3 sind. Die aus SI-Einheiten und den Vorsätzen gebildeten zweckmäßigen Einheiten (DIN 1301) sind keine SI-Einheiten mehr.

Tabelle 6. Dezimale Teile und Vielfache von SI-Einheiten bzw. Vorsätze
und Vorsatzzeichen für Einheitenzeichen oder SI-Vorsätze

Faktor	Vorsatz	Vorsatz-zeichen	Herkunft der Vorsätze
10^{-18}	Atto	a	dän. atten = achtzehn
10^{-15}	Femto	f	dän. femten = fünfzehn
10^{-12}	Pico	p	ital. piccolo = klein
10^{-9}	Nano	n	grch. nanos = Zwerg
10^{-6}	Mikro	μ	grch. mikros = sehr klein
10^{-3}	Milli	m	lat. pars millesima = Tausendstel
10^{-2}	Centi	c	lat. pars centesima = Hundertstel
10^{-1}	Dezi	d	lat. decima pars = Zehntel
10^{1}	Deka	da	grch. deka = zehn
10^{2}	Hekto	h	grch. hekaton = hundert
10^{3}	Kilo	k	grch. chilioi = tausend
10^{6}	Mega	M	grch. megas = groß
10^{9}	Giga	G	grch. gigas = Riese
10^{12}	Tera	T	grch. teras = Ungeheuer
10^{15}	Peta	P	grch. pente = fünf : $10^{(5 \cdot 3)}$
10^{18}	Exa	E	grch. hex = sechs : $10^{(6 \cdot 3)}$

Mit einer einzelnen Basiseinheit sollen jedoch nicht zwei dieser Präfixe
verbunden werden; 10^{-9} s darf als 1 ns aber nicht als 1 mμs bezeichnet
werden. Das ist besonders bei der Masseneinheit kg zu beachten; die
Vorsilben werden hier stets mit dem g zusammengesetzt, z. B.:

$$\text{mg und nicht } \mu\text{kg oder Mg und nicht kkg}$$

Um Verwechslungen — insbesondere mit der doppeldeutigen Abkürzung m — zu vermeiden, soll zwischen dem Präfix und der Basiseinheit kein Zwischenraum gelassen werden. Beide werden als ein einziges
Symbol behandelt, ohne daß die Tatsache bei Potenzen durch eine Klam-
mer verdeutlicht werden müßte:

$$\text{cm}^2 \text{ bedeutet } (\text{cm})^2 \quad \text{oder} \quad \mu\text{g}^{-1} \text{ bedeutet } (\mu\text{g})^{-1}$$

Falsch wäre auch die Wortbildung „Megakubikmeter" für 10^6 m^3;
richtig wäre die Bezeichnung „Kubikhektometer" mit dem Kurzzeichen
hm^3.

In einem Produkt werden mehrere Einheiten durch einen Leerraum,
einen Punkt oder ein liegendes Kreuz miteinander verknüpft:

$$\text{N m (nicht Nm)} \quad \text{oder} \quad \text{N} \cdot \text{m oder N} \times \text{m}$$

Die Basiseinheit m setzt man im Zweifelsfall immer an den Schluß,
um eindeutig Verwechslungen zu vermeiden:

$$\text{A} \cdot \text{m statt m} \cdot \text{A} \quad \text{bzw.} \quad \text{m A (oder gar mA!).}$$

3.4. Atomphysikalische Einheiten

Es ist deutlich geworden, daß vom Einh. G. neben den SI-Einheiten noch zahlreiche weitere Einheiten zugelassen werden. Wegen ihrer besonderen Bedeutung für die Beschreibung atomarer Vorgänge ist auf Empfehlung der internationalen Gremien zusätzlich zu der schon lange gebräuchlichen atomphysikalischen *Energieeinheit* auch eine atomare *Masseneinheit* u eingeführt worden (Tabelle 7). Die Beschreibung von Zuständen und Vor-

Tabelle 7. Die atomphysikalischen Einheiten

Größe	Name Zeichen	Definition
Masse	1 Atomare Masseneinheit 1 u	Der 12te Teil der Masse eines Atoms des Nuklids ^{12}C. $1 \text{ u} = 1{,}660\,531 \ 10^{-27} \text{ kg}$
Energie	1 Elektronvolt 1 eV	Die Energie, die ein Elektron bei Durchlaufen einer Potentialdifferenz von 1 Volt im Vakuum gewinnt. $1 \text{ eV} = 1{,}602\,1917 \ 10^{-19} \text{ J}$

gängen bei Atomen — auch in Molekülen usw. — mit Hilfe von eigenen Einheiten, die dem atomaren Bereich angepaßt sind, ist sinnvoll und zweckmäßig. Beide Einheiten könnten auch als physikalische Konstanten aufgefaßt werden. Sie gehören nicht zu den SI-Einheiten.

Atommassen können also in den Einheiten g oder kg oder — bevorzugt — in u angegeben werden. Die Zahlenwerte der in der Einheit u angegebenen Atommassen sind die altbekannten „Atomgewichte". Entsprechendes gilt für die Molekülmassen.

3.5. Bezogene Größen und Größenverhältnisse

Bezogene Größen sind Qutienten zweier Größen verschiedener Dimension, die bei einem physikalischen Sachverhalt oder an einem Körper auftreten (DIN 5490). Der begriffliche Schwerpunkt liegt bei der Zählergröße oder Ursprungsgröße. Die Nennergröße heißt auch Bezugsgröße. Eine allgemein bekannte bezogene Größe ist die Dichte ϱ eines einheitlichen homogenen Stoffes, die volumenbezogene Masse:

$$\text{Dichte}: \varrho = \frac{m}{V}; \qquad \begin{array}{l} \text{SI-Einheit}: \text{kg} \cdot \text{m}^{-3} \\ (\text{gebräuchlich}: \text{g} \cdot \text{cm}^{-3}) \end{array}$$

Bezogene Größen sind von anderer Dimension als die Zählergrößen und sollen sich im Formelzeichen eindeutig von der Ursprungsgröße unterscheiden.

Zahlreiche bezogene Größen spielen in der Chemie eine erhebliche Rolle. Da die Namengebung im Verlauf der letzten beiden Jahrhunderte oft sehr unsystematisch erfolgt ist, versuchen insbesondere die Normungsgremien, die vielen alten und neuen Namen nach gemeinsamen Merkmalen zu klassifizieren und zu ordnen und überflüssige auszumerzen. Die Zusammenhänge seien an einigen wenigen Beispielen für einen einheitlichen homogenen Stoff und für ein homogenes System aus zwei Stoffen (Mischphase) beispielhaft deutlich gemacht.

Man spricht von *spezifischen Größen*, wenn die Masse die Bezugsgröße ist und die bezogene Größe eine Stoffeigenschaft beschreibt, z. B.:

spezifisches Volumen: $v = \dfrac{V}{m}$;   SI-Einheit: $m^3 \cdot kg^{-1}$

spezifische Stoffmenge: $n_m = \dfrac{n}{m}$;   SI-Einheit: $mol \cdot kg^{-1}$

spezifische Wärmekapazität: $c = \dfrac{C}{m}$;   SI-Einheit: $J \cdot kg^{-1} \cdot K^{-1}$

Stoffmengenbezogene Größen werden auch als *molare Größen* bezeichnet:

molare Masse: $M = \dfrac{m}{n}$;   SI-Einheit: $kg \cdot mol^{-1}$
(gebräuchlich: g/mol)

molares Volumen: $V_m = \dfrac{V}{n}$;   SI-Einheit: $m^3 \cdot mol^{-1}$)
(gebräuchlich: l/mol)

molare Wärmekapazität: $C_m = \dfrac{C}{n}$;   SI-Einheit: $J \cdot mol^{-1} \cdot K^{-1}$

Stoffportionen aus homogenen Mischphasen — oft flüssige Analysenportionen — mit dem Volumen V sind in vielen Fällen aus zwei Stoffen zusammengesetzt, z. B. als Lösungen L des Stoffes A im Lösungsmittel B. Zur Charakterisierung derartiger Mischphasen werden bezogene Größen herangezogen, die auf das Gelöste, das Lösungsmittel oder auch auf die Lösung als Ganzes bezogen werden können. Schon vor längerer Zeit sind sie insgesamt als *Zusammensetzungsgrößen* bezeichnet worden (z. B. L. Holleck, Physikalische Chemie und ihre rechnerische Anwendung, Springer-Verlag, Berlin, Göttingen, Heidelberg 1950, S. 9, 62); bei der Diskussion um die Normen DIN 32625 und DIN 1310 (Neufassung) war dieser Name wieder im Gespräch. Der in den Normblattentwürfen für diesen Oberbegriff vorgeschlagene Name Gehalt ist aber mit dieser Bedeutung auch nicht in die endgültige Norm DIN 1310 vom Dezember 1979 übernommen worden; man führt ihn als Synonym für den Namen Anteil ein. Die wichtigsten Zusammensetzungsgrößen: Konzentrationen, Anteile oder Gehalte und Verhältnisse seien kurz erläutert.

Als *Konzentrationen* bezeichnet man die volumenbezogenen Größen:

Stoffmengenkonzentration: $c(A) = \dfrac{n(A)}{V(L)}$;   SI-Einheit: $mol \cdot m^{-3}$
(gebräuchlich: mol/l)

Massenkonzentration: $\varrho(A) = \dfrac{m(A)}{V(L)}$;   SI-Einheit: $kg \cdot m^{-3}$
(gebräuchlich: g/l)

Volumenkonzentration: $\sigma(A) = \dfrac{V(A)}{V(L)}$;   SI-Einheit: $m^3 \cdot m^{-3}$
(gebräuchlich: l/l)

Die Stoffmengenkonzentration schließt die bisher verwendeten Größen „Molarität" und „Normalität" mit ein; beide Namen sind daher überflüssig geworden. Stoffmengenkonzentrationen werden eindeutig und unmißverständlich als Größengleichungen angegeben, z. B. in Aufschriften auf Flaschen mit Lösungen für die Maßanalyse. Einige Beispiele mögen das verdeutlichen:

Schwefelsäure mit 1 mol/l H_2SO_4 (z. B. in Wasser):

$$c(H_2SO_4) = 1\ \text{mol/l}; \quad \text{aber ebenfalls:}\ c\left(\frac{1}{2}\ H_2SO_4\right) = 2\ \text{mol/l}$$

Kaliumbromatlösung mit 1/60 mol/l $KBrO_3$ (z. B. in Wasser):

$$c(KBrO_3) = \frac{1}{60}\ \text{mol/l}; \quad \text{aber ebenfalls:}\ c\left(\frac{1}{6}\ KBrO_3\right) = 0{,}1\ \text{mol/l}$$

Kaliumpermanganatlösung mit 0,02 mol/l $KMnO_4$ (z. B. in Wasser):

$$c(KMnO_4) = \frac{1}{50}\ \text{mol/l}; \quad \text{aber ebenfalls:}\ c\left(\frac{1}{5}\ KMnO_4\right) = 0{,}1\ \text{mol/l}$$

$$\text{aber auch:}\ c\left(\frac{1}{3}\ KMnO_4\right) = \frac{3}{50}\ \text{mol/l}$$

Im Hinblick auf die Komponente B der Mischphase können dann nochmals die entsprechenden bezogenen Größen ermittelt werden; das gilt auch für weitere Komponenten in Mischphasen aus mehr als zwei Stoffen.

In der Reihe dieser bezogenen Größen sollte auch noch die *Molalität* erwähnt werden. Sie wird nur bei Lösungen verwendet und ist die auf die Masse des Lösungsmittels bezogene Stoffmenge des Gelösten:

$$\text{Molalität:}\ b(A) = \frac{n(A)}{m(B)}; \quad \text{SI-Einheit: mol} \cdot \text{kg}^{-1}$$

Bei den *Anteilen* oder *Gehalten* (DIN 1310) wird die Größe einer Komponente auf die Summe dieser Größen von allen Komponenten bezogen:

$$\text{Stoffmengenanteil: } x(A) = \frac{n(A)}{n(A) + n(B)}; \quad \text{SI-Einheit: mol} \cdot \text{mol}^{-1}$$
(-gehalt)

$$\text{Massenanteil: } w(A) = \frac{m(A)}{m(A) + m(B)}; \quad \text{SI-Einheit: kg} \cdot \text{kg}^{-1}$$
(-gehalt)

$$\text{Volumenanteil: } \varphi(A) = \frac{V(A)}{V(A) + V(B)}; \quad \text{SI-Einheit: m}^3 \cdot \text{m}^{-3}$$
(-gehalt)

Für diese Größen gab es früher zahlreiche verschiedene Namen, z. B. Molprozent, Molenbruch, Molgehalt, Konzentration, Gewichtsprozent, Massenprozent, Volumenprozent, Raumanteil usw. Alle diese Namen sollten in Zukunft vermieden werden. Da in Zähler und Nenner Größen gleicher Dimension auftreten, handelt es sich nicht mehr um bezogene Größen, sondern um *Größenverhältnisse*. $V(A)$ und $V(B)$ sind die Volumina der Komponenten A und B vor Herstellung der Mischphase. $V(A) + V(B)$ ist also nur gleich $V(L)$, wenn beim Mischvorgang keine Volumänderung (Kontraktion oder Dilatation) auftritt; nur dann ist $\sigma(A) = \varphi(A)$.

Auch bei den „*Verhältnissen*" in Mischphasen handelt es sich — wie schon der Name zum Ausdruck bringt — um Größenverhältnisse:

Stoffmengenverhältnis: $r = \dfrac{n(A)}{n(B)}$; SI-Einheit: $\mathrm{mol} \cdot \mathrm{mol}^{-1}$

Massenverhältnis: $\xi = \dfrac{m(A)}{m(B)}$; SI-Einheit: $\mathrm{kg} \cdot \mathrm{kg}^{-1}$

Volumenverhältnis: $\psi = \dfrac{V(A)}{V(B)}$; SI-Einheit: $\mathrm{m}^3 \cdot \mathrm{m}^{-3}$

Größenverhältnisse sind in den Naturwissenschaften sehr verbreitet; man denke nur an den Wirkungsgrad η einer Wärmekraftmaschine oder an die Durchlässigkeit τ in der Spektroskopie.

Mit Größenverhältnissen der besprochenen Art hat man es in der Analytischen Chemie sehr oft zu tun. Bei der Elementaranalyse von Verbindungen geht es beispielsweise um die Bestimmung von Massenanteilen bzw. Massengehalten. Die Elementaranalyse einer bei Zimmertemperatur flüssigen Portion eines organischen Stoffes der Masse $m = 260{,}0$ mg liefere $m(C) = 104{,}0$ mg, $m(H) = 17{,}5$ mg und $m(O) = 138{,}5$ mg. Damit kann man die Massenanteile w (in Anlehnung an den Namen für Massenanteile bzw. -gehalte bei Mischphasen) für die drei Elemente ermitteln:

$$w(C) = \frac{m(C)}{m(C) + m(H) + m(O)} = \frac{104{,}0 \text{ mg}}{260{,}0 \text{ mg}} = 0{,}4000 \text{ mg} \cdot \text{mg}^{-1} = 400{,}0 \text{ mg} \cdot \text{g}^{-1}$$
$$= 40{,}00 \text{ cg/g} = 40{,}00\%$$

$$w(H) = \frac{m(H)}{m(C) + m(H) + m(O)} = \frac{17{,}5 \text{ mg}}{260{,}0 \text{ mg}} = 0{,}0672 \text{ mg} \cdot \text{mg}^{-1} = 67{,}2 \text{ mg} \cdot \text{g}^{-1}$$
$$= 6{,}72 \text{ cg/g} = 6{,}72\%$$

$$w(O) = \frac{m(O)}{m(C) + m(H) + m(O)} = \frac{138{,}5 \text{ mg}}{260{,}0 \text{ mg}} = 0{,}5328 \text{ mg} \cdot \text{mg}^{-1} = 532{,}8 \text{ mg} \cdot \text{g}^{-1}$$
$$= 53{,}28 \text{ cg/g} = 53{,}28\%$$

Diese Größen mit der Dimension 1 werden heute in der Regel als Massenprozente (evtl. noch Gewichtsprozente) bezeichnet. Bei volumetrischen Analysen von Gasen kommt man zu den Volumanteilen oder den Stoffmengenanteilen und gibt sie in Volumprozent oder in Molprozent an. Diese Angaben sollte man gemäß DIN 1310 vermeiden und — wie im obigen Beispiel — statt diesen die Größengleichungen schreiben.

Das Wort Prozent steht für ein Zahlenverhältnis oder den Zahlenwert $\dfrac{1}{100}$. Wenn es für den Zahlenwert eines Größenverhältnisses herangezogen wird, müssen — wenn Mißverständnisse vermieden werden sollen — die jeweiligen Größen mit genannt werden. Das geschieht — sofern die Bedeutung der Symbole für die verschiedenen Größenverhältnisse bekannt sind — einfach und eindeutig durch die Verwendung von Größengleichungen:

$$w(\mathrm{C}) = 40{,}00\ \mathrm{cg/g} \quad \text{oder} \quad w(\mathrm{C}) = 40{,}00\%$$

(Der Massenanteil des Kohlenstoffs beträgt 40,00%) usw. Entsprechendes gilt auch für den Gebrauch des Zahlenwertes $\dfrac{1}{1\,000}$ (Promille).

Insbesondere für die Angabe von sehr kleinen Mengen von Verunreinigungen in Stoffportionen (Analysenportionen) haben sich für die Zahlen-

Tabelle 8. Dezimale Bruchteile der Zahl 1 (Zahlenverhältnisse) mit ihren Kurzzeichen und Beispiele für die Angabe von Anteilen bzw. Gehalten (Größenverhältnissen) mit Einheitenverhältnissen, in denen die Zählereinheit ein dezimales Vielfaches der Nennereinheit ist

Zahlenverhältnis		Korrespondierende Einheitenverhältnisse		
Quotient	Kurzzeichen	Massenanteil $w(\mathrm{A})$	Volumenanteil $\varphi(\mathrm{A})$	Stoffmengenanteil $x(\mathrm{A})$
10^{-2}	1%	1 cg/g	1 cl/l	1 cmol/mol
10^{-3}	1‰	1 mg/g	1 ml/l	1 mmol/mol
10^{-6}	1 ppm	1 µg/g	1 µl/l	1 µmol/mol
10^{-9}	1 ppb	1 ng/g	1 nl/l	1 nmol/mol
10^{-12}	1 ppt	1 pg/g	1 pl/l	1 pmol/mol

werte 10^{-6}, 10^{-9} und 10^{-12} eigene Namen eingebürgert: „part per million" (Kurzzeichen: ppm), „part per billion" (ppb) und „part per trillion" (ppt). Ihr Gebrauch sollte, insbesondere wegen der international uneinheitlichen Namen für die zugrunde liegenden Zahlen (billion — Milliarde bzw. trillion — Billion), möglichst zugunsten der Größengleichungen mit den nicht weggekürzten gleichen Einheiten in Zähler und Nenner (vgl. Tabelle 8) ganz vermieden werden.

Eine besonders fragwürdige Anwendung des Wortes Prozent hat sich in der Medizin für die Angabe von Massenkonzentrationen mit der Einheit 1 mg% eingebürgert. Mit dieser Pseudoeinheit meint man 1 mg/dl. Es handelt sich — siehe oben — um eine bezogene Größe mit dimensionsverschiedenen Größen in Zähler und Nenner; die Verwendung des Zahlenwertes Prozent ist daher unsinnig. Die z. Z. in der Medizin heftig diskutierte Frage, ob statt der Massenkonzentration die Stoffmengenkonzentration verwendet werden sollte, kann hier nicht weiter verfolgt werden; sicherlich spräche — in Übereinstimmung mit Vorschlägen der Weltgesundheitsorganisation — manches dafür.

3.6. Weitere Einheiten, Einheitennamen und Kurzzeichen

Für gewisse dezimale und nichtdezimale Vielfache und Bruchteile von Einheiten sind seit langem eigene Namen gebräuchlich. Sie gehören nicht zu den SI-Einheiten; ihre Verwendung sollte auch in der Wissenschaft zugunsten der SI-Einheiten eingeschränkt werden. Es wird aber anerkannt, daß insbesondere regional manche dieser Einheiten eine beträchtliche Rolle spielen und daher nicht kurzfristig ausgemerzt werden können.

3.6.1. Gesetzlich zugelassene abgeleitete Einheiten und besondere Einheitennamen

Vom Einh. G. werden weiterhin einige alteingebürgerte abgeleitete Einheiten oder besondere Einheitennamen ausdrücklich zugelassen. Abgeleitete Einheiten der Zeit sind:

$$\text{Minute (min);} \quad 1\,\text{min} = 60\,\text{s}$$
$$\text{Stunde (h);} \quad 1\,\text{h} = 60\,\text{min} = 3\,600\,\text{s}$$
$$\text{Tag (d);} \quad 1\,\text{d} = 24\,\text{h} = 1\,440\,\text{min} = 86\,400\,\text{s}$$

Die SI-Vorsätze sollen aber nicht auf dezimale Vielfache oder Teile dieser Zeiteinheiten angewendet werden. Als ein Mangel der gesetzlichen Regelung wird gelegentlich das Fehlen des Jahres bei den Zeiteinheiten angesehen. Allerdings ist zu bedenken, daß in diesem Fall kein ganzzahliges Vielfaches der Sekunde angegeben werden kann. Für den amtlichen und geschäftlichen Verkehr wie für die Wissenschaft dürfte deshalb aber kaum ein ernsthafter Mangel vorliegen.

Als besonderer Name für das Kelvin wird aus Gründen der Zweckmäßigkeit der Grad Celsius (°C) beibehalten. Als Celsiustemperatur t wird die spezielle Differenz einer thermodynamischen Temperatur T gegenüber der

Tabelle 9. Gesetzlich zugelassene besondere Einheitennamen

Größe	Einheiten	
	Namen Zeichen	Definition
Volumen	1 Liter 1 l (1 L)[a]	$1\,\text{l} = 1\,\text{dm}^3 = 10^{-3}\,\text{m}^3$
Masse	1 Tonne 1 t	$1\,\text{t} = 1\,\text{Mg} = 10^3\,\text{kg}$
Druck	1 Bar 1 bar	$1\,\text{bar} = 10^{-1}\,\text{MPa} = 10^5\,\text{Pa}$

[a] Wegen der Verwechslungsgefahr zwischen den Buchstaben l und der Zahl 1 ist von der 16. GKMG (1979) ausnahmsweise der Gebrauch beider Zeichen (1 l bzw. 1 L) zugelassen worden.

Temperatur $T_0 = 273,15$ K bezeichnet. Die Angabe von Temperatur-differenzen in Grad Celsius ist zwar nach Einh. G. zulässig, trotzdem sollte die Angabe in Kelvin bevorzugt werden.

Einige weitere gesetzlich zugelassene Namen für abgeleitete Einheiten sind in Tabelle 9 zusammengestellt. Nur für eingeschränkte Anwendungsbereiche gesetzlich zugelassene besondere Namen für abgeleitete Einheiten enthält Tabelle 10.

Tabelle 10. Gesetzlich zugelassene besondere Einheitennamen für eingeschränkte Anwendungsbereiche

Größe	Einheiten	
	Name Zeichen	Definition
Flächeninhalt von Grundstücken und Flurstücken	1 Ar 1 a	$1 \text{ a} = 1 \text{ dam}^2 = 100 \text{ m}^2$
	1 Hektar 1 ha	$1 \text{ ha} = 1 \text{ hm}^2 = 100 \text{ a} = 10^4 \text{ m}^2$
Masse von Edelsteinen	1 metrisches Karat 1 Kt	$1 \text{ Kt} = 2 \cdot 10^{-4} \text{ kg} = 0,2 \text{ g}$
Längenbezogene Masse von textilen Fasern und Garnen	1 Tex 1 tex	$1 \text{ tex} = 10^{-6} \text{ kg} \cdot \text{m}^{-1} = 1 \text{ mg} \cdot \text{m}^{-1}$
Brechkraft von optischen Systemen	1 Dioptrie 1 dpt	Die Brechkraft eines optischen Systems mit der Brennweite 1 m und einem Medium der Brechzahl 1 $1 \text{ dpt} = 1 \text{ m}^{-1}$

3.6.2. Vom Gesetz nicht mehr zugelassene Einheiten

Durch die gesetzliche Neuregelung sind zahlreiche bisher gebräuchliche Einheiten und Einheitennamen überflüssig geworden. Die Ausführungsverordnung zum Einh. G. hatte verschiedene Übergangsfristen (bis zum Zeitpunkt des Inkrafttretens des Gesetzes 1970, bis zum 31. 12. 1974 und bis zum 31. 12. 1977) vorgesehen, in denen sie aus dem amtlichen und geschäftlichen Gebrauch verschwinden sollten.

Alle Einheiten, Einheitennamen mit ihren Zeichen sowie weitere Einheitenzeichen, die weder im Gesetz noch der AV genannt werden, sind ebenfalls seit 1970 nicht mehr zugelassen. Einige der für die Praxis-

besonders wichtigen Fälle seien zusammengestellt; die seinerzeit eingeräumten Übergangsfristen sind in Klammern angegeben:

1. Mikron (μ): 1 μ = 10^{-6} m = 10^{-3} mm = 1 μm (1970)
2. Ångstrom (Å): 1 Å = 10^{-10}m = 0,1 nm = 100 pm (1977)
3. Zentner oder Pfund für Masse oder Gewicht (1970)
4. Grad (grd) für Temperaturdifferenzen (1974)
5. Grad Fahrenheit; Grad Rankine; Grad Reaumur (1970)
6. qmm, qcm, qdm, qkm für Flächen (1974)
7. cmm, ccm, cdm, cbm für Volumina (1974)
8. Barn (b): 1 b = 10^{-28} m² (1977)
9. Mach (M): 1 M = 340 m · s^{-1} = 1200 km · h^{-1} (1970)
10. Dyn (dyn): 1 dyn = 10^{-5} N (1977)
11. Pond (p) und Kilopond (kp): 1 kp = 9,806 65 N (1977)
12. Physikalische Atmosphäre (atm): 1 atm = 1,013 25 · 10^5 Pa (1977)
13. Technische Atmosphäre (at): 1 at = 98,066 5 · 10^3 Pa (1977)
14. Absoluter Druck (ata) und Überdruck (atü) (1970)
15. Millimeter Quecksilbersäure (mm Hg oder Torr):
    1 Torr = 133,322 4 Pa (1977)
16. Meter Wassersäule (mm WS, cm WS, m WS):
    1 mm WS = 0,980 64 Pa (1977)
17. Erg (erg): 1 erg = 10^{-7} J (1977)
18. Kalorie (cal): 1 cal = 4,186 8 J (1977)
19. Pferdestärke (PS): 1 PS = 0,735 5 kW (1977)

Tabelle 11. Umrechnungsfaktoren für Energieeinheiten

	J	kW · h	cal	l · atm
1 Joule ($1 J = 10^7$ erg)	1	$2,778 \cdot 10^{-7}$	0,2388	$9,869 \cdot 10^{-3}$
1 kW · h	$3,600 \cdot 10^6$	1	859 845	$3,553 \cdot 10^4$
1 cal	4,186 8	$1,1631 \cdot 10^{-6}$	1	$4,132 \cdot 10^{-2}$
1 Btu (British thermal unit)	1 055,06	$2,931 \cdot 10^{-4}$	251,996	10,412 5
1 kp · m	9,806 65	$2,724 \cdot 10^{-6}$	2,342 3	$9,678 \cdot 10^{-2}$
1 l · atm	$10,133 \cdot 10^{-3}$	$28,15 \cdot 10^{-6}$	24,204	1
1 eV	$1,602 \cdot 10^{-19}$	$4,450 \cdot 10^{-26}$	$3,826 \cdot 10^{-20}$	$1,581 \cdot 10^{-21}$
1 eV · $\{N_L\}$	96 485	$268,0 \cdot 10^{-4}$	23 040	952,1

$\{N_L\}$ heißt: Zahlenwert von N_L (DIN 1313)

20. Poise (P) für die dynamische Viskosität:
$$1\,P = 0,1\,Pa \cdot s \;(1977)$$
21. Stokes (St) für die kinematische Viskosität:
$$1\,St = 10^{-5}\,m^2 \cdot s^{-1} \;(1977)$$

Inzwischen sind aber durch eine EG-Richtlinie (Amtsblatt der Europäischen Gemeinschaften Nr. L 262/204 vom 27. 9. 1976) die Verwendungsfristen u. a. für die Einheiten und Einheitennamen mit ihren Zeichen: Ångstrom, Dyn, Erg, Barn, Poise, Stokes, Doppelzentner, Physikalische Atmosphäre sowie Millimeter Quecksilbersäule (nur für Blutdruckangaben) bis zum 31. 12. 1979 hinausgeschoben worden. Nach der zweiten Verordnung zur Änderung der Ausführungsverordnung zum Einh. G. vom 12. 12. 1979 dürfen die abgeleiteten Einheiten Curie (1 Ci

Tabelle 12. Umrechnungsfaktoren für Druckeinheiten

	Pa	mm WS	atm	kcal/s
1 Pascal (Pa)	1	0,101 971 6	$9,869\,23 \cdot 10^{-6}$	$7,500\,62 \cdot 10^{-3}$
1 bar $(= 10^{-6}\,dyn/cm^2)$	10^5	10 197,16	0,986 923	750,062
1 mm WS $(= 1\,kp/m^2)$	9,80665	1	$96,784\,1 \cdot 10^{-6}$	$73,555\,9 \cdot 10^{-3}$
1 at $(= 1\,kp/cm^2)$	98 066,5	10^4	0,967 841	735,559
1 atm	101 325	10 332,27	1	760
1 Torr	133,322 4	$13,595\,1 \cdot 10^{-3}$	$1,315\,789 \cdot 10^{-3}$	1
1 psi	6 894,76	703,070	$68,046\,0 \cdot 10^{-3}$	51,712 8

Tabelle 13. Umrechnungsfaktoren für Leistungseinheiten

	W	PS	kp · m/s	kcal/s
1 Watt (W) $(= 10^{10}\,erg/s)$	1	$1,359\,62 \cdot 10^{-3}$	0,101 971 6	$238,846 \cdot 10^{-6}$
1 PS $(= 75\,kp \cdot m/s)$	735,400	1	75	0,1757
1 kp · m/s	9,807	$13,333 \cdot 10^{-3}$	1	$2,342 \cdot 10^{-3}$
1 kcal/s	4,1868	5,692	426,939	1

$= 37 \cdot 10^9$ Bq), Rad (1 rd $= 10^{-2}$ Gy), Rem (1 rem $= 10^{-2}$ J $\cdot$ kg^{-1}) und Röntgen (1 R $= 258 \cdot 10^{-6}$ C/kg) noch bis zum 31. 12. 1985 verwendet werden.

In den Tabellen 11—13 sind die Umrechnungsfaktoren für die wichtigsten bisher gebräuchlichen Energie-, Druck- und Leistungseinheiten ineinander und in SI-Einheiten zusammengestellt.

4. Begriff des geschäftlichen und amtlichen Verfahrens

Der Geltungsbereich des Einheitengesetzes beschränkt sich auf den amtlichen und geschäftlichen Verkehr. Zum geschäftlichen Verkehr gehören nicht nur wie bisher das Angebot, der Verkauf und die Berechnung einer Leistung, sondern darüber hinaus alles, was zur Vorbereitung und Abwicklung von Geschäften gehört, also auch die Werbung, die Auszeichnung und die Zusendung. Geschäftlicher Verkehr ist auch alles, was zur Beschreibung und zur Charakterisierung eines Produktes gesagt wird. Eine Ordnungswidrigkeit gegen die gesetzlichen Bestimmungen im geschäftlichen Verkehr kann mit einer Geldbuße geahndet werden.

Unter amtlichem Verkehr ist jeder Vorgang hoheitlicher oder verwaltender Art zu verstehen. Dazu gehört sowohl der Verwaltungsakt als auch jede sonstige hoheitliche Tätigkeit (z. B. Gesetzerlaß) und jede Verwaltungstätigkeit.

Das Gesetz ist im geschäftlichen und im amtlichen Verkehr nicht anzuwenden, wenn der Verkehr von und nach dem Ausland stattfindet oder mit der Einfuhr oder Ausfuhr unmittelbar zusammenhängt.

Für das naturwissenschaftlich-technische Fachschrifttum ist die Anwendung des Gesetzes über Einheiten im Meßwesen und seiner Ausführungsverordnung nicht verbindlich, da es nicht in den Anwendungsbereich des geschäftlichen und amtlichen Verkehrs fällt. Wissenschaftliche Untersuchungen und Publikationen sind also nicht betroffen. Trotzdem ist es wünschenswert, wenn sich die SI-Einheiten zur Erleichterung der internationalen Verständigung auch in der wissenschaftlichen Literatur möglichst bald durchsetzten.

5. Natürliche Maßsysteme und physikalische Konstanten

Es sei nochmals darauf hingewiesen, daß die Auswahl der Basisgrößen willkürlich vorgenommen wird. Irgendein tieferer, von der Natur vorgezeichneter oder im System der Physik liegender Grund für die Wahl ist nicht vorhanden.

Man hat auch schon daran gedacht, evtl. in der Natur vorkommende kleinste (elementare) Werte für Länge, Masse und Zeit als Basiseinheiten für ein „natürliches" Einheitensystem heranzuziehen. Ebenfalls ist die Frage gestellt worden, ob wichtige Naturkonstanten wie Lichtgeschwindigkeit, Gravitationskonstante, Elektronenmasse usw. für die Auswahl der Basisgrößen — mit den Konstanten selber als Basiseinheiten — eines „natürlichen" physikalischen Maßsystems geeignet wären.

Tabelle 14. Wichtige physikalische Konstanten

Lichtgeschwindigkeit im Vakuum	c	$= 2{,}997\,924\,58(1{,}2) \cdot 10^8\ \mathrm{m} \cdot \mathrm{s}^{-1}$
Avogadro Konstante	N_L	$= 6{,}022\,045(31) \cdot 10^{23}\ \mathrm{mol}^{-1}$
Atomare Masseneinheit	$1\mathrm{u}$	$= 1{,}660\,565\,5(86) \cdot 10^{-27}\ \mathrm{kg}$
Ruhmasse des Elektrons	m_e	$= 9{,}109\,534(47) \cdot 10^{-31}\ \mathrm{kg}$
Ruhmasse des Protons	m_p	$= 1{,}672\,648\,5(86) \cdot 10^{-27}\ \mathrm{kg}$
Protonenmasse/Elektronenmasse	$m_\mathrm{p}/m_\mathrm{e}$	$= 1\,836{,}151\,52(70)$
Elementarladung	e	$= 1{,}602\,189\,2(46) \cdot 10^{-19}\ \mathrm{C}$
Ladung/Masse beim Elektron	e/m_e	$= 1{,}758\,804\,7(49) \cdot 10^{11}\ \mathrm{C} \cdot \mathrm{kg}^{-1}$
Ruhmasse des Neutrons	m_n	$= 1{,}674\,954\,3(86) \cdot 10^{-27}\ \mathrm{kg}$
Plancksche Konstante	h	$= 6{,}626\,176(36) \cdot 10^{-34}\ \mathrm{J} \cdot \mathrm{s}$
Rydberg Konstante	R_∞	$= 1{,}097\,373\,177(83) \cdot 10^7\ \mathrm{m}^{-1}$
Bohrsches Magneton	μ_B	$= 9{,}274\,078(36) \cdot 10^{-2}\ \mathrm{J} \cdot \mathrm{T}^{-1}$
Gravitationskonstante	G	$= 6{,}672\,0(41) \cdot 10^{-11}\ \mathrm{N} \cdot \mathrm{m}^2\mathrm{kg}^{-2}$
Boltzmann Konstante	k	$= 1{,}380\,662(44) \cdot 10^{-23}\ \mathrm{J} \cdot \mathrm{K}^{-1}\cdot\mathrm{mol}$
Faraday Konstante (molare Ladung)	F	$= 9{,}648\,456(27) \cdot 10^4\ \mathrm{C} \cdot \mathrm{mol}^{-1}$
Gaskonstante	R	$= 8{,}314\,41(26)\ \mathrm{J} \cdot \mathrm{K}^{-1} \cdot \mathrm{mol}^{-1}$
Molares Volumen (idealer Gase im Normalzustand)	V_m	$= 22{,}413\,83(70) \cdot 10^{-3}\ \mathrm{m}^3 \cdot \mathrm{mol}^{-1}$
Stefan-Boltzmann Konstante	σ	$= 5{,}670\,32(71) \cdot 10^{-8}\ \mathrm{W} \cdot \mathrm{m}^{-2} \cdot \mathrm{K}^{-4}$
Elektrische Feldkonstante	ε_0	$= 8{,}854\,187\,818(71) \cdot 10^{-12}\ \mathrm{F} \cdot \mathrm{m}^{-1}$
Magnetische Feldkonstante	μ	$= 12{,}566\,370\,614\,4 \cdot 10^{-7}\ \mathrm{H} \cdot \mathrm{m}^{-1}$

Die Zahlen in den Klammern geben die Ungenauigkeit in den letzten Ziffern der Konstanten an
z. B. ist auch: $c = (2{,}997\,924\,58 \pm 0{,}000\,000\,012) \cdot 10^8\ \mathrm{m} \cdot \mathrm{s}^{-1}$

Die Überlegungen zu dieser Problematik „natürlicher Größensysteme" konnten aber noch nicht abgeschlossen werden. Daher müssen einstweilen für den praktischen Gebrauch die oben beschriebenen willkürlich herausgehobenen Basisgrößen mit ihren Einheiten verwendet werden. Dabei bemüht man sich um einen möglichst engen Anschluß an die anschauliche Erfahrung. Es wird deutlich, daß eine gewisse Anzahl von natürlich vorgegebenen Konstanten, die mit Hilfe eines jeden Einheitensystems quantifiziert werden können, gewissermaßen Angelpunkte des gesamten physikalischen Begriffsgebäudes sind.

Die wichtigsten physikalischen Konstanten, gemessen in SI-Einheiten, enthält Tabelle 14.

Für zahlreiche Hinweise und Anregungen bei der Abfassung des Manuskriptes danke ich den Herren J. Weninger und W. Dierks vom Institut für die Pädagogik der Naturwissenschaften an der Universität Kiel sowie Herrn Dr. E. Merkel vom Ausbildungslaboratorium der BASF Aktiengesellschaft.

Techniken der Automatisierung chemischer Analysenverfahren

Priv.-Doz. Dr. H. Bartels

Ciba-Geigy AG, CH - 4002 Basel

In der Routineanalyse spielt im Hinblick auf eine optimale Problemlösung neben den Gütedaten eines Analysenverfahrens wie Selektivität, Nachweisvermögen, Genauigkeit und Richtigkeit der Kostenfaktor eine dominierende Rolle. Besonders in Industrieländern mit hohen Personalkosten strebt man deshalb ein möglichst günstiges Verhältnis von Probendurchsatz pro Zeiteinheit an, indem man herkömmliche personalintensive Vorschriften mechanisiert und automatisiert. Neben den unmittelbar registrierbaren Kostenersparnissen läßt sich in der Regel auch die Zuverlässigkeit der gewonnenen Daten wesentlich verbessern. Jedoch muß eingeschränkt werden, daß nur solche Methoden bzw. Verfahren zur Automatisation geeignet sind, die im Rahmen des vorgegebenen analytischen Problems bereits völlig ausgereift, d. h. signifikant frei von systematischen Fehlern sind. Andernfalls besteht die nicht zu unterschätzende Gefahr, nur falsche Daten schneller zu produzieren, was dann nur noch wenig mit wirtschaftlichen Gesichtspunkten gemein hat.

Die Einführung von Analysenautomaten setzt somit neben der eigentlichen Planung der Problemlösung ein stark entwickeltes analytisches Kritikvermögen voraus. Eine richtige Entscheidungsfindung geht deshalb immer Hand in Hand mit einem breiten analytischen Basiswissen [1].

So versteht es sich von selbst, daß dieser Beitrag nur richtungsweisend den Stand und die Grenzen dieser vielschichtigen Eintwicklung anreißen kann.

Grundsätzlich lassen sich alle im analytischen Labor anfallenden Manipulationen „automatisieren". Bei der eigentlichen Analyse sind es die Laborgrundoperationen, die sich in drei Kategorien einteilen lassen: Probenahme, Probenaufbereitung und Messung. Während Probenahme und Messung oft sehr elegant gelöst sind, bereitet die Probenaufbereitung in den meisten Fällen noch Schwierigkeiten. Die Vielfalt der Grundoperationen zur Probenaufbereitung ist beachtlich; sie reichen von einfachen Manipulationen, wie Mahlen, Mischen, Dosieren, Inkubieren über mehr oder weniger heikle Reaktionsführungen bis zu komplizierten Trennoperationen, wie Filtration, Dialyse, Extraktion oder Chromatographie. Je nach Analysentechnik und Präzisionsanforderungen sind diese Operationen nur mit einem unverhältnismäßig hohen apparativen Aufwand zu automatisieren. Bei der Datenauswertung andererseits sind der Phantasie keine Grenzen gesetzt: neben simplen Dreisatzrechnungen werden Integrationen und Differentiationen von Chromatogrammen, Titrationskurven bzw. Spektren durch Rechner jeder Größenordnung ausgeführt. Diese werden auch als Laborinformationssysteme eingesetzt.

Um herauszufinden, welche Techniken für den gegebenen Zweck günstig sind, sollen zunächst die verschiedenen Instrumente im Prinzip beschrieben werden.

1. Instrumentation

Die im analytischen Labor einsetzbaren Geräte unterscheiden sich im wesentlichen durch den Automationsgrad. Dieser ist beschreibbar durch die Anzahl selbsttätig ablaufender Laborgrundoperationen, die Unterschiedlichkeit dieser Operationen, das Vermögen der Geräte, sich zu eichen und zu überwachen.

1.1. Analysenautomaten

Analysenautomaten sind Geräte aus mechanisierten Manipulatoren und Meßinstrumenten sowie einer Steuereinheit. Sie führen Analysen durch, ohne daß manuell eingegriffen werden muß. Die Vorrichtungen sind selbsteichend und übernehmen eine gewisse Plausibilitätsprüfung der erhaltenen Resultate. In ausgereiften Analysenautomaten können verschiedene Manipulatoren methodenspezifisch aktiviert und desaktiviert werden, so daß Proben auch nach individuell verschiedenen Vorschriften analysiert werden können.

Instruktiv ist ein Beispiel: das Mettler SL-System [2]. Es wurde im Hinblick auf die Bedürfnisse der chemischen Industrie konzipiert, wo — im Gegensatz zur klinischen Chemie — eine große Methodenvielfalt bei wenigen Analysen pro Tag vorherrscht. Das System unterscheidet sich daher von bisher realisierten Systemen, die hauptsächlich für das klinische Laboratorium bestimmt sind. Es wurde nicht auf die Automation von ganzen Analysenmethoden, sondern auf die Mechanisierung von Laborgrundoperationen abgestellt [3]. Für die jeweils zu untersuchenden Proben wird über ein Rechnerprogramm aus den Laborgrundoperationen eine individuelle Analysenvorschrift nach dem Baukastenprinzip zusammengestellt (vgl. Tabelle 1).

Ein beschriebenes System [4] besteht aus den drei „Bausteinen": fest/flüssig-Extraktor, Verdünner und Titrator, die über ein Probentransportsystem zusammengeschlossen sind.

Die Analyse erfolgt so, daß man auf der Waage W (Abb. 1) rechnerunterstützt in ein maschinenlesbar identifiziertes Becherglas einwägt und den Becher auf einen beliebigen Platz des Probenwechslers P stellt. Über die Eingabetastatur EI wird zudem die Methodennummer eingegeben, damit der Rechner weiß, welche Analysenvorschrift anzuwenden ist. Eine beliebige Reihenfolge verschiedener Methoden ist möglich. Über den Code-Leser C wird identifiziert, wo sich die Probe befindet. Nun dirigiert der Rechner die Probe gemäß Analysenvorschrift in einen der Bausteine: den Extraktor E, den Verdünner V oder den Titrator T. Gleichzeitig werden dem Baustein die Parameter gemäß der individuellen Analysenvorschrift übermittelt, so daß die richtigen Manipulatoren zur richtigen Zeit aktiviert oder desaktiviert werden können. Sind die Operationen eines Bausteins abgeschlossen, so wird das Probenglas wieder auf das Transportsystem zurückgeführt und je nach Vorschrift von einem zweiten oder dritten Baustein übernommen.

Tabelle 1. Laborgrundoperationen in den Bausteinen des Mettler-SL-Analysensystems

Extraktor	Verdünner	Titrator
Zerschlagen	Masse Wägen	Hinzudosieren[a]
Hinzudosieren[a]		
Zermahlen	Hinzudosieren[a]	Rühren
Rühren	Herausdosieren	Lösen
Lösen		Titrieren
Zentrifugieren	Verdünnen	mit einem von
		4 Elektrodenpaaren
Spülen	Lösen	alle Endpunkts-
	Rühren	indikationen

[a] jeweils eines oder mehrere von 20 Lösungen bzw. Lösungsmitteln

Schlußendlich wird die Probe in den Ausgangsspeicher A ausgeschleust, der Rechner verknüpft die Zwischenresultate zu interpretierbaren Größen, wie Konzentration, Mengen etc. und druckt über den Schnelldrucker S ein übersichtliches Protokoll aus.

Einige hundert Analysenvorschriften können im zentralen Rechner abgespeichert werden, sie sind in einer standardisierten Sprache zu schreiben, z. B. DIL HOMOG: 30, SUCK: 10, EXAQU; HCl 0,1, 90,30 heißt verständlicher: fahre die Probe in den Verdünnungsbaustein, homogenisiere sie während 30 Sekunden. Nehme ein Aliquot von 10 g und verwerfe den Rest mit wäßrigen Abfällen (zwei weitere Abfall-Kategorien sind möglich). Anschließend dosiere 90 Gramm 0,1 N HCl hinzu und mische die beiden Flüssigkeiten während 30 Sekunden.

Die Adaption manueller Methoden auf das System geschieht in wenigen Stunden, die Reproduzierbarkeit der Resultate ist beim Hauptanwendungsgebiet: Kontrolle konfektionierter Chemikalien, insbesondere Pharmaka und Agrarchemikalien besser als 0,5%, bei Reinsubstanzen oft sogar besser als 1 Promille. Das System führt pro Tag etwa 60 Analysen unterschiedlichster Art aus. Personal muß für den Routinebetrieb nicht anwesend sein. Da es sich selbst überwacht, wird es auch im 24-Stundenbetrieb eingesetzt, wobei die Kapazität um ein Mehrfaches steigt.

Für Laborbereiche, in denen nur ein Teil der Laborgrundoperationen in vermehrtem Maße anfallen, können auch kleinere Systeme eingesetzt werden, beispielsweise aus Extraktor und Titrator oder nur ein Extraktor bzw. nur ein Titrator. Ein Titrationssystem besteht beispielsweise aus 4 unterschiedlich bestückbaren Titrierplätzen mit insgesamt bis zu 20 verschiedenen Titrierlösungen oder Lösungsmitteln, einem Transportsystem mit bis zu 96 Plätzen, einer Waage und einem Tischrechner mit Magnetbandkassette, auf der die über hundert Analysenvorschriften gespeichert sind.

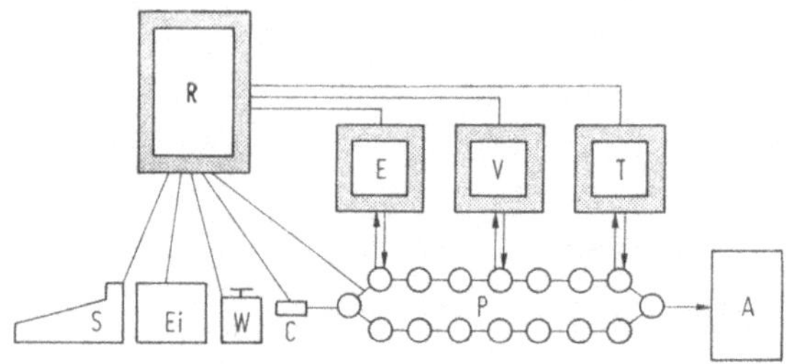

Abb. 1. Das Mettler SL-System besteht aus einem $\underline{P}$robenwechsler, $\underline{E}$xtraktor, $\underline{V}$erdünner und $\underline{T}$itrator, die über einen $\underline{R}$echner mit $\underline{W}$aage, $\underline{E}$ingabetastatur und $\underline{S}$chnelldrucker verbunden sind. Funktion siehe Text

Ähnliche Automaten für individuelle Analysen sind für klinisch-chemische Problemstellungen entwickelt worden. Sie zeichnen sich durch kleine Volumina und durch hohe Leistung aus — bis zu mehreren hundert Analysen pro Stunde sind möglich. Da die Selektivität der Analysenmethoden in der klinischen Chemie weitgehend mit spezifischen Reagenzien — insbesondere mit Enzymen und Antikörpern — erreicht wird, sind diese Automaten sehr viel einfacher aufgebaut: Die Probenvorbereitung umfaßt lediglich das Dosieren von Proben und Reagenzien sowie Inkubation.

Die Firmen: Greiner Electronics/Schweiz, Dupont/USA und Hitachi/Japan vertreiben seit mehreren Jahren solche Automaten.

1.2. Mechanisierte Analysenkanäle

Mechanisierte Analysenkanäle führen ein und dieselbe Analysenmethode an verschiedenen Proben selbsttätig durch. Eichung, Überwachung und Kontrolle müssen vom Personal — Laborjargon: Babysitter — erledigt werden. Sie wurden technisch nach zwei verschiedenen Prinzipien gelöst: dem kontinuierlichen und dem diskontinuierlichen Prinzip.

1.2.1. Kontinuierliches Analysenprinzip

Hier wird in einem Schlauchsystem mittels einer Schlauchquetschpumpe ein kontinuierlicher Flüssigkeits- bzw. Reagenzienstrom erzeugt, in den periodisch Proben und Eichlösungen injiziert werden. Der Flüssigkeitsstrom durchfließt verschiedene analytische Einheiten zur Probenaufbereitung oder zur Messung (s. Tabelle 2).

Damit im Schlauchsystem eine möglichst geringe Vermischung der Proben eintritt, ist der Flüssigkeitsstrom in regelmäßigen Abständen durch Luftblasen segmentiert.

Es ist ein Charakteristikum des kontinuierlichen Analysenprinzips, daß Verteilungen, Dialyse, Reaktionen usw. nur bis zu einem bestimmten

Tabelle 2. Laborgrundoperationen des kontinuierlichen Analysenprinzips

Probenahme	Probenaufbereitung	Messung
Flüssigkeiten	Hinzudosieren	Photometer
Feststoffe	Mischen	Fluorimeter
Gase	Herausdosieren	Flammenphotometer
	Verdünnen	Atom-Absorption
	Thermostatisieren	Potentiometer
	Aufschluß	Ionenspez. Elektroden
	Dialyse	Leitfähigkeit
	Filtration	Polarographie
	fest/flüssig-Extraktion	Thermometer
	flüssig/flüssig-Extraktion	Zellzählgerät

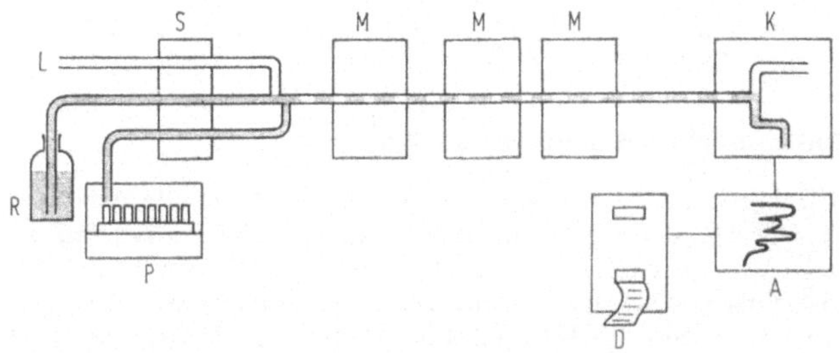

Abb. 2. Im Auto-Analyzer-System werden in den von der Schlauchquetschpumpe geförderten, mit Luft segmentierten Reagenzienstrom nacheinander Proben injiziert. Das Gemisch durchläuft verschiedene Manipulatoren und schließlich die Küvette eines Meßinstruments. Das Signal wird am Analogschreiber oder Drucker angezeigt

Grad — „steady state" — durchgeführt werden. Da aber Proben und Eichlösungen unter identischen Bedingungen behandelt werden, ist trotzdem eine gute Präzision möglich.

Die Geräte der Firma Technicon — sie ist auf diesem Gebiet weltführend — existieren in drei technologisch unterschiedlichen Generationen. Durch konsequente Weiterentwicklung, insbesondere durch Miniaturisierung und Unterdrückung der Probenverschleppung mittels optimierter Hydrodynamik im Schlauchsystem konnte der Probendurchsatz von etwa 20 auf 60—80 und schließlich auf 150 und mehr Proben/Stunde erhöht werden [5]. Da eine Probe auf mehrere — bis zu etwa 20 — Kanäle verteilt werden kann, lassen sich mehrere Tausend Analysenresultate pro Stunde —

als sogenannte Analysenprofile — erhalten. Eine so hohe Leistung ist allerdings nur auf klinisch-chemischem Gebiet möglich, die Technologie der dritten Generation ist für industrielle Bedürfnisse noch nicht zugänglich.

Normalerweise wird für jedes analytische Problem ein eigener Schlauchsatz mit entsprechenden analytischen Einheiten zusammengestellt. Bis ein solcher Kanal zufriedenstellende Resultate ergibt, vergehen in der Regel einige Tage bis Wochen. Um diese Zeit zu verkürzen sind neuerdings „Universal Cartridges" speziell für pharmazeutische Probleme auf dem Markt. Sie erlauben mit einem Schlauchsatz verschiedene Analysen durchzuführen. Außerdem können Schlauchsätze durch Umschalten von Ventilen ohne großen Zeitverlust von einer Methode auf eine ähnliche umprogrammiert werden.

Um das Know How zum Arbeiten mit der kontinuierlichen Analysentechnik zu erleichtern, gibt die Firma Technicon periodisch ein Inhaltsverzeichnis der während eines gewissen Zeitraums erschienenen Publikationen heraus: „Technicon Bibliography".

Eine neuere Variante des kontinuierlichen Prinzips ist die seit wenigen Jahren beschriebene „Flow-Injektion-Analyse": In einem dünnen Schlauch — z. B. $\varnothing = 1$ mm, Länge $= 1$ bis 3 m — wird ein laminarer, nicht segmentierter Reagenzienstrom erzeugt, der schlußendlich einen Detektor — z. B. Fotometer — durchfließt. In diesen Reagenzienstrom werden periodisch über ein Ventil Proben injiziert.

Bei einer Reproduzierbarkeit von etwa 1% S. D. sind 100 bis 200 Analysen/Std. möglich [6].

1.2.2. Diskontinuierliches Analysenprinzip

Beim diskontinuierlichen Analysenprinzip wurde die manuelle Analysentechnik mechanisiert: Jeder Probe ist ein eigenes Reaktionsgefäß zugeordnet, dieses wird je nach Analysenvorschrift von Manipulatoren mit Reagenzien beschickt, erwärmt, geschüttelt, zentrifugiert etc. Für jede Analysenmethode müssen die Manipulatoren längs des Transportsystems — Drehteller, Ketten oder Magazine — auf einer Schiene montiert und eingestellt werden. Für klinisch-chemische Bedürfnisse sind eine ganze Reihe Systeme für die dort üblichen Analysenvorschriften auf dem Markt [7, 8], (s. auch Tabelle 3.)

Eine etwas flexiblere Lösung des Problems gewährleisten die Analytischen System Apparate (ASA) der Firma Ismatec, sie haben auch Eingang in die Industrie gefunden, z. B. bei der Content-Uniformity-Bestimmung in pharmazeutischen Darreichungsformen.

Normalerweise besteht ein solches System aus ein bis zwei Transportkassetten mit beispielsweise je 50 Gefäßen. Auf der Montageschiene sind die Arbeitsmodule geschraubt, eine große Auswahl ist möglich (s. Tabelle 4). Bei der Flüssig-Probenahme bzw. nach Filtration oder Zentrifugation wird ein bekannter Teil des Inhalts der Probengläser der einen Kassette in Probengläser der anderen Kassette überführt, wobei die Reihenfolge beibehalten wird. Gemessen wird normalerweise nach dem Durchflußprinzip.

Die Präzision solcher Systeme ist vergleichbar mit den Geräten der kontinuierlichen Analysentechnik. Der Vorteil liegt darin, daß man sich

Tabelle 3. Einige der derzeit auf dem Markt befindlichen mechanisierten Analysenkanäle

Hersteller	Typ	Proben[a]	Wellen-länge	Linearität (Absorption)	Band-breite (nm)	Anzahl Wellen-längen pro Mes-sung	Analysen/h	Meß-volumen [μl]	Küvetten
Abbott	100	T 32	340—650	→ 2.0	8	2	100—186	250—500	1mal
Vitatron	PA 800	K 100	330—650	→ 2.0	8—12	1	100—180	500—800	waschen
Philips	Aura	R 10 × 10	beliebiges Photometer einsetzbar				48—240		Durchfluß
Böhringer	Corona	T 40	340—630	→ 2.0	5—8	1	140—200	500	1mal
Abbott	VP	T 32	340—650	→ 2.5	8	2	232—465	250	1mal
Coulter	Kemomat	T 32	340—700	→ 2.5		1	100—120	400	1mal
Saitron	9601	T 40	340—700	→ 2.0	8	1	72—360	200	Durchfluß
Eppendorf	ACP 5040	K 250	334—623	→ 2.2	Hg[b]	1	120—300	250	waschen
Riele	PMC	R 53	334—623	→ 2.5	Hg	1	60—180	500	Durchfluß
Gilford	3 500	R 14 × 4	335—700	→ 2.0	8	1	100	200	Durchfluß

[a] T = Teller, K = Kette, R = Racks
[b] Hg = Quecksilber-Spektrallinienlampe

Tabelle 4. Laborgrundoperationen des ASA-Systems

Probenahme	Probenaufbereitung	Messung[a]
Flüssigkeiten (volumetrisch)	Hinzudosieren Herausdosieren Mischen Verdünnen (Verdünnungsreihen) Temperieren Pulverdosieren Zentrifugieren	pH-Meter Nephelometer Photometer Fluorimeter Autotitrator Partikelzähler und andere

[a] anschließbare Fremdgeräte

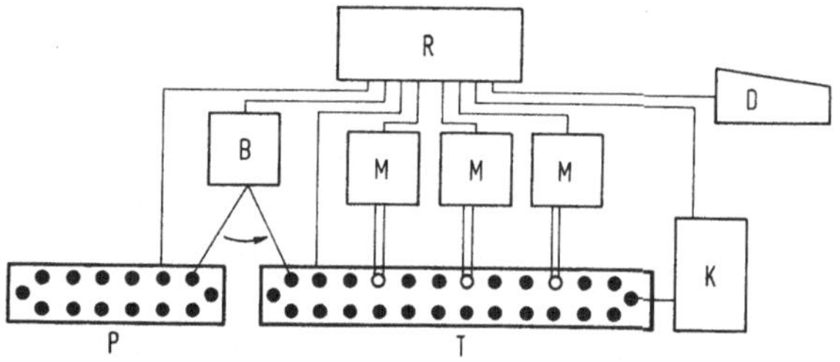

Abb. 3. Im ASA-System werden die P̲roben von einer B̲ürette R̲echner-gesteuert ins T̲ransportsystem transferiert, von M̲anipulatoren bearbeitet und der K̲üvette eines Meßinstruments zugeführt. Die Ergebnisse fallen am D̲rucker an.

enger an die manuelle Vorschrift halten kann, indem die dosierten Volumen nicht nur reproduzierbar, sondern auch bekannt sind. Zudem werden die Reaktionen und Verteilungen nicht nur bis zum „steady state", sondern bis zum thermodynamischen Gleichgewicht gebracht, wie bei behördlichen Analysenmethoden vorgeschrieben wird. Zudem erlaubt diese Analysentechnik eine schnellere Adaptation manueller Methoden, da das Problem der Probenverschleppung sehr klein ist — die Optimierung der Hydrodynamik im Schlauchsystem entfällt. Bezüglich der Bestimmung von Enzymaktivitäten ist von Vorteil, daß nach dem kinetischen Meßprinzip gemessen werden kann. Nachteilig wirkt sich bei diesem Prinzip der recht große Raumbedarf, die generell höhere Störanfälligkeit mechanischer Bauteile und die verhältnismäßig geringe Flexibilität aus.

1.3. Mechanisierte Laborgrundoperation

Eine sehr hohe Flexibilität wird wieder erhalten, wenn nicht die gesamte Analysenvorschrift, sondern nur arbeitsaufwendige und diffizile Laborgrundoperationen mechanisiert werden. Diese können dann — ähnlich wie bei den Automaten — in beliebiger Reihenfolge manuell kombiniert und auch durch manuelle Zwischenschritte ergänzt werden. Das Angebot solcher Einheiten ist beachtlich. Sie betreffen die Probenahme, die Probenaufbereitung und die Messung inklusive Probenzuführung und Auswertung. Beginnen wir mit den Analysen-Systemen, bei denen gerätemäßig mehrere mechanisierte Laborgrundoperationen aufeinander abgestimmt sind. Im Bereich der klinischen Chemie/Biochemie genießen die Centrifugalsysteme große Verbreitung [9]. Sie bestehen aus zwei Bauelementen: dem Pipettor und dem Analyzer, die über den Rotor bzw. die „Transferscheibe" verbunden sind. Sie besteht z. B. aus einer Teflonscheibe mit radial angeordneten Vertiefungen, die ihrerseits durch Barrieren in einen Probenraum und ein bis zwei Reagenzienräume unterteilt sind. Im Pipettor wird die Trans-

Abb. 4. Abbildung eines Zentrifugalanalyzers. Rechts die Pipettierstation für Serum und Reagenzien. Links das Photometer, welches zu verschiedenen Zeiten nach dem Mischen mißt, sowie die Berechnung der Resultate und das Erstellen eines Protokolls durchführt

ferscheibe mit Proben und Reagenz(-ien) beschickt und anschließend manuell in den Analyzer eingesetzt. Durch Rotation werden die Flüssigkeiten in die den radial angeordneten Vertiefungen gegenüber liegenden Küvetten geschleudert und anschließend gemischt und thermostatisiert. Die in den bis zu 30 Küvetten ablaufenden Reaktionen können photometrisch verfolgt und anschließend berechnet werden. Da das Auswechseln der Reagenzien am Pipettor sehr einfach ist, können einige hundert Analysen — auch unterschiedlicher Art — pro Stunde gefahren werden, allerdings ist eine weitere Probenvorbereitung ausgeschlossen. Der Reagenzienverbrauch ist äußerst gering. Nach der Messung kann ein Waschzyklus initialisiert werden.

Etwas flexibler ist das LKB-Analysensystem [7] insofern, als mehrere Reagenzien eingesetzt werden können. Die Verbindung zwischen dem „Prozessor" — für Probenahme und Reagenzdosierung und dem Analyzer bringen hier sogenannte „Racks", in denen jeweils 10 bis 12 3 ml fassende Reagenzgläser oder Küvetten Platz finden. Die Mischung erfolgt durch Gefäß-Rotation. Es wird eine Probe nach der anderen gemessen,

was den Probendurchsatz bei langsamen Enzymreaktionen auf weniger
als 100 Proben/Stunde drückt. Es ist möglich mehrere „Racks“ zu zentri-
fugieren, so daß eine fest/flüssig-Trennung — z. B. für radioimmuno-
logische Arbeiten — durchgeführt werden kann.

Geräte bzw. Gerätekombinationen dieser Art für die industrielle Analytik insbesondere die Qualitätskontrolle sind bisher nicht entwickelt
worden.

Dagegen sind aufeinander abgestimmte Geräte für spezielle Einsatz-
gebiete — Kjeldahl-Stickstoffbestimmung, Chemischer Sauerstoff-
Bedarf in Abwasser etc. — im Handel. Der interessierte Leser sei auf die
„A“-Seiten der Zeitschrift „Analytical Chemistry“ verwiesen, die stets
aktuell informieren. Außerdem kann für diesen Zweck „LABO“, eine
Kennziffer-Fachzeitschrift im Hoppenstedt-Verlag, D - 61 Darmstadt,
empfohlen werden, sowie „GIT-Fachzeitschrift für das Laboratorium“,
E. Giebeler Verlag, D - 61 Darmstadt.

Eine weitere Klasse von mechanisierten Laborgrundoperationen findet
man in den verschiedenen Bereichen der Chromatographie [10, 11]. Hier
ereignet sich eine regelrechte technische Revolution. Vor nicht einmal
30 Jahren entwickelt, wird heute ein namhafter Anteil der Analysen
mittels dieser Verfahren durchgeführt, wobei die jüngere Hochdruck-
Flüssigkeits-Chromatographie — HPLC — die ältere Gaschromatographie
in wesentlichen Punkten ergänzt und erweitert. Der Vorteil der chromatographischen Verfahren gegenüber den bisher beschriebenen naßchemischen
Verfahren liegt darin, daß die verschiedenen Konstituenten eines Ge-
misches aufgetrennt und einzeln erfaßt werden können. Chromatographen
sind langsam: etwa 5 Proben pro Stunde dürfte die durchschnittliche
Leistung sein. Da aber pro Chromatogramm mehrere Substanzen erfaßt
werden können, liegt die Stundenleistung gemessen in Analysenresultaten
sehr viel höher. Der Einsatz chromatographischer Verfahren ist daher
speziell lohnend, wenn mehrere Komponenten erfaßt und bestimmt werden
sollen. Wegen des geringen Substanzbedarfs pro Analyse ist die Chromatographie zudem für die Spurenanalytik prädestiniert. Die Reproduzierbarkeit der Analysenwerte von Hauptkomponenten liegt bei 1% S. D. Die
Entwicklung von Analysenmethoden ist in der Komplexität mit derjenigen für kontinuierliche naß-chemische Analysenautomaten vergleichbar und benötigt größenordnungsmäßig Tage bis Wochen, wobei die
Identifikation unbekannter Konstituenten nicht berücksichtigt ist. Für
den routinemäßigen Betrieb von Chromatographen ist einige Erfahrung
insbesondere bezüglich der Behandlung der stationären Phase notwendig.

Automatisiert wurden bisher lediglich die folgenden Analysenschritte:
Probenaufgabe, Trennbedingungen, Indikation und Auswertung. Die
Probenvorbereitung, welche insbesondere für biologische Proben eine
Reihe von Extraktionen und Reaktionen enthält, muß noch manuell
durchgeführt werden und ist der zeitraubendste Schritt.

Die Probenaufgabe geschieht volumetrisch mit Injektionsspritzen in
Kombination mit Drehtellern oder durch Multiportventilen mit Proben-
schleifen — „loops“ — oder durch Probe enthaltende Kapseln in Maga-
zinen.

Die einfachsten Möglichkeiten zum automatischen Ändern der Trennbedingungen sind in der Gaschromatographie Temperaturprogramme, in

der HPLC Lösungsmittelgradienten, die jeweils über entsprechende Geräte ansteuerbar sind. In neuerer Zeit lassen sich auch Trennsäulen automatisch umschalten.

Die Detektoren lassen sich in zwei Kategorien aufteilen: solche, die nur eine physikalische Größe erfassen, und solche, die eine physikalische Größe in Funktion eines weiteren Parameters messen. Bei der ersten

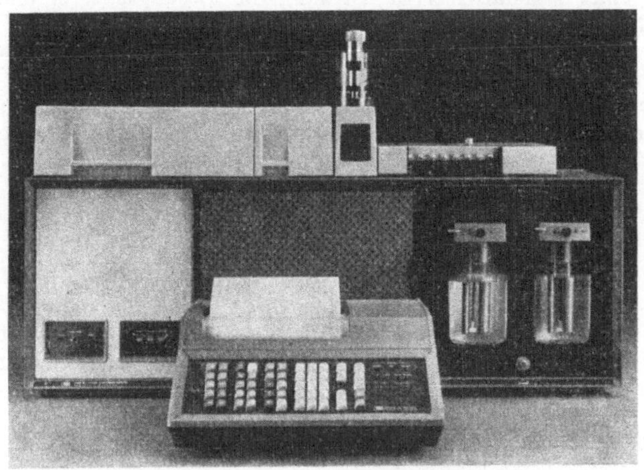

Abb. 5. Abbildung eines Hochdruckflüssigkeitschromatographen. Im Vordergrund die Programmier- und Protokolliereinheit, rechts die beiden Elutionsmittel zum Herstellen der Gradienten, darüber der Probenwechsler mit Einspritzautomatik. In der Mitte — verdeckt — die Säule und oben links — ebenfalls verdeckt — der Detektor mit variabler Wellenlänge

Kategorie wird die Identifikation der getrennten Substanzen über die Retentionszeit und die Selektivität des Detektors gegeben. Bei der zweiten Kategorie — sie umfaßt Spektrographen (Masse, UV und IR) — kann jeder Peak über die entsprechenden Spektren charakterisiert werden. Es können mehrere Detektoren nacheinander oder — durch „streamsplitting" — nebeneinander geschaltet werden.

Die Auswerteverfahren unterscheiden sich darin, wie gut überlagerte Peaks rechnerisch getrennt werden können und wie gut die Drift der Basislinie kompensiert wird. Diese Güte hängt direkt mit der Speicher- und Rechenkapazität des Auswertesystems zusammen.

1.4. Manuelle Analysentechnik

Die Betrachtung wäre unvollständig wollte man nicht auf die Rückwirkungen der automatisierten und mechanisierten Analysentechnik, auf die manuelle Durchführung von Analysen zu sprechen kommen. Bei der Adaption von automatisierten Analysentechniken in einem Laborbereich wird nicht nur automatisiert, sondern auch organisiert: Adaption bedeutet, daß miniaturisiert wird. Mit der Miniaturisierung wird die Manipulierbarkeit der Proben bzw. der Ansätze stark erhöht: Kleine Mengen lassen sich besser thermostatisieren und kurzfristiger filtrieren. Es wird aber auch weniger Lösungsmittel benötigt und das ist ökonomisch und ökologisch wünschenswert.

Adaption bedeutet, daß nur standardisierte Laborgrundoperationen, meistens mit einer standardisierten Auswahl von Lösungsmitteln und Reagenzien, durchgeführt werden.

Bei vielen Automaten bedeutet die Adaption auch analytisch-fachtechnisch Kompromisse zu machen: Es wird nicht auf Volumen aufgefüllt, sondern nur hinzudosiert und damit auf einen Ausgleich der Volumenkontraktion verzichtet. Die Extraktionen — sei es fest/flüssig oder flüssig/flüssig — werden nur mit einem theoretischen Boden durchgeführt.

Alle diese Prinzipien sind auch bei manuellen Arbeiten möglich, wenngleich in manchen Bereichen der Analytik noch gezaudert wird:

— Gegen die Miniaturisierung spricht, daß das zu untersuchende Probematerial nicht homogen und dann bei kleinen Mengen nicht repräsentativ ist. Dem kann durch Mischen begegnet werden oder indem zwar anfänglich eine große Menge gelöst wird, von der homogenen Lösung jedoch nur ein geringer Teil weiterverwendet wird. Je nach Problemstellung ist es auch angezeigt, mehrere Analysen einer Probe anzufertigen und die Inhomogenität durch Durchschnittsberechnung auszugleichen.

— Es ist schwierig, mit herkömmlichen Pipetten und Meßkölbchen bei kleinen Mengen genaue Verdünnungen herzustellen. Diesem Argument ist mit dem Hinweis auf Dilutoren und Dispensern nach dem Prinzip der Kolbenbürette zu begegnen, die nahezu ausnahmslos im Milliliterbereich eine ausgezeichnete Reproduzierbarkeit und Richtigkeit aufweisen.

— Flüssig/flüssig-Extraktionen können mit kleinen Mengen nicht zuverlässig ausgeführt werden. Auch dieses Argument ist im Prinzip richtig. Man bedenke aber, daß es für viele Fragestellungen — d. h. bei günstigem Verteilungskoeffizient — ausreicht, eine einzige gut reproduzierbare Verteilung vorzunehmen, die dann auch manuell einfach ist.

— Die Standardisierungen drängen sich schon jetzt aus praktischen und teilweise auch toxikologischen Überlegungen auf. Vielerorts sind Bestrebungen zur Vereinheitlichung von Analysenvorschriften im Gange.

2. Trends

Die zu erwartende Entwicklung der Automation auf dem Gebiet der chemischen Analytik wird durch die Möglichkeiten des Mikroprozessors bestimmt sein: die Apparate werden zuverlässiger. Zudem wird der Automationsgrad generell angehoben. Das hat mehrere Konsequenzen.

In Geräten, welche für eine oder wenige Analysenmethoden konzipiert sind, werden Funktionsüberwachungen, Eichung und Wartung selbsttätig ablaufen. Ungeschultes Personal wird in der Lage sein, zuverlässige Analysen auszuführen. Die Geräte werden daher — unter Einsparung von organisatorischem Aufwand und Transporten — das analytische Laboratorium verlassen und Analytik „vor Ort" betreiben: am Krankenbett, am Reaktionskessel oder wo sonst chemisch-analytische Information notwendig ist.

Durch häufiges Eichen, häufige Meßwerterfassung und adäquate mathematische Auswertung werden auch heikle Indikationsmethoden zuverlässig werden. Ihr Einsatz hebt die Selektivität von Analysenverfahren, so daß komplizierte Probenvorbereitungsoperationen weitgehend überflüssig werden. Das wird die Analytik vereinfachen. Der Mikroprozessor wird auch die Flexibilität der Geräte heben. Die Parameter einer Analysenmethode, Steuer- und Auswertealgorithmen werden methodenspezifisch anwählbar sein. Damit wird auch die Komplexität der Geräte steigen. Es wird Aufgabe der Instrumente-Hersteller sein, die vielen Möglichkeiten von Mikroprozessor gesteuerten Geräten mit der Forderung nach einfacher Bedienung zu kombinieren. Geräte, bei denen auch einfache Laborgrundoperationen erst nach Studium einer —zig-seitigen Gebrauchsanweisung möglich sind, entsprechend jedenfalls nicht den Wünschen der Laboratorien.

3. Auswahl von Geräten

Welche Geräte für welchen Zweck? Eine Frage, die jeder Analytiker für sich beantworten muß. Hier können nur einige Leitgedanken aufgezeigt werden, die in Tabelle 5 zusammengefaßt sind und im folgenden diskutiert werden sollen.

3.1. Wunschvorstellungen

Grundsätzlich muß darauf aufmerksam gemacht werden, daß nicht einzelne Probleme durch Automation gelöst werden sollen. Lediglich eine umfassende Betrachtung von gegebenenfalls mehreren Laborbereichen kann zu einer integralen und kostengünstigen Lösung führen. Was gemeint ist, soll das folgende Beispiel aus der klinischen Chemie verdeutlichen. Es gibt Laboratorien, in denen für nahezu jede Methode das optimale Gerät gewählt wurde. Das Resultat ist: viele Räume mit ansehnlichem Gerätepark und vielen Laboranten, die jeweils nur wenige Geräte wirklich beherrschen. Die Mitarbeiter sind zudem hierarchisch oft stark strukturiert, so daß eine zeitweise Überbeanspruchung in einem Labor nur schwierig durch zeitweise unterbeanspruchte Mitarbeiter in einem anderen Labor ausgeglichen werden kann. Andererseits gibt es Laboratorien, die nach einem Gerät oder einem Gerätetyp gesucht haben, mit dem möglichst viele Methoden optimal durchgeführt werden können.

Tabelle 5. Strategien bei der Automation eines Laborbereiches.

1.) Entwickeln von *umfassenden* Wunschvorstellungen

  — nicht nur Detaillösungen
  — möglichst einheitliche Arbeitsabläufe
  — möglichst schnelle Methoden
  — möglichst wenige aber leistungsfähige Manipulationen
  — möglichst universeller Personaleinsatz

2.) Suche nach einfachen Lösungen

  — Lösen von klassischen Vorstellungen
  — Kompromißbereitschaft
  — Diskussion mit Praktikern und Kollegen
  — Besuch von Ausstellungen, Kongressen, anderen Laboratorien
  — evtl. Diskussion mit Geräteherstellern

3.) Prüfen der Lösungen (möglichst auch ausprobieren)

  — Einfachheit und Einheitlichkeit
  — Richtigkeit und Reproduzierbarkeit
  — Verhältnismäßigkeit: nicht das Erreichbare, sondern das Notwendige
  — Cost/Benefit
  — Zuverlässigkeit

4.) Punkte 1 bis 3 mehrmals durchlaufen bis eine optimale Lösung gefunden wurde.

5.) Einführung der Neuerung

  — Frühzeitige Information
  — Einbetten in eine adäquate Organisation
  — Etappenweise Realisation
  — umfassende Qualitätskontrolle

Resultat: auf kleiner Laborfläche stehen wenige gleichartige Geräte, mit denen sich die wenigen Laboranten alle gut auskennen. Gegenseitiges Helfen ist kein Problem.

Bei den Wunschvorstellungen sollte auch der Analysengeschwindigkeit eine hohe Gewichtung eingeräumt werden. Je schneller ein Resultat vorliegt, desto billiger ist es und desto einfacher läßt es sich mit Kontrollanalysen (Standards, Reinsubstanzen, Urtiter oder dergleichen) ergänzen. Außerdem sind Auftragsspitzen mit schnell arbeitenden Geräten besser zu bewältigen; und nicht zuletzt bedeutet eine rasche Information für den Auftraggeber im allgemeinen eine bessere und billigere Lösung seiner Probleme.

3.2. Lösungssuche

Auch bei der Lösungssuche steht die Phantasie im Vordergrund. Anregungen bekommt man einerseits aus den verschiedenen Fachzeitschriften für analytische Chemie, die allerdings im allgemeinen nur positiv und nur über neuartige Möglichkeiten berichten. Erfolgversprechender ist das Fachgespräch mit Kollegen und Mitarbeitern, welche die Analysen ausführen. Außerdem sind Tagungen, Kongresse und Ausstellungen geeignet, Lösungsmöglichkeiten aufzudecken. Über die Häufigkeit der durchzuführenden Analysen läßt sich das Spektrum der zu suchenden Geräte oder Methoden einschränken. Selten oder nur einmalig auszuführende Analysen eignen sich wegen des hohen Entwicklungsaufwands nicht für mechanisierte Analysenkanäle. Generell sin' hier für die Probenvorbereitung die manuellen Techniken — möglichst miniaturisiert — und für die Messung teilmechanisierte Instrumente zu empfehlen. Für einfachere Probleme eignen sich auch Automaten. Sich oft wiederholende Probleme löst man bei kleiner Seriengröße mit Automaten oder teilmechanisiert, bei vielen Analysen/Serien mit mechanisierten Analysenkanälen, wobei das kontinuierliche Prinzip bei höherem Entwicklungsaufwand der Methode den Einsatz von mehr Laborgrundoperationen und Meßtechniken erlaubt als das diskontinuierliche Prinzip.

Werden keine Lösungen gefunden, so besteht die Möglichkeit der Eigenentwicklung. Ein beschwerlicher Weg, der oft an der Zuverlässigkeit der Geräte scheitert, insbesondere wenn diese einen größeren Komplexitätsgrad aufweisen.

3.3. Prüfen der Lösungen

Bei diesem Schritt muß das Wunschdenken und die Phantasie durch strenge Systematik ersetzt werden. Die Prüfung beinhaltet sowohl organisatorische als auch analytisch-fachtechnische Gesichtspunkte. Letztere lassen sich durch Wiederholbarkeit der Resultate, Wiederfindung, Vergleich mit Resultaten von Standardmethoden und dergleichen nach bewährtem Muster durchführen. Auch läßt sich der finanzielle Aufwand der Automation mit den zu erwartenden Einsparungen und Verbesserungen noch mathematisch vergleichen. Schwieriger zu beurteilen ist, ob diese oder jene Lösung — gesamthaft gesehen — wirklich die einfachste ist, ob sie den Anforderungen der Auftraggeber gerecht wird, ob sie zuverlässig arbeiten wird. Kriterien dieser Art prüft man am besten in der Praxis, wobei eine Diskussion mit den Mitarbeitern unumgänglich ist. Möglicherweise muß auch eine Änderung der bestehenden Laororganisation ins Auge gefaßt werden.

Normalerweise werden durch das Prüfen von potentiellen Lösungen neue Erkenntnisse gewonnen, die Probleme werden transparenter, die Prioritäten verschieben sich. Man sollte sich dann nicht scheuen — unter Wahrung der Übersichtlichkeit eines solchen Vorhabens — neue Wunschvorstellungen zu kreieren, Lösungen zu suchen und erneut zu prüfen, denn es geht darum, die einfachste Lösung des Problems zu finden.

3.4. Einführung der Automation

Der routinemäßige Einsatz neuer Methoden und Automaten wird am besten in zwei Etappen durchgeführt: Einer Versuchsphase, in der sowohl die herkömmlichen Verfahren als auch die neuen eingesetzt werden und einer definitiven Phase, in der nur noch das einfachere, schnellere und genauere Verfahren angewendet wird.

Während der Einführungsphase wird die Labororganisation an die neuen Gegebenheiten angepaßt und die Überlegenheit der neuen Methoden dokumentiert.

Außerdem müssen die Analysenverfahren auf die neuen Gegebenheiten adaptiert und schriftlich formuliert werden. Das Personal wird mit den Neuerungen vertraut gemacht, die Auftraggeber informiert. Alles in allem eine arbeitsreiche Zeit, die nur dann lohnt, wenn auch eine einigermaßen dauerhafte Lösung gefunden wird.

Literatur

1. Bartels, H.: Chemische Analyse — Basiswissen, Berlin, Heidelberg, New York: Springer 1977
2. Arndt, R. W.; Werder, R: Automation in der Naßchemie-Analytik, Z. analyt. Chem. *287*, 15 (1977)
3. Werder, R.: Automation in der naßchemischen Analyse, Chemie Anlagen u. Verfahren *9*, 59 (1977)
4. Bartels, H.; Scheidegger, R.: Ein Automatensystem für die naßchemische Industrie-Analytik, GIT Fachzeitschrift für das Laboratorium, 1276, (1977)
5. Snyder, L.; Levine, G.; Stoy, R.; Conetta, A.: Automated Chemical Analysis: Update on Continuous-Flow Approach, Anal. Chem. *48*, 942A (1976)
6. Betteridge, D.: Flow Injection Analysis, Anal. Chem. *50*, 832A (1978)
7. van Gemert, J. T.: Automated Wet Chemical Analyzers and Their Application, Talanta *20*, 1045 (1973)
8. Foreman, J. K.; Stockwell, P. B.: Automated Chemical Analysis, Chichester: Ellis Horwood 1975
9. Price, C. P.; Spencer, K.: Centrifugal Analysers in Clinical Chemistry, Eastbourne U. K.: Praeger 1980
10. Kaiser, R.: Chromatographie in der Gasphase, Mannheim: Bibliographisches Institut 1975
11. Snyder, L. R.; Kirkland, J. J.: Introduction to modern liquid chromatography, New York: Wiley 1979

Ausschütteln von Metallhalogeniden aus wäßrigen Phasen

Professor Dr. H. Specker

Lehrstuhl für Anorganische Chemie der Ruhr-Universität Bochum
Postfach 2148, D - 4630 Bochum-Querenburg

1. Einführung

Zur Trennung von Substanzgemischen ist die Lösungsmittelextraktion aus
wäßrigen Phasen besonders geeignet. Einmal kann sie mit einfachen Hilfs-
mitteln im Scheidetrichter sehr schnell und einfach zur Extraktion von
Hauptbestandteilen und ferner zur Extraktion von Spuren von der Matrix
eingesetzt werden. Diese Ausschüttelungen haben die analytische Aufgabe,
durch Entfernen des Hauptbestandteiles für die folgende Spurenanalyse,
die immer mit physikalischen Methoden durchgeführt wird, den störenden
Untergrund zu verringern, d. h. Verhältnis des Signals zum Untergrund
(signal: noise) zu verbessern. Die Elemente werden dabei in Verbindungen
überführt, die in Wasser nur wenig, in organischen Lösungsmitteln dagegen
sehr leicht löslich sind. In der organischen Analyse wird im allgemeinen —
von der Trennung der Lanthaniden, Actiniden und einiger chemisch sehr
ähnlicher Elemente, Nb—Ta, Zr—Hf abgesehen — die Extraktion durch
einen Ausschüttelungsvorgang durchgeführt. Die einmalige Ausschüttelung
setzt allerdings große Unterschiede zwischen den Verteilungskoeffizienten
D der zu trennenden Elemente voraus, wobei unter D das Verhältnis der
analytisch bestimmbaren Gesamtkonzentration c des Metalls in der
organischen und wäßrigen Phase verstanden wird, da nur diese Definition
analytisch sinnvoll ist:

$$D = \frac{c_0}{c_w}.$$

Daneben verwendet man in der Praxis zur Kennzeichnung des Ver-
teilungsverhaltens noch drei weitere Begriffe nämlich den *Extraktions-
grad E*, der auch als prozentuale Verteilung angegeben wird:

$$E\% = \frac{m_0}{m_0 + m_w} \cdot 100$$

und als Maß für die Trennung zweier Substanzen A und B den *Trennfaktor*

$$\beta = \frac{D_A}{D_B}$$

und den *Anreicherungsfaktor*

$$\alpha = \frac{E_A}{E_B}.$$

Durch Aneinanderreihen einfacher Verteilungsprozesse gelangt man zu den multiplikativen Verteilungsverfahren, wobei sich kleine Trenneffekte aufsummieren lassen. Sie haben zwar z. B. bei der Trennung der Seltenen Erden und im Bereich der organischen und Biochemie große Bedeutung gehabt, finden aber durch die Entwicklung chromatographischer Verfahren heute nur noch wenig Anwendung und werden hier aus dem Grunde auch nicht behandelt.

Die Extraktionsmechanismen von Metallhalogeniden lassen sich in zwei Gruppen einteilen:

1. Die einfachen Halogenidsysteme, die in der wäßrigen Phase als undissoziierte Moleküle vorliegen und ohne chemischen Eingriff von dem organischen Lösungsmittel extrahiert werden.

   Beispiele: $AsCl_3$, $GeCl_4$.

2. Die zweite Gruppe von Verteilungssystemen gehorcht einem grundsätzlich anderen Reaktionsmechanismus, da das Extraktionsmittel selbst eine direkte oder koordinative Bindung mit dem Metallkation eingeht. Das organische Solvens als Lewis-Base und das Metall-Kation als Lewis-Säure bilden eine Donator-Acceptorverbindung aus.

   Beispiele: $Fe(SCN)_3(TBP)_3$; $UO_2(NO_3)(TBP)_2$; $BiJ_3(TBP)_3$;
   $HgJ_2(TBP)_2$; $Li[HgJ_3]TBP$; $Hg(NCS)_2 \cdot (TBP)_4$;
   $FeCl_3(IBMK)_3$ und $[FeCl_4]^-(IBMK)_2$
   (TBP = Tributylphosphat, IBMK = Isobutylmethylketon)

Dazu gehören organische Verbindungen mit koordinationsfähigen Sauerstoff-, Schwefel- oder Stickstoffatomen, wie z. B. Ether, Alkohole, Ketone, Ester, Pyridine und Pyridin-N-oxide als Solventien mit relativ großer Dielektrizitätskonstante. Ein Vergleich der Elektronegativitätswerte nach Pauling zeigt, daß die P=O-Gruppe stärker polarisiert ist als die Carbonylgruppe; aus dem Grunde sind Verbindungen mit P=O-Gruppierung stärkere Elektronendonatoren und damit bessere Extraktionsmittel als Ketone oder Ether. Allerdings ist mit sehr aktiven Extraktionsmitteln im allgem. eine Verschlechterung der Selektivität verbunden. Das zeigt sich besonders bei der Extraktion von Fe(III)-chlorid aus salzsauren Lösungen. Mit Ketonen kann eine fast selektive Extraktion von Eisen(III) erreicht werden, mit Tributylphosphat dagegen nicht, da weitere Elemente erheblich mit ausgeschüttelt werden. In Abb. 1 sind einige Lösungsmittel zur Extraktion von Eisen(III)-chlorid in Abhängigkeit von der Salzsäurekonzentration zusammengestellt. Der extrem hohe Verteilungskoeffizient D mit Phosphorsäureestern, der praktisch eine quantitative Extraktion beinhaltet, ist mit einer Abnahme der Selektivität verbunden (s. später).

2. Möglichkeiten für extraktive Trennungen

Ausschütteln von Metallhalogeniden ist ein Trennverfahren; in nur sehr wenigen Fällen läßt sich der Extrakt direkt zu einer analytischen Bestimmung verwenden; eine solche Bestimmung erfordert, abgesehen von einigen Thiocyanaten wie beim Eisen, Kobalt, Molybdän, Ruthenium, Niob und Rhenium fast immer eine zusätzliche Farbreaktion und ist nur unter genauer Einhaltung der Analysenvorschriften reproduzierbar. Anzustreben ist immer, durch eine einmalige Ausschüttelung im Scheidetrichter die erwünschte Trennung zu erreichen. Dazu sind zur Ausnutzung eines analytischen Trennverfahrens erforderlich:

1. Hoher Verteilungskoeffizient des zu extrahierenden Hauptbestandteiles oder des bzw. der Spurenelemente
2. Genügende Selektivität
3. Sehr reine Reagentien beim Ausschüttelungsvorgang, um das Einschleppen von Verunreinigungen zu vermeiden.
4. Die nachfolgende quantitative Bestimmung der Kationen durch die chemische Operation des Ausschüttelungsvorganges nicht zu erschweren. Um die Bedingungen in 3 und 4 zu erreichen, ist es stets von besonderem Vorteil, leicht zu reinigende und leicht zu entfernende Halogenide zu benutzen, wie z. B. reinste Salzsäure oder Flußsäure.

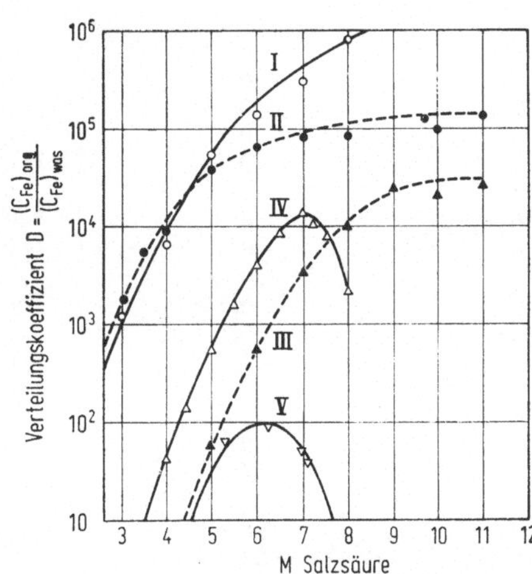

Abb. 1. Extraktion von Eisen(III)-chlorid mit organischen Lösungsmitteln

I   Tri-n-amylphosphat,
II   Tri-n-butylphosphat,
III Methyl-isobutylketon,
IV Di-n-propylketon,
V   Diethylether

Eine Vorstellung von der Größe von Verteilungskoeffizienten mit verschiedenen organischen Lösungsmitteln bei der Extraktion von Eisen(III) aus salzsaurer Lösung in Abhängigkeit von der HCl-Konzentration gibt die Abb. 1.

Mit Diethylether erreicht man einen Verteilungskoeffizienten von 10^2, mit Tributylphosphat und besonders mit Tri-n-amylphosphat 10^5 bzw. 10^6. Diese sehr hohen, fast quantitativen Verteilungskoeffizienten hängen einmal mit der besonderen Eigenschaft der P=O-Gruppe zusammen, ferner mit der geringen Löslichkeit dieser Ester wegen der hydrophoben Gruppen in wäßriger Salzsäure. Für die Analytik ist aber fast immer ein Verteilungskoeffizient von 10^3, das heißt eine 99,9% Extraktion, völlig ausreichend. Im allgem. ist dadurch auch eine bessere Selektivität als bei extrem hohen Verteilungskoeffizienten gegeben.

Selektivität ist immer dann erforderlich, wenn ein Element, z. B. Eisen, Quecksilber, Gallium oder Uran, allein ausgeschüttelt werden muß. Diese Selektivitätsänderung erreicht man bei halogenidhaltigen, sauren Extraktionssystemen:

a) durch Wahl eines bestimmten pH-Bereiches oder eines geeigneten organischen Lösungsmittels

Tabelle 1. Prozentuale Verteilung beim Ausschütteln von Metallchloriden zwischen Isobutylmethylketon aus 7 N HCl und 7 N LiCl (wäßrige Phase)

Metall	7 N HCl	7 N LiCl	Rückextraktion mit Wasser
Li	2	4	100
Be	0	0	—
Mg	0	0	—
Ca	0	0	—
Sr	0	0	—
Ba	0	0	—
Al	0	0	—
Ce^{III}	0	0	—
Ti	2	0	100
Zr	0	0	—
Pb	0	0	—
Cr^{III}	0	0	—
Ag	0	0	—
Bi	0,5	0	100
Mn^{II}	0,7	0	100
Th	~ 1	0	100
Ni	~ 1	0	100
Co	2—3	0	100
As^V	$\sim 3,5$	0	100
Cu^{II}	4	1,0	100
Zn	5—6	0,8	100
Cd	12—13	0	100
U^{VI}	~ 22	4,5	100
Sb^{III}	69,2	47	fällt aus
V^V	~ 81	0	100
As^{III}	~ 88	33,4	100
Sn^{IV}	~ 93	90,8	fällt aus
In	~ 94	~ 60	100
Mo^{VI}	~ 96	0	100
$Cr^{VI}*$	~ 98 (100)	0	100
Ga	$> 99,9$	$> 99,9$	100
Fe^{III}	99,996	99,944	100

b) durch Dosierung des aktiven Solvens (Tributylphosphat) in einem inaktiven Lösungsmittel wie z. B. in Isooctan, Benzol oder Toluol
c) durch Änderung der Kationenwertigkeit
d) durch stöchiometrische Zugabe des zu extrahierenden Halogenids in der wäßrigen Phase beim Ausschütteln z. B. besonders von Jodiden.

Beispiele sind in einem Übersichtsreferat [1] wiedergegeben. Ein Beispiel zur Verbesserung der Selektivität durch Änderung des pH-Wertes bei gleicher Chloridkonzentration gibt Tabelle 1. Der Verbesserung der Selektivität eines Extraktionssystems durch Dosieren des aktiven Lösungsmittels in einem inerten Lösungsmittel zeigt sich besonders eindrucksvoll bei der Extraktion von Eisen(III) aus 7 N-Salzsäure mit Tributylphosphat. So werden Zink und Cadmium mit reinem Tributylphosphat aus 7 N-Salzsäure zu mehr als 90% extrahiert, aus einer 1 M Eisen(III)-chloridlösung zu 6% unter sonst gleichen äußeren Bedingungen, aber bei Dosierung von Tributylphosphat:Eisen(III) im Molarverhältnis 3:1 nur zu 1% [2]. Hohe Selektivität erreicht man bei der Abtrennung von Quecksilber(II)-jodid oder Wismutjodid von mehreren Spurenelementen durch stöchiometrische Zugabe von Jodid zur wäßrigen Phase. Voraussetzung ist, daß die Konzentration der Hauptbestandteile, in diesem Fall Quecksilber oder Wismut, bekannt ist und der Verteilungsmechanismus und die Zusammensetzung der extrahierten Verbindung für das Hauptelement bekannt sind. Anschaulich zeigt dieses fraktionierte Extraktionssystem Abb. 2.

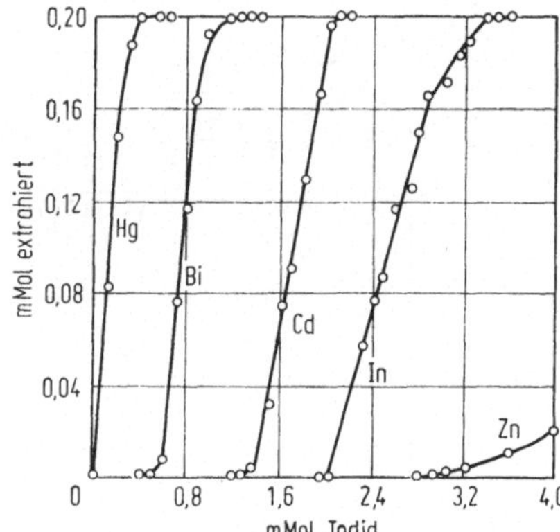

Abb. 2. Fraktionierte Extraktion von Jodiden, Vorgabe: 0,2 m Mol Metall

Zunächst wird Quecksilber quantitativ ausgeschüttelt, dann die weiteren Elemente. Praktisch ist es so möglich, durch einen Verteilungsschritt 99,9999% einer 10 g-Einwaage Quecksilber von Mikro- und Nano-Gramm Mengen anderer Elemente zu trennen. So konnten anschließend die Spurenelemente Fe, Cu, Ni, Mn, Pb, Cd, Bi und Zn mit physikalischen Methoden noch mit guter Genauigkeit in der wäßrigen Phase bestimmt werden [3]. Nach demselben Ausschüttelungsvorgang kann auch Wismut quantitativ von anderen Verunreinigungen abgetrennt werden [4]. Als Beispiel zur

Tabelle 2.

Element	wäßrige Phase	organische Phase	extrahierte Verbindung	Verteilungs-koeffizient
Cs I	10 M HCl	Nitrobenzol	CsCl	
	J_{1-5}^-	Nitrobenzol	CsJ_n	
	J_4CNS^-	Nitrobenzol	CsJ_4CNS Trennung von	
	10 M HCl	Nitropropan	CsCl Natrium	
	J_{1-5}^-	Nitropropan	CsJ_n	
	J_4CNS^-	Nitropropan	CsJ_4CNS	
Rb I	J_n^-	Nitromethan/Benzol 1:1	RbJn; Trennung von Kalium	$9 \cdot 10^0$
Be II	0,5 M HCl + 7 M NH_4CNS	Ether	$Be(CNS)_2$	$> 10^1$
Ga III	4 M HCl	TBP	$GaCl_3 \cdot 3\,TBP$	$8 \cdot 10^2$
	4 M HCl	MIBK	$GaCl_3 \cdot 3\,MJBK$	$5 \cdot 10^2$
	6 M HCl	MIBK	$H[GaCl_4] \cdot 2\,MIBK$	$8 \cdot 10^2$
	6 M HCl	Cyclohexanon	$H[GaCl_4] \cdot 2\,Cyclo$	
	6—9 M HCl	TBP	$H[GaCl_4] \cdot 2\,TBP$	$1 \cdot 10^3$
	7 M HCl	Isopropylether	$[GaCl_4]^-$	
	5 M HBr	Ether	$GaBr_3$	$> 10^2$
	7 M NH_4CNS + 0,5 M HCl	Ether	$Ga(CNS)_3$	$> 10^2$
	NH_4CNS	TBP	$Ga(CNS)_3 \cdot 3\,TBP$	$> 10^2$
	NH_4CNS	TBP	$[Ga(CNS)_4]^- \cdot 2\,TBP$	$> 10^2$
In III	4 M HCl	TBP	$[InCl_4]^- \cdot 2\,TBP$	$3 \cdot 10^2$
	6 M HCl	TBP	$[InCl_4]^-$	$2,5 \cdot 10^2$
	6 M HCl	MIBK	$[InCl_4]^-$	$7 \cdot 10^1$
	8 M HCl	MIBK	$[InCl_4]^- \cdot 2\,MIBK$	$8 \cdot 10^1$
	4 M HBr	Ether	$InBr_3$	10^3
	5 M HBr	TBP	$[InBr_4]^- \cdot 2\,TBP$	10^2
	LiJ	TBP	$[InJ_4]^- \cdot 2\,TBP$	10^3
	LiJ	Cyclohexanon	$[InJ_4]^- \cdot 2\,Cyclo$	10^3

	LiJ	MIBK	$[InJ_4]^- \cdot 2\,MIBK$	10^3
	$1,5\,N\ H_2SO_4 + 1,5\ M\ LiJ$	Ether	InJ_3	$5 \cdot 10^2$
	NH_4CNS	TBP	$In(CNS)_3 \cdot 3\,TBP$	10^2
	NH_4CNS	TBP	$[In(CNS)_4]^- \cdot 2\,TBP$	10^2
	NH_4CNS	MIBK	$[In(CNS)_4]^- \cdot 2\,MIBK$	10^2
Tl III	4 M HCl	TBP	$[TlCl_4]^-$	$9 \cdot 10^3$
	6 M HCl	TBP	$TlCl_3 \cdot TBP$	10^4
	6 M HCl	Ether	$[TlCl_4]^-$	$> 10^2$
	LiCl	TBP	$[TlCl_4]^- \cdot 2\,TBP$	$> 10^2$
	LiCl	Cyclohexanon	$[TlCl_4]^- \cdot 2\,Cyclo$	$> 10^2$
	LiCl	MIBK	$[TlCl_4]^- \cdot 2\,MIBK$	$> 10^2$
	1 M HBr	Ether	$TlBr_3$	$> 10^3$
	LiBr	TBP	$[TlBr_4]^- \cdot 2\,TBP$	$> 10^3$
	1 M HJ	Ether	(TlJ_3)	$> 10^2$
Tl I	1 M HBr	Ether		10^3
	$0,5—2\ M\ HJ$	Ether	$[TlJ_2]^-$	$> 10^2$
Ge IV	7,5 M HCl	MIBK	$GeCl_4$	10^2
	11 M HCl	Benzol	$GeCl_4$	$> 10^2$
	11 M HCl	CCl_4	$GeCl_4$	$> 10^2$
	12 M HCl	TBP	$GeCl_4$	$9 \cdot 10^1$
Sn II	$1,5\ M\ KJ + 1,5\,N\ H_2SO_4$	Ether	SnJ_2	$> 10^3$
	7 M HJ	Ether	SnJ_2	$> 10^3$
	$KJ + H_2SO_4$	Benzol	SnJ_2	10^2
	4,6 M HF	Ether	SnF_2	10^3
Sn IV	4 M HCl	TBP	$SnCl_4 \cdot 2\,TBP$	$> 10^3$
	$KJ + H_2SO_4$	Ether	SnJ_4	$> 10^3$
	$KJ + H_2SO_4$	Benzol	SnJ_4	10^2
	4,6 M HF	Ether	SnF_4	10^3
	$0,5\ M\ HCl + 5\ M\ NH_4CNS$	Ether	$Sn(CNS)_4$	$> 10^3$
As III	9 M HCl	TBP	$AsCl_3 \cdot TBP$	$6 \cdot 10^1$
	11 M HCl	CCl_4	$AsCl_3$	10^2
	11 M HCl	Benzol	$AsCl_3$	10^2

Tabelle 2 (Fortsetzung)

Element	wäßrige Phase	organische Phase	extrahierte Verbindung	Verteilungs-koeffizient
Sb III	$10\ M\ H_2SO_4 + 3\ M\ HBr$	Benzol	$AsBr_3$	$> 10^2$
	$9\ M\ HCl$	TBP	$SbCl_3 \cdot TBP$	10^3
	LiBr	Cyclohexanon	$SbBr_3 \cdot 3\,Cyclo$	
	$10\ M\ H_2SO_4 + 3\ M\ HBr$	Benzol	$SbBr_3$	$> 10^2$
	$5\ M\ H_2SO_4 + 1\ M\ KJ$	Benzol	SbJ_3	$5 \cdot 10^2$
	$7\ M\ HJ$	Ether	SbJ_3	$> 10^3$
	LiJ	Cyclohexanon	$SbJ_3 \cdot 3\,Cyclo$	$> 10^3$
Sb V	$6,5-8,5\ M\ HCl$	Isopropylether	$SbCl_5$	10^3
	$7\ M\ HCl$	MIBK	$SbCl_5$	$> 10^2$
	$5\ M\ HBr$	Ether	$SbBr_5$	$2 \cdot 10^1$
Bi III	$4\ M\ LiJ$	Cyclohexanon	$BiJ_3 \cdot 3\,Cyclo$	$> 10^3$
	$4\ M\ LiJ$	TBP	$BiJ_3 \cdot 3\,TBP$	$> 10^3$
	$4\ M\ LiJ$	MIBK	$Li[BiJ_4] \cdot 2\,MIBK$	$> 10^3$
	$4\ M\ LiJ$	Cyclohexanon	BiJ_4^-	$> 10^3$
Se IV	$8\ M\ HCl$	MIBK	$SeCl_4$	$8 \cdot 10^1$
	$12\ M\ HCl$	TBP	$SeCl_4$	$7 \cdot 10^2$
	$9\ M\ HCl/Acetophenon$	$CHCl_3$	$SeCl_2(C_8H_7O)_2$	$> 10^3$
	$3,5\ M\ HBr$	MIBK	$SeBr_4$	$> 10^2$
	$4\ M\ KJ + 5\ M\ H_2SO_4$	Benzol	SeJ_4	$7 \cdot 10^0$
Te IV	$12\ M\ HCl$	TBP	$TeCl_4$	$8 \cdot 10^2$
Cu I	LiJ	Cyclohexanon	$[CuJ_2]^-$	
	LiJ	TBP	$[Cu_2J_3]^-$	
Ag I	$0,4\ N\ H_2SO_4 + 4\ M\ LiJ$	Cyclohexanon	$[AgJ_2]^-$	$> 10^2$
	$4\ M\ LiJ$	Cyclohexanon	$Li[Ag_2J_3]$	$> 10^2$
Au III	$9\ M\ HCl$	TBP	$H[AuCl_4] \cdot 3\,TBP$	$5 \cdot 10^4$
	$4\ M\ HCl$	MIBK	$H[AuCl_4] \cdot 3\,MIBK$	$5 \cdot 10^2$

Zn II	4 M HCl	TBP	$ZnCl_2 \cdot 2TBP$	$4 \cdot 10^1$
	0,5 M HCl + 3 M NH_4CNS	Ether	$[Zn(CNS)_3]^-$	$3,5 \cdot 10^1$
	4 M NH_4CNS	TBP	$Zn(CNS)_2 \cdot 4TBP$	$> 10^2$
Cd II	1,5 M H_2SO_4 + 3 M KJ	Ether	$K[CdJ_3]$	$> 10^3$
	7 M HJ	Ether	$H[CdJ_3]$	$> 10^3$
	LiJ	TBP	$Li[CdJ_3] \cdot 3TBP$	$> 10^3$
	LiJ	Cyclohexanon	$Li[CdJ_3] \cdot 3\,Cyclo$	$> 10^3$
	LiJ	MIBK	$Li[CdJ_3] \cdot 3\,MIBK$	$> 10^3$
Hg II	1—4 M HCl	TBP	$HgCl_2 \cdot 2TBP$	$8 \cdot 10^1$
	2 M LiJ	TBP	$HgJ_2 \cdot 2TBP$	$> 10^3$
	3 M LiJ	TBP	$Li[HgJ_3] \cdot TBP$	$> 10^3$
	2—3 M LiJ	Cyclohexanon	$HgJ_2 \cdot 2\,Cyclo$	$> 10^3$
	2—3 M LiJ	MIBK	$HgJ_2 \cdot 2\,MIBK$	$> 10^3$
	7 M HJ	Ether	HgJ_2	$> 10^3$
Sc III	12 M HCl	TBP	$ScCl_3$	10^3
	9 M HCl	TBP	$ScCl_3$	$4 \cdot 10^2$
	0,5 M HCl + NH_4CNS	Ether	$Sc(CNS)_3$	
Zr IV	9 M HCl	TBP	$Zr(OH)_2Cl_2 \cdot 2\,(TBP\ HCl)$	$5 \cdot 10^3$
	NH_4CNS	TBP	$[ZrO(CNS)_2 \cdot 2TBP]_x$	
Hf IV	9 M HCl	TBP	$Hf(OH)_2Cl_2 \cdot 2\,(TBP\ HCl)$	$2,5 \cdot 10^2$
	NH_4CNS	TBP	$[HfO(CNS)_2 \cdot 2TBP]_x$	
V V	6 M HCl	TBP	$VOCl_3 \cdot 2TBP$	$5 \cdot 10^1$
	9 M HCl	TBP	$HVO_2Cl_2 \cdot 2TBP$	$7 \cdot 10^1$
Nb V	12 M HCl	TBP		$3 \cdot 10^3$
	10 M HF + 6 N H_2SO_4 + 2,2 M NH_4F	MIBK	(mit Tantal zusammen)	$2,5 \cdot 10^1$
Ta V	9 M HCl	TBP		$4 \cdot 10^3$
	12 M HCl	TBP		$6 \cdot 10^3$
	6 M H_2SO_4 + 10 M HF	Ether		$4 \cdot 10^0$
	10 M HF + 6 N H_2SO_4 + 2,2 M NH_4F	MIBK	(mit Niob zusammen)	$2,5 \cdot 10^2$

Tabelle 2 (Fortsetzung)

Element	wäßrige Phase	organische Phase	extrahierte Verbindung	Verteilungs-koeffizient
Cr VI	7 M HCl	MIBK	$HCrO_3Cl \cdot 2\,MIBK$	$> 10^2$
Mo VI	4 M HCl	TBP	$MoO_2Cl_2 \cdot 2\,TBP$	$5 \cdot 10^2$
	8 M HCl	MIBK	$MoO_2Cl_2 \cdot 2\,MIBK$	$2,5 \cdot 10^1$
Mo V	1 M NH_4CNS + 0,5 M HCl	Ether		$> 10^2$
	0,5—3 M NH_4CNS + 3 M HCl	MIBK		10^3
W VI	4 M HCl	TBP	$WO_2Cl_2 \cdot 2\,TBP$	$5 \cdot 10^2$
	6 M HCl	MIBK	$WO_2Cl_2 \cdot 2\,MIBK$	
W V	3 M NH_4CNS + 1—3 M HCl	MIBK		10^3
Tc V	0,5 M NH_4CNS	Butylacetat		$> 10^3$
Tc	6 M HCl	TBP		10^2
Fe III	6 M HCl	Ether	$FeCl_3$	10^2
	7 M LiCl	TBP	$[FeCl_4]^- \cdot 2\,TBP$	10^4
	8 M HCl	Isopropylether	$FeCl_3$	10^3
	8 M HCl	TAP	$[FeCl_4]^- \cdot 2\,TAP$	10^6
	8 H HCl	TBP	$[FeCl_4]^- \cdot 2\,TBP$	10^5
	5 M HBr	Ether	$FeBr_3$	$3,3 \cdot 10^1$
	4 M HBr	MIBK	$FeBr_3$	$> 10^3$
	6,5 M NH_4CNS	TBP	$Fe(CNS)_3 \cdot 3\,TBP$	$> 10^3$
	6,5 M NH_4CNS	MIBK	$Fe(CNS)_3 \cdot 3\,MIBK$	$> 10^3$
	6,5 M NH_4CNS	Cyclohexanon	$Fe(CNS)_3 \cdot 3\,Cyclo$	$> 10^3$
	0,5 M HCl + 6,5 M NH_4CNS	Ether	$[Fe(CNS)_4]^- \cdot 2\,Ether$	$1 \cdot 10^1$
Co II	8 M NH_4CNS	TBP	$Co(CNS)_2 \cdot 2\,TBP$	$> 10^2$
	8 M NH_4CNS	Cyclohexanon	$(NH_4)_2[Co(CNS)_4] \cdot x\,Cyclo$	$> 10^2$
Os IV	3—4 M HCl	TBP	$OsCl_4$	$> 10^2$
	1—4 M HBr	TBP	$OsBr_4$	$> 10^2$

Pt II	10 M HCl + 0,2 M $SnCl_2$ + 1 M NH_4Cl	Isoamylacetat		$> 10^2$
Pt IV	4—6 M HCl	TBP		$3 \cdot 10^1$
Ru III	NH_4CNS	Cyclohexanon	$Ru(CNS)_3$	
	NH_4CNS	MIBK	$Ru(CNS)_3$	
Rh III	6 M HCl	TBP/Hexan		
	0,17 M $SnBr_2$ + 1,5 M HBr + 1,5 M $HClO_4$	Isopentanol	$Rh-SnBr_2$-Komplex?	$\sim 10^2$
Th	12 M HCl	TBP		$1 \cdot 10^1$
Pa V	8 M HCl	MIBK		$9 \cdot 10^1$
	9 M HCl	TBP		10^3

TBP = Tributylphosphat, TAP = Triamylphosphat, MIBK = Methylisobutylketon

Verbesserung der Selektivität durch Änderung der Wertigkeit der Kationen sei die Extraktion von Fe(III) und Fe(II) aus salzsauren oder thiocyanathaltigen Lösungen angeführt. Eisen(III) läßt sich mit beiden Anionen quantitativ ausschütteln, Eisen(II) dagegen nicht. Dadurch ist es z. Z. möglich, Gallium von Eisen mittels Extraktion aus salzsaurer Lösung zu trennen. Die für andere Verteilungssysteme oftmals benutzte Maskierung durch Citrate, Tartrate, Fluoride und Komplexone bestimmter Kationen zur Verbesserung der Selektivität findet bei der Ausschüttelung aus halogenidhaltigen wäßrigen Phasen keine Anwendung, da die Maskierungsreaktionen in sauren Lösungen ohne Wirkung sind.

In Tabelle 2 sind die analytischen Möglichkeiten zur Trennung von Kationen mittels Ausschütteln aus halogenidhaltigen wäßrigen Lösungen zusammengestellt. Berücksichtigt wurden bevorzugt die Trennoperationen, bei denen eine Ausschüttelung im Scheidetrichter genügt. Multiplikative Verteilungen früher bei der Trennung aus rhodanidhaltigen Lösungen bei den Seltenen Erden von besonderer Bedeutung [5], sind durch teils automatisierte chromatographische Verfahren verdrängt (z. B. Ionenaustauscher, Säulenchromatographie, Dünnschichtchromatographie). Wesentliche Fortschritte der analytischen Praxis, um durch einmalige Ausschüttelungen zur Abtrennung von Kationen aus halogenidhaltigen wäßrigen Lösungen zu gelangen, hat es in den letzten 10 Jahren nicht gegeben. Fast alle Publikationen der letzten Jahre befassen sich mit mehreren Verteilungsschritten, z. T. durch Kombination von mehreren Halogeniden und Nitraten in der wäßrigen Phase, besonders bei sehr komplizierten analytischen Aufgaben der Spurenanalyse. Für bestimmte Kationen werden zusätzlich langkettige aliphatische oder aromatische Amine [6], sog. flüssige Anionenaustauscher verwendet, die den Ausschüttelungsvorgang stark verkomplizieren und immer mit genauen Analysenvorschriften verbunden sind. Das gilt besonders für das Ausschütteln von Übergangsmetallen aus halogenidhaltigen wäßrigen Lösungen durch Zusatz von Triphenylmethanfarbstoffen (Kristallviolett u. a.). Durch den hohen molaren Extinktionskoeffizienten ($\leq 85\,000$) sind diese Verfahren zwar sehr empfindlich, aber für ein einzelnes Element wenig selektiv [23]. Diese Ausschüttelungen finden in den Tabellen keine Berücksichtigung. Fragen anorganischer Extraktionsverfahren behandelten: Morrison und Freise [7], Fomin [8], Marcus [9], Irving und Williams [10]. Kettrup und Specker [1, mit 635 Literaturzitaten] gaben zusammenfassende Darstellungen über Extraktionsverfahren; Belcher [11] und Peppard [12] beschrieben Verteilungsverfahren unter besonderer Berücksichtigung analytischer und radiochemischer Probleme.

Einen Überblick über die Anwendung von Verteilungsverfahren *im technischen Meßstab* geben Treybal [15] und McKay und Mitarbeiter [16]. Für eine praktische Anwendung in der Spurenanalyse nach Ausschüttelungen mit genauer Analysenvorschrift sei besonders auf das „Handbuch der Spurenanalyse" von O. G. Koch u. G. A. Koch-Dedic [17] hingewiesen, ferner auf Markl [13] und Marcus und Kertes [14].

In älteren Arbeiten beschrieben R. Bock u. Mitarbeiter in systematischen Untersuchungen das Ausschütteln von Bromiden [18] und Thiocyanaten [19]. Specker u. a. von Chloriden [20, 21], Prokosev u. Mitarbeiter [22], mit 222 Literaturzitaten) die Extraktion von Jodiden.

Literatur

1. Kettrup, A.; Specker, H.: Fortschr. chem. Forsch. *10*, 238 (1968)
2. Specker, H.; Schirodker, R.: Z. Anal. Chem. *214*, 401 (1965)
3. Jackwerth, E.: Z. Anal. Chem. *202*, 81 (1964)
4. Jackwerth, E.: Z. Anal. Chem. *211*, 254 (1965)
5. Fischer, W.; Bock, R.: Z. Anorg. Allg. Chem. *249*, 146 (1942)
6. Coleman, C. F.: U. S. At. Energy. Comm. Rep. ORNL-10971 (1963)
7. Morrissen, G. H.; Freiser, H.: Anal. Chem. *36*, 93 R (1964)
8. Fomin, V. V.: Chemistry of Extraktion Processes. Israel Program for Scientific Translations 1962, PST Cat. No. 802
9. Marcus, Y.: Chem. Rev. *63*, 139 (1963)
10. Irving, H. M.; Williams, R. J.: Treatise on Analytical Chemistry. Vol. III, Sect. C, Chapt. 31, New York: Wiley 1961
11. Belcher, R.; Wilson, C. L.; West, T. S.: New Methods of Anal. Chemistry, 2nd. ed. Chapt. VIII, London: Chapman and Hall 1964
12. Peppard, D. F.: Liquid-Liquid Extraktion of Metal Ions: Advan. Inorg. Nucl. Chem. Vol. 9 New York: Academic Press 1966
13. Markl, P.: Extraktion und Extraktions-Chromatographie in der Anorganischen Analytik. Akadem. Verlagsgesellschaft Frankfurt/M. 1972
14. Marcus, Y.; Kertes, A. S.: Ion Exchange and Solvent Extraction of Metal Komplexes Wiley-Interscience, London, New York, Sydney, Toronto: J. Wiley 1969
15. Treybal, R. E.: Liquid Extraction, New York: McGraw-Hill 1963
16. McKay, H. A. L.; Jenkins, I. L.; Naylor, A.: In: Solvent Extraction Chemistry of Metals, London: McMillan 1965
17. Koch, O. G.; Koch-Dedic, G. A.: Handbuch der Spurenanalyse, Berlin, Heidelberg, New York: Springer 1974
18. Bock, R.; Kusche, H.; Bock, E.: Z. Anal. Chem. *138*, 167 (1953)
19. Bock, R.: Z. Anal. Chem. *133*, 110 (1951)
20. Bankmann, E.; Specker, H.: Z. Anal. Chem. *162*, 18 (1958)
21. Doll, W.; Specker, H.: Z. Anal. Chem. *161*, 354 (1958)
22. Prokosev, A. A.; Cucalin, L. K.; Jofa, B. Z.; Zolotov, Iu. A.: Z. Anal. Chim. *27*, 1364 (1972)
23. Maljutina, T. M.; Dobkina, B. M.; Egiazarova, N. V.; Kirillova, T. I.: Z. Anal. Chim. *29*, 1429 (1974)

II. Methoden

Affinitätschromatographie

Dr. W. Brümmer

E. Merck, Biochemische Forschung
Postfach 4119, D - 6100 Darmstadt 1

1. Einleitung

Affinitätschromatographie ist Adsorptionschromatographie, bei der die
spezifischen Wechselwirkungen, die biologische Substanzen eingehen
können, für präparative und analytische Zwecke genutzt werden.[1] Aus
diesem Grund ist die Affinitätschromatographie den herkömmlichen
Isolierungsmethoden überlegen, die auf der Ausnutzung gradueller
physikalisch-chemischer Unterschiede der Molekülgröße, der elektrischen
Ladung, der Löslichkeit etc. beruhen. Sie macht diese Methoden jedoch
nicht überflüssig, da in der Mehrzahl der Fälle eine mehr oder weniger
gründliche Vor- und in anderen Fällen eine Nachreinigung der zu isolierenden Substanzen mit Hilfe der herkömmlichen Methoden vorteilhaft bzw.
notwendig ist.

Das Prinzip der Affinitätschromatographie sei an einer Enzymreinigung erklärt (Abb. 1). An eine wasserunlösliche, aber hydrophile Träger-
matrix wird ein Enzyminhibitor als Ligand covalent gebunden. Man
erhält ein sog. Affinitätsharz. Die Bindung des Liganden erfolgt in der
Regel über eine Seitenkette (spacer). Dadurch wird erreicht, daß die
gebundenen Liganden mit den aktiven Zentren von Proteinen, die häufig
am Grunde von Taschen der globulären Makromoleküle angeordnet
sind, sterisch ungehindert Komplexe bilden können. Zur Anwendung packt
man das Affinitätsharz in der Regel in eine Chromatographiesäule und
schickt eine meist vorgereinigte Enzymlösung darüber. Aufgrund der
biospezifischen Wechselwirkung zwischen Enzym und Inhibitor wird
das Makromolekül am Affinitätsharz adsorbiert. Nach dem Auswaschen
der Begleitsubstanzen eluiert man die gewünschte Substanz von der Säule.

---

[1] Einige Firmen bieten Grundchemikalien für die Affinitätschromatogra-
phie an: Träger, Seitenketten (spacer), Liganden, Kopplungsreagenzien, ge-
brauchsfertige Affinitätsharze mit gruppenspezifischen Liganden. Ohne
Anspruch auf Vollständigkeit seien genannt: Bio-Rad Laboratories
München, Boehringer Mannheim, Calbiochem Gießen, Deutsche Pharmacia
Freiburg, Koch-Light (Vertrieb durch Paesel Frankfurt), E. Merck Darm-
stadt, Miles Frankfurt, P-L Biochemicals St. Goar, Serva Heidelberg,
Sigma-Chemie München, Amicon GmbH Witten.

Hierzu ändert man das Chromatographiemilieu durch

Erhöhen der Ionenstärke (Salzgradient),
Verschieben des pH-Werts in den sauren oder alkalischen Bereich (pH-Gradient) oder
durch kompetitive Verdrängung der Makromoleküle von der Säule,
d. h. im letzten Fall eluiert man mit einer Pufferlösung, die den Liganden des Affinitätsharzes oder eine andere Substanz enthält, die mit dem Makromolekül einen Komplex bilden kann. Dadurch wird fast immer zusätzlich eine Stabilisierung der isolierten Substanz erreicht.
Das Affinitätsharz wird durch gründliches Waschen regeneriert und kann wieder für dieselbe Chromatographie verwendet werden.

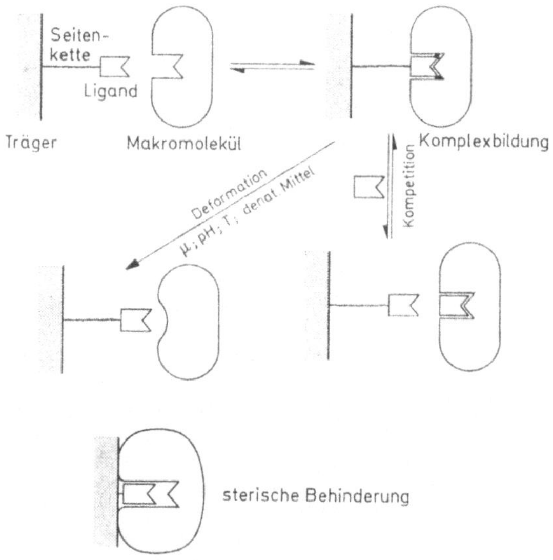

Abb. 1. Wirkungsweise der Affinitätschromatographie, sterische Behinderung der Komplexbildung bei Ligandenbindung ohne Seitenkette

Neben der Anwendung in der Säule ist auch der satzweise Einsatz der Affinitätsharze möglich.

Das Ziel der Affinitätschromatographie ist im allgemeinen die direkte Isolierung einer bestimmten Substanz in reiner Form. Die Methode kann aber auch zur Entfernung kleiner Mengen von Verunreinigungen dienen, die mit den herkömmlichen Methoden nicht oder nur unter Inkaufnahme von erheblichen Verlusten möglich ist. Oft ermöglicht die Affinitätschromatographie einen beträchtlichen Zeitgewinn, was bei instabilen biologischen Substanzen zu bemerkenswerten Verbesserungen der Ausbeuten führen kann. Gelegentliche Schwierigkeiten bei der Synthese des Affinitätsharzes können den Zeitgewinn aufheben.

Der Verlauf der Affinitätschromatographie wird durch die Stärke der Wechselwirkung zwischen dem covalent gebundenen Liganden und dem affinen Makromolekül bestimmt. Ein Maß für die Stärke dieses Komplexes ist seine Dissoziationskonstante K:

$$K = \frac{[L] \times [M]}{[LM]}$$

wobei [L], [M] und [LM] die Konzentrationen des Liganden, des Makromoleküls und des Komplexes aus den beiden Substanzen bedeuten. Am geeignetsten sind Komplexe, deren K-Werte zwischen 10^{-8} M und 10^{-4} M liegen.

2. Träger

Die wichtigste Voraussetzung für die Herstellung brauchbarer Affinitätsharze ist ein geeigneter Träger. Die Tatsache, daß sich biologische Makromoleküle auf die beschriebene Weise affinitätschromatographisch reinigen lassen, ist seit mehr als 50 Jahren bekannt. Das Fehlen eines brauchbaren Trägers stand der routinemäßigen Anwendung der Affinitätschromatographie lange Zeit im Wege. Ein geeigneter Träger soll folgende Eigenschaften besitzen: Er muß in Wasser unlöslich sein, aber benetzbar. Er muß gute mechanische Eigenschaften haben, Teilchengröße und Komprimierbarkeit müssen gute Laufeigenschaften der zu erstellenden Affinitätssäulen gewährleisten. Er muß makroporös sein, damit auch die im Innern der Poren gebundenen Liganden mit den zu isolierenden Makromolekülen in Wechselwirkung treten können. Er muß chemisch inert sein, insbes. soll er kein Ionenaustauscher und nicht hydrophob sein. Er muß chemisch stabil sein, er soll in Lösungen zwischen pH 2 und 12 nicht hydrolysiert werden. Er muß genügend funktionelle Gruppen zur direkten oder indirekten covalenten Bindung der Liganden haben. Die indirekte Bindung erfolgt über Seitenketten (spacer).

Tabelle 1. Trägereigenschaften

unlöslich in Wasser, aber hydrophil
gute mechanische Eigenschaften
makroporös
inert, insbesondere kein Ionenaustauscher und nicht hydrophob
chemisch stabil, insbesondere von pH 2—12
funktionelle Gruppen an Seitenketten

Mit der Einführung der Agarose als Trägersubstanz durch Cuatrecasas, Wilchek und Anfinsen begann 1968 der nun stetig wachsende Einsatz der Affinitätschromatographie zur Reindarstellung biochemischer Substanzen. Die Bindung der Liganden erfolgte mit Hilfe der BrCN-Aktivierung. Neben Agarose werden Cellulose, Dextrane, Polyacrylamide,

Polyhydroxyalkylmethacrylate, poröses Glas, Nylon und Vinylpolymere (Polystyrol, Polyvinylalkohol) als Träger verwendet. Keiner dieser Träger erfüllt alle Bedingungen, die an einen idealen Träger gestellt werden. In der Literatur wird überwiegend Agarose als Träger beschrieben.

Tabelle 2. Träger für die Affinitätschromatographie

Agarose
Dextran
Cellulose
Polyacrylamide
Polyhydroxyalkylmethacrylate
poröses Glas
Nylon
Vinylpolymere (Polystyrol, Polyvinylalkohol)

3. Bindungsmethoden

Die Bindung der Liganden an die Träger erfolgt in der Regel über eine Seitenkette (spacer). Dadurch wird eine sterische Behinderung der Komplexbildung zwischen dem trägergebundenen Liganden und dem in Lösung befindlichen Makromolekül vermieden (s. oben). Insbesondere niedermolekulare Liganden, wie synthetische Enzyminhibitoren, werden über Seitenketten gebunden. Bei hochmolekularen Liganden, z. B. beim Trypsininhibitor aus Soja-Bohnen, kann auf die Seitenkette verzichtet werden. Mit wachsender Länge der Seitenkette (z. B. Alkylrest) sollte die Komplexbildung in zunehmendem Maße ungehinderter verlaufen. Als Seitenketten werden bifunktionelle Moleküle, z. B. α,ω-Diaminoalkane bevorzugt. Damit besteht die Möglichkeit, daß der Träger bei der Einführung der Seitenkette quervernetzt wird, wodurch z. B. seine Porosität vermindert würde. Um dem entgegenzuwirken und gleichzeitig zu erreichen, daß nur eine funktionelle Gruppe, hier eine Aminogruppe, mit dem Träger reagiert und die zweite für die Bindung des Liganden frei bleibt, setzt man die Diamine in großem Überschuß ein. Weiter ist es möglich, daß sich eine lange aliphatische Seitenkette verknäult oder zurückfaltet, so daß der Ligand u. U. schwerer erreichbar ist, als wenn er direkt an den Träger gebunden wäre. In Übereinstimmung mit dieser Überlegung beobachtet man in der Praxis optimale Kettenlängen von 6—8 Methylen-Gruppen. Die Verwendung von Seitenketten mit starren Dreifachbindungen, wie sie beim Butin(2)yl-Rest vorliegen, verhindert das Zurückfalten oder Verknäulen der Seitenkette. Mit wachsender Länge der Seitenkette wächst auch deren hydrophober Charakter, so daß es zusätzlich zu unspezifischen hydrophoben Wechselwirkungen zwischen dem Affinitätsharz und dem biologischen Makromolekül kommen kann. Die hydrophoben Wechselwirkungen können so stark sein, daß sie in besonderen Fällen, in der sog. „Hydrophoben Chromatographie", selbst zur Substanztrennung genutzt werden. Weiter können bei der covalenten Bindung der Seitenketten oder Liganden ionische Ladungen auf dem Affinitätsharz entstehen, wodurch noch zusätzlich ionische Wechselwirkungen möglich werden. Bei der covalenten Bindung von Seitenketten und Liganden an hydroxylgruppen-haltige Träger mit Hilfe der BrCN-Methode, der bislang am häufigsten verwendeten Bindungsmethode, entstehen Isoharnstoff-Derivate, die einen pK-Wert von etwa 10 haben. Bei pH-Werten um 7, dem bevorzugten pH-Bereich der Affinitätschromatographie, sind sie somit positiv geladen. Die zusätzlich möglichen ionischen und hydrophoben Wechselwirkungen sind nicht in jedem Fall unerwünscht. Oft verstärken sie schwache biospezifische Wechselwirkungen ($K_M > 10^{-4}$ M) derart, daß erst durch diese zusätzlichen Wechselbeziehungen eine affinitätschromatographische Trennung möglich wird. Die dominierende Komponente muß jedoch die biospezifische Wechselwirkung sein. Dies muß immer durch Kontrollexperimente an „Kontroll- oder Scheinharzen" (engl. mock resins) überprüft werden. Das Kontrollharz kann oft nicht einfach der entsprechende Träger mit Seitenkette sein. Die funktionelle Gruppe am Ende einer Seitenkette ist häufig eine Amino- oder Carboxyl-Gruppe und weist somit bei pH 7 eine elektrische Ladung auf. Erst nach dem Verschließen der funktionellen Gruppe, was die Aufhebung der elektrischen Ladung zur Folge hat, liegt ein „Scheinharz" vor. Beispielsweise erhält man bei der Umsetzung eines carboxylgruppen-haltigen Trägers mit Äthanolamin (Kondensation mit wasserlöslichem Carbodiimid) ein Kontrollharz, bei dem nur der Ligand des Affinitätsharzes gegen Äthanolamin ausgetauscht ist.

Ist die Wechselwirkung zwischen Ligand und Makromolekül andererseits sehr groß ($K_M < 10^{-8}$ M), so kann es umgekehrt erforderlich werden, durch Variation der Bindungsart des Liganden die Wechselwirkung gezielt zu schwächen. Dies kann durch Verwendung eines anderen Trägers, durch Einbau kürzerer und/oder hydrophiler Seitenketten (z. B. mit —NH- und —OH-Gruppen) und durch Vermeidung ionischer Gruppen erreicht werden. Verwendet man bei der Bindung mit BrCN an Stelle der α,ω-Diaminoalkane Dihydrazide von α,ω-Dicarbonsäuren, so erhält man Träger mit Seitenketten, deren pK-Werte bei 4 liegen und die bei pH 7 ungeladen sind. Zur Erläuterung dieses Sachverhalts sei das Beispiel nach Tabelle 3 angeführt. Ein Affinitätsharz, das LDH zu binden vermag, enthält als Ligand AMP, das über die NH_2-Gruppe in Position 6 und über 3 verschiedene Seitenketten etwa gleicher Länge an Agarose gebunden ist. Die Seitenketten sind: Hexamethylendiamin(1,6), Adipinsäuredihydrazid und 2,3,4,5-Tetrahydroxy-1,6-diaminohexan. Sie unterscheiden sich durch ihren hydrophoben bzw. hydrophilen Charakter. Alle drei Seitenketten sind durch BrCN-Aktivierung an Agarose gebunden. Die Diamine ergeben dabei Isoharnstoff-Derivate (pK = 10), die bei pH-Werten um 7 positiv geladen sind. Das entspr. Derivat des Säurehydrazids (pK = 4) ist bei pH-Werten um 7 ungeladen. Aufgrund dieser Unterschiede bilden die AMP-Harze mit der LDH Komplexe von verschiedener Stärke. Den stärksten Komplex bildet das Affinitätsharz, dessen Ligand (AMP) über Hexamethylendiamin gebunden ist, wie die Elutionsbedingungen zeigen. Zur Zerlegung des Komplexes ist eine Erhöhung der Ionenstärke nicht ausreichend. Erst der Zusatz des Coenzyms NADH zum Elutionspuffer bewirkt eine kompetitive Verdrängung des Enzyms vom Harz und damit seine Elution. Die auffallend starke Komplexbildung

erklärt man damit, daß die biologische Affinität der LDH zum AMP
durch zusätzliche ionische und hydrophobe Wechselwirkungen verstärkt
wird. Verwendet man Adipinsäuredihydrazid als Seitenkette, so fällt
die ionische Wechselwirkung weg. Zur Elution ist eine Erhöhung der
Ionenstärke des Elutionspuffers durch KCl-Zusatz ausreichend. Wird
schließlich Tetrahydroxyhexamethylendiamin als Seitenkette verwendet,
so wird die LDH vom AMP-Harz nicht mehr zurückgehalten. Hierfür
ist inbes. der hydrophile Charakter der Seitenkette verantwortlich, der

Tabelle 3. Einfluß von Seitenkette und Ladung auf die Komplexstärke

Affinitätsharz	Elutionsbedingungen für LDH
(1) $\overset{\oplus}{N}H_2$ doppelt gebunden an: $A-O-C-NH-(CH_2)_6-NH \sim AMP(N_6)$, $pK = 9{,}4$	$KCl + NADH$
(2) $A-O-\overset{NH}{C}-NH-NH-\overset{O}{C}-(CH_2)_4-\overset{O}{C}-NH-NH \sim AMP(N_6)$, $pK = 4{,}2$	KCl
(3) $A-O-\overset{\oplus}{\underset{NH_2}{C}}-NH-CH_2-(CH)_4-CH_2-NH \sim AMP(N_6)$, mit OH-Gruppe, $pK = 9{,}4$	keine Bindung

eine Wechselwirkung (z. B. Wasserstoffbrückenbindung) mit dem ebenfalls hydrophilen Agarose-Träger ermöglicht. Dadurch können sich Seitenketten und Liganden so dicht an der Oberfläche der Trägerteilchen anlagern, daß die Komplexbildung aus sterischen Gründen unmöglich
wird. In den beiden anderen Fällen bewirkt der hydrophobe Charakter
der Seitenketten, daß die Seitenketten mit den Liganden am Ende von
den Trägerpartikeln wegstehen, wodurch die Komplexbildung sterisch
möglich wird.

Ein weiterer Parameter, der die Stärke der Komplexe beeinflußt, ist
die Belegungsdichte der Affinitätsharze mit Liganden. Bei schwacher
Komplexbildung ($K_M \gtrless 10^{-4}$ M) wird man eine große Belegungsdichte
anstreben, bei starker Komplexbildung ($K_M \lesssim 10^{-8}$ M) genügt eine
geringere Belegungsdichte. Zur Vermeidung allzu drastischer Elutionsbedingungen, wie des Einsatzes von Denaturierungsmitteln (Harnstoff,
Guanidiniumchlorid u. a.), ist sie in diesem Fall sogar günstig.

Selbstverständlich muß bei der Herstellung jedes Affinitätsharzes die
Bindung des Liganden so erfolgen, daß einerseits die Eigenschaften des
Trägers nicht nachteilig verändert werden und andererseits die Stelle

des Liganden, die für die Komplexbildung erforderlich ist, frei zugänglich
bleibt. Wie die Bindungsweise des Liganden die Komplexbildung beeinflussen kann, sei wieder am Beispiel des AMP gezeigt. AMP kann über
die NH_2-Gruppe in Position 6 des Purin-Rings, über C_8 des Purin-Rings,
über den Ribose-Rest und über die $5'$-Phosphat-Gruppe covalent gebunden
werden. Tabelle 4 veranschaulicht die Stärke der Komplexbildung von
Dehydrogenasen mit C_8- und N_6-gebundenem AMP. Bakterielle Alanin-
DH bildet mit C_8-gebundenem AMP den stärkeren Komplex, bakterielle

Tabelle 4. Bindung verschiedener Dehydrogenasen an N^6-(6-Aminohexyl)-
und C^8-(6-Aminohexyl)-AMP-Agarose

Enzym	Quelle	mM NADH[a]		K_i (mM)	
		C^8	N^6	C^8	N^6
Alanin-DH	B. subtilis	80	8	0,08	2,0
ADH	Horse liver	30	75	1,5	0,4
LDH	Rabbit muscle	30	190	2,0	0,1
LDH	Pig heart	10	30	2,4	0,1
MDH	Pig heart	0	35	4,4	0,2
MDH	B. subtilis	10	0	—	—
D-Gal-DH	Ps. flouresc.	0	0	11,0	2,5

[a] Konzentration bei Elution
(nach C. R. Lowe (1978) in P. V. Sundaram und F. Eckstein (eds.) „Theory
and Practice in Affinity Techniques (Int. Symp.)" p. 55—75, Academic
Press, London)

MDH wird nur von C_8-gebundenem AMP festgehalten. Galactose-DH,
die ebenfalls mikrobiellen Ursprungs ist, wird von keinem der beiden
Affinitätsharze gebunden. Die übrigen Dehydrogenasen der Tabelle sind
aus tierischen Organen gewonnen. Sie bilden alle mit dem N_6-gebun-
denen AMP die stärkeren Komplexe. Das Maß für die Komplexstärke ist
die NADH-Konzentration, die zur Elution erforderlich ist. Ein Vergleich
der Komplexstärken mit den Inhibitorkonstanten von löslichem C_8-
bzw. N^6-(6-Aminohexyl)-AMP zeigt eindeutig eine Parallelität zwischen
den Inhibitorkonstanten und den Komplexstärken: eine kleine Inhibitor-
konstante bedeutet eine starke Bindung und umgekehrt. Erwähnt sei
noch die Adenosindesaminase als ein Beispiel für ein Enzym, das nur
an Adenosin bindet, das über den Ribose-Teil an einen Träger fixiert
ist. Der Purin-Ring, an dem die enzymatisch katalysierte Umsetzung
stattfindet, muß frei zugänglich bleiben.

Die Betrachtungen zeigen, daß ein geeigneter Ligand, z. B. ein Enzyminhibitor mit einer K_i von 10^{-6} M, der an einen geeigneten Träger gebunden
wird, nicht ohne weiteres ein gutes Affinitätsharz ergibt. Durch Variation
der diskutierten Parameter: Träger, Seitenkette (Länge, Hydrophilie,
Hydrophobie), Ligand, Bindungsart, Bindungsstelle und Belegungsdichte, sollte das Affinitätsharz in jedem Falle optimiert werden, so
daß selektive Bindung und gute Eluierbarkeit gewährleistet sind.

Zur Knüpfung der covalenten Bindung zwischen Träger, Seitenkette und Ligand sind funktionelle Gruppen notwendig. Hierfür kommen in Frage (s. auch Tabelle 5): die Amino-Gruppe ($-NH_2$), die Hydroxyl-Gruppe ($-OH$), die Sulfhydryl-Gruppe ($-SH$), die Carboxyl-Gruppe ($-COOH$), die Aldehyd-Gruppe ($-CHO$), die z. B. durch Perjodatoxidation von Zuckerresten (wie des Ribose-Rests der Nucleoside) gebildet werden kann, der Oxiran-Ring (Epoxid-Ring), der durch nucleophilen Angriff geöffnet werden kann, die reaktive Vinyl-Gruppe (z. B. im Divinylsulfon), die aromatische Amino- und die aromatische Hydroxyl-Gruppe, die für Diazotierungen und für Diazokupplungen geeignet sind.

Tabelle 5. Funktionelle Gruppen

$-NH_2$	$-CH_2-CH-CH_2$ (Epoxid, O im Ring)
$-OH$	
$-SH$	$-CH=CH_2$
$-COOH$	
$-CHO$	aromatisch $-C_6H_4-NH_2$
	aromatisch $-C_6H_4-OH$

An die häufig als Träger verwendete hydroxylgruppen-haltige Agarose werden aminogruppen-haltige Seitenketten oder Liganden vorwiegend mit Hilfe der Bromcyan-Aktivierung gebunden (Bromcyan (BrCN) ist giftig; Abzug, Gasmaske). Auch andere hydroxylgruppen-haltige Träger (z. B. Dextrane, Cellulosen, vernetzte Polyhydroxyäthylmethacrylate) können so aktiviert werden. Bei der Reaktion der Hydroxyl-Gruppen mit Bromcyan entsteht zunächst Cyansäureester, der im Falle der Agarose direkt und im Falle von Dextran und Cellulose über ein cyclisches Imidocarbonat mit der Amino-Gruppe der Seitenkette oder des Liganden zum Isoharnstoff-Derivat reagiert (s. Abb. 2). Neben Isoharnstoff-Derivaten entstehen kleine Mengen Carbamate und Imidocarbamate.

Ein Nachteil dieser verbreiteten Kupplungsmethode ist die mit steigendem pH-Wert des Chromatographiemilieus zunehmende Instabilität der Isoharnstoff-Bindung. Ab pH 7 ist das Ausbluten der Liganden deutlich meßbar. Die Belegung mit einfachen niedermolekularen Aminen (wozu auch die üblichen Seitenketten gehören) nimmt bei frisch gepackten Säulen pro Tag um 0,1% ab. Proteine bluten nur zu 0,02% pro Tag aus, da sie offenbar über mehrere funktionelle Gruppen gebunden sind. Die Verlustrate geht nach etwa 30 Tagen auf 16% des Ausgangswertes zurück. Wenn die Dissoziationskonstante des Affinitätskomplexes nicht zu klein ist (nicht kleiner als etwa 10^{-5} M) und die Konzentration des nicht covalent gebundenen Liganden etwa 3% nicht übersteigt, so stört der lösliche Anteil des Liganden den Chromatographieverlauf nicht, solange die Belegung des Harzes einen kritischen Wert (etwa $1-2$ µMole/ml Säulenbett) nicht unterschreitet. Dies trifft für viele Anwendungen der Affinitätschromatographie zu, z. B. für die meisten Enzymreinigungen. Ist die Dissoziationskonstante jedoch klein (z. B. 10^{-9} M), wie es für die Wechselwirkung von Hormonen mit ihren Rezeptorproteinen zutrifft, so genügt ein löslicher Anteil des Liganden von nur 0,01% zur Sättigung des Rezeptorproteins, so daß die Affinitätssäule praktisch unwirksam zu sein scheint, d. h., sie kann unter diesen Bedingungen kein Rezeptorprotein festhalten. Verwendet man in solchen Fällen multivalente Seitenketten, wie Polylysin, Polylysin-D,L-Alanin oder Polyacrylsäurehydrazid, die mehrfach covalent an den Träger geknüpft sind, so geht der Prozentsatz der abhydrolysierbaren Liganden von 0,1% auf 0,0001% zurück.

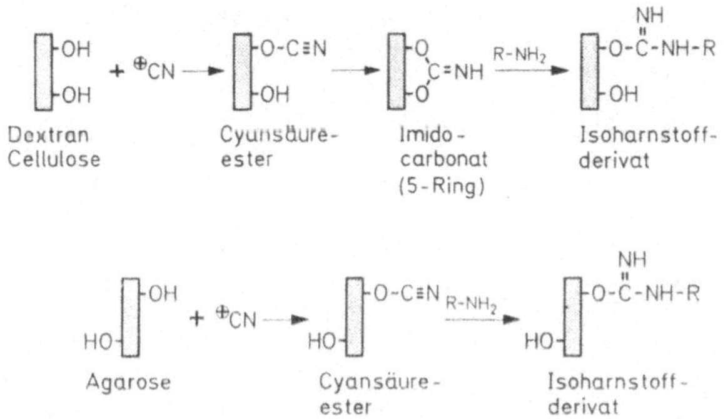

Abb. 2. Aktivierung von Agarose, Dextran und Cellulose durch Bromcyan (BrCN) (nach J. Kohn und M. Wilchek (1978) Biochem. Biophys. Res. Commun. 84, 7—14)

Hydroxylgruppen- und aminogruppen-haltige Träger lassen sich auch mit Hilfe von Diisocyanaten, wie Toluoldiisocyanat, derivatisieren[2] (Abb. 3A). Die Umsetzung mit Hydroxyl-Gruppen erfolgt in wasserfreiem Milieu, z. B. in trockenem Dioxan oder Tetrahydrofuran und erfordert eine starke Base, wie Natriumimidazolid, als Katalysator. Durch die Menge des eingesetzten Katalysators läßt sich die Belegungsdichte variieren. Für die Umsetzung mit Amino-Gruppen genügt eine schwache Base, wie Triäthanolamin, als Katalysator. Auch diese Umsetzung erfolgt am besten in wasserfreier Lösung. Proteine lassen sich jedoch nur in wäßrigem Milieu umsetzen, am besten in gepufferter Lösung zwischen pH 6 und 10. Als Nebenreaktion tritt dabei die Hydrolyse der Isocyanat-Gruppe durch Wasser auf. Die Störung ist von geringer Bedeutung, da die Amino-Gruppen der Proteine und anderer biologisch aktiver Materialien wesentlich rascher mit Isocyanat reagieren als Wasser. Die Reaktionsprodukte dieser Umsetzungen sind Harnstoff-Derivate und Urethane, die bei pH-Werten von 3 bis 10 stabil sind. Nichtblutende

---

[2] Ch. Biebricher, persönliche Mitteilung und Dtsch. Pat. 2621974

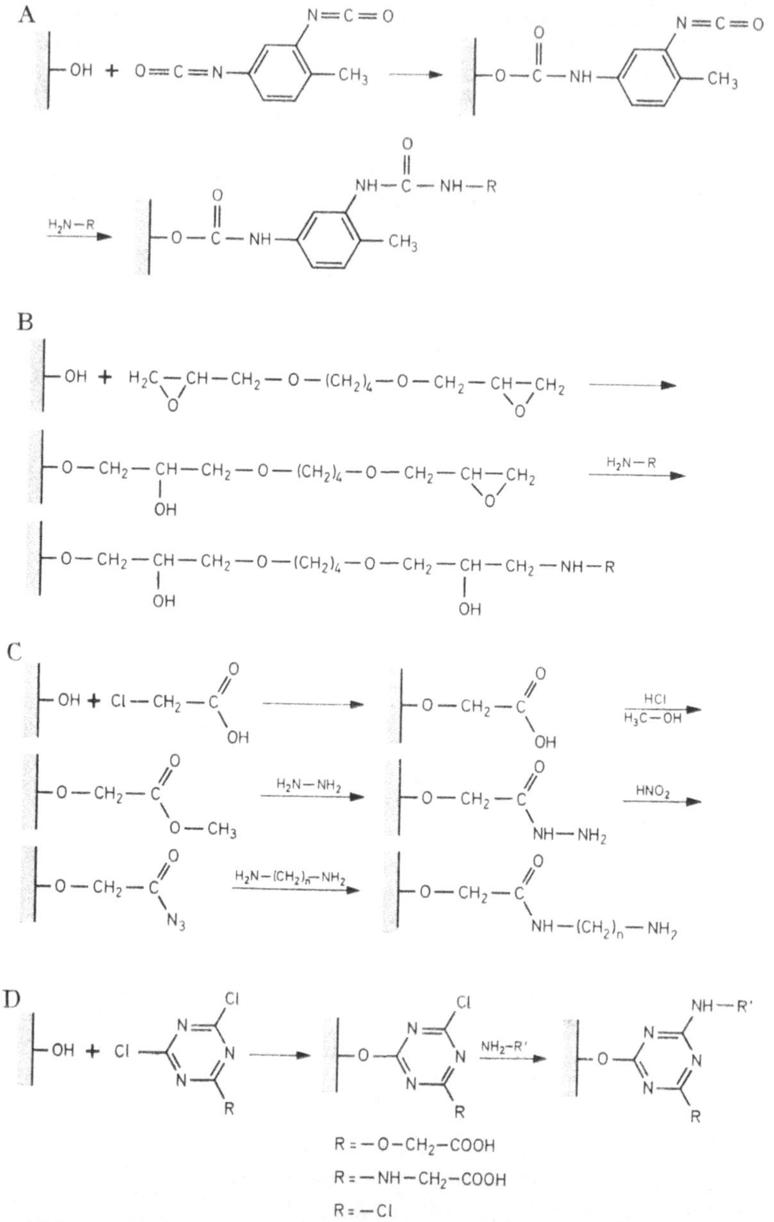

Abb. 3. Derivatisierung von hydroxylgruppen-haltigen Trägern: **A**) mit Toluoldiisocyanat(2,4), **B**) mit Bisoxiran (Butandioldiglycidyläther(1,4)), **C**) durch Carboxymethylierung, **D**) mit Dichlortriazinen

Affinitätsharze erhält man durch Bindungsarten, die im pH-Bereich 2 bis 12 stabil sind. Dazu gehören die Äther- und die Säureamid-Bindung. Äther-Bindungen erhält man durch die Umsetzung von hydroxylgruppen-haltigen Trägern, wie Agarose, mit Epichlorhydrin oder Bisoxiran (Abb. 3B) oder von Cellulose mit Chloressigsäure (Abb. 3C). Im letzten Fall erhält man Carboxymethylcellulose, deren funktionelle Carboxyl-Gruppen über kurze Seitenketten äther-artig gebunden sind. Mit Hilfe der Curtius-Reaktion können an die Carboxyl-Gruppe aminogruppen-haltige Seitenketten als Säureamide gebunden werden. Cellulose kann auch mit Hilfe von Triazinen derivatisiert werden, wobei am Träger eben-falls eine Ätherbindung entsteht (Abb. 3D). Verwendet werden Cyanur-chlorid (= trimeres Chlorcyan) und Dichlortriazine, die zur Verbesserung ihrer Wasserlöslichkeit noch einen carboxylgruppen-haltigen Rest tragen. Die Kupplung eines Liganden oder einer Seitenkette erfolgt in zwei Stufen in alkalischem Milieu. Der erste Chlor-Rest des Dichlortriazins reagiert rasch mit der Cellulose. Das Zwischenprodukt wird isoliert, und in der folgenden langsameren Reaktion wird das zweite Chlor mit einem Ligan-den oder einer Seitenkette umgesetzt.

Säureamid-Bindungen am Träger erhält man z. B. durch die direkte Umsetzung von Polyacrylamiden mit Äthylendiamin oder durch folgende Reaktionskette: Überführung des Polyacrylamids in das Säurehydrazid, Umwandlung des Säurehydrazids in das Säureazid durch salpetrige Säure, Umsetzung des Säureazids mit primären Aminen, z. B. α,ω-Diaminoalkanen als Seitenketten, die nun als Säureamide an den Träger gebunden sind (Abb. 4A). Poröses Glas wird durch Umsetzung mit γ-Aminopropyltriäthoxysilan in Alkylamino-Glas mit reaktiver Amino-gruppe überführt (Abb. 4B). Wird Nylon als Träger verwendet, so können durch vorsichtige partielle Hydrolyse oder Aminolyse funktionelle Carboxyl- und/oder Amino-Gruppen an der Oberfläche erhalten werden. Vorteilhafter ist die Aktivierung mit Triäthyloxoniumtetrafluoroborat. Als Zwischenprodukt entsteht ein Imidat, das unter Austritt von Äthanol mit aminogruppen-haltigen Verbindungen reagiert (Abb. 4C).

Häufig enthalten die Träger nach Einführung der Seitenkette eine funk-tionelle Amino-Gruppe, an die Liganden gebunden werden können (Abb. 5). Carboxylgruppen-haltige Liganden können durch Kondensation mit wasserlöslichem Carbodiimid als Säureamide gebunden werden (a). Es werden verwendet: N-Cyclohexyl-N′-[β-(N-methyl)morpholinium-äthyl]-carbodiimid-p-toluolsulfonat und N-Äthyl-N′-3-dimethylamino-propyl-carbodiimid-hydrochlorid. Aminogruppen-haltige Liganden lassen sich an aminogruppen-haltige Träger mit Hilfe bifunktioneller Reagen-zien, wie Glutardialdehyd (b) und Divinylsulfon (c) covalent binden. Trotz großer Reagenzüberschüsse kommt es dabei zu zusätzlichen Ver-netzungen der Träger, wodurch deren Porosität verringert wird. Die Zugänglichkeit der im Inneren der Poren gebundenen Liganden wird damit erheblich reduziert. Bewährt hat sich die Bindung aminogruppen-haltiger Liganden als Säureamide mit Hilfe der obengenannten wasserlöslichen Carbodiimide. Dazu müssen am Träger Carboxyl-Gruppen vorhanden sein, die durch Succinylierung der aminogruppen-haltigen Seitenketten eingeführt werden können (d). Eine weitere Kupplungsmöglichkeit ist die Einführung eines Bromessigsäure-Rests, an den aminogruppen-

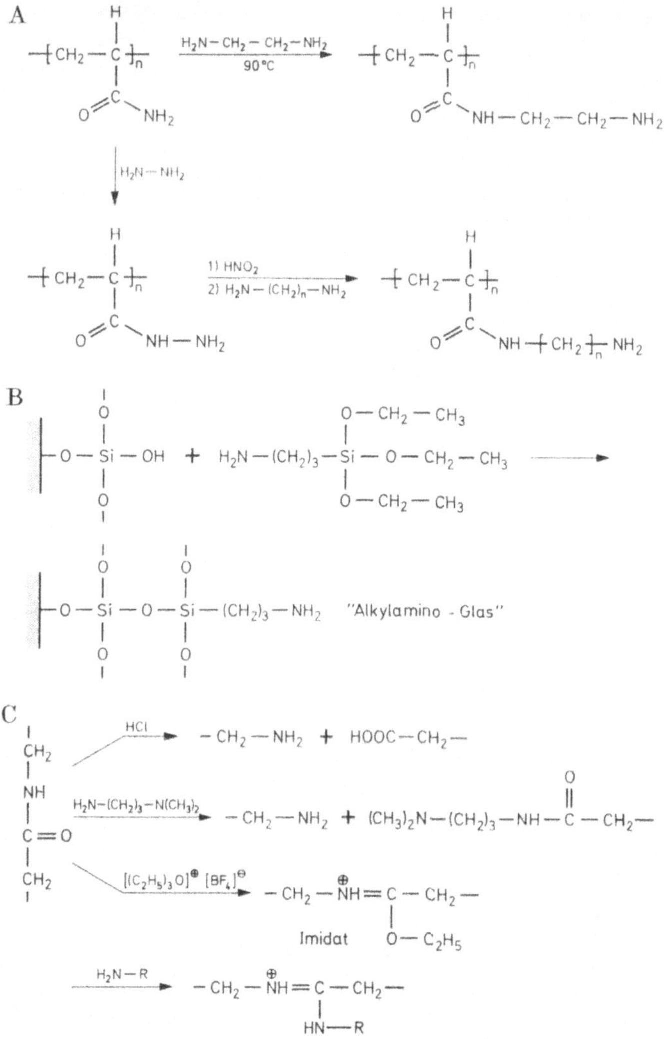

A)

$-[CH_2-CH]_n-$ mit Seitenkette $C(=O)NH_2$ $\xrightarrow[90\,°C]{H_2N-CH_2-CH_2-NH_2}$ $-[CH_2-CH]_n-$ mit Seitenkette $C(=O)NH-CH_2-CH_2-NH_2$

$\downarrow H_2N-NH_2$

$-[CH_2-CH]_n-$ mit Seitenkette $C(=O)NH-NH_2$ $\xrightarrow[2)\ H_2N-(CH_2)_n-NH_2]{1)\ HNO_2}$ $-[CH_2-CH]_n-$ mit Seitenkette $C(=O)NH-[CH_2]_n-NH_2$

B)

$-O-Si(O)(O)-OH$ + $H_2N-(CH_2)_3-Si(O-CH_2-CH_3)(O-CH_2-CH_3)-O-CH_2-CH_3$ $\longrightarrow$

$-O-Si(O)(O)-O-Si(O)(O)-(CH_2)_3-NH_2$ "Alkylamino - Glas"

C)

$-CH_2-NH-C(=O)-CH_2-$ (Nylonkette)

$\xrightarrow{HCl}$ $-CH_2-NH_2$ + $HOOC-CH_2-$

$\xrightarrow{H_2N-(CH_2)_3-N(CH_3)_2}$ $-CH_2-NH_2$ + $(CH_3)_2N-(CH_2)_3-NH-C(=O)-CH_2-$

$\xrightarrow{[(C_2H_5)_3O]^{\oplus}\ [BF_4]^{\ominus}}$ $-CH_2-\overset{\oplus}{N}H=C(-O-C_2H_5)-CH_2-$ Imidat

$\xrightarrow{H_2N-R}$ $-CH_2-\overset{\oplus}{N}H=C(-HN-R)-CH_2-$

Abb. 4. Derivatisierung von: **A)** Polyacrylamid, **B)** Glas, **C)** Nylon (Einzelheiten s. Text)

haltige Liganden unter Austritt von HBr (e) gebunden werden. Als Bindungsmöglichkeit kommt auch die Diazokupplung in Frage. Die Bindung eines diazotierbaren aromatischen Amino-Rests an den Träger ist z. B. auch durch die Umsetzung mit p-Nitrobenzoesäureazid (i) möglich, dessen Nitro-Gruppe anschließend mit Dithionit reduziert wird. Ein Ligand, der beispielsweise einen Phenol-Rest enthält, kann nun durch Diazokupplung gebunden werden (f). Die aromatische Amino-Gruppe kann auch durch Umsetzung mit Thiophosgen in einen Isothiocyanat-Rest umgewandelt werden (g), an den sich aminogruppen-haltige Liganden unter Bildung von Thioharnstoff-Derivaten anlagern können. Die Einführung eines die Sulfhydryl-Gruppe (—SH) enthaltenden Rests kann durch Umsetzung der Amino-Gruppe des Trägers mit N-Acetyl-homocysteinthiolacton erfolgen (h). Die SH-Gruppen enthaltenden Affinitätsharze können zur Isolierung von SH-Proteinen verwendet werden. Die Bindung an das Harz geschieht dabei über covalente Disulfid-Brücken. Man spricht daher auch von „covalenter Chromatographie" (s. u.).

Auch jede andere chemische Reaktion, die zu einem brauchbaren Affinitätsharz führt, kann zur Ligandenbindung benutzt werden.

Vor ihrer Verwendung müssen Affinitätsharze zur Entfernung eines Anteils nicht covalent gebundener, nur am Träger adsorbierter Liganden gründlich gewaschen werden. Man verwendet hierzu abwechselnd Pufferlösungen mit extremen pH-Werten und hohen Ionenstärken, z. B. 1 M Kochsalzlösungen in Pufferlösungen von pH 4 oder pH 8—10 je nach Stabilität der covalenten Bindung.

4. Liganden

Als Liganden können hoch- und niedermolekulare Substanzen dienen, die mit der zu isolierenden Substanz eine spezifische, reversible Bindung durch Komplexbildung eingehen. Erfahrungsgemäß geben solche Liganden bei der Chromatographie die besten Ergebnisse, deren Dissoziationskonstanten im Bereich von 10^{-8} M bis 10^{-4} M liegen. Ist die Dissoziationskonstante größer als 10^{-4} M, so ist die Wechselwirkung meist zu schwach für eine wirksame Affinitätschromatographie. Ist die Konstante kleiner als 10^{-8} M, so wird die Elution der gebundenen Makromoleküle schwierig. Hohe Konzentrationen an Salzen und/oder Denaturierungsmitteln sind erforderlich, die die gewünschte Substanz (z. B. Protein) u. U. irreversibel denaturieren. Wie sich die Wechselwirkung in den extremen Fällen verstärken oder abschwächen läßt, wurde im Kapitel „Bindung" diskutiert. Die Liganden müssen funktionelle Gruppen haben, über die sie direkt oder indirekt (Seitenkette) an einen Träger gebunden werden können. In Tabelle 6 sind Anwendungsgebiete der Affinitätschromatographie sowie geeignete Liganden zusammengestellt.

Die Reinigung eines bestimmten Proteins erfordert den Einsatz eines ganz spezifischen Affinitätsharzes, das extra für diese Anwendung maßgeschneidert ist. Häufig lassen sich jedoch an einem Harz mehrere Substanzen reinigen, die bezüglich ihrer Funktion oder ihres Aufbaus ähnliche Eigenschaften besitzen. So lassen sich Proteasen klassenweise an trägergebundenen niedermolekularen oder natürlichen hochmolekularen Inhibitoren chromatographieren: trypsin-ähnliche Proteasen z. B. an unlöslichem 4-Aminobenzamidin oder bakterielle Serinproteasen an trägergebundener 3-Aminobenzolboronsäure. Liganden, die mit mehreren verwandten Proteinen (oder anderen Makromolekülen) Komplexe bilden, nennt man „gruppenspezifische Liganden" oder „allgemeine Liganden" (englisch: general ligands). Die bekanntesten Beispiele solcher gruppenspezifischer

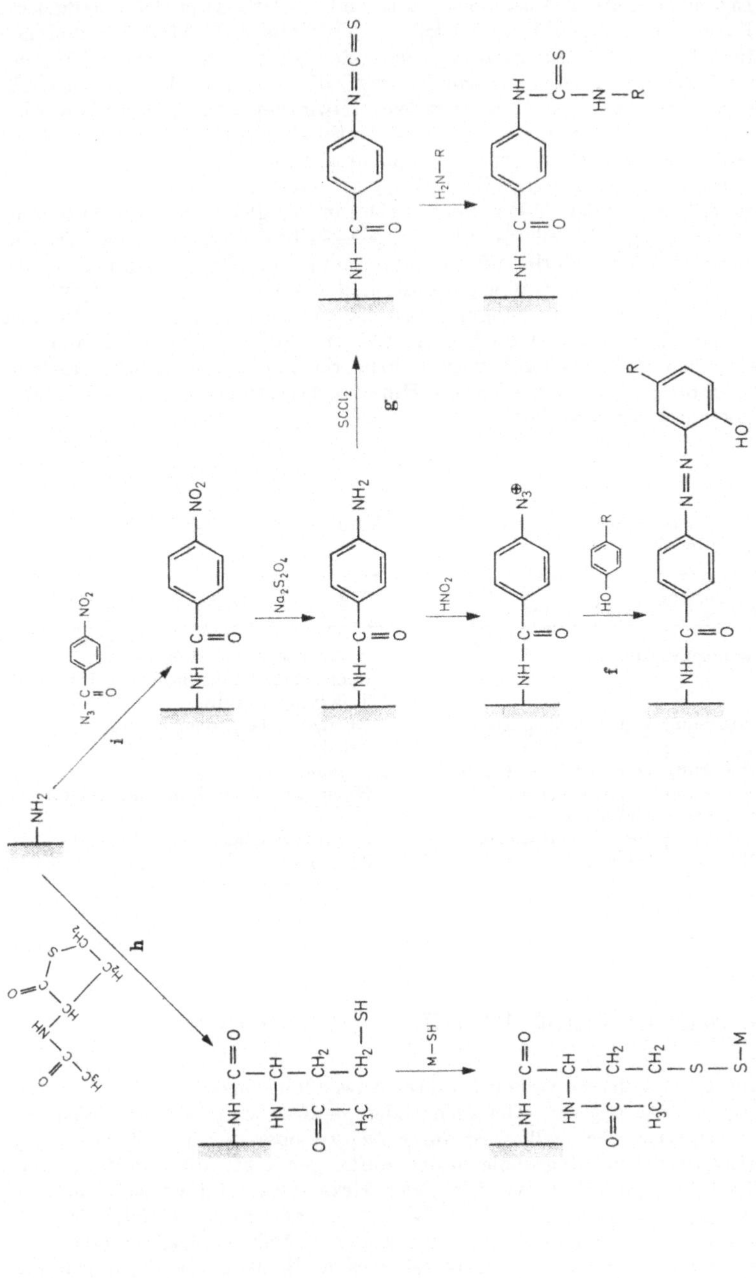

Abb. 5. Binden von Liganden an aminogruppen-haltige Träger, (Einzelheiten s. Text), WSC = wasserlösliches Carbodiimid

Liganden sind die Coenzyme NAD und NADP sowie deren reduzierte Formen und deren Halbmoleküle 5′-AMP und 2′,5′-ADP. Sie kommen für die affinitätschromatographische Reinigung von ungefähr 30% der etwa 2000 bekannten Enzyme in Frage, die mit diesen Liganden als Substrat- oder Coenzym-Analoga in Wechselwirkung treten. Deshalb wurden erhebliche Anstrengungen gemacht, optimale Affinitätsharze mit NAD, seinen Derivaten und seinen Fragmenten zu synthetisieren. Zunehmend werden zur Reinigung dieser Enzyme auch Triazinfarbstoffe als Liganden verwendet. Triazinharze haben im Vergleich mit den Nucleotidharzen einige Vorteile (s. u.). Gruppenspezifische Liganden der Triazinharze sind Acridinfarbstoffe wie Cibacronblau und Procionrot. Die Lectine (auch Phythämagglutinine genannt) sind eine weitere Gruppe allgemeiner Liganden, die zur Reinigung von Glycoproteinen verwendet werden. Gelegentlich kann man die Rollen zwischen dem Liganden und dem zu isolierenden Makromolekül vertauschen. So können natürliche Enzyminhibitoren und Coenzyme mit Hilfe trägergebundener komplementärer Enzyme isoliert werden.

Tabelle 6. Anwendungsgebiete der Affinitätschromatographie und dafür geeignete Liganden

Anwendung	Ligand
Isolierung von Enzymen	Substrate, Substratanaloga, Coenzyme, Effektoren, Inhibitoren, Triazinfarbstoffe
Isolierung von Antikörpern	Antigene, Haptene, Protein A
Isolierung von Antigenen	Antikörper
Isolierung von Glycoproteinen	Lectine
Isolierung von Rezeptor- und Transportproteinen	Hormone, Vitamine, Transmitter
Isolierung von Nucleinsäuren, Oligopeptiden u. a.	Komplementäre Nucleinsäuren, Oligonucleotide, Histone, 3-Aminobenzolboronsäure

5. Durchführung der Affinitätschromatographie

Die Affinitätsharze werden bei ihrer Anwendung meist in eine Chromatographiesäule gepackt. Die mehr oder weniger vorgereinigte Substanz, die isoliert werden soll, wird durch Dialyse oder durch Pufferaustausch mittels Gelchromatographie in den Puffer gebracht, mit dem die Affinitätssäule äquilibriert ist. Die Ionenstärke dieses Puffers soll zur Vermeidung von ionischen Wechselwirkungen der zu isolierenden Makromoleküle untereinander oder mit anderen Makromolekülen oder mit ionischen Gruppen des Affinitätsharzes (z. B. Isoharnstoffgruppen bei

pH 7) möglichst hoch sein. Bei der Unterdrückung ionischer Wechselwirkungen ist jedoch zu beachten, daß manche Liganden, wie die
Nucleotide, Ladungen tragen, die für die Wechselwirkung mit dem
komplementären Makromolekül erforderlich sind. Außerdem sind die
möglichen hydrophoben Wechselwirkungen zwischen hydrophoben Seitenketten und hydrophoben Abschnitten des Makromoleküls zu berücksichtigen, die bei größerer Ionenstärke zunehmen. Für die Komplexbildung ist es bei relativ großer Dissoziationskonstante nach dem Massen-
wirkungsgesetz günstig, wenn die Konzentration der Substanz, die man
abtrennen will, möglichst hoch und die Belegung des Affinitätsharzes
mit dem Liganden dicht ist. In diesem Fall ist auch eine lange, dünne
Säule zu packen, die man noch möglichst langsam strömen läßt oder
nach dem Auftragen der zu chromatographierenden Lösung kurze Zeit
(etwa 1 h) zum Stehen bringt, um eine für die Gleichgewichtseinstellung
ausreichende Verweilzeit zu erreichen. Eine Vorreinigung ist in diesem
Fall erforderlich. Die Chromatographie wird zudem bei möglichst tiefer
Temperatur durchgeführt, was ebenfalls die Komplexbildung fördert.
Im Grenzfall reicht die Wechselwirkung zwischen dem gebundenen Liganden und dem Makromolekül nur noch für eine verzögerte Passage der
gewünschten Substanz aus. Ist die Dissoziationskonstante klein, so genügt
eine kurze, dicke Säule. Die Substanz kann aus dünner Lösung isoliert
werden. Um einer allzu festen Bindung der Substanz an das Harz entgegenzuwirken, wird man eine dünnere Belegung des Harzes mit dem
Liganden anstreben. Gelegentlich lassen sich die gewünschten Substanzen
durch einfaches Einrühren des Harzes in eine rohe, dünne Lösung adsor-
bieren und so in einem Reinigungsschritt weitgehend rein darstellen
(Satzverfahren; englisch: batch). Ist die zu isolierende Substanz am
Affinitätsharz adsorbiert, so wird das beladene Harz gewaschen bis das
Eluat bzw. der Überstand (beim Satzverfahren) von Verunreinigungen
frei ist.

Die Elution erfolgt von sehr spezifisch wirksamen Harzen meist mit
unspezifischen Methoden, wie pH-Verschiebung, Salzgradienten, Denaturierungsmitteln. Die desorbierende Wirkung von Salzen hängt von
deren chaotroper Wirkung ab, die in der aufgeführten Reihenfolge zunimmt:

$$Cl^- < J^- < ClO_4^- < CF_3COO^- < SCN^- \leqq CCl_3COO^-$$ (vergleiche die
„Hofmeister Reihe").

Von weniger spezifischen Harzen, die mit gruppenspezifischen Liganden
belegt sind, werden mehrere Substanzen festgehalten. Da die Komplexe
unterschiedlich fest sind (entsprechend den Unterschieden der Dissoziationskonstanten), können sie der Reihe nach durch Einsatz spezifischer
Elutionsmittel oder durch einen Konzentrationsgradienten des Liganden
eluiert werden. In Frage kommt auch die stoßweise Anwendung von Substraten und Coenzymen. Dabei kann ein kurzzeitiges Anhalten der mit
liganden-haltigem Puffer gefüllten Säule die Gleichgewichtseinstellung
und damit die Desorption der gewünschten Substanz fördern (s. „Enzymreinigung"). Von noch unspezifischer wirkenden Chromatographie-
materialien, wie Ionenaustauschern, lassen sich die adsorbierten Substanzen durch hochspezifische Elutionsmittel selektiv desorbieren, z. B. En-

zyme durch Substrate oder Inhibitoren. Man bezeichnet dies als „affine
Elution"[3].

Allgemein gilt: Bei selektiver Adsorption an ein Affinitätsharz, das im
Idealfall ausschließlich die gewünschte Substanz bindet, genügt zur Reindarstellung eine unspezifische Desorptionsmethode. Ist die gewünschte
Substanz zusammen mit anderen Verbindungen an ein unspezifisches
Chromatographiematerial gebunden, so läßt sich durch selektive Desorption (affine Elution) die Reindarstellung erreichen. Dies sind die Extreme.
Dazwischen liegt die Verwendung allgemeiner Liganden. Durch sie werden bestimmte Substanzklassen, wie Dehydrogenasen oder Kinasen, gebunden, die durch Gradientenelution und/oder affine Desorption voneinander getrennt werden können.

6. Isolierung von Enzymen und anderen Proteinen

Ein großer Teil der zum Thema Affinitätschromatographie publizierten
Arbeiten befaßt sich mit der Enzymreinigung. Als Liganden werden bevorzugt niedermolekulare Inhibitoren verwendet, die aufgrund ihrer Spezifität
meist nur zur Chromatographie eines Enzyms geeignet sind. Bei den kohlen-
hydratmetabolisierenden Enzymen werden gelegentlich hochmolekulare
Substrate (Polysaccharide) als Liganden verwendet. Auch diese Affinitätsharze sind wiederholt verwendbar, da das gebundene Substrat zwar ange-
griffen, aber erst nach mehrfacher Verwendung so weit abgebaut wird,
daß es vom Enzym nicht mehr erkannt wird. Gelegentlich wird die Verwendung niedermolekularer Substrate beschrieben. Damit diese Affinitätsharze nicht zu schnell unbrauchbar werden, muß die Chromatographie
außerhalb der für die enzymatische Aktivität optimalen Bedingungen durchgeführt werden, z. B. außerhalb des pH-Optimums oder bei möglichst tiefer
Temperatur. Zur affinitätschromatographischen Isolierung von Transport-,
Bindungs- und Rezeptorproteinen werden Hormone, Vitamine und andere
Substanzen, mit denen sie spezifisch in Wechselwirkung treten, an Träger
gebunden. Entsprechend den Dissoziationskonstanten von 10^{-16} M bis
10^{-7} M ist die Komplexbildung i. allgem. stärker als bei Enzymen und ihren
Inhibitoren. Da diese Proteine oft nur in sehr geringen Konzentrationen
vorkommen, beispielsweise im Plasma, wurde es erst durch die Affinitätschromatographie möglich, sie zu erfassen. Dabei kann die Adsorption aus
der rohen Lösung zu einer mehrtausendfachen Anreicherung führen. Beispiele
sind die Reinigung von mehreren steroid-bindenden Proteinen und von
thyroxin-bindendem Globulin. Von den Rezeptorproteinen, die für spezifische Hormonwirkungen verantwortlich sind, seien als Beispiele die Rezeptoren für Insulin, Glucagon, ACTH, Noradrenalin und Acetylcholin genannt.

Affinitätsharze, an die gruppenspezifische Liganden gebunden sind, erlauben die gleichzeitige Adsorption mehrerer, ähnlicher Enzyme. Selektive

---

[3] Vgl. von der Haar, F.: Affinity Elution: Principles and Application to
Purification of Aminoacyl-tRNA Synthetases in W. B. Jakoby and
M. Wilchek (eds.): Methods in Enzymology Vol. 34, Affinity Techniques
p. 163—171, New York: Academic Press 1974 und Pogell, B. M.: Enzyme
Purification by Specific Elution Procedures with Substrate, in: S. P. Colo-
wick and N. O. Kaplan (eds.): Methods in Enzymology Vol. 9 p. 9—15,
New York: Academic Press 1966

Elution ermöglicht die weitere Trennung in einzelne Komponenten. Die Reindarstellung einer Substanz erfolgt somit in zwei Stufen. Allgemeine Liganden, die zur Enzymisolierung verwendet werden, sind die Coenzyme, insbes. NAD und NADP sowie deren Halbmoleküle 5'-AMP und 2',5'-ADP. Ein Anwendungsbeispiel ist die Chromatographie einer Mischung aus Serumalbumin vom Rind, Leber-ADH und LDH an N^6-Carboxymethyl-NAD, das über Hexamethylendiamin an Agarose gebunden ist (s. Abb. 7). Serumalbumin hat keine Affinität zu dem NAD-Harz und passiert die Säule ungehindert. Die beiden Dehydrogenasen werden adsorbiert. ADH wird durch einen NAD-Stoß (1 mM) und LDH durch einen NADH-Stoß (0,5 mM) eluiert.

Neuerdings werden anstelle der Nucleotide immer häufiger Triazinfarbstoffe, wie Cibacronblau und Procionrot, als allgemeine Liganden verwendet. Sie sind in ihrer Wirkung den Nucleotiden vergleichbar, da sie wie diese für Dehydrogenasen, Kinasen und andere Enzyme spezifisch sind, die den Adenyl-Rest enthaltende Cofaktoren oder Substrate binden. Darüber hinaus werden Albumine, Lipoproteine, Blutgerinnungsfaktoren und Interferon gebunden. Vergleicht man die Wirkungsweise der genannten Triazinfarbstoffe mit denjenigen der beiden Adenosinnucleotide, so zeigt sich, daß Cibacronblau (entsprechend 5'-AMP) mehr für die Reinigung NAD-abhängiger Dehydrogenasen und Procionrot, (entsprechend 2',5'-ADP) mehr für die Isolierung NADP-abhängiger Enzyme geeignet ist. In mehrfacher Hinsicht sind die unnatürlichen Triazine den natürlichen Nucleotiden überlegen:

Das Wirkungsspektrum der Triazine ist breiter als das der Nucleotide.

Der Bindung der Mono- und Dichlortriazinfarbstoffe an hydroxyl- oder aminogruppen-haltige Träger erfolgt schonend durch einfache HCl-Abspaltung in alkalischem Milieu. Die Bindungen (Äther- bzw. Iminbindungen) sind stabiler als die mittels BrCN geknüpften Isoharnstoffbindungen. Bei 4 °C sind die Triazinharze wenigstens 2 Jahre lagerfähig. Die Belegung der Triazinharze ist gleichmäßiger und höher, ihre Kapazität wesentlich größer als die der Nucleotidharze.

Da die Farbstoffe auch leichter erhältlich und preiswerter als Nucleotide sind, eröffnen sie Möglichkeiten für eine Anwendung der Affinitätschromatographie in größerem Maßstab.

Weitere Coenzyme, die als allgemeine Liganden verwendet werden, sind: Flavinnucleotide, Pyridoxal- bzw. Pyridoxaminphosphat, Folsäure, Coenzym A u. a.

Mit Hilfe von unlöslichem Pyridoxamin- bzw. Pyridoxalphosphat wurden verschiedene Transaminasen gereinigt. Das Coenzym muß dabei über die Aldehyd- bzw. Aminomethyl-Gruppe an den Träger gebunden sein, da die übrigen funktionellen Gruppen des Coenzyms für die Komplexbildung zwischen Apoenzym und Coenzym frei sein müssen.

An cellulose-gebundenen Derivaten des Flavinmononucleotids (FMN) können Flavokinase, NADPH-Cytochrom c-Reductase, Pyridoxinphosphatoxidase und Glycolatoxidase gereinigt werden.

Unlösliche Folsäure-Derivate, wie Aminopterin und Methotrexat, werden für die Isolierung von Enzymen des Folsäure-Metabolismus und von folsäure-bindenden Proteinen verwendet. Die Amino-Gruppen am Pteridin-Ring sind für die Wechselwirkung mit den Proteinen erforderlich. Deshalb muß die Bindung an den Träger über eine Carboxyl-Gruppe des Glutaminsäure-Rests erfolgen. Da außerdem der 4-Aminobenzyl-L-glutamat-Rest der Molekel zur Komplexbildung mit dem komplementären Makromolekül beiträgt, ist zusätzlich eine Seitenkette erforderlich, z. B. ein Aminoalkyl-Rest. Eine Kettenlänge von 4—6 Methylen-Gruppen ist auch hier optimal. Folsäure-Derivate wurden an verschiedenartige Träger, wie Aminoalkylagarose,

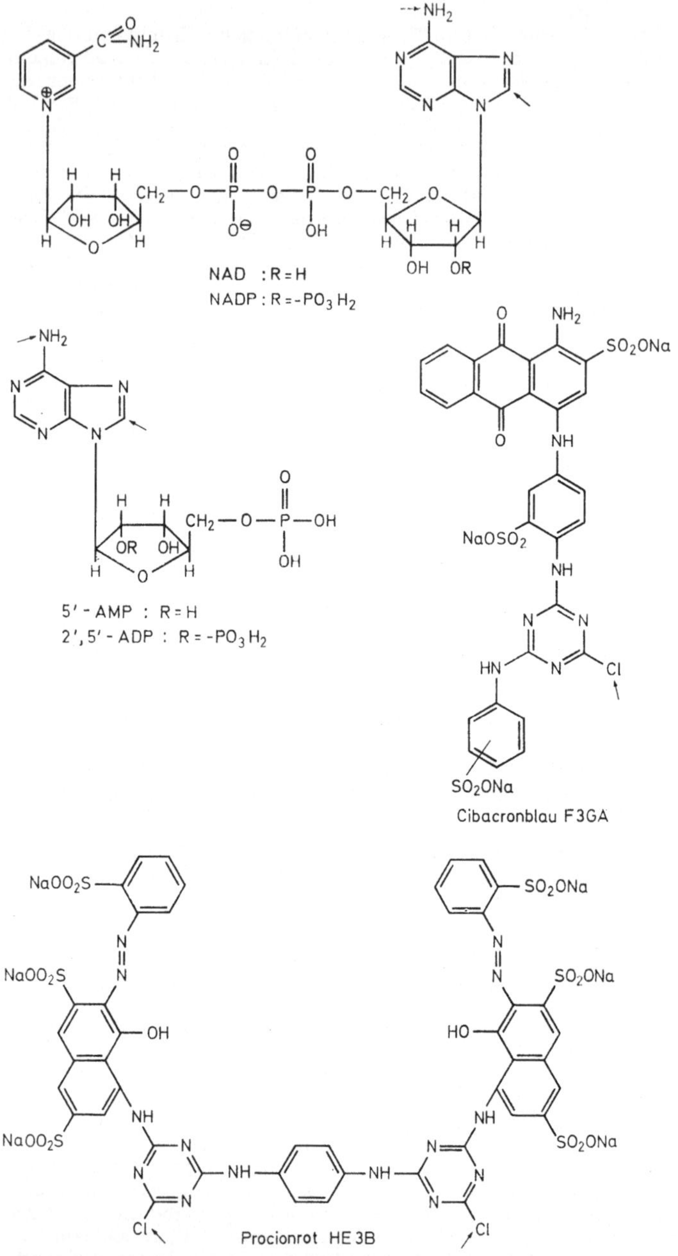

Abb. 6. Einige gruppenspezifische Liganden. Die Pfeile (↗) kennzeichnen die Stellen, an denen covalente Bindung an einen Träger möglich ist.

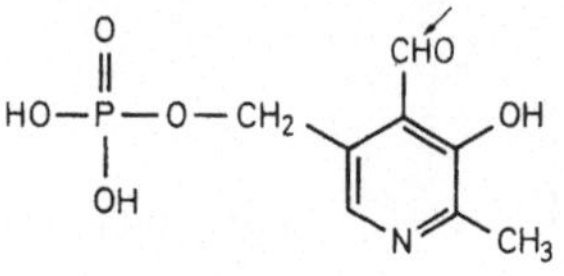

Pyridoxalphosphat

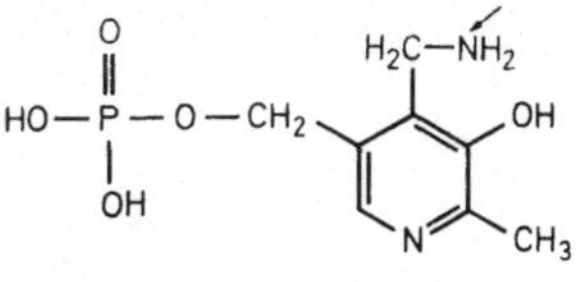

Pyridoxaminphosphat

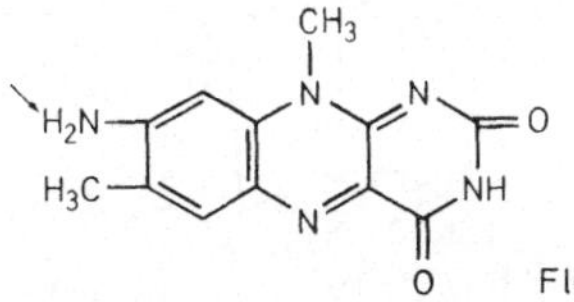

Flavinderivate

7 - Amino - 6,9 - dimethylisoalloxazin

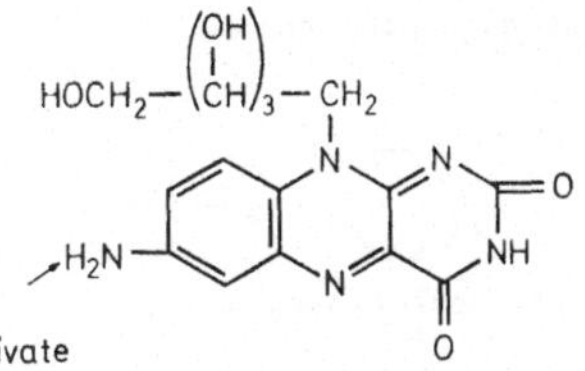

6 - Amino - 9 - (D - ribityl) isoalloxazin

I

II

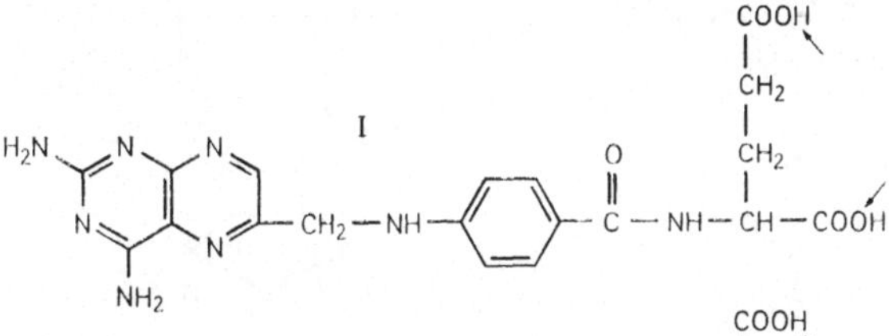

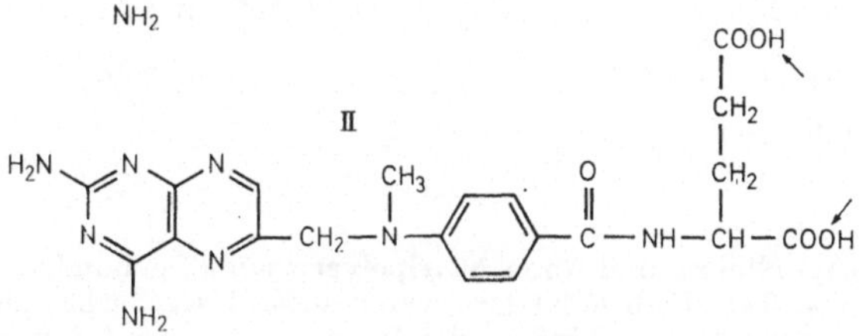

Folsäurederivate: I = Aminopterin , II = Methotrexat

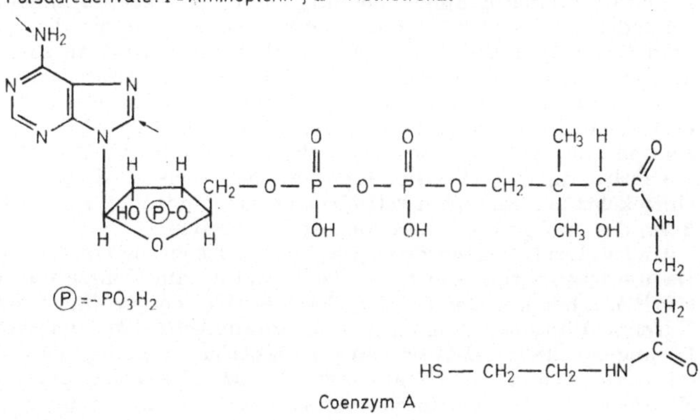

$\textcircled{P} = - PO_3 H_2$

Coenzym A

Abb. 6 (Fortsetzung)

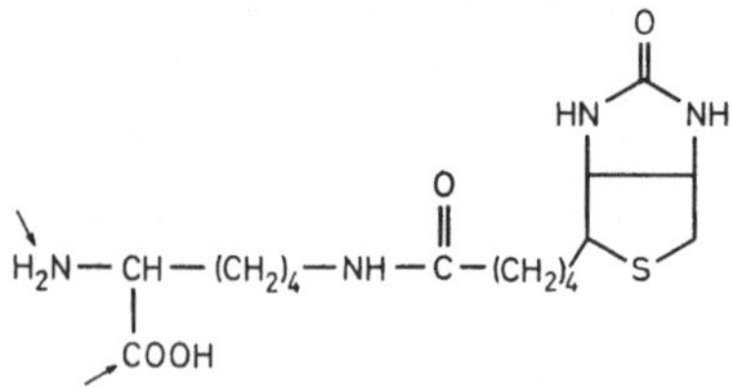

Biocytin (= ε-Lysylbiotin)

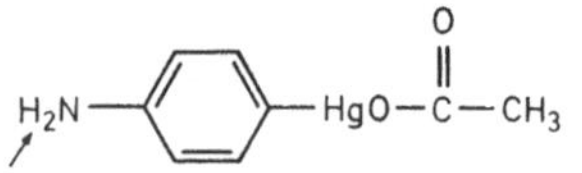

4-Aminobenzolmercuriacetat

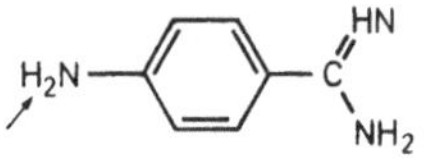

4-Aminobenzamidin

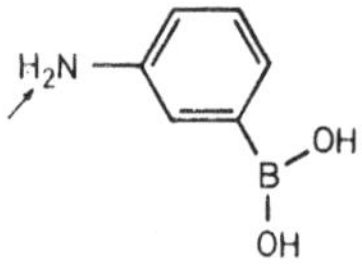

3-Aminobenzolboronsäure

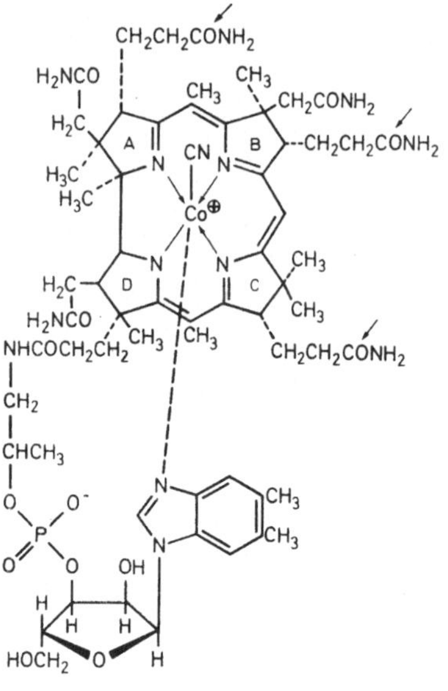

Vitamin B_{12}

Abb. 6 (Fortsetzung)

Aminoäthylcellulose und Aminoäthylpolyacrylamid, gebunden. Bei der Isolierung von Tetrahydrofolat-DH waren diese Harze sehr unterschiedlich wirksam, wodurch der Einfluß der Trägersubstanz auf den Verlauf einer Affinitätschromatographie eindeutig gezeigt ist. Die an Aminoäthylcellulose gebundenen Liganden zeigten keine Wechselwirkung mit dem Enzym, während die an Aminohexyl- und Aminoäthylagarose bzw. an Aminoäthylpolyacrylamid gebundenen Folsäure-Derivate gute Affinitätsharze waren.

An dextran- und agarose-gebundenem Coenzym A (CoA) wurden die CoA-abhängigen Enzyme Citratsynthetase, Succinyl-CoA-Synthetase und Phospho-Acetyl-CoA-Transferase chromatographiert. Das CoA war über die NH_2-Gruppe in Position 6 des Adenin-Rings an die Träger gebunden. Umgekehrt konnte CoA mit Hilfe eines CoA-bindenden Proteins aus *Sarcina lutea*, das an Agarose fixiert war, isoliert werden.

Unlösliches Biotin wurde vorwiegend zur Isolierung von Avidin verwendet. Da die Dissoziationskonstante des Biotin-Avidin-Komplexes sehr klein ist (10^{-15} M), bereitet die Elution des adsorbierten Avidins Schwierigkeiten. Extreme Elutionsbedingungen sind erforderlich: 6 M Guanidiniumchlorid-Lösung bei einem pH-Wert von 1,5. Das erhaltene, mehr als 1 000fach angereicherte Avidin ist denaturiert. Bei Herabsetzung der Guanidiniumchlorid-Konzentration durch Dialyse oder Verdünnung der Lösung renaturiert das Avidin rasch. Auch Acetyl-Coenzym A-Carboxylase, ein biotinabhängiges Enzym, wurde an Biotinylagarose gereinigt.

Die Isolierung von vitamin B_{12}-bindenden Proteinen wurde erst durch die Affinitätschromatographie möglich. Die Dissoziationskonstanten der Vitamin B_{12}-Protein-Komplexe sind so klein ($\sim 10^{-10}$ M), daß die Adsorption an Vitamin B_{12}-Harze aus dünnen Lösungen möglich ist. Da das Vitamin B_{12}-Molekül keine funktionelle Gruppe besitzt, die für die covalente Bindung an einen Träger geeignet ist, wird durch partielle Hydrolyse der Carbonsäureamid-Gruppen am Corrin-Ring und anschließende Ionenaustauschchromatographie ein Vitamin B_{12}-Derivat hergestellt, das eine Carboxyl-Gruppe enthält. Mit der Carbodiimid-Methode läßt sich dieses Derivat z. B. an Aminohexylagarose binden. Wegen der kleinen Dissoziationskonstanten muß die Elution (ebenso wie beim Avidin) durch konzentrierte Guanidiniumchlorid-Lösung erfolgen. Auch die vitamin B_{12}-bindenden Proteine werden dabei in denaturierter Form erhalten. Durch Dialyse in Gegenwart von Vitamin B_{12} wird die Renaturierung erreicht. Von den vitamin B_{12}-abhängigen Enzymen wurde die Isolierung der Ribonucleotidreductase an Desoxyadenosylcobalamin-Agarose beschrieben.

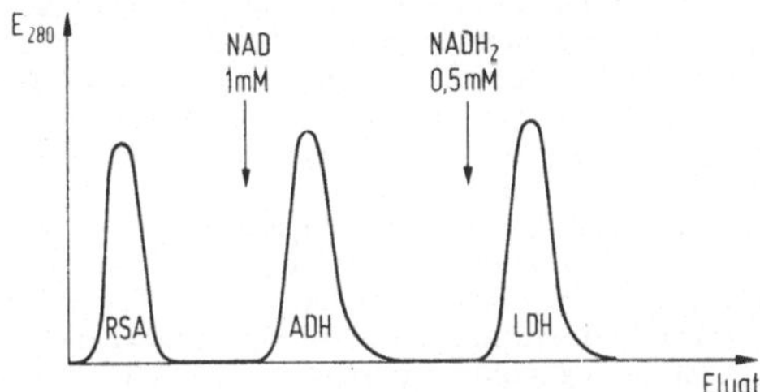

Abb. 7. Affinitätschromatographische Trennung eines Gemischs aus Rinderserumalbumin (RSA), Alkoholdehydrogenase (ADH) und Lactatdehydrogenase (LDH) an agarose-gebundenem NAD-N⁶-(N-(6-aminohexyl)-acetamid). (Einzelheiten s. Text.) (nach K. Mosbach et al. (1973) Eur. J. Biochem. *40*, 187—193)

Lysin, das über die ε-Aminogruppe an einen Träger gebunden ist, hat amphoteren Charakter. Neben sterischen bewirken hier in verstärktem Maße elektrostatische Wechselwirkungen die Komplexbildung mit Makromolekülen. Insbesondere Plasminogen wurde mit seiner Hilfe gereinigt und in Unterklassen zerlegt. Daneben wurde ribosomale RNS aus E. coli in 5 S-, 16 S- und 23 S-rRNS aufgetrennt sowie doppelsträngige DNS aus Kalbsthymus isoliert.

Quecksilber-haltige Affinitätsharze, wie trägergebundenes 4-Aminophenylmercuriacetat, werden für die Chromatographie von cystein-haltigen Enzymen und Proteinen verwendet. Die Reinigung von Papain und die Trennung der Histon-Fraktion F 3 von den übrigen Histon-Fraktionen, die keine SH-Gruppen enthalten, sind Beispiel dafür.

Heparin, ein Mucopolysaccharid aus Dünndarmmucosa, ist ein Anticoagulans, das als Antithrombin-Heparin-Komplex wirksam wird. Es inaktiviert Thrombin sowie 4 weitere Gerinnungsfaktoren (IX a, X a, XI a, XII a). Aufgrund seiner polyanionischen Natur bindet Heparin auch eine Reihe von kationischen biologischen Substanzen. Neben den erwähnten Gerinnungsfaktoren und mehreren Plasmaproteinen lassen sich einige Enzyme des Nukleinsäurestoffwechsels, bei denen das anionische Heparin mit der

anionischen Nukleinsäure konkurriert, an trägergebundenem Heparin isolieren. Dazu kommen noch Lipasen, Lipoproteine, Faktoren der Protein-
Biosynthese, Steroid-Rezeptoren und verschiedene andere Proteine.

Lectine bilden eine Proteinklasse, die mit bestimmten Kohlenhydrat-
Resten spezifische, reversible Komplexe bildet. Aufgrund dieser Eigenschaft
vermögen sie Polysaccharide und Glycoproteine zu binden sowie Erythro-
cyten und Tumorzellen zu agglutinieren. In trägergebundener Form können
sie zur Isolierung und Trennung von Glycoproteinen, Glycolipiden, Polysacchariden, Zellmembranbestandteilen und Zellen verwendet werden.
Umgekehrt lassen sich Lectine mit Hilfe trägergebundener Polysaccharide
und unlöslicher Aminozucker reinigen. Folgende Lectine werden als gruppenspezifische Liganden verwendet: Concanavalin A, Lectine aus Linsen, Bohnen,
Erbsen, Weizenkeimlingen, Stechginster oder aus Schnecken, Krabben
u. a.

Concanavalin A (Con A) bindet Makromoleküle, die endständige α-D-
Mannopyranosyl- oder α-D-Glucopyranosyl-Reste enthalten. Dies trifft
für eine größere Anzahl von Glycoproteinen und Polysacchariden zu,
von denen einige wieder wegen der geringen Konzentrationen, in denen
sie vorkommen, auf herkömmliche Weise nicht zu isolieren sind. Die Bindung
an Con A erfordert Mn^{2+}- und Ca^{2+}-Ionen. Trägergebundenes Con A eignet
sich zur Reinigung von Hydrolasen, wie saurer Phosphatase, N-Acetyl-
hexosaminidase, Arylsulfatase A, β-Glucuronidase und Sphingomyelinase.
Bei manchen Glycoproteinen ändert sich der Kohlenhydrat-Rest im Laufe
der Entwicklung, so daß sie in verschiedenen Entwicklungsstadien unter-
schiedliches Lectin-Bindungsvermögen besitzen. Ein Beispiel ist die
γ-Glutamyltransferase, bei der zwischen einer fötalen und einer adulten
Form unterschieden werden kann. Die adulte Form bindet an Con A,
während die fötale Form einen zusätzlichen N-Acetylneuraminsäure-Rest
am Ende des Kohlenhydrat-Teils enthält und daher nicht von Con A gebunden werden kann. Neben Enzymen lassen sich andere Glycoproteine, wie
Plasmaproteine, α-Fötoprotein, α_1-Antitrypsin und von den Immunglobulinen das IgM, an Con A-Harzen chromatographieren. Weiter ist die Reinigung von Lipoproteinen, Interferon, Hormonen und Hormonrezeptoren
beschrieben worden. Zellen enthalten in der äußeren Membran Rezeptoren,
die Hormone, Toxine, Transmitter und andere Wirkstoffe binden und dadurch
deren Wirkung auslösen. Viele dieser Rezeptoren sind Glycoproteine. Nachdem es gelungen war, sie mit Hilfe von Detergenzien in aktiver Form aus
den Membranen zu lösen, konnten sie unter Verwendung von trägergebundenen Lectinen isoliert werden. Während die Bindung an Con A in Gegenwart von Detergenzien gestört wird, ist die Bindung an Linsen- oder Weizen-
keimlectin in Gegenwart begrenzter Detergenzienmengen (z. B. 1% Natrium-
desoxycholat) möglich. Diese Lectine sind daher zur Isolierung von Mem-
branglycoproteinen, die durch Detergenzien solubilisiert wurden, besonders
geeignet. Virushüllproteine und Glycoproteine von Plasmamembranen
wurden z. B. mit 95% Ausbeute gewonnen.

Lectin aus Linsen ist wie Con A für α-D-Glucose- und α-D-Mannose-Reste
spezifisch. Für die Komplexbindung sind ebenfalls Ca^{2+}- und Mn^{2+}-Ionen
erforderlich. Die Elution von Substanzen, die an trägergebundenem Con A
bzw. Linsen-Lectin adsorbiert sind, geschieht zweckmäßig durch kompetitive
Elution mit α-D-Methylmannosid, α-D-Methylglucosid, D-Mannose oder
D-Glucose.

Lectin aus Weizenkeimlingen bindet N-Acetylglucosamin-Reste. Weitere
Lectine haben wieder andere Bindungsspezifitäten, so daß sich mit ihrer
Hilfe Glycoproteine entsprechend den endständigen Zuckerresten ihrer
Kohlenhydratanteile voneinander trennen lassen. Das Weizenkeim-Lectin
benötigt keine Metall-Ionen zur Komplexbildung. Mit seiner Hilfe wurden

α_2-Makroglobulin, Haptoglobulin, Ceruloplasmin, Hämopexin, saures α_1-Glycoprotein und Mucine mit endständigen N-Acetylglucosamin-Resten isoliert.

Auch lebende Zellen lassen sich durch Affinitätschromatographie isolieren. Aufgrund ihrer spezifischen Wechselwirkung mit Lectinen, Antikörpern, Transmittern und deren Derivate lassen sich bestimmte Zelltypen rein darstellen. Die Liganden werden hier an besonders großporige Träger gebunden, die keinerlei unspezifische Wechselwirkung mit den Zellen eingehen, damit diese nicht im Netzwerk des Trägers hängenbleiben und nicht geschädigt werden. T-Lymphocyten werden z. B. an trägergebundenem Lectin von der Weinbergschnecke (*Helix pomatia*) isoliert. Durch eine anschließende Chromatographie an trägergebundenem Weizenkeim-Lectin läßt sich die T-Lymphocytenfraktion in Unterklassen zerlegen. Die Elution erfolgt in beiden Fällen sehr schonend durch kompetitive Verdrängung der Zellen von den Affinitätsharzen: vom Weizenkeim-Lectin durch N-Acetylglucosamin, vom Lectin der Weinbergschnecke durch N-Acetyl-α-D-galactosamin. Zellen, die über ein bestimmtes Oberflächenantigen verfügen, lassen sich mit Hilfe des zugehörigen trägergebundenen Antikörpers isolieren und Zellen, die Rezeptorproteine an ihrer Oberfläche tragen, durch die entsprechenden trägergebundenen Hormone und Transmitter. Auch covalent gebundenes Protein A aus *Staphylococcus aureus* vermag bestimmte Zellen direkt, andere indirekt zu binden. Zellen, die IgG an der Oberfläche tragen, werden direkt gebunden. Alle anderen Zellen mit Oberflächenantigen können nach der Reaktion mit entsprechenden Antikörpern vom IgG-Typ ebenfalls von Protein A gebunden werden.

7. Isolierung von immunologischen Substanzen

Protein A kann außer zur Isolierung von Zellen auch zur Isolierung bestimmter Immunglobuline verwendet werden. Es reagiert vorwiegend mit IgG, an dessen F_c-Teil es bindet. Von humanem IgG werden die Unterklassen 1, 2 und 4 gebunden. IgG 3 bindet nicht und kann somit leicht von den übrigen γ-Immunglobulinen abgetrennt werden. Nach der Komplexbildung zwischen Protein A und IgG bleibt die Antigenbindungsstelle am F_{ab}-Teil frei, so daß Antigene durch ihren trägergebundenen Protein A-Antikörperkomplex isoliert werden können. Eluiert wird danach der Antigen-Antikörperkomplex. Das Protein A bleibt am Träger gebunden. Die Elution des Antigen-Antikörperkomplexes von Protein A erfordert recht starke Elutionsmittel, wie 1 M Essigsäure, 0,1 M Glycin-HCl-Puffer vom pH 3 oder 3 M Natriumisothiocyanat-Lösung. Elution unter schonenden, quasi kompetitiven Bedingungen ist ebenfalls möglich. An der Komplexbildung zwischen IgG und Protein A sind Tyrosin-Reste des F_c-Teils beteiligt, so daß die Elution empfindlicher Antigen-Antikörperkomplexe mit Glycyltyrosin-Lösung (0,1 M in 2%iger Kochsalzlösung, pH 7) erfolgen kann.

Außer Protein A, das als gruppenspezifischer Ligand unter den Immunadsorbentien gelten kann, können Antigene und Antikörper zur Herstellung spezifischer Immunadsorbentien verwendet werden. Covalent gebundene Antikörper ermöglichen die Isolierung der zugehörigen Antigene und umgekehrt. Trägergebundene Haptene dienen der Isolierung von Antikörpern gegen kleinere Moleküle. Daneben führt die trägerfreie Vernetzung von Antigenen oder Antikörpern durch Glutardialdehyd oder Chlorameisensäure-äthylester zu wasserunlöslichen Proteinpolymeren, die ebenfalls als Immunadsorbentien verwendet werden. Die Dissoziationskonstanten der Antigen(Hapten)-Antikörper-Komplexe sind meist sehr klein. Die

Elution der gewünschten Proteine erfordert deshalb in der Regel starke
Elutionsmittel, wie saure oder alkalische Pufferlösungen unter pH 2,5
oder bis pH 11, Propionsäure, hohe Ionenstärke, chaotrope Ionen, Denatu-
rierungsmittel, Zusatz organischer Lösungsmittel. Nur Antikörper gegen
Haptene können in schonender Weise kompetitiv durch Haptenzusatz
zum Elutionspuffer vom trägergebundenen Hapten abgelöst werden. Schon
bei der Herstellung der Harze kann jedoch auf eine Verminderung der
Bindungsstärke und damit auf eine Erleichterung der Elution hingearbeitet
werden, z. B. durch mäßige Belegung der Träger mit Liganden oder durch
eine chemische Modifizierung der Liganden vor der Bindung. Grundsätzlich sollte die Elution von Immunadsorbentien durch Rückspülung der
Affinitätssäule erfolgen, damit die meist im oberen Teil der Säule festge-
haltenen Substanzen auf dem kürzesten Weg eluiert werden.

8. Hochleistungs-Flüssigkeits-Affinitätschromatographie

Auch in der Hochleistungsflüssigkeitschromatographie (engl. HPLC)
werden neuerdings Affinitätsharze für die Hochleistungs-Flüssigkeits-Affini-
tätschromatographie eingesetzt (engl. HPLAC = high performance liquid
affinity chromatography). Als Träger dient z. B. ein druckbeständiges Kieselgel, an das nach Silanisierung mit γ-Glycidoxypropyltrimethoxysilan in
einer mehrstufigen Umsetzung entweder N^6-(6-Aminohexyl)-AMP oder Antikörper gegen Humanserumalbumin gebunden wird. Bei Arbeitsdrücken von
etwa 30bar lassen sich an diesen Harzen einerseits ADH aus Leber und
LDH sowie die Isoenzyme $LDH-H_4$ und $LDH-M_4$, andererseits Serumalbumin vom Rind und Humanserumalbumin voneinander trennen.

9. Nucleinsäuren in der Affinitätschromatographie

Trägergebundene Nucleinsäuren und Oligonucleotide werden als Affinitätsharze zur Isolierung von Proteinen und Nucleinsäuren verwendet. Die
Bindungsmethoden der Liganden an die Träger sind hier besonders vielfältig. Durch einfache Adsorption von DNS und RNS an Cellulose erhält
man Affinitätsharze von begrenzter Stabilität. Die Nucleinsäuren sind
leicht wieder desorbierbar, so daß die bei ihrer Verwendung gewonnenen
Substanzen häufig nucleinsäurehaltig sind. Durch UV-Bestrahlung gebundene Nucleinsäuren sind erheblich geschädigt und somit in ihrer Anwendung eingeschränkt. An hydroxylgruppen-haltige Träger lassen sich Nucleinsäuren auf verschiedene Weise binden. Einmal lassen sich einsträngige
Nucleinsäuren durch BrCN-Aktivierung binden, wobei meist niedrige Belegungen erreicht werden. Zum anderen kann die Bindung über Bisoxirane
erfolgen, wobei recht hohe Belegungen erzielt werden. Nachteilig ist hierbei
der relativ hohe pH-Wert, bei dem diese Reaktion erfolgen muß. Dabei
kommt es zu teilweiser Denaturierung von doppelsträngiger DNS und zu
partiellem Abbau von Polyribonucleotiden. An den trägergebundenen
Nucleinsäuren und Nucleotiden werden complementäre Nucleinsäuren,
nucleinsäure-metabolisierende Enzyme und nucleinsäure-bindende Proteine isoliert. Zu den Enzymen gehören: DNS- und RNS-abhängige DNS-
und RNS-Polymerasen, Polynucleotidkinase u. a.

10. Ladungsverschiebungs- (Charge-Transfer) und Metallchelat-Chromatographie

Enthalten aromatische Liganden eines Affinitätsharzes elektronenspendende ($-\overline{N}(CH_3)_2$, $-\overline{N}H_2$, $-\overline{\underline{O}}-CH_3$, $-\overline{\underline{O}}-H$, $-CH_3$) oder elektronenziehende ($-NO_2$, $\rangle C{=}O$, $-C{\equiv}N$, $-SO_2CH_3$) Gruppen, so ist zwischen aromatischen Ringen mit entgegengesetzt wirksamen Substituenten die Ausbildung von π-Elektronenkomplexen möglich. Auch andere Gruppen, die freie Elektronenpaare oder Elektronenlücken besitzen, können mit den π-Elektronen substituierter Aromaten in Wechselwirkung treten. Bei den Nucleotiden sowie bei den Triazinfarbstoffen, die einfache und kondensierte aromatische Ringe mit elektronenziehenden und elektronenspendenden Substituenten enthalten, spielen solche π-Elektronenkomplexe bei der Wechselwirkung mit biologischen Makromolekülen eine Rolle.

Übergangsmetalle, wie Zn, Cu, Cd, Fe, Co, Ni u. a., mit ihren nur teilweise mit Elektronen besetzten p- und d-Schalen bilden ebenfalls mit elektronenspendenden Gruppen Komplexe. Ein chelatbildendes Harz ist z. B. ein Träger, der die Iminodiacetatgruppe enthält. Dieses Harz kann wahlweise mit Cu^{2+}, Zn^{2+}, Fe^{3+} und anderen Metallionen belegt werden. Bei den Proteinen sind es die SH-Gruppe des Cysteins, die NH_2-Gruppe des Lysins, die phenolische OH-Gruppe des Tyrosins, das Histidin und andere Aminosäure-Reste, die mit den Metallchelatharzen Komplexe bilden können. An Zn-Chelatharzen wurden beispielsweise Interferon, Transferrin, α_1-Antitrypsin, saures α_1-Glycoprotein, Ceruloplasmin, γ-Globulin und α_2-Makroglobulin adsorbiert, an Cu-Chelatharzen, Transferrin, Präalbumin, β-Lipoprotein, Haptoglobulin, γ-Globuline und Albumin isoliert. Die Bindung ist pH-abhängig. Bei pH-Werten um 7 bilden die genannten Proteine die Metallchelatkomplexe aus. Die Elution erfolgt durch Senken des pH-Wertes, Erhöhen der Ionenstärke oder Zusatz von EDTA zum Elutionspuffer. Durch EDTA wird auch das Metallion vom Harz abgelöst. Vor der Wiederverwendung muß es daher neu mit Metallionen belegt werden.

11. Covalente Chromatographie

Covalente Chromatographie beruht auf der Bildung und Spaltung von covalenten Bindungen, speziell von Disulfid-Bindungen durch Thiol-Disulfid-Austausch. Harze für die covalente Chromatographie erhält man durch covalente Bindung von thiolgruppen-haltigen Liganden an geeignete Träger. Beispielsweise bindet man Glutathion über die α-Aminogruppe des Glutaminsäure-Rests, der gleichzeitig als Seitenkette dient. Eine andere Möglichkeit ist die Bindung von 2-Hydroxy-3-mercaptopropion an einen hydroxylgruppen-haltigen Träger über eine Ätherbrücke. Die Aktivierung der SH-Gruppen, d. h. ihre Überführung in ein Disulfid, erfolgt durch Umsatz mit 2,2'-Dipyridyldisulfid bei pH 8. Bei der Chromatographie werden SH-Proteine bei gleichzeitiger Freisetzung von 2-Thio-

pyridon über Disulfidbrücken covalent an den Träger gebunden. Die
Proteinbindung an das Harz kann durch UV-Spektroskopie quantitativ
erfaßt werden, da das freigesetzte 2-Thiopyridon bei 343 nm absorbiert.
Die Elution des gebundenen SH-Proteins erfolgt durch Spaltung der
Disulfidbrücken mit L-Cystein, 2-Mercaptoäthanol oder Dithiothreitol.
Überschüsse des Spaltungsreagenzes sind dabei zu vermeiden, damit nicht
auch intramolekulare Disulfid-Brücken der eluierten Proteine gespalten
werden. Durch covalente Chromatographie wurden SH-Proteasen sowie
andere SH-Enzyme und SH-Proteine isoliert: Papain, Propapain, Chymo-
papain, Bromelin, Ficin, Kreatinkinase, Phosphofructokinase, Thiol-
disulfid-Oxidoreductase, Proteindisulfidisomerase, Glutathion-Insulin-
Transhydrogenase, γ-Globulinphospholipase, Kupferthionein, thiolierte
Glycoproteine, α-Ketten des Rinderhämoglobins, Kollagen aus Gewebe,
Casein aus Milch u. a.

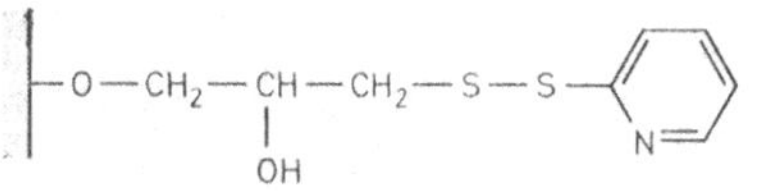

Abb. 8. Aktiviertes Thiopropylharz (nach R. Axen et al. (1975) Acta Chem.
Scand. B *29*, 471—474)

Unter covalenter Chromatographie läßt sich auch die Verwendung der
trägergebundenen 3-Aminobenzolboronsäure zur Isolierung von solchen
Substanzen einordnen, die über 2 vicinale, cis-ständige Hydroxyl-Gruppen
verfügen. Im schwach alkalischen Milieu, etwa bei pH 8,5, bildet die Boron-
säure mit 2 Hydroxyl-Gruppen der angegebenen Konfiguration einen cyclischen Diester, der im schwach sauren Milieu, etwa bei pH 5, wieder
hydrolysiert wird. Besonders günstig sind die Bedingungen für die Bildung
dieses cyclischen Diesters bei der Ribose, die in der Ringform als ebener
Furanose-Ring mit cis-ständigen Hydroxyl-Gruppen in 2'- und 3'-Position

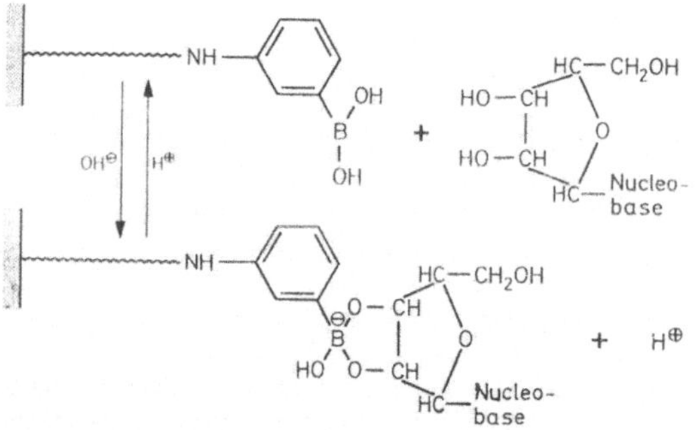

Abb. 9. Esterbildung von trägergebundener 3-Aminobenzolboronsäure mit
Ribosederivaten. (Einzelheiten s. Text)

vorliegt (s. Abb. 9). Affinitätsharze der 3-Aminobenzolboronsäure eignen sich daher zur Isolierung und Trennung von Nucleobasen, Oligonucleotiden und Nucleinsäuren bis etwa zur Größe der tRNS.

Daneben läßt sich die 3-Aminobenzolboronsäure zur affinitätschromatographischen Isolierung von Serinproteasen verwenden. Die Wirkungsweise der 3-Aminobenzolboronsäure ist dabei völlig anders als oben für cis-Diole beschrieben. Gegenüber den Proteasen wirkt sie als Inhibitor im aktiven Zentrum der Enzyme.

12. Hydrophobe Chromatographie

Hydrophobe Wechselwirkungen zwischen biologischen Makromolekülen und Affinitätsharzen wurden bereits als störend erwähnt. Gelegentlich ist die hydrophobe Wechselwirkung so stark, daß sie zur wirksamsten Komponenten der affinen Wechselbeziehungen wird. Man fand, daß die meist hydrophoben Seitenketten, über die die Liganden an die Träger gebunden sind, in hydrophobe Wechselwirkung zu den zu isolierenden Makromolekülen treten. So wurden für die hydrophobe (Affinitäts-) Chromatographie spezielle Harze entwickelt, die aromatische und unterschiedlich lange aliphatische Reste als wirksame Gruppen tragen, z. B.: den Phenyl-, Äthyl-, Butyl-, Hexyl-, Octyl-, Decylrest u. a. Die covalente Bindung an die Träger sollte so erfolgen, daß keine ionischen Gruppen zusätzlich entstehen. Die häufig verwendete BrCN-Aktivierung, die bei prim. Aminen vorwiegend zu Isoharnstoff-Derivaten führt, welche bei pH 7 positiv geladen sind, sollte hier vermieden werden. Alternativen sind Äther- oder Säureamid-Bindungen. Die Effektivität eines hydrophoben Harzes wird von der Länge der aliphatischen Kohlenwasserstoffkette und der Belegungsdichte bestimmt. Salzkonzentration und Ionenart des Chromatographiemilieus spielen ebenfalls eine Rolle. Hohe Konzentrationen von Ionen mit starkem Aussalzeffekt (wie NH_4^+, K^+, Na^+, PO_4^{3-}, SO_4^{2-}, Cl^-) erhöhen die hydrophobe Wechselwirkung. Chaotrope Ionen (wie SCN^-, J^-, ClO_4^-, Ba^{2+}, Mg^{2+}) schwächen die Wechselwirkung ebenso wie Erhöhung des pH-Wertes, Herabsetzung der Polarität des Elutionspuffers durch Zusatz von Äthylenglycol, Zusatz von nichtionischen Detergenzien oder Erniedrigung der Temperatur. Man startet eine hydrophobe Chromatographie am besten in einer konzentrierten Salzlösung mit großem Aussalzeffekt (Salzkonzentration an der Präzipitationsgrenze der gelösten Proteine), z. B. 3—4 M NaCl oder 1 M $(NH_4)_2SO_4$, und eluiert durch einen fallenden Salzgradienten. Hierbei würde die Anwesenheit ionischer Gruppen am Chromatographieharz stören, da deren Wirkung bei fallender Ionenstärke zunimmt. Abnehmende hydrophobe Wechselwirkung würde dann durch zunehmende ionische Wechselwirkung für den Fall, daß gegensinnig geladene Ionen am Makromolekül vorhanden sind, wenigstens teilweise aufgehoben. Aus diesem Grund soll ein hydrophobes Harz, wie erwähnt, keine ionischen Gruppen enthalten. Als günstig erweist es sich oft, wenn der fallende Salzgradient von einem steigenden Äthylenglycol-Gradienten überlagert wird. Ist die Bindung der zu isolierenden Substanz am Harz sehr fest, so eluiert man etwa bei pH 9,8 mit einer 50%igen Äthylenglycol-Lösung oder mit höheren Konzentrationen chaotroper Salze wie NaSCN. Detergenzienzusatz zum Elutionspuffer ist ein letztes Mittel, das man möglichst vermeidet, da Detergenzien von hydrophoben Harzen adsorbiert und nur schwer wieder eluiert werden können (Vor Wiederverwendung unbedingt erforderlich). Als Beispiele für hydrophobe Chromatographie seien genannt: die Isolierung der Glycogen-phosphorylase b und der Glycogensynthetase aus Muskeln, der β-Amylase aus Gerste, die Reinigung von Immunglobulinen und Histonen, von bakterieller L-Tyrosindecarboxylase und Dopaminhydrolase, von Serumproteinen und solubilisierten Membranproteinen.

13. Analytische Anwendungen der Affinitäts-chromatographie

Bei der Untersuchung von Enzymmechanismen und Proteinwechsel-wirkungen steht die Aufklärung der aktiven Zentren im Vordergrund. Durch Einwirkung eines Inhibitors oder durch chemische Modifizierung leicht zugänglicher Aminosäurereste erhält man Informationen über die aktiven Zentren. Geht die Aktivität eines Enzyms durch die Einwirkung von Inhibitoren nur teilweise zurück, so ist zunächst unklar, ob das Enzym nur unvollständig gehemmt wurde oder ob noch ein Rest des aktiven Enzyms nebendem inaktiven vorliegt. Xanthinoxidase, Papain und Sta-phylococcus-Nuclease sind Beispiele für die affinitätschromatographische Lösung dieser Frage. Ein Restgehalt an aktivem Enzym konnte quanti-tativ bestimmt werden. Soll ein Proteinbruchstück isoliert werden, das das aktive Zentrum eines Enzyms oder Antikörpers enthält, so markiert man zunächst das aktive Zentrum mit Hilfe von Substrat- oder Hapten-derivaten, die nach ihrer Komplexbildung mit dem Protein über eine reaktive Gruppe am Ende einer Seitenkette des Substrats oder Haptens in nächster Nähe des aktiven Zentrums covalent an das Protein gebunden werden (s. Abb. 10). Man bezeichnet dies als „affines Markieren" (englisch „affinity labeling"). Das Protein wird danach denaturiert und z. B. durch tryptische Verdauung in definierte Bruchstücke zerlegt. Durch Affinitäts-chromatographie am trägergebundenen Protein (Enzym bzw. Antikörper) wird das derivatisierte Bruchstück isoliert, das die Aminosäure-Sequenz des aktiven Zentrums und dessen näherer Umgebung enthält. Abb. 10 zeigt die Isolierung des aktiven Zentrums eines Antikörpers gegen 2,4-Dinitrophenol. Zur Markierung des Antikörpers wurde das Hapten-Derivat N-(2,4-Dinitrophenyl)-N'-bromacetyl-diaminoalkan mit einer Alkankette geeigneter Länge verwendet.

Trägergebundene Lectine, insbes. Concanavalin A, dienen nicht nur zur Isolierung von Glycoproteinen. Mit ihnen lassen sich auch Änderungen an den Kohlenhydratketten, insbes. Änderungen der endständigen Zucker-reste, analysieren. Die Bestimmungen der Unterschiede im Kohlenhydrat-Muster von Isoenzymen, von fötalen und adulten Glycoproteinen und von normalen und transformierten Zellen gehören hierher. Analysiert wurden u. a. Adenosindesaminasen, γ-Glutamyltransferasen und α_1-Fötoprotein.

Bei der indirekten Immunpräzipitation werden Antigen-Antikörper-komplexe durch Fällung mit Antiimmunglobulin isoliert. Verwendet man anstatt des Anti-Immunglobulins trägergebundenes Protein A, das an den F_c-Teil von IgG bindet, so läßt sich der Komplex nach dem Auswaschen von Begleitsubstanzen desorbieren und bei Verwendung einer radioaktiv markierten Komponenten quantitativ auswerten. Das trägergebundene Protein A läßt sich vielfach wiederverwenden und erübrigt außerdem in allen Fällen, in denen ursprünglich Antiimmunglobulin gegen den γ-Typ erforderlich war, die Bereitstellung des spezifischen Antikörpers.

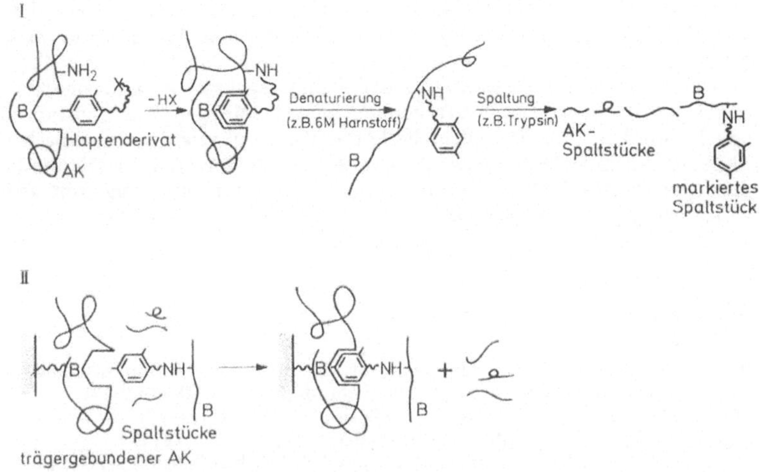

Abb. 10. Markierung (I) eines Antikörpers (Ak) an der Antigenbindungsstelle (B) mit einem Haptenderivat („affinity labeling") und Isolierung des markierten Spaltstücks durch Affinitätschromatographie (II). (nach D. Givol et al. (1970) Biochem. Biophys. Res. Commun. *38*, 825–830)

Affinitätschromatographisch wurden auch Enzymmechanismen studiert. Für LDH wurde gezeigt, daß der Komplex mit Substrat und Coenzym nicht aufs Geratewohl, sondern in geordneter Reihenfolge ausgebildet wird. Zuerst bilden Enzym und Coenzym einen Komplex, ehe das Substrat gebunden werden kann. Ebenso können Bindungskonstanten durch affinitätschromatographische Untersuchungen ermittelt werden. In den beiden zuletzt genannten Fällen müssen die Wechselwirkungen der Enzyme mit den freien und den gebundenen Liganden genau dieselben sein, d. h. nicht biospezifische Wechselwirkungen müssen unbedingt ausgeschlossen sein. Umgekehrt lassen sich hydrophobe und ionische Wechselwirkungen quantitativ erfassen, wenn sich die Konstanten für den freien und den gebundenen Liganden signifikant unterscheiden. So wird die Bindungskonstante von LDH zu AMP durch die Einführung des hydrophoben Hexamethylen-Rests in der N_6-Position des Purinrings um einen Faktor zwischen 10 und 50 erhöht. Durch covalente Bindung dieses AMP-Derivats an Agarose mittels BrCN erhöht sich die Bindungskonstante

um einen weiteren Faktor 100. Dies ist die meßbare Auswirkung der bei
pH 7 positiv geladenen Isoharnstoff-Gruppe, die bei der BrCN-Bindung
des Liganden an die Agarose entsteht.

14. Zusammenfassung

Die Affinitätschromatographie ist in neuer Zeit zu einer in der präparativen und analytischen Biochemie unentbehrlichen Methode geworden.
Die konsequente Ausnutzung der hochspezifischen Wechselwirkungen
zwischen biologischen Makromolekülen und ihren Substraten ermöglicht
in vielen Fällen eine Verkürzung der Reinigungsprozesse und eine Verbesserung der Ausbeuten. Oft können kleinste Mengen von Substanzen
erfaßt werden, die mit den herkömmlichen physikalisch-chemischen
Methoden nicht isolierbar bzw. abtrennbar sind. In der Analytik erlaubt die
Methode feinste Unterscheidungen in der Zusammensetzung von Isosubstanzen, z. B. Isoenzymen.

Literatur

Angal, S.; Dean, P. D. G.: The Effect of Matrix on the Binding of Albumin
to Immobilized Cibacron Blue, Biochem. J. *167*, 301—303 (1977)
Boguslaski, R. C.; Smith, R. S.: Isolation of Substances from Urine by
Affinity Chromatography, J. Chromatogr. *141*, 3—12 (1977)
Brümmer, W.: „Affinitätschromatographie" Kontakte (Merck) *1/74*, 23—28
and *2/74*, 3—13 (1974)
Chaiken, I. M.: Quantitative Uses of Affinity Chromatography, Anal.
Biochem. *97*, 1—10 (1979)
Cuatrecasas, P.: Affinity chromatography of macromolecules, in: Meister, A.
(ed.): Advances in Enzymology Vol. *36*, 29—89, New York: J. Wiley
& Sons 1972
Cuatrecasas, P.; Wilchek, M.; Anfinsen, C. B.: "Selective Enzyme Purification by Affinity Chromatography" Proc. Nat. Acad. Sci. USA *61*, 636
to 643 (1968)
Dean, P. D. G.; Watson, D. H.: Protein Purification Using Immobilized
Triazine Dyes, J. Chromatogr. *165*, 301—319 (1979)
Dunlap, R. B. (ed.): Advances in Experimental Medicine and Biology
Vol. *42*, Immobilized Biochemicals and Affinity Chromatography
New York and London: Plenum Press 1974
Dunn, B. A.; Gilbert, W. A.: Quantitative Affinity Chromatography of
α-Chymotrypsin, Arch. Biochem. Biophys. *198*, 533—540 (1979)
Egly, J. M. (ed.): "Affinity Chromatography" (Proceedings of the international symposium held in Strasbourg, June 1979) INSERM, 1979, Vol. 86,
Paris Cedex: INSERM-Publications 1979
E. Merck: „Präparate für die Affinitätschromatographie". Darmstadt 1975
Eveleigh, J. W.: Techniques and Instrumentation for Preparative Immunosorbent Separations, J. Chromatogr. *159*, 129—145 (1978)
Ghetie, V.; Mota, G.; Sjöquist, J.: Separation of Cells by Affinity Chromatography on SpA-Sepharose 6MB J. Immunol. Methods *21*, 133—141
(1978)

Hoffmann-Ostenhof, O.; Breitenbach, M.; Koller, F.; Kraft, O.; Scheiner, O. (eds.): Affinity Chromatography, Proc. Internat. Symp., Vienna, 1977, Oxford, Pergamon Press (1978)

Jakoby, B. W.; Wilchek, M. (eds.): Methods in Enzymology Vol. *34* "Affinity Techniques, Enzyme Purification Part B", New York: Academic Press 1974

Jennissen, H. P.; Heilmeyer, L. M. G.: General aspects of hydrophobic chromatography. Adsorption and elution characteristics of some skeletal muscle enzymes. Biochemistry *14*, 754—759 (1975)

Katoh, S.; Kambayashi, T.; Deguchi, R.; Yoshida, F.: "Performance of Affinity Chromatography Columns", Biotechnol. Bioeng. *20*, 267—280 (1978)

Lee, C. Y. et al.: Principles of Multienzyme Purifications by Affinity Chromatography, J. Solid-Phase Biochem. *2*, 213—224 (1977)

Lotan, R.; Nicolson, G. L.: Purification of Cell Membrane Glycoproteins by Lectin Affinity Chromatography, Biochim. Biophys. Acta *559*, 329 to 376 (1979)

Lowe, C. R.: Affinity chromatography: the current status. Int. J. Biochem. *8*, 177—181 (1977)

Lowe, C. R.; Dean, P. D. G.: Affinity Chromatography. John Wiley, London (1974)

Merrill, A. H.; McCormick, D. B.: Flavin Affinity Chromatography: General Methods for Purification of Proteins that Bind Riboflavin, Anal. Biochem. *89*, 87—102 (1978)

Morgan, M. R. A.; Brown, P. J.; Leyland, M. J.; Dean, P. D. G.: Electrophoresis: a new preparative desorption technique in affinity chromatography. FEBS Lett. *87*, 239—243 (1978)

Mosbach, K. (ed.): Methods in Enzymology Vol. *44* Immobilized Enzymes Academic Press, New York (1976)

Mosbach, K.: Immobilized coenzymes in general ligand affinity chromatography and their use as active coenzymes. in A. Meister, (ed.) Advances in Enzymology Vol. *46*, 205—278, New York: J. Wiley & Sons (1978)

Ochoa, J. L.: Hydrophobic (interaction) chromatography. Biochimie *60*, 1—15 (1978)

Ohlson, S.; Hansson, L.; Larsson, P. O.; Mosbach, K.: High Performance Liquid Affinity Chromatography (HPLAC) and its Application to the Separation of Enzymes and Antigens, FEBS Lett. *93*, 5—9 (1978)

Orth, H. D.; Brümmer, W.: Carrier-bound biologically active substances and their application. Angew. Chemie, Internat. Ed. *11*, 249—260 (1972)

Pharmacia Fine Chemicals AB, Uppsala, Affinity Chromatography, Principles & Methods (1979)

Porath, J.; Kristiansen, T.: Biospecific affinity chromatography and related methods, in: H. Neurath (ed.): The Proteins Vol. I, 95—178 New York: Academic Press 1975

Porath, J.; Carlsson, J.; Olsson, I.; Belfrage, G.: Metal Chelate Affinity Chromatography, a New Approach to Protein Fractionation, Nature, *258*, 598—599 (1975)

Porath, J.: Explorations into the Field of Charge-Transfer Adsorption, J. Chromatogr. *159*, 13—24 (1978)

Potuzak, H.; Dean, P. D. G.: Affinity chromatography on columns containing nucleic acids. FEBS Lett. *88*, 161—166 (1978)

Sundaram, P. V.; Eckstein, F. (eds.): Theory and Practice in Affinity Techniques (Int. Symp.) London: Academic Press 1978

Svenson, A.; Carlsson, J.; Eaker, D.: Specific Isolation of Cysteine Peptides by Covalent Chromatography on Thiol Agarose Derivatives, FEBS Lett. *73*, 171—174 (1977)

Trayer, I. P.; Winstanley, M. A.: Immobilized Nucleotides and their Use
  in Affinity Chromatography Int. J. Biochem. *9*, 449—456 (1978)
Turkova, J.: "Affinity Chromatography", Amsterdam: Elsevier 1978
Yon, R. J.: Sensitivity and other Factors Affecting Biospecific Desorption
  in Chromatography of Proteins" Biochem. J. *185*, 211—216 (1980)
Amicon Corporation, Lexington Mass. (1980): Dye-Ligand Chromatogra-
  phy. Zum Thema "Coenzyme als gruppenspezifische Liganden" erschienen
  während der Drucklegung mehrere Beiträge in: D. B. McCormick, L. D.
  Wright (eds.): Methods in Enzymologie Vol. 62, 66, 67, Vitamins and
  Coenzymes Part D, E, F, New York: Academic Press 1979 und 1980

Elektronenspinresonanz organischer Radikale in Lösung

Dr. Christoph Wydler

Physikalisch-chemisches Institut der Universität Basel
Klingelbergstr. 80, CH - 4056 Basel

Die Elektronenspinresonanzspektroskopie (ESR) ist die Methode der Wahl zum Nachweis und zur Untersuchung von paramagnetischen Substanzen. Ihre Vorteile liegen in der hohen Nachweisempfindlichkeit (Konzentration $< 10^{-6}$ mol/l) und der Information über die Struktur der Radikale. Paramagnetische Zwischenstufen treten in organischen Reaktionen häufig auf. Für die ESR-spektroskopische Untersuchung lassen sich aber auch diamagnetische Verbindungen oft mit einfachen Mitteln in Radikale umwandeln.

1. Das ESR-Experiment

Bedingt durch den Spin besitzt das Elektron ein magnetisches Moment μ_e. Der Messung zugänglich ist nur eine seiner Komponenten in einer ausgezeichneten Richtung (z):

$$\vec{\mu}_{e,z} = -g_e\mu_B m_s = \mp \frac{1}{2}\, g_e\mu_B$$

$$m_s = \pm \frac{1}{2} = \text{Spinquantenzahl}; g_e = \text{g-Faktor für das freie Elektron } (2{,}0023); \mu_B = \text{Bohrsches Magneton} = 9{,}27408 \cdot 10^{-24}\ \text{Am}^2.$$

In einem Magnetfeld B spalten die zwei Zustände in zwei Zeeman-Energieniveaus auf:

$$E_\pm = -\mu_{e,z}B = \pm \frac{1}{2}\, g_e\mu_B B$$

Deren Energiedifferenz beträgt:

$$\Delta E = g_e\mu_B B$$

In paramagnetischen Systemen (d. h. solchen mit ungepaarten Spins) können Übergänge zwischen den beiden Zeeman-Niveaus angeregt werden durch Einstrahlung von elektromagnetischen Wellen der Energie $h_\nu = \Delta E$

$= g_e\mu_B B$. Der Proportionalitätsfaktor zwischen B und ν beträgt

$$\frac{\nu}{B} = \frac{g_e\mu_B}{h} = 28{,}02 \; \frac{GHz}{T}$$

$$h = Plancksches\ Wirkungsquantum = 6{,}626\,176 \cdot 10^{-34}\ Js$$

Die meisten ESR-Spektrometer arbeiten mit konstanter Frequenz von ca. 9,2 GHz, so daß die Resonanzfeldstärke ca. 330mT beträgt.

Kerne mit einer Kernspinquantenzahl $I \neq 0$ besitzen ein magnetisches Moment μ_n, dessen z-Komponente

$$\vec{\mu}_{n,z} = g_n\mu_N m_I \qquad \mu_N = Kernmagneton = 5{,}051 \cdot 10^{-27}\ Am^2$$

am Ort des Elektrons ein zusätzliches Magnetfeld erzeugt. Es ergibt sich somit eine Störung δE des Zeeman-Niveaus. Ihr isotroper Anteil (der anisotrope wird in Lösung ausgemittelt) beträgt bei starken Magnetfeldern B

$$\Delta E = \frac{2}{3}\, \mu_0(\mu_{e,z}\mu_{n,z})\, \rho_s(0)$$

$$= \frac{2}{3}\, \mu_0(g_e\mu_B g_n\mu_N m_s m_I)\, \rho_s(0).$$

$\rho_s(0) = $ Spindichte am Ort des Kerns $= $ Differenz der Elektronendichten von Elektronen verschiedener Spinquantenzahl; $\mu_0 = $ Permeabilitätskonstante $= 4\pi \cdot 10^{-7}$ kg m s^{-2} A^{-2}

Da m_I $2I + 1$ Werte annehmen kann, gibt jeder Kern zu ebensovielen Hyperfeinaufspaltungen Anlaß. Ihr Abstand, die Kopplungskonstante a, beträgt

$$a = \frac{2}{3}\, g_n\mu_n\rho_s(0)$$

Kerne mit großem g_n-Wert bewirken also große Aufspaltungen (Tabelle 1). Wegen der Abhängigkeit von $\rho_s(0)$ haben nur die chemisch äquivalenten Kerne dieselbe Kopplungskonstante a. ESR-Übergänge gehorchen den Auswahlregeln

$$\Delta m_s = \pm 1, \quad \Delta m_I = 0$$

Man beobachtet deshalb pro Kern $2I + 1$ Übergänge bei den Magnetfeldern

$$B = B_0 - am_I$$

d. h., die Kopplungskonstante a läßt sich direkt bestimmen als Abstand zweier zum selben Kern gehöriger benachbarter Übergänge. B_0 ist das Magnetfeld im Zentrum des Spektrums gemäß

$$B_0 = \frac{h\nu}{g\mu_B}$$

Tabelle 1. Eigenschaften und natürliche Häufigkeiten einiger wichtiger Kerne

	Spinquantenzahlen		g_h-Wert	natürl. Häufigkeit
	I	m_I		in %
^{1}H	$1/2$	$\pm 1/2$	5,5854	99,98
^{2}H $=$ D	1	$0, \pm 1$	0,8574	0,016
^{12}C	0	0	0	98,89
^{13}C	$1/2$	$\pm 1/2$	1,4043	1,11
^{14}N	1	$0, \pm 1$	0,4036	99,63
^{15}N	$1/2$	$\pm 1/2$	$-0,5661$	0,37
^{16}O	0	0	0	99,75
^{17}O	$5/2$	$\pm 1/2, \pm 3/2, \pm 5/2$	$-0,7572$	0,037
^{19}F	$1/2$	$\pm 1/2$	5,2546	100
^{31}P	$1/2$	$\pm 1/2$	2,2610	100
^{32}S	0	0	0	95,0
^{33}S	$3/2$	$\pm 1/2, \pm 3/2$	0,4285	0,76
^{35}Cl	$3/2$	$\pm 1/2, \pm 3/2$	0,5473	75,53
^{37}Cl	$3/2$	$\pm 1/2, \pm 3/2$	0,4555	24,47
^{6}Li	1	$0, \pm 1$	0,8219	7,42
^{7}Li	$3/2$	$\pm 1/2, \pm 3/2$	2,1707	92,58
^{23}Na	$3/2$	$\pm 1/2, \pm 3/2$	1,4774	100
^{49}K	$3/2$	$\pm 1/2, \pm 3/2$	0,2606	93,1
^{31}K	$3/2$	$\pm 1/2, \pm 3/2$	0,1430	6,88

g ist nur dann wesentlich von g_e, dem Wert für das freie Elektron, verschieden, wenn eine endliche Spindichte an einem Kern eines Elements einer höheren Periode besteht (vgl. die Werte in den Tabellen). Der g-Wert wird experimentell bestimmt durch den Vergleich mit einer Spezies, deren g-Wert genau bekannt ist (Tabelle 2). Die Zentren der beiden Spektren liegen um $\Delta B = B_0 - B_{Ref}$ auseinander, so daß sich g berechnen läßt zu

$$g \sim g_{Ref} - \frac{2\Delta B}{B_0}$$

Tabelle 2. Referenzsubstanzen für g-Wert-Bestimmung (Auswahl)

	g-Wert	Lösungsmittel
Perylen-Kation	$2,002583 \pm 0,000006$	H_2SO_4
p-Benzosemichinon	2,00483	Ethanol/H_2O/NaOH
1,3-Bisdiphenylen-2-phenylallyl (BDPA)	$2,0026 \pm 0,0001$	— (fest)
1,1-Diphenyl-2-picryl-hydrazyl (DPPH)	$2,0036 \pm 0,0001$	— (fest)
Kaliumnitrosylsulfat $K_2(SO_3)_2NO$ (Frémy-Salz)	$2,00560 \pm 0,00005$	H_2O/K_2CO_3

Sind mehrere äquivalente Kerne vorhanden, entarten gewisse Spin-konfigurationen. Man beobachtet für n äquivalente Kerne $2nI + 1$ Linien. Wegen der z. T. mehrfachen Entartung weisen sie charakteristische Intensitätsverteilungen auf (z. B. für $I = \dfrac{1}{2}$ gemäß dem Pascalschen Dreieck) (Tabelle 3), so daß die Anzahl äquivalenter Kerne leicht bestimmt werden kann (Abb. 1).

Tabelle 3. Intensitätsverteilung der Linien von n äquivalenten Kernen mit dem Spin I

	$I = {}^1/_2$	$I = 1$	$I = {}^3/_2$
n = 1	1 1	1 1 1	1 1 1 1
n = 2	1 2 1	1 2 3 2 1	1 2 3 4 3 2 1
n = 3	1 3 3 1	1 3 6 7 6 3 1	
n = 4	1 4 6 4 1	1 4 10 16 19 16 10 4 1	
n = 5	1 5 10 10 5 1		
n = 6	1 6 15 20 15 6 1		

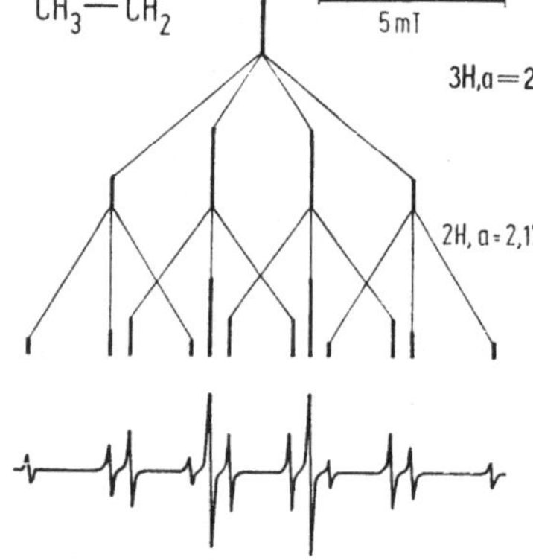

Abb. 1. Aufspaltungsschema und ESR-Spektrum (computer-simuliert) für das Ethyl-Radikal

Die Gesamtzahl der Linien eines Spektrums einer Spezies mit k Sätzen von n_i äquivalenten Kernen mit der Kopplungskonstante a_i im i-ten Satz ergibt sich zu

$$N = \prod_{i=1}^{k} (2n_i I_i + 1)$$

und seine gesamte Breite beträgt $2 \sum\limits_{i=1}^{k} n_i a_i I_i$.

Die relativen Intensitäten der zu verschiedenen Kernsorten gehörigen Linien entsprechen deren natürlichen Häufigkeiten (Tabelle 1).

2. Die Analyse und Interpretation von ESR-Spektren

Die Analyse von ESR-Spektren liefert über die Intensitätsverteilung der Liniengruppen die Anzahl Sätze von äquivalenten Kernen mit der Anzahl Kerne in jedem Satz und der dazugehörigen Kernspinquantenzahl, die meistens auch über die jeweilige Kernsorte Aufschluß gibt. Diese Informationen genügen in vielen Fällen bereits zur Identifikation des Radikals. Insbesondere können auch Aussagen über seine Symmetrie gemacht werden. Außerdem erhält man aus den Linienabständen die Kopplungskonstante der Kerne jedes Satzes. Besonders im Falle von komplizierten Aufspaltungsschemata sollte die Analyse durch Vergleich des experimentellen Spektrums mit dem mittels der vermuteten Daten computersimulierten bestätigt werden.

Eine erste Interpretation der Kopplungskonstanten ist nach einfachen Regeln möglich, wobei drei Fälle zu unterscheiden sind:

a) Radikale von aliphatischen Systemen. Das ungepaarte Elektron befindet sich bei den relativ beständigen Radikalen in einem p-Orbital eines C-Atoms. Nur dessen nähere Umgebung gibt zu Hyperfeinaufspaltungen Anlaß.

Die Kopplungskonstanten von H-Atomen betragen meist:

$$1{,}8-2{,}3\,\text{mT für ein } \alpha\text{-H-Atom}$$
$$2{,}3-3{,}0\,\text{mT für ein } \beta\text{-H-Atom}$$
$$< 0{,}1\,\text{mT für ein } \gamma\text{-H-Atom.}$$

In der ESR-Spektroskopie bezeichnet man mit α diejenigen Atome, an denen sich das ungepaarte Elektron befindet, und mit β, γ ... die daran gebundenen, durch 0, 1, ... sp^3-hybridisierte Atome getrennten C-Atome. Die H-Atome erhalten die Bezeichnung ihres Nachbar-C-Atoms.

$$\overset{\displaystyle |\quad\ |}{\underset{\displaystyle H_\alpha \quad H_\beta \quad H_\gamma}{>\!\dot{C}_\alpha - C_\beta - C_\gamma -}}$$

b) In Systemen, bei denen sich das ungepaarte Elektron in einem über mehrere Atome delokalisierten π-Orbital befindet, bewirken alle π-Zentren und ihre α-, β- und γ-Nachbarn Aufspaltungen. Die Protonkopplungskonstanten betragen meist weniger als 1 mT und nehmen erwartungsgemäß mit zunehmender Anzahl der π-Zentren ab.

In einem an ein Radikalzentrum gebundenen Phenylsubstituenten sind die Kopplungskonstanten der ortho- und para-H-Atome meist wesentlich größer ($> 0{,}2$ mT) als die der meta-ständigen ($< 0{,}1$ mT).

c) In seltenen Fällen beobachtet man Radikale, in denen sich das ungepaarte Elektron in einem Orbital mit σ-Charakter befindet. Die Kopplungskonstanten dieser sehr unstabilen Radikale variieren in einem sehr breiten Bereich.

Informationen über die Geometrie des Radikals erhält man, indem man die experimentellen Kopplungskonstanten a mit den unter Annahme einer bestimmten Struktur berechneten vergleicht. Bereits einfache semi-empirische Rechenverfahren (HMO, INDO) liefern sehr gute Werte für die Spinpopulationen ρ_u. Dies sind dimensionslose Größen, die dem Quadrat der LCAO-Koeffizienten für das einfach besetzte Orbital am betreffenden Zentrum μ entsprechen. Aus ihnen sind die Kopplungskonstanten leicht zu berechnen.

Für ein an das C-Atom μ gebundenes α-H-Atom beträgt sie

$$a_{H\mu}(\alpha) = Q_{CH}\rho_\mu.$$

$$Q_{CH} = \text{Parameter, mit } 2mT < |Q_{CH}| < 3mT$$

Für ein an ein Radikalzentrum μ gebundenes β-H-Atom berechnet sie sich zu

$$a_{H\mu}(\beta) = B\rho_\mu \cos^2 \vartheta.$$

$$B = \text{Parameter,} \quad |B| \sim 4mT \quad \text{für Anionen,} \quad |B| \sim 5mT \quad \text{für}$$
$$\text{neutrale Radikale,} \quad |B| \sim 6{-}8mT \text{ für Radikalkationen,}$$

wobei ϑ der Diederwinkel zwischen der Achse des p-Orbitals am Atom μ und den Bindungen $C_\mu{-}C_\beta$ und $C_\beta{-}H_\beta$ darstellt. Diese Winkelabhängigkeit der Kopplungskonstanten gestattet es, die Konformation solcher β-C-Atome zu bestimmen.

Abb. 1. Die Konformationsabhängigkeit der β-Protonkopplungskonstanten. Rechts: Projektion längs der C$-$C-Bindung.

Für frei rotierende β-H-Atome beträgt der Mittelwert von $\cos^2 \vartheta$ 0,5, so daß sich ihre Kopplungskonstanten berechnen zu

$$a_{H\mu}(\beta) = \frac{B}{2} \rho_\mu$$

Da $|B| \sim 2\,|Q_{CH}|$ ist, sollten solche β-H-Atome ähnliche Kopplungen aufweisen wie die durch sie substituierten α-H-Atome. Diese Voraussage wird für planare Systeme vielfach bestätigt.

In gewissen Fällen kann auch der g-Wert zur Interpretation der Daten beigezogen werden. Eine starke Abweichung vom Wert für das freie Elektron (2,0023) zeigt eine beträchtliche Spinpopulation an einem schweren Atom an.

3. Die Darstellung organischer Radikale

Die meisten organischen Moleküle sind diamagnetisch und somit einer ESR-spektroskopischen Vermessung nicht direkt zugänglich. Eine Umwandlung in ein paramagnetisches System ist aber oft leicht möglich. Zwei Methoden seien erwähnt:

1. Durch Bestrahlung mit γ-, X-, Elektronen- oder UV-Strahlen (letztere bedingen einen Zusatz von radikalbildenden Peroxiden wie H_2O_2/Ti^{3+}

oder Di-tert.-butylperoxid). Dabei wird in den meisten Fällen ein Wasserstoffatom homolytisch abgespaltet, sodaß neutrale Radikale entstehen. Sie haben in der Lösung oft eine kurze Lebensdauer und müssen deshalb mit einem Durchflußsystem in situ oder in einer Matrix, vorzugsweise bei reduzierter Temperatur, erzeugt werden.

2. Durch Reduktion oder Oxidation auf chemischem oder elektrolytischem Wege, letzterer oft im Durchflußsystem (Tabelle 4). Dafür eignen sich besonders Systeme mit konjugierten π-Bindungen, die ein geringes Ionisationspotential $(IP < 10\ eV)$ und hohe Elektronenaffinität $(EA > 0)$ aufweisen. Aus neutralen Molekülen entstehen Radikalionen. Bei genügender Ausdehnung des π-Orbitals sind sie recht langlebig.

Tabelle 4. Darstellung von Radikal-Ionen

a) Radikalkationen

Oxidationsmittel	Lösungsmittel	Leitsalz
H_2SO_4 konz.	—	—
CF_3COOH	—	—
$AlCl_3$	CH_3NO_2, CH_2Cl_2	—
$SbCl_5$, SbF_5	CH_3NO_2, CH_2Cl_2	—
$AgBF_4$	CH_3NO_2, CH_2Cl_2 N,N-Dimethylformamid Ether[a]	—
Elektrolyse	CH_3NO_2, CH_2Cl_2	Tetraethylammonium-perchlorat
Elektrolyse	$CH_2Cl_2/$ $CF_3COOH/(CF_3CO)_2O$	—

b) Radikalanionen

Reduktionsmittel	Lösungsmittel	Leitsalz
Alkalimetalle	Ether[a]	—
Na_2SO_3	H_2O, Ethanol	—
Elektrolyse	Acetonitril, Dimethyl-sulfoxid, N,N-Dimethyl-formamid	Tetraethylammonium-perchlorat
Elektrolyse	Ether[a]	Tetrabutylammonium-perchlorat

[a] 1,2-Dimethoxyethan, Tetrahydrofuran, 2-Methyltetrahydrofuran

Bei der chemischen Reduktion mittels Alkalimetallen in wenig polaren Äthern kommt es zu einer engen Assoziation des Radikalanions mit dem Alkalimetallkation. Die Bildung von solchen Ionenpaaren ist häufig durch eine zusätzliche Hyperfeinaufspaltung erkennbar, die von magnetischen Kernen der Kationen herrührt.

Tabelle 5. ESR-Daten ausgewählter Radikale.
Kopplungskonstanten a (in mT) und g-Werte

Gliederung:

A. Neutrale Radikale

    a) Atome und einfache anorganische Radikale
    b) Kohlenwasserstoffe
        1) aliphathische KW
        2) alicyclische KW
        3) konjugierte KW
    c) Stickstoffhaltige Radikale
        1) Nitroxide
        2) Aminoverbindungen
        3) Amide
        4) α-Aminosäuren und Peptide
        5) Hydrazylradikale
        6) Cyanoverbindungen
        7) Stickstoffheterocyclen
    d) Sauerstoffhaltige Radikale
        1) Aliphathische Alkohole, Aldehyde, Ketone
        2) Alicyclische Alkohole, Ether und Ketone
        3) Konjugierte Alkohole und Phenoxiradikale
        4) Carbonsäuren und Ester
    e) Halogen-, schwefel- und phosphorhaltige Radikale
    f) Monomer- und polymer-Radikale von Kunststoffen

B. Radikalionen

    a) Kohlenwasserstoffe
        1) Benzol und alkylsubstituierte Benzole
        2) Naphthalin und methylsubstituierte Naphthaline
        3) Höhere kondensierte benzoide Kohlenwasserstoffe
        4) Nicht-kondensierte benzoide Kohlenwasserstoffe
        5) Nicht-benzoide Kohlenwasserstoffe
    b) Heterocyclische aromatische Verbindungen
        1) Stickstoffheterocyclen
        2) Schwefelheterocyclen
        3) Phosphorheterocyclen
    c) Sauerstoffhaltige Verbindungen
        1) Semichinon-Anionen und Dihydrochinon-Kationen
        2) Aromatische Aldehyde und Ketone
        3) Aliphathische Aldehyde und Ketone
        4) Carbonsäuren
    d) Amine
    e) Nitroverbindungen
    f) Cyanoverbindungen

Tabelle 5. (Fortsetzung)

A. Neutrale Radikale

---

a) Atome und einfache anorganische Radikale
(in Einkristall oder Matrix, a und g abhängig von der Beschaffenheit der
Probe)

	a	g-Wert
H·	$50,0-51,2$	$2,0017-2,0024$
D·	$7,74-7,99$	$2,0019-2,0025$
^{14}N·	$0,372-0,43$	$2,00200$
HO·	$a_H = 4,13$	$2,0094$
DO·	$a_D \sim 0,6$	$2,01$
H_2N·	$a_H = 2,14-2,39$	
	$a_N = 1,03-1,40$	

---

b) Kohlenwasserstoffe

---

1) Aliphatische Kohlenwasserstoffe

	a	g-Wert
$\dot{C}H_3$	$a_H\ \ \ = 2,35$	$2,00255$
	$a_{^{13}C} = 3,8$	
$\dot{C}D_3$	$a_D\ \ \ = 0,358$	$2,00256$
$H_2C=\dot{C}H$	$a_H^{CH}\ \ \ = 1,34$	$2,00220$
	$a_H^{CH_2} = \begin{cases} 6,5\ (trans) \\ 3,7\ (cis) \end{cases}$	
	$a_{^{13}C}^{CH}\ \ = 10,75$	
$H_3C-\dot{C}H_2$	$a_H^{CH_2} = 2,24$	$2,0026$
	$a_H^{CH_3} = 2,68$	
$H_2C=C=\dot{C}H$	$a_H^{CH}\ \ = 1,26$	
	$a_H^{CH_2} = 1,89$	
$H_2C=\dot{C}-CH_3$	$a_H^{CH_3} = 1,948$	$2,00222$
	$a_H^{CH_2} = \begin{cases} 5,79\ (trans) \\ 3,29\ (cis) \end{cases}$	
$H_3C-CH_2-\dot{C}H_2$	$a_H^{CH_2}(\alpha) = 2,208$	
	$a_H^{CH_2}(\beta) = 3,32$	
	$a_H^{CH_3}\ \ \ \ = 0,038$	
$H_3C-\dot{C}H-CH_3$	$a_H^{CH}\ \ = 2,222$	
	$a_H^{CH_3} = 2,459$	
$H_3\overset{\gamma}{C}-CH_2-\dot{C}H-\overset{\beta}{C}H_3$	$a_H^{CH}\ \ \ \ \ = 2,18$	
	$a_H^{CH_2}\ \ \ \ = 2,79$	
	$a_H^{CH_3}(\beta) = 2,45$	
$H_3C-CH-\dot{C}H_2$ $\ \ \ \ \ \mid$ $\ \ \ \ CH_3$	$a_H^{CH}\ \ = 3,01$	
	$a_H^{CH_2} = 2,20$	

Tabelle 5. (Fortsetzung)

A. Neutrale Radikale

b) Kohlenwasserstoffe

1) Aliphatische Kohlenwasserstoffe

	a	g-Wert
$H_3C-\overset{\bullet}{C}-CH_3$ $\quad\;\;\mid$ $\quad\;\;CH_3$	$a_H^{CH_3} = 2{,}272$	
$H_3C-CH_2-\overset{\bullet}{C}H-CH_2-CH_3$	$a_H^{CH} = 2{,}18$ $a_H^{CH_2} = 2{,}88$ $a_H^{CH_3} = 0{,}045$	
$\overset{\beta}{C}H_3$ $\quad\;\mid$ $H_3\overset{\gamma}{C}-CH_2-C\bullet$ $\quad\quad\quad\;\mid$ $\quad\quad\quad CH_3$ $\quad\quad\quad\;\;\beta$	$a_H^{CH_3}(\beta) = 2{,}277$ $a_H^{CH_2} = 1{,}87$	
CH_3 $\;\mid$ $H_3C-C-\overset{\bullet}{C}H_2$ $\;\mid$ CH_3	$a_H^{CH_2} = 2{,}27$ $a_H^{CH_3} \sim 0{,}5$	
$(H_3C-CH_2)_3\overset{\bullet}{C}$	$a_H^{CH_2} = 1{,}73$	

2) Alicyclische Kohlenwasserstoffe

	a	g-Wert
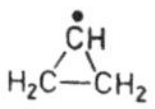 $\overset{\bullet}{C}H$ / H_2C-CH_2	$a_H^{CH} = 0{,}67$ $a_H^{CH_2} = 2{,}35$	2,00277
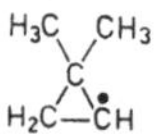 $H_3C\;\;CH_3$ / $H_2C-\overset{\bullet}{C}H$	$a_H^{CH} = 0{,}65$ $a_H^{CH_2} = 2{,}37$ $a_H^{CH_3} = 0{,}1$	
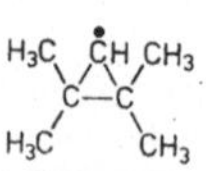 $H_3C\;\overset{\bullet}{C}H\;CH_3$ / $H_3C\;\;\;CH_3$	$a_H^{CH} = 0{,}63$ $a_H^{CH_3} = 0{,}078$	2,00271

Tabelle 5. (Fortsetzung)

A. Neutrale Radikale

b) *Kohlenwasserstoffe*

2) Alicyclische Kohlenwasserstoffe

	a	g-Wert
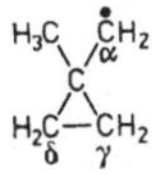	$a_H^{CH_2}(\alpha) = 2{,}06$ $a_H^{CH_3} = 0{,}078$ $a_H^{CH_2}(\gamma) = \left.\begin{matrix}0{,}351\\0{,}195\end{matrix}\right\}$ je 2 H	
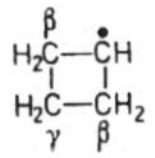	$a_H^{CH} = 2{,}12$ $a_H^{CH_2}(\beta) = 3{,}666$ $a_H^{CH_2}(\gamma) = 0{,}112$	
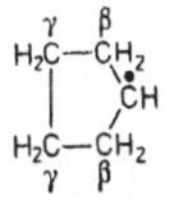	$a_H^{CH} = 2{,}148$ $a_H^{CH_2}(\beta) = 3{,}516$ $a_H^{CH_2}(\gamma) = 0{,}053$	
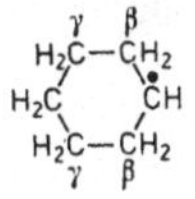	$a_H^{CH} = 2{,}115$ $a_H^{CH_2}(\beta) = \left.\begin{matrix}4{.}10\\0{,}50\end{matrix}\right\}$ je 2 H $a_H^{CH_2}(\gamma) = 0{,}71$	
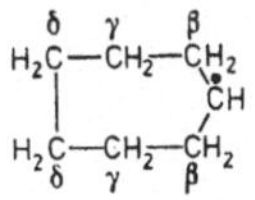	$a_H^{CH} = 2{,}178$ $a_H^{CH_2}(\beta) = 2{,}469$	

3) Konjugierte Kohlenwasserstoffe

	a	g-Wert
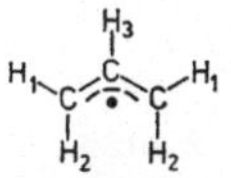	$a_{H_1} = 1{,}48$ $a_{H_2} = 1{,}39$ $a_{H_3} = 0{,}41$	
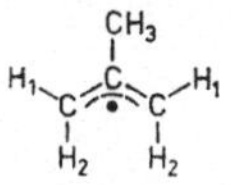	$a_{H_1} = 1{,}47$ $a_{H_2} = 1{,}38$ $a_H^{CH_3} = 0{,}319$	

Tabelle 5. (Fortsetzung)

A. Neutrale Radikale		
b) Kohlenwasserstoffe		
3) Konjugierte Kohlenwasserstoffe		
	a	g-Wert
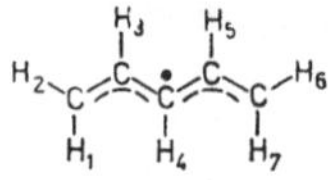	$a_{H_{1,7}} = 0{,}969$ $a_{H_{2,6}} = 1{,}034$ $a_{H_{3,5}} = 0{,}323$ $a_{H_4} = 1{,}164$	
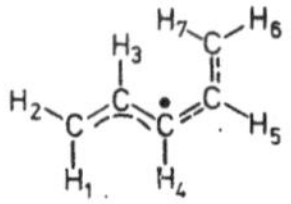	$a_{H_1} = 0{,}999$ $a_{H_2} = 1{,}065$ $a_{H_3} = 0{,}385$ $a_{H_4} = 1{,}274$ $a_{H_5} = 0{,}317$ $a_{H_6} = 0{,}911$ $a_{H_7} = 0{,}843$	
	$a_H = 0{,}57$	
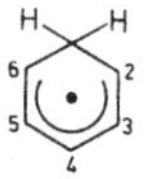	$a_{H_{2,6}} = 0{,}899$ $a_{H_{3,5}} = 0{,}265$ $a_{H_4} = 1{,}304$ $a_H^{CH_2} = 4{,}771$	
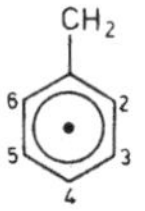	$a_{H_{2,6}} = 0{,}513$ $a_{H_{3,5}} = 0{,}177$ $a_{H_4} = 0{,}617$ $a_H^{CH_2} = 1{,}64$	2,00260
	$a_H = 0{,}366$	
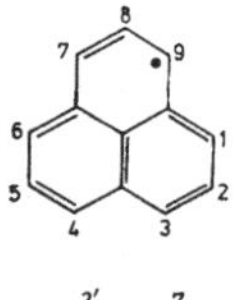	$a_{H_{1,3,4,6,7,9}} = 0{,}630$ $a_{H_{2,5,8}} = 0{,}182$ $a_{^{13}C_{1,3,4,6,7,9}} = 0{,}925$ $a_{^{13}C_{2,5,8}} = 0{,}823$ $a_{^{13}C_{3a,6a,9a}} = 0{,}725$	
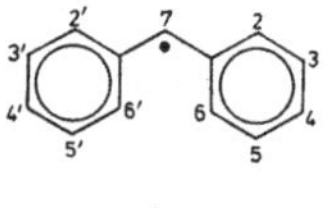	$a_{H_{2,2',6,6'}} = 0{,}37$ $a_{H_{3,3',5,5'}} = 0{,}135$ $a_{H_{4,4'}} = 0{,}42$ $a_{H_7} = 1{,}47$	
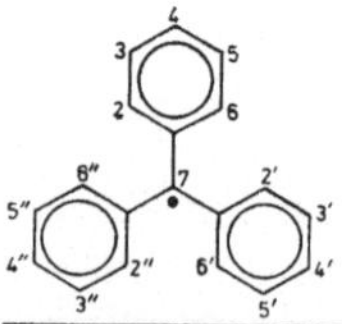	$a_{H_{2,2',2'',6,6',6''}} = 0{,}253$ $a_{H_{3,3',3'',5,5',5''}} = 0{,}111$ $a_{H_{4,4',4''}} = 0{,}277$ $a_{^{13}C_7} = 2{,}6$	2,0025

Tabelle 5. (Fortsetzung)

A. Neutrale Radikale

c) *Stickstoffhaltige Radikale*

1) Nitroxide

	a	g-Wert
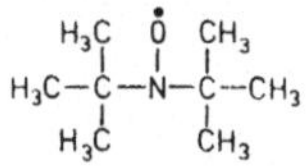	$a_H^{CH_3} = 0{,}012$ $a_N = 1{,}518$ $a_{^{13}C} = 0{,}43$	2,0063
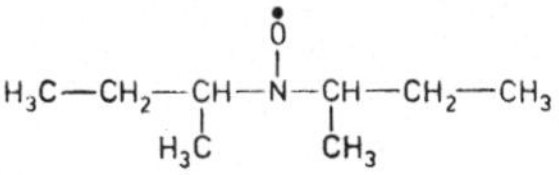	$a_H^{CH} = 0{,}384$ $a_N = 1{,}339$ $a_{^{13}C}^{CH} = 0{,}973$ $a_{^{17}O} = 1{,}971$	2,00585
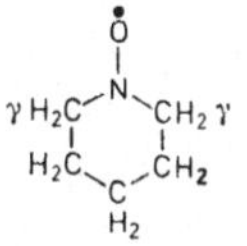	$a_H^{CH_2}(\gamma) = 1{,}17$ $a_N = 1{,}74$	
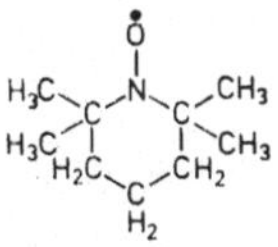	$a_{^{14}N} = 1{,}35$ $a_{^{15}N} = 2{,}04$ $a_{^{13}C} = 0{,}54$	
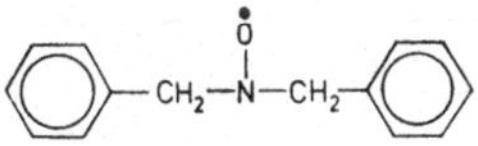	$a_H^{CH_2} = 1{,}00$ $a_N = 1{,}70$	
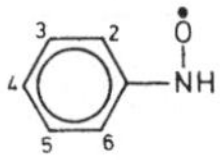	$a_{H_{2,4,6}} = 0{,}28$ $a_{H_{3,5}} = 0{,}11$ $a_H^{NH} \sim 0$ $a_N = 1{,}10$	
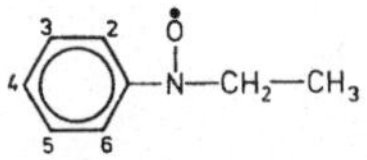	$a_{H_{2,4,6}} = 0{,}32$ $a_{H_{3,5}} = 0{,}11$ $a_H^{CH_2} = 0{,}91$ $a_N = 1{,}18$	
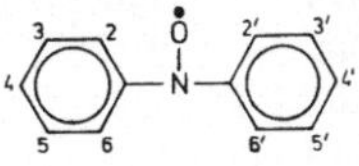	$a_{H_{2,2'\,4,4',6,6'}} = 0{,}15$ $a_{H_{3,3',3,5'}} = 0{,}083$ $a_N = 0{,}93$	2,0057

Tabelle 5. (Fortsetzung)

A. Neutrale Radikale

c) *Stickstoffhaltige Radikale*

2) Aminoverbindungen

	a	g-Wert
H_3C , H_3C — $N\cdot$ (Dimethylamino)	$a_H^{CH_3} = 2{,}736$ $a_N = 1{,}478$	
$H_3C\!-\!CH_2$, $H_3C\!-\!CH_2$ — $N\cdot$ (Diethylamino)	$a_H^{CH_2} = 3{,}690$ $a_N = 1{,}427$	
Anilino-Radikal ($\cdot NH$ am Benzolring, Positionen 2,3,4,5,6)	$a_{H_{2,6}} = 0{,}618$ $a_{H_{3,5}} = 0{,}201$ $a_{H_4} = 0{,}822$ $a_H^{NH} = 1{,}294$ $a_N = 0{,}795$	$2{,}00331$
Tri-tert-butyl-substituiertes Anilino-Radikal ($\dot NH$, Positionen 3,4,5)	$a_{H_{3,5}} = 0{,}192$ $a_H^{CH_3}(4) = 0{,}0295$ $a_H^{NH} = 1{,}198$ $a_N = 0{,}683$	
Diphenylamino-Radikal ($\dot N$ zwischen zwei Phenylringen)	$a_{H_{2,2',4,4',6,6'}} = 0{,}181$ $a_{H_{3,3',5,5'}} = 0{,}074$ $a_N = 0{,}94$	

3) Amide

	pH	a	g-Wert
$HC\!-\!NH\!-\!\dot CH_2$ $\;\parallel$ $\;O$	7	$a_H^{CH_2} = 1{,}904$ $a_H^{NH} = 0{,}043$ $a_H^{CH} = 0{,}499$ $a_N = 0{,}263$	$2{,}00275$
$\cdot C\!-\!NH\!-\!CH_3$ $\;\parallel$ $\;O$	12,3	$a_H^{CH_3} = 0{,}097$ $a_H^{NH} = 0{,}191$ $a_N = 2{,}213$	$2{,}00160$
$HC\!-\!N\!-\!\dot CH_2$ $\;\parallel\quad\mid$ $\;O\quad CH_3$	7	$a_H^{CH_2} = 1{,}866$ $a_H^{CH_3} = 0{,}032$ $a_H^{CH} = 0{,}301$ $a_N = 0{,}204$	$2{,}0028$

Tabelle 5. (Fortsetzung)

A. Neutrale Radikale

---

c) *Stickstoffhaltige Radikale*

---

3) Amide

	pH	a	g-Wert
$H_3C-\overset{\Vert}{\underset{O}{C}}-\overset{\vert}{\underset{CH_3}{N}}-\overset{\bullet}{C}H_2$	7	$a_H^{CH_2} = 1,869$ $a_H^{CCH_3} = 0,373$ $a_N = 0,195$	2,0028

4) α-Aminosäuren und Peptide

	pH	a	g-Wert
$H\overset{\bullet}{C}-COO^{\ominus}$ $\quad\vert$ $\ NH_2$	10	$a_H^{CH} = 1,385$ $a_H^{NH_2}\left\{\begin{matrix}= 0,339\\= 0,293\end{matrix}\right\}$ (je 1) $a_N = 0,614$	2,0034
$H_2\overset{\bullet}{C}-CH-COO^{\ominus}$ $\qquad\vert$ $\quad NH_3^{\oplus}$	7	$a_H^{CH} = 2,634$ $a_H^{CH_2} = 2,226$ $a_N = 0,350$	2,0026
$H_3C-\overset{\bullet}{C}-COO^{\ominus}$ $\qquad\vert$ $\quad NH_2$	10	$a_H^{CH_3} = 1,392$ $a_H^{NH_2} = 0,188$ (1 H) $a_N = 0,508$	2,0033
$HO-\overset{\bullet}{\underset{\alpha}{C}}H-\overset{\beta}{C}H-COO^{\ominus}$ $\qquad\qquad\vert$ $\qquad\ NH_3^{\oplus}$	6,5	$a_H^{CH}(\alpha) = 1,75$ $a_H^{CH}(\beta) = 0,981$ $a_H^{OH} = 0,100$ $a_N = 0,774$	2,0033
$\begin{matrix}H_3C\\\ \ \ \ \diagdown\\H_3C\diagup\end{matrix}\overset{\bullet}{C}-CH-COO^{\ominus}$ $\qquad\qquad\vert$ $\qquad\ NH_3^{\oplus}$	7	$a_H^{CH_3} = 2,369$ $a_H^{CH} = 0,625$ $a_N = 0,739$	2,0027
$\begin{matrix}H_2\overset{\bullet}{C}\\\ \ \ \ \diagdown\\H_3C\diagup\end{matrix}\overset{\beta}{C}H-\overset{\gamma}{C}H-COO^{\ominus}$ $\qquad\qquad\vert$ $\qquad\ NH_3^{\oplus}$	7	$a_H^{CH_2} = 2,214$ $a_H^{CH}(\beta) = 3,045$	2,0026
$^{\ominus}OOC-\overset{\bullet}{C}H-CH-COO^{\ominus}$ $\qquad\qquad\vert$ $\qquad\ NH_3^{\oplus}$	8	$a_H^{CH}(\alpha) = 2,084$ $a_H^{CH}(\beta) = 1,671$ $a_N = 0,342$	2,0032

Tabelle 5. (Fortsetzung)

A. Neutrale Radikale

c) *Stickstoffhaltige Radikale*

4) α-Aminosäuren und Peptide

	pH	a	g-Wert
$^{\ominus}OOC-CH_2-\overset{\bullet}{C}-COO^{\ominus}$ 　　　　　$\vert$ 　　　　NH_2	10	$a_H^{CH_2} = 0,983$ $a_H^{NH_2} = 0,230$ $\Big\}$ je 1 H 　　　$= 0,047$ $a_N\ \ = 0,542$	2,0033
$^{\ominus}OOC-\underset{\alpha}{\overset{\bullet}{CH}}-\underset{\delta}{CH_2}-CH-COO^{\ominus}$ 　　　　　　　　　　$\vert$ 　　　　　　　　$NH_3^{\oplus}$	5,5	$a_H^{CH}\,(\alpha) = 2,067$ $a_H^{CH_2}\ \ \ = 2,203$	2,0033
$^{\ominus}OOC-CH_2-\underset{\alpha}{\overset{\bullet}{CH}}-\underset{\beta}{CH}-COO^{\ominus}$ 　　　　　　　　　　$\vert$ 　　　　　　　$NH_3^{\oplus}$	5,5	$a_H^{CH}(\alpha) = 2,192$ $a_H^{CH}(\beta) = 1,459$ $a_H^{CH_2}\ \ \ = 2,294$ $\Big\}$ je 1 H 　　　　$= 2,400$ $a_N\ \ \ \ = 0,557$	2,0027
$^{\ominus}OOC-CH_2-CH_2-\overset{\bullet}{C}-COO^{\ominus}$ 　　　　　　　　　　$\vert$ 　　　　　　　　NH_2	10	$a_H^{CH_2}(\beta) = 0,895$ $a_H^{NH_2}\ \ \ = 0,217$ $\Big\}$ je 1 H 　　　　$= 0,047$ $a_N\ \ \ \ = 0,533$	2,0033
$O\ \ \ H$ 　　$\Vert\ \ \ \ \vert$ $H_2C-C-N-\overset{\bullet}{C}H-COO^{\ominus}$ 　$\vert$ $NH_3^{\oplus}$	5,68	$a_H^{CH}\ \ = 1,757$ $a_H^{CH_2} = 0,33$ $a_H^{NH} = 0,113$ $a_H^{NH} = 0,073$	2,00333

5) Hydrazylradikale

	a	g-Wert
$\underset{H_3C}{\overset{H_3C}{>}}\underset{\bullet}{\overset{2\ \ \ 1}{N-N}}-H$	$a_H^{CH_3} = 0,690$ $a_H^{NH} = 1,367$ $a_{N_1} = 0,960$ $a_{N_2} = 1,149$	2,00381
(Ringstruktur mit CH_3-Gruppen)	$a_H^{CH_3} = 0,032$ $a_H^{NH} = 1,346$ $a_{N_1} = 1,001$ $a_{N_2} = 1,245$	2,00383

Tabelle 5. (Fortsetzung)

A. Neutrale Radikale

c) *Stickstoffhaltige Radikale*

5) Hydrazylradikale

	a	g-Wert
	$a_{H_{2,2',6,6'}} = 0{,}155$	
	$a_{H_{3,3',5,5'}} = 0{,}073$	
	$a_{H_{4,4'}} = 0{,}158$	
	$a_{H_{9,11}} = 0{,}106$	
	$a_{N_\alpha} = 0{,}974$	
	$a_{N_\beta} = 0{,}795$	
	$a_{N_{8,12}}^{NO_2} = 0{,}039$	
	$a_{N_{10}}^{NO_2} = 0{,}048$	
	$a_{N_1} = 0{,}666$	
	$a_{N_2} = 1{,}078$	

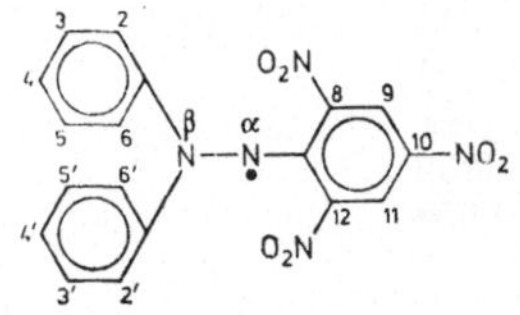

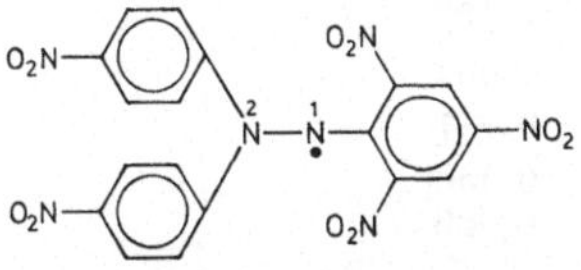

6) Cyanoverbindungen

	a	g-Wert
$H_2\overset{\bullet}{C}-CN$	$a_H = 2{,}10$ $a_N = 0{,}35$	$2{,}00296$
$H\overset{\bullet}{C}\big(CN\big)_2$	$a_H = 1{,}918$ $a_N = 0{,}275$ $a_{^{13}C}^{CH} = 2{,}918$	$2{,}0033$
$\overset{\bullet}{C}(CN)_3$	$a_N = 0{,}228$ $a_{^{13}C}^{CN} = 1{,}820$ $a_{^{13}C} = 2{,}206$	$2{,}0033$

Tabelle 5. (Fortsetzung)

A. Neutrale Radikale

c) *Stickstoffhaltige Radikale*

7) Stickstoffheterocyclen

	a	g-Wert
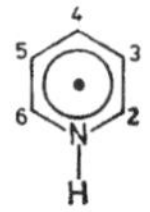	$a_{H_{2,6}} = 0{,}588$ $a_{H_{3,5}} = 0{,}098$ $a_{H_4} = 1{,}161$ $a_H^{NH} = 0{,}339$ $a_N = 0{,}558$	$2{,}00290$
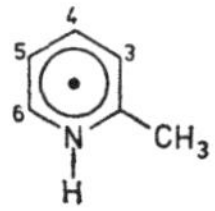	$a_{H_3} = 0{,}056$ $a_{H_4} = 1{,}164$ $a_{H_5} = 0{,}137$ $a_{H_6} = 0{,}661$ $a_H^{CH_3} = 0{,}497$ $a_H^{NH} = 0{,}268$ $a_N = 0{,}529$	$2{,}00288$
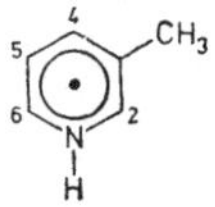	$a_{H_2} = 0{,}618$ $a_{H_4} = 1{,}128$ $a_{H_5} = 0{,}074$ $a_{H_6} = 0{,}543$ $a_H^{CH_3} = 0{,}113$ $a_H^{NH} = 0{,}342$ $a_N = 0{,}586$	$2{,}00289$
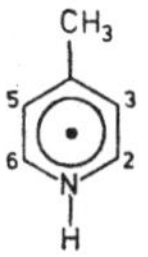	$a_{H_{2,6}} = 0{,}598$ $a_{H_{3,5}} = 0{,}116$ $a_H^{CH_3} = 1{,}232$ $a_H^{NH} = 0{,}269$ $a_N = 0{,}557$	$2{,}00291$
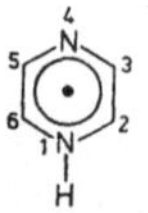	$a_{H_{2,6}} = 0{,}485$ $a_{H_{3,5}} = 0{,}115$ $a_H^{NH} = 0{,}606$ $a_{N_1} = 0{,}689$ $a_{N_4} = 0{,}759$	$2{,}0034$

Tabelle 5. (Fortsetzung)

A. Neutrale Radikale

---

d) Sauerstoffhaltige Radikale

---

1) Aliphatische Alkohole, Aldehyde und Ketone

	a	g-Wert
$HO-\overset{\bullet}{C}H_2$	$a_H^{CH_2} = 1{,}8$ $a_H^{OH} = 0{,}17$ $a_{^{13}C} = 4{,}76$	$2{,}003\,34$
$HO-\overset{\bullet}{C}H-CH_3$	$a_H^{CH} = 1{,}50$ $a_H^{CH_3} = 2{,}20$ $a_H^{OH} = 0{,}1$	$2{,}003\,2$
$HO-CH_2-\overset{\bullet}{C}H_2$	$a_H^{CH_2}(\alpha) = 3{,}167$ $a_H^{CH_2}(\beta) = 2{,}20$	
$HO-\overset{\bullet}{C}H-CH_2-OH$	$a_H^{CH} = 1{,}75$ $a_H^{CH_2} = 0{,}99$ $a_H^{OH}(\beta) = 0{,}105$ $a_H^{OH}(\gamma) = 0{,}032$	
$HO-\overset{\bullet}{C}H-CH_2-CH_3$	$a_H^{CH} = 1{,}52$ $a_H^{CH_2} = 2{,}19$ $= 2{,}10$ je 1 H $a_H^{CH_3} = 0{,}046$	
$\begin{array}{c} CH_3 \\ | \\ HO-\overset{\bullet}{C} \\ | \\ CH_3 \end{array}$	$a_H^{CH_3} = 1{,}96$ $a_H^{OH} = 0{,}07$	$2{,}003\,17$
$HO-\overset{\bullet}{C}H-CH_2-CH_2-OH$	$a_H^{CH} = 1{,}60$ $a_H^{CH_2}(\beta) = 1{,}90$	
$\overset{\bullet}{O}-CH_2-CH_2-CH_2-CH_3$	$a_H^{CH_2}(\beta) = 0{,}35$	
$\begin{array}{c} \overset{\bullet}{O} \\ | \\ CH_3-CH-CH_2-CH_3 \end{array}$	$a_H^{CH} = 0{,}28$	
$\begin{array}{c} HO-\overset{\bullet}{C}H-CH-CH_3 \\ | \\ CH_3 \end{array}$	$a_H^{CH}(\alpha) = 1{,}47$ $a_H^{CH}(\beta) = 2{,}14$	
$\begin{array}{c} CH_3 \\ | \\ HO-C-\overset{\bullet}{C}H_2 \\ | \\ CH_3 \end{array}$	$a_H^{CH_2} = 2{,}13$ $a_H^{CH_3} = 0{,}1$	

Tabelle 5. (Fortsetzung)

A. Neutrale Radikale

d) *Sauerstoffhaltige Radikale*

2) Alicyclische Alkohole, Ether und Ketone

	a	g-Wert
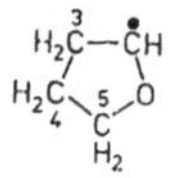	$a_H^{CH} = 1{,}21$ $a_{H_3}^{CH_2} = 2{,}85$ $a_{H_4}^{CH_2} = 0{,}082$ $a_{H_5}^{CH_2} = 0{,}164$	
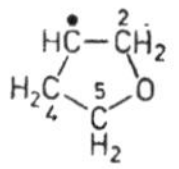	$a_H^{CH} = 2{,}12$ $a_{H_{2,4}}^{CH_2} = 3{,}53$	
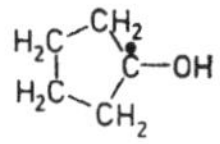	$a_H^{CH_2}(\beta) = 2{,}84$	
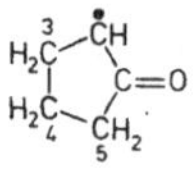	$a_H^{CH} = 1{,}796$ $a_{H_3}^{CH_2} = 3{,}812$ $a_{H_4}^{CH_2} = 0{,}454$	
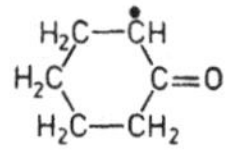	$a_H^{CH} = 1{,}74$ $a_H^{CH_2}(\beta) = 4{,}34$ $= 2{,}51$ je 1 H $a_H^{CH_2}(\gamma) = 0{,}19$	
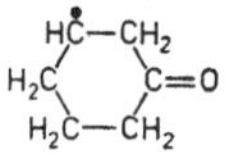	$a_H^{CH} = 2{,}16$ $a_H^{CH_2}(\beta) = 2{,}78$ (4 H)	
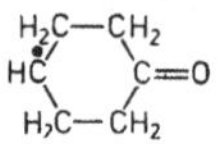	$a_H^{CH} = 2{,}16$ $a_H^{CH_2}(\beta) = 2{,}76$ (4 H)	

3) Konjugierte Alkohole und Phenoxiradikale

	a	g-Wert
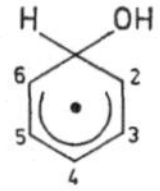	$a_{H_1} = 3{,}6$ $a_{H_{2,6}} = 0{,}93$ $a_{H_{3,5}} = 0{,}29$ $a_{H_4} = 1{,}34$	

Tabelle 5. (Fortsetzung)

A. Neutrale Radikale

d) Sauerstoffhaltige Radikale

3) Konjugierte Alkohole und Phenoxiradikale

	a	g-Wert
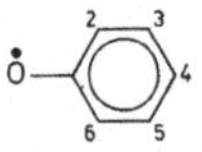	$a_{H_{2,6}} = 0{,}64$ $a_{H_{3,5}} = 0{,}17$ $a_{H_4} = 0{,}97$	2,00461
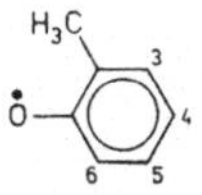	$a_{H_{3,5}} = 0{,}19$ $a_{H_4} = 1{,}15$ $a_{H_6} = 0{,}60$ $a_H^{CH_3} = 0{,}60$	
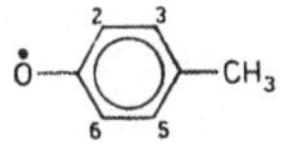	$a_{H_{2,6}} = 0{,}60$ $a_{H_{3,5}} = 0{,}145$ $a_H^{CH_3} = 1{,}195$	
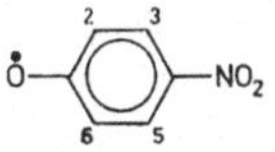	$a_{H_{2,6}} = 0{,}70$ $a_{H_{3,5}} = 0{,}235$ $a_N = 0{,}235$	
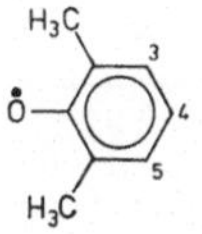	$a_{H_{3,5}} = 0{,}165$ $a_{H_4} = 0{,}95$ $a_H^{CH_3} = 0{,}65$	
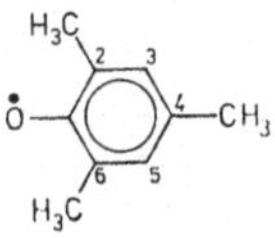	$a_{H_{3,5}} = 0{,}14$ $a_{H_{2,6}}^{CH_3} = 0{,}60$ $a_{H_4}^{CH_3} = 1{,}195$	
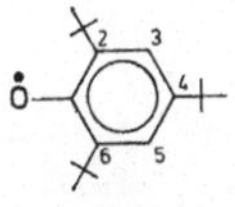	$a_{H_{3,5}} = 0{,}177$ $a_{H_{2,6}}^{CH_3} = 0{,}0068$ $a_{H_4}^{CH_3} = 0{,}034$	
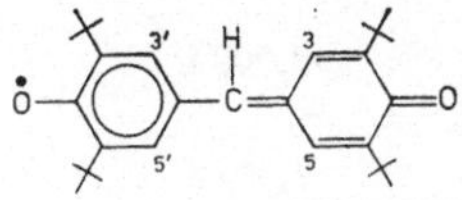	$a_H^{CH} = 0{,}57$ $a_{H_{3,3',5,5'}} = 0{,}13$ $a_H^{CH_3} = 0{,}005$	

Tabelle 5. (Fortsetzung)

A. Neutrale Radikale

---

c) Stickstoffhaltige Radikale

---

4) Carbonsäuren und Ester

---

	a	g-Wert
$HOOC-CH_2-\overset{\bullet}{C}H_2$	$a_H^{CH_2}(\alpha) = 2{,}239$ $a_H^{CH_2}(\beta) = 2{,}681$	
$HOOC-\overset{\bullet}{C}H-CH_3$	$a_H^{CH} = 2{,}018$ $a_H^{CH_3} = 2{,}498$	
$\quad\quad OH$ $\quad\quad \|$ $HOOC-CH-\overset{\bullet}{C}H-CH_3$	$a_H^{CH}(\alpha) = 2{,}186$ $a_H^{CH}(\beta) = 1{,}617$ $a_H^{CH_3} = 2{,}581$	
$HOOC-CH_2-\overset{\bullet}{C}H-CH_2-OH$	$a_H^{CH} = 2{,}175$ $a_H^{CH_2} = 2{,}252$	
$\quad\quad O$ $\quad\quad \|\|$ $H-C-O-\overset{\bullet}{C}H-CH_3$	$a_H^{CH} = 1{,}94$ $a_H^{CHO} = 0{,}249$ $a_H^{CH_3} = 2{,}42$	$2{,}00275$
$\quad\quad O$ $\quad\quad \|\|$ $H-C-O-\overset{\bullet}{C}-CH_3$ $\quad\quad\quad\quad \|$ $\quad\quad\quad\quad CH_3$	$a_H^{CHO} = 0{,}127$ $a_H^{CH_3} = 2{,}229$	

---

e) Halogen-, schwefel- und phosphorhaltige Radikale

---

	a	g-Wert
$\overset{\bullet}{C}HCl_2$	$a_H = 2{,}05$ $a_{^{35}Cl} = 0{,}35$	
$\overset{\bullet}{C}Cl_3$	$a_{^{35}Cl} = 0{,}625$ $a_{^{35}Cl} = 0{,}52$	$2{,}0091$
$F_3C-\overset{\bullet}{C}F_2$	$a_F(\alpha) = 8{,}726$ $a_F(\beta) = 1{,}136$	$2{,}00386$
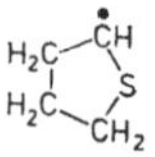 $\begin{array}{c} H_2C-\overset{\bullet}{C}H \\ \quad\quad\quad\diagup S \\ H_2C-CH_2 \end{array}$	$a_H(\alpha) = 1{,}7$ $a_H(\beta) = 2{,}60$ $a_H(\gamma_1) = 0{,}083$ $a_H(\gamma_2) = 0{,}225$	
$(CH_3)_2\overset{\bullet}{P}$	$a_H^{CH_3} = 1{,}39$ $a_P = 9{,}57$	$2{,}0084$
$(CH_3O)_2\overset{\bullet}{P}O$	$a_P = 69{,}71$	$2{,}0018$

Tabelle 5. (Fortsetzung)

A. Neutrale Radikale

---

f) Monomer- und Polymer-Radikale von Kunststoffen

	a	g-Wert

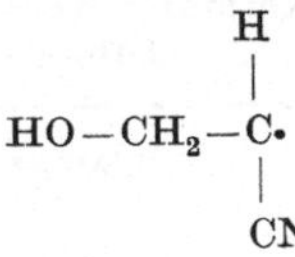

$$HO-CH_2-\overset{\overset{\textstyle H}{|}}{\underset{\underset{\textstyle CN}{|}}{C}}\cdot$$

$a_H^{CH} = 2{,}010$
$a_H^{CH_2} = 2{,}815$
$a_N = 0{,}353$

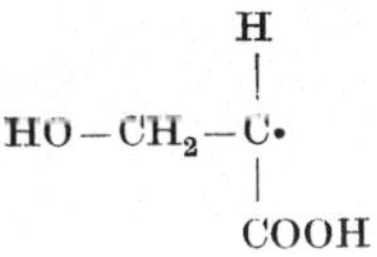

$$HO-CH_2-\overset{\overset{\textstyle H}{|}}{\underset{\underset{\textstyle COOH}{|}}{C}}\cdot$$

$a_H^{CH} = 2{,}045$
$a_H^{CH_2} = 2{,}758$

$$\cdots-CH_2-\overset{\overset{\textstyle H}{|}}{\underset{\underset{\textstyle COOH}{|}}{C}}\cdot$$

$a_H^{CH} = 2{,}067$
$a_H^{CH_2} = 2{,}206$

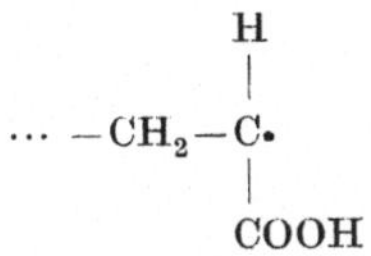

$$HO-CH_2-\overset{\overset{\textstyle H}{|}}{\underset{\underset{\textstyle COOCH_3}{|}}{C}}\cdot$$

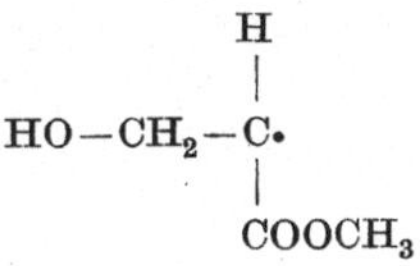

$a_H^{CH} = 2{,}073$
$a_H^{CH_2} = 2{,}662$
$a_H^{CH_3} = 0{,}114$

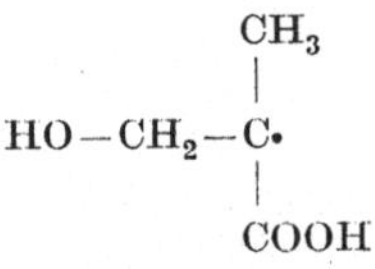

$$HO-CH_2-\overset{\overset{\textstyle CH_3}{|}}{\underset{\underset{\textstyle COOH}{|}}{C}}\cdot$$

$a_H^{CH_2} = 1{,}998$
$a_H^{CH_3} = 2{,}303$

$$\cdots-CH_2-\overset{\overset{\textstyle CH_3}{|}}{\underset{\underset{\textstyle COOH}{|}}{C}}\cdot$$

$\left.\begin{array}{l} a_H^{CH_2} = 1{,}375 \\ = 1{,}104 \end{array}\right\}$ je 1 H
$a_H^{CH_3} = 2{,}245$

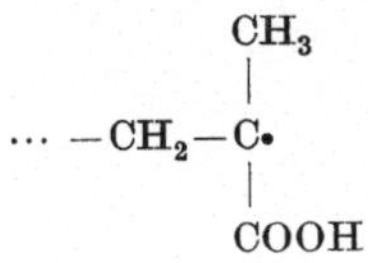

Tabelle 5. (Fortsetzung)

B. Radikalionen

a) Kohlenwasserstoffe

1) Benzol und alkylsubstituierte Benzole

	a (Anion)	(Kation) g-Wert (Anion)
 (Benzol)	$a_{\mathrm{H}} = 0,375$ $a_{^{13}\mathrm{C}} = 0,28$	2,00284
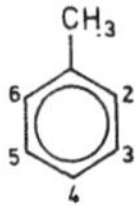 (Toluol)	$a_{\mathrm{H}_{2,6}} = 0,512$ $a_{\mathrm{H}_{3,5}} = 0,545$ $a_{\mathrm{H}_4} = 0,059$ $a_{\mathrm{H}}^{\mathrm{CH}_3} = 0,079$	
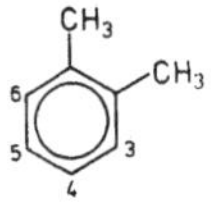 (o-Xylol)	$a_{\mathrm{H}_{3,6}} = 0,695$ $a_{\mathrm{H}_{4,5}} = 0,181$ $a_{\mathrm{H}}^{\mathrm{CH}_3} = 0,220$	
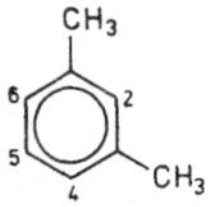 (m-Xylol)	$a_{\mathrm{H}_2} = 0,685$ $a_{\mathrm{H}_{4,6}} = 0,146$ $a_{\mathrm{H}_5} = 0,772$ $a_{\mathrm{H}}^{\mathrm{CH}_3} = 0,226$	
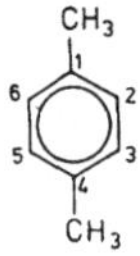 (p-Xylol)	$a_{\mathrm{H}_{2,3,5,6}} = 0,534$ $a_{\mathrm{H}}^{\mathrm{CH}_3} = 0,226$ $a_{^{13}\mathrm{C}_{1,4}} = 0,520$ $a_{^{13}\mathrm{C}_{2,3,5,6}} = 0,650$	
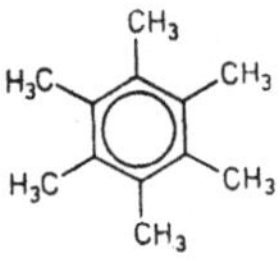 (Hexamethylbenzol)	$a_{\mathrm{H}}^{\mathrm{CH}_3} =$	0,645
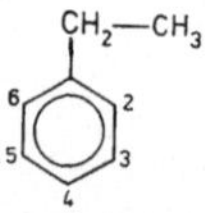 (Äthylbenzol)	$a_{\mathrm{H}_{2,6}} = 0,499$ $a_{\mathrm{H}_{3,5}} = 0,519$ $a_{\mathrm{H}_4} = 0,085$ $a_{\mathrm{H}}^{\mathrm{CH}_2} = 0,079$	

Tabelle 5. (Fortsetzung)

B. Radikalionen

---

a) Kohlenwasserstoffe

---

2) Naphthalin und methylsubstituierte Naphthaline

	a (Anion)	g-Wert
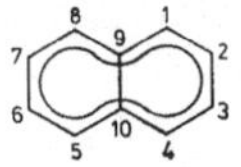 (Naphthalin)	$a_{H_{1,4,5,8}} = 0{,}495$ $a_{H_{2,3,6,7}} = 0{,}183$ $a_{{}^{13}C_{1,4,5,8}} = 0{,}72$ $a_{{}^{13}C_{2,3,6,7}} = 0{,}11$ $a_{{}^{13}C_{9,10}} = 0{,}56$	2,002 73
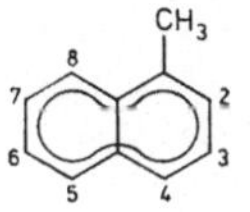 (1-Methylnaphthalin)	$a_{H_2} = 0{,}143$ $a_{H_3} = 0{,}198$ $a_{H_4} = 0{,}443$ $a_{H_5} = 0{,}541$ $a_{H_6} = 0{,}154$ $a_{H_7} = 0{,}230$ $a_{H_8} = 0{,}507$ $a_H^{CH_3} = 0{,}387$	
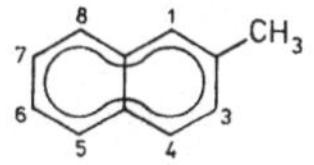 (2-Methylnaphthalin)	$a_{H_1} = 0{,}458$ $a_{H_3} = 0{,}231$ $a_{H_4} = 0{,}505$ $a_{H_5} = 0{,}505$ $a_{H_6} = 0{,}132$ $a_{H_7} = 0{,}226$ $a_{H_8} = 0{,}476$ $a_H^{CH_3} = 0{,}171$	
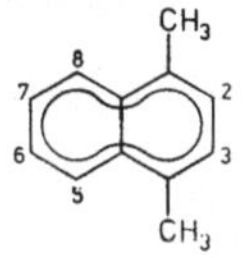 (1,5-Dimethylnaphthalin)	$a_{H_{2,3}} = 0{,}163$ $a_{H_{5,8}} = 0{,}517$ $a_{H_{6,7}} = 0{,}179$ $a_H^{CH_3} = 0{,}326$	
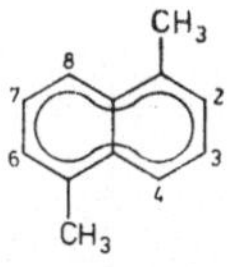 (1,6-Dimethylnaphthalin)	$a_{H_{2,6}} = 0{,}113$ $a_{H_{3,7}} = 0{,}246$ $a_{H_{4,8}} = 0{,}450$ $a_H^{CH_3} = 0{,}441$	
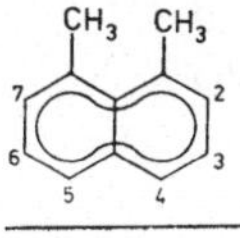 (1,8-Dimethylnaphthalin)	$a_{H_{2,3,6,7}} = 0{,}170$ $a_{H_{4,5}} = 0{,}473$ $a_H^{CH_3} = 0{,}461$	

Tabelle 5. (Fortsetzung)

B. Radikalionen

---

a) Kohlenwasserstoffe

---

2) Naphthalin und methylsubstituierte Naphthaline

	a (Anion)	g-Wert
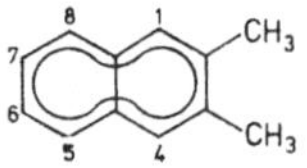	$a_{H_{1,4}} = 0{,}467$ $a_{H_{5,8}} = 0{,}493$ $a_{H_{6,7}} = 0{,}176$ $a_H^{CH_3} = 0{,}169$	
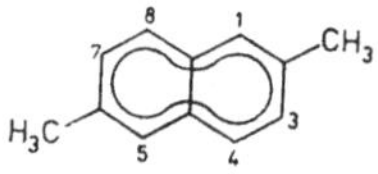	$a_{H_{1,5}} = 0{,}465$ $a_{H_{3,7}} = 0{,}268$ $a_{H_{4,8}} = 0{,}479$ $a_H^{CH_3} = 0{,}122$	
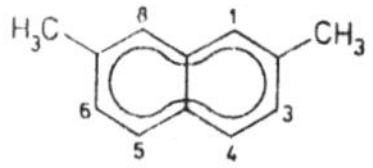	$a_{H_{1,8}} = 0{,}432$ $a_{H_{3,6}} = 0{,}176$ $a_{H_{4,5}} = 0{,}512$ $a_H^{CH_3} = 0{,}216$	

---

3) Höhere kondensierte benzoide Kohlenwasserstoffe

	a	(Anion)	(Kation)	g-Wert
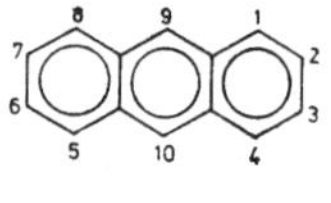	$a_{H_{1,4,5,8}}$	$= 0{,}275$	$0{,}306$	$2{,}00270$ (Anion)
	$a_{H_{2,3,6,7}}$	$= 0{,}151$	$0{,}138$	
	$a_{H_{9,10}}$	$= 0{,}534$	$0{,}653$	$2{,}00255$ (Kation
	$a_{^{13}C_{1,4,5,8}}$	$= 0{,}357$		
	$a_{^{13}C_{2,3,6,7}}$	$= 0{,}025$	$0{,}037$	
	$a_{^{13}C_{9,10}}$	$= 0{,}876$	$0{,}848$	
	$a_{^{13}C_{4a,8a,9a,10a}}$	$= 0{,}459$	$0{,}450$	
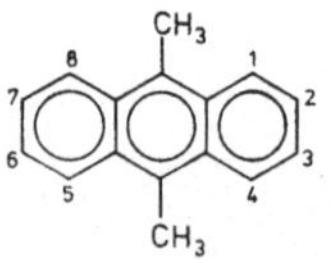	$a_{H_{1,4,5,8}}$	$= 0{,}290$	$0{,}254$	
	$a_{H_{2,3,6,7}}$	$= 0{,}152$	$0{,}119$	
	$a_H^{CH_3}$	$= 0{,}388$	$0{,}800$	

Tabelle 5. (Fortsetzung)

B. Radikalionen

a) *Kohlenwasserstoffe*

3) Höhere kondensierte benzoide Kohlenwasserstoffe

	a	(Anion)	(Kation)	g-Werte
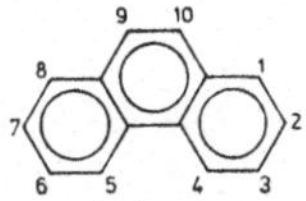	$a_{H_{1,8}}$ = 0,360			
	$a_{H_{2,7}}$ = 0,032			
	$a_{H_{3,6}}$ = 0,288			
	$a_{H_{4,5}}$ = 0,072			
	$a_{H_{9,10}}$ = 0,432			
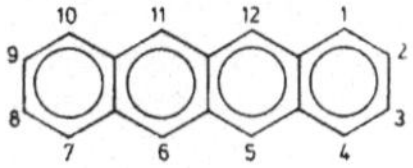	$a_{H_{1,4,7,10}}$ = 0,155	0,169		2,00267 (Anion)
	$a_{H_{2,3,8,9}}$ = 0,115	0,103		
	$a_{H_{5,6,11,12}}$ = 0,425	0,506		2,00258 (Kation)
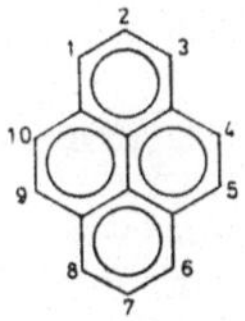	$a_{H_{1,3,6,8}}$ = 0,475	0,538		2,00270 (Anion)
	$a_{H_{2,7}}$ = 0,109	0,118		
	$a_{H_{4,5,9,10}}$ = 0,208	0,212		
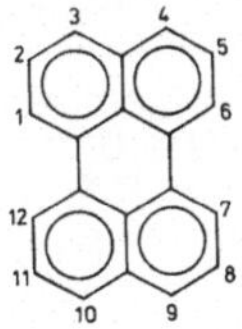	$a_{H_{1,6,7,12}}$ = 0,308	0,310		2,00265 (Anion)
	$a_{H_{2,5,8,11}}$ = 0,046	0,046		
	$a_{H_{3,4,9,10}}$ = 0,353	0,410		2,00257 (Kation)

4) Nicht-kondensierte benzoide Kohlenwasserstoffe

	a (Anion)	(Kation)	g-Werte
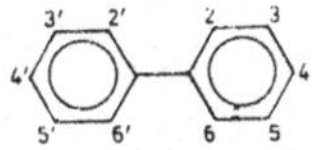	$a_{H_{2,2',6,6'}}$ = 0,273		
	$a_{H_{3,3',5,5'}}$ = 0,043		
	$a_{H_{4,4'}}$ = 0,546		
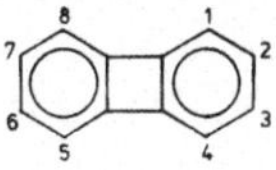	$a_{H_{1,4,5,8}}$ = 0,021	0,021	
	$a_{H_{2,3,6,7}}$ = 0,286	0,369	
	$a_{13_{C_{1,4,5,8}}}$ = 0,348	0,320	
	$a_{13_{C_{2,3,6,7}}}$ = 0,236	0,248	

Tabelle 5. (Fortsetzung)

B. Radikalionen

---

a) *Kohlenwasserstoffe*

---

4) Nicht-kondensierte benzoide Kohlenwasserstoffe

	a (Anion)	(Kation)	g-Wert
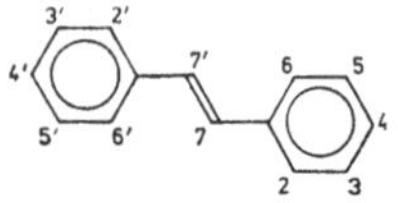	$a_{H_{2,2'}} = 0{,}302$		
	$a_{H_{3,3'}} = 0{,}082$		
	$a_{H_{4,4'}} = 0{,}398$		
	$a_{H_{5,5'}} = 0{,}029$		
	$a_{H_{6,6'}} = 0{,}193$		
	$a_{H_{7,7'}} = 0{,}449$		
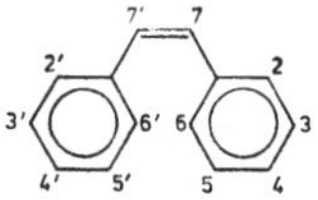	$a_{H_{2,2'}} = 0{,}291$		
	$a_{H_{3,3'}} = 0{,}088$		
	$a_{H_{4,4'}} = 0{,}386$		
	$a_{H_{5,5'}} = 0{,}030$		
	$a_{H_{6,6'}} = 0{,}194$		
	$a_{H_{7,7'}} = 0{,}268$		
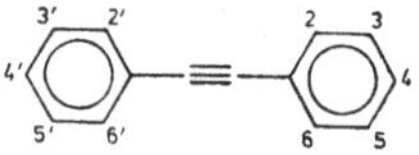	$a_{H_{2,2',6,6'}} = 0{,}271$		2,0026
	$a_{H_{3,3',5,5'}} = 0{,}059$		
	$a_{H_{4,4'}} = 0{,}485$		
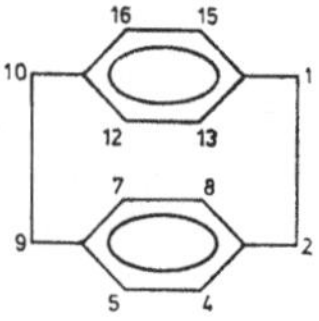	$a_{H_{1,2,9,10}} = 0{,}193$		
	$a_{H_{4,5,7,8,12,13,15,16}} = 0{,}297$		

---

5) Nicht-benzoide Kohlenwasserstoffe

	a (Anion)	(Kation)	g-Wert
$H_2C{=}CH{-}CH{=}CH_2$	$a_H^{CH} = 0{,}279$		
	$a_H^{CH_2} = 0{,}762$		
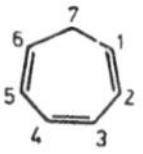	$a_{H_{1,6}} = 0{,}764$		
	$a_{H_{2,5}} = 0{,}059$		
	$a_{H_{3,4}} = 0{,}490$		
	$a_H^{CH_2} = 0{,}216$		
	$a_H = 0{,}321$		2,00257
	$a_{^{13}C} = 0{,}128$		

Tabelle 5. (Fortsetzung)

B. Radikalionen

a) Kohlenwasserstoffe

5) Nicht-benzoide Kohlenwasserstoffe

	a	(Anion)	(Kation)	g-Wert
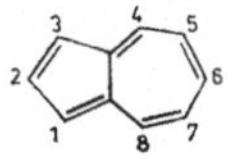	$a_{H_{1,3}}$	$= 0{,}027$	$1{,}065$	
	a_{H_2}	$= 0{,}395$	$0{,}152$	
	$a_{H_{4,8}}$	$= 0{,}622$	$0{,}038$	
	$a_{H_{5,7}}$	$= 0{,}134$	$0{,}415$	
	a_{H_6}	$= 0{,}883$	$0{,}112$	
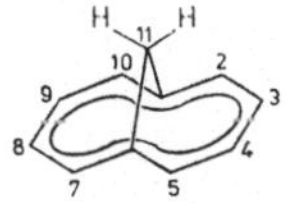	$a_{H_{2,5,7,10}}$	$= 0{,}271$		
	$a_{H_{3,4,8,9}}$	$= 0{,}010$		
	$a_{H_{11}}$	$= 0{,}114$		
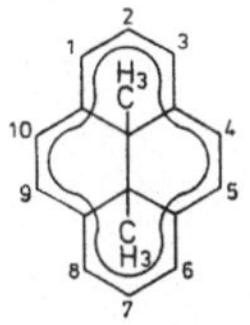	$a_{H_{1,3,6,8}}$	$= 0{,}078$	$0{,}150$	
	$a_{H_{2,7}}$	$= 0{,}546$	$0{,}478$	
	$a_{H_{4,5,9,10}}$	$= 0{,}078$	$0{,}103$	
	$a_H^{CH_3}$	$= 0{,}020$	$0{,}010$	

b) Heterocyclische (aromatische) Verbindungen

1) Stickstoffheterocyclen

	a (Anion)		(Kation)	g-Wert
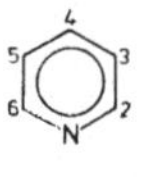	$a_{H_{2,6}}$	$= 0{,}355$		
	$a_{H_{3,5}}$	$= 0{,}082$		
	a_{H_4}	$= 0{,}970$		
	a_N	$= 0{,}628$		
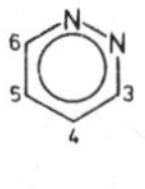	$a_{H_{3,6}}$	$= 0{,}64$		$2{,}009$
	$a_{H_{4,5}}$	$= 0{,}02$		
	$a_{N_{1,2}}$	$= 0{,}60$		
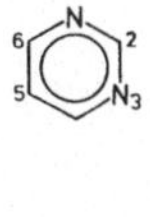	a_{H_2}	$= 0{,}072$		
	$a_{H_{4,6}}$	$= 0{,}978$		
	a_{H_5}	$= 0{,}131$		
	$a_{N_{1,3}}$	$= 0{,}326$		
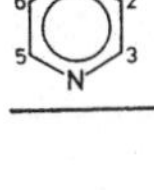	$a_{H_{2,3,5,6}}$	$= 0{,}264$		
	$a_{N_{1,4}}$	$= 0{,}718$		

Tabelle 5. (Fortsetzung)

B. Radikalionen

b) Heterocyclische (aromatische) Verbindungen

1) Stickstoffheterocyclen

	a	(Anion)	(Kation)	g-Wert
	$a_{H_{2,3,5,6}} =$		0,313	
	$a_H^{NH} =$		0,794	
	$a_N =$		0,740	
	$a_H = 0,021$			
	$a_N = 0,528$			
	$a_{H_{2,3}} = 0,332$			
	$a_{H_{5,8}} = 0,232$			
	$a_{H_{6,7}} = 0,100$			
	$a_N = 0,564$			
	$a_{H_{2,3}} =$		0,399	
	$a_{H_{5,8}} =$		0,138	
	$a_{H_{6,7}} =$		0,078	
	$a_H^{NH} =$		0,717	
	$a_N =$		0,665	
	$a_H = 0,340$			
	$a_N = 0,310$			
	$a_H = 0,550$			
	$a_N = 0,045$			
	$a_{H_{1,4,5,8}} = 0,193$			
	$a_{H_{2,3,6,7}} = 0,161$			
	$a_N = 0,514$			
	$a_{H_{1,3,6,8}} = 0,505$			
	$a_{H_{4,5,9,10}} = 0,215$			
	$a_N = 0,157$			

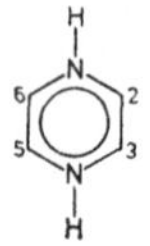

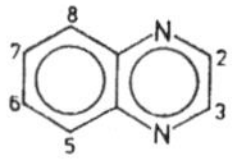

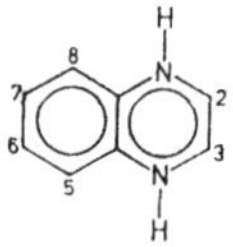

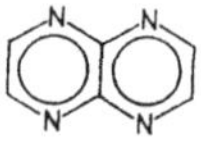

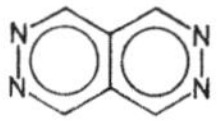

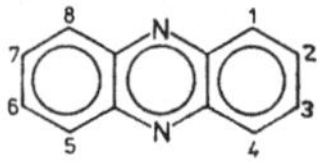

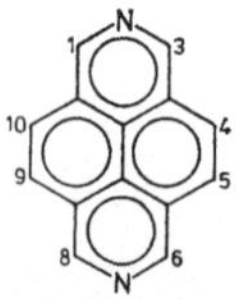

Tabelle 5. (Fortsetzung)

B. Radikalionen

b) Heterocyclische (aromatische) Verbindungen

1) Stickstoffheterocyclen

	a	(Anion)	(Kation)	g-Wert
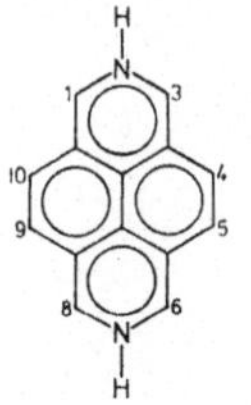	$a_{H_{1,3,6,8}}$ =		0,193	
	$a_{H_{4,5,9,10}}$ =		0,041	
	a_H^{NH} =		0,452	
	a_N =		0,404	
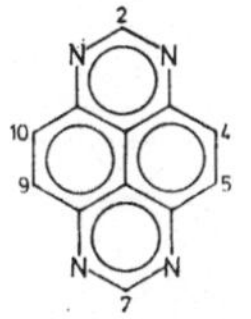	$a_{H_{2,7}}$ =	0,036		
	$a_{H_{4,5,9,10}}$ =	0,239		
	a_N =	0,257		
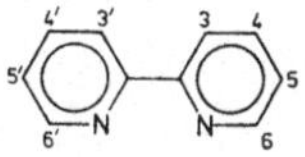	$a_{H_{3,3'}}$ =	0,061		
	$a_{H_{4,4'}}$ =	0,122		
	$a_{H_{5,5'}}$ =	0,471		
	$a_{H_{6,6'}}$ =	0,108		
	a_N =	0,265		
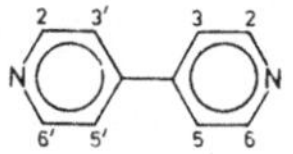	$a_{H_{2,2',6,6'}}$ =	0,043		
	$a_{H_{3,3',5,5'}}$ =	0,235		
	a_N =	0,364		
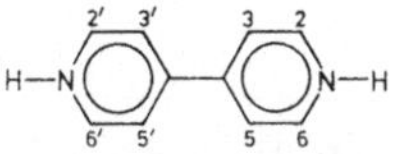	$a_{H_{2,2',6,6'}}$ =		0,161	
	$a_{H_{3,3',5,5'}}$ =		0,145	
	a_H^{NH} =		0,406	
	a_N =		0,356	
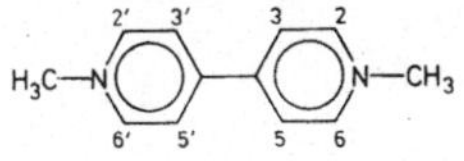	$a_{H_{2,2',6,6'}}$ =		0,157	
	$a_{H_{3,3',5,5'}}$ =		0,133	
	$a_H^{CH_3}$ =		0,399	
	a_N =		0,423	

Tabelle 5. (Fortsetzung)

B. Radikalionen

---

b) Heterocyclische (aromatische) Verbindungen

---

2) Schwefelheterocyclen

	a (Kation)	g-Wert
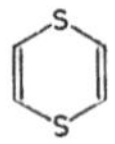	$a_H = 0{,}282$	
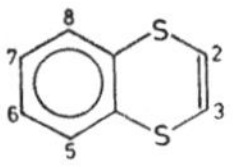	$a_{H_{2,3}} = 0{,}014$ $a_{H_{5,8}} = 0{,}020$ $a_{H_{6,7}} = 0{,}105$	
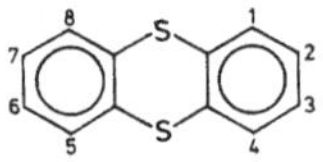	$a_{H_{1,4,5,8}} = 0{,}014$ $a_{H_{2,3,6,7}} = 0{,}128$	

3) Phosphorheterocyclen

	a (Anion)	g-Wert
	$a_{H_{2,6}} = 0{,}37$ $a_{H_{3,5}} = {} < 0{,}1$ $a_{H_4} = 0{,}76$ $a_{{}^{13}C_4} = 1{,}20$ $a_8 = 3{,}55$	2,0046
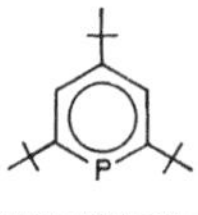	$a_H < 0{,}1$ $a_P = 2{,}86$	2,0049

---

c) Sauerstoffhaltige Verbindungen

---

1) Semichinon-Anionen und Dihydrochinon-Kationen

	a (Anion)	(Kation) g-Wert
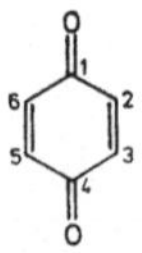	$a_H = 0{,}237$ $a_{{}^{13}C_{1,4}} = 0{,}04$ $a_{{}^{13}C_{2,3,5,6}} = 0{,}059$	2,00466

Tabelle 5. (Fortsetzung)

B. Radikalionen

---

c) Sauerstoffhaltige Verbindungen

---

1) Semichinon-Anionen und Dihydrochinon-Kationen

	a	(Anion)	(Kation)	g-Wert
	$a_{H_{2,3,5,6}} =$		0,236	
	$a_H^{OH} =$		0,344	
	$a_{H_{3,6}} =$	0,095		2,00441
	$a_{H_{4,5}} =$	0,365		
	$a_{H_{2,3}} =$	0,323		
	$a_{H_{5,8}} =$	0,051		
	$a_{H_{6,7}} =$	0,066		
	$a_{H_{2,3}} =$		0,320	
	$a_{H_{5,8}} =$		0,180	
	$a_{H_{6,7}} =$		0,086	
	$a_H^{OH} =$		0,242	
	$a_{H_{1,4,5,8}} =$	0,055		
	$a_{H_{2,3,6,7}} =$	0,096		
	$a_{H_{1,4,5\ 8}} =$		0,166	
	$a_{H_{2,3,6,7}} =$		0,107	
	$a_H^{OH} =$		0,131	
	$a_{H_{1,8}} =$	0,135		
	$a_{H_{2,7}} =$	0,020		
	$a_{H_{3,6}} =$	0,167		
	$a_{H_{4,5}} =$	0,042		
	$a_{H_{2,2',6,6'}} =$	0,229		
	$a_{H_{3,3',5,5'}} =$	0,053		

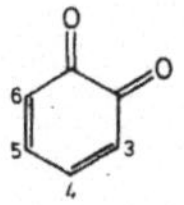

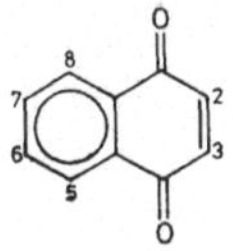

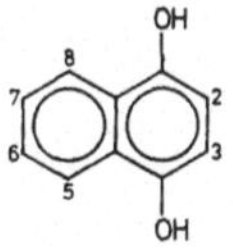

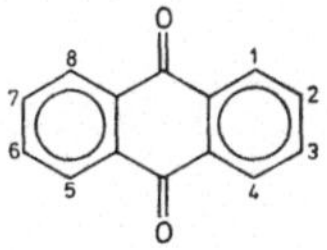

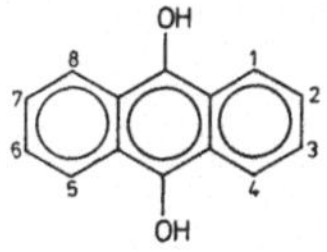

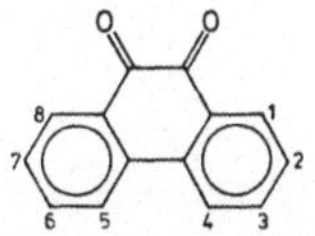

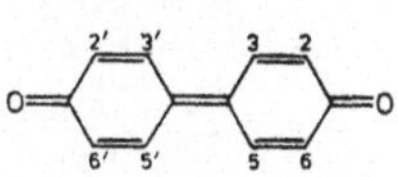

Tabelle 5. (Fortsetzung)

B. Radikalionen

c) *Sauerstoffhaltige Verbindungen*

2) Aromatische Aldehyde und Ketone

	a (Anion)	g-Wert
	$a_{H_2} = 0{,}469$	
	$a_{H_3} = 0{,}131$	
	$a_{H_4} = 0{,}647$	
	$a_{H_5} = 0{,}075$	
	$a_{H_6} = 0{,}339$	
	$a_H^{CHO} = 0{,}851$	
	$a_{H_3} = 0{,}044$	
	$a_{H_4} = 0{,}234$	
	$a_{H_5} = 0{,}096$	
	$a_{H_6} = 0{,}044$	
	$a_H^{CHO} = 0{,}348$	
	$a_N = 0{,}701$	
	$a_{H_2} = 0{,}038$	
	$a_{H_3} = 0{,}295$	
	$a_{H_5} = 0{,}226$	
	$a_{H_6} = 0{,}023$	
	$a_H^{CHO} = 0{,}137$	
	$a_N = 0{,}511$	
	$a_{2} = 0{,}431$	
	$a_{H_3} = 0{,}113$	
	$a_{H_4} = 0{,}655$	
	$a_{H_5} = 0{,}091$	
	$a_{H_6} = 0{,}376$	
	$a_H^{CH_3} = 0{,}696$	
	$a_{H_{2,3}} = 0{,}116$	
	$a_{H_{5,6}} = 0{,}154$	
	$a_H^{CHO} = 0{,}381$	
	$a_{H_{2,5}} = 0{,}208$	
	$a_{H_{3,6}} = 0{,}070$	
	$a_H^{CHO} = 0{,}389$	

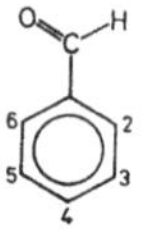

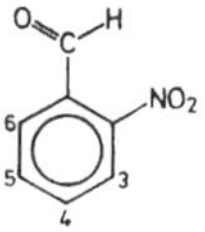

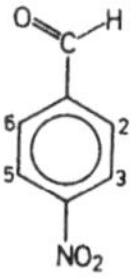

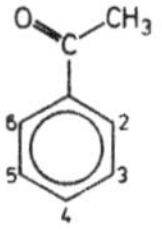

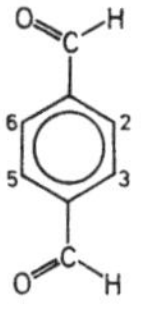

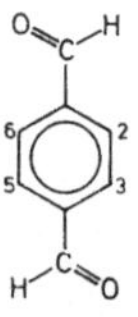

Tabelle 5. (Fortsetzung)

B. Radikalionen

c) *Sauerstoffhaltige Verbindungen*

2) Aromatische Aldehyde und Ketone

	a (Anion)	g-Wert
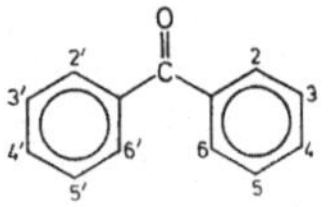	$a_{H_{2,2',6,6'}} = 0,252$ $a_{H_{3,3',5,5'}} = 0,082$ $a_{H_{4,4'}} = 0,350$ $a_{^{13}C}^{CO} = 0,913$	
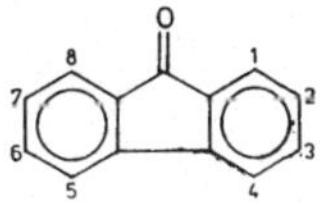	$a_{H_{1,8}} = 0,196$ $a_{H_{2,7}} = 0,003$ $a_{H_{3,6}} = 0,308$ $a_{H_{4,5}} = 0,065$	
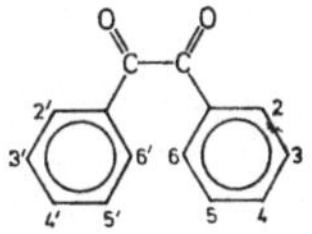	$a_{H_{2,2',6,6'}} = 0,100$ $a_{H_{3,3',5,5'}} = 0,035$ $a_{H_{4,4'}} = 0,111$	2,00050
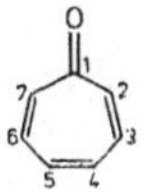	$a_{H_{2,7}} = 0,867$ $a_{H_{3,6}} = 0,010$ $a_{H_{4,5}} = 0,508$ $a_{^{13}C_1} = 0,832$ $a_{^{13}C_{2,7}} = 1,233$ $a_{^{13}C_{3,6}} = 0,602$ $a_{^{13}C_{4,5}} = 0,454$	

3) Aliphatische Aldehyde und Ketone

	a (Anion)	g-Wert
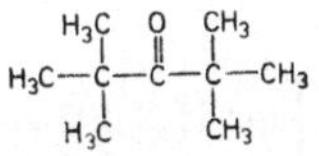	$a_H = 0,012$ $a_{^{13}C}^{CH_3} = 0,79$ $a_{^{13}C}^{CO} = 4,96$	2,003
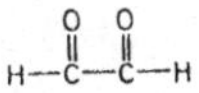	$a_H = 0,77$	

Tabelle 5. (Fortsetzung)

B. Radikalionen

c) *Sauerstoffhaltige Verbindungen*

3) Aliphatische Aldehyde und Ketone

	a (Anion)	g-Wert
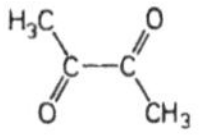 H_3C–CO–CO–CH_3	$a_H = 0{,}70$ $a_{^{13}C}^{CO} = 0{,}45$	
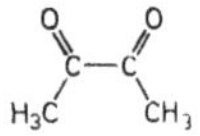 O=C–C=O (mit H_3C, CH_3)	$a_H = 0{,}58$	
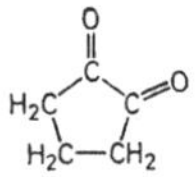 Cyclopentandion (H_2C, CH_2 Ring)	$a_H^{CH_2}(\beta) = 1{,}312$	
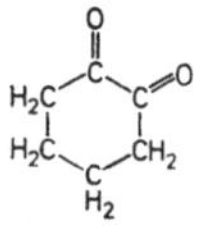 Cyclohexandion (H_2C, CH_2, H_2 Ring)	$a_H^{CH_2}(\beta) = 0{,}982$ $a_{^{13}C}^{CO} = 0{,}49$	

4) Carbonsäuren

	pH	a	g-Wert
$\overset{\bullet}{C}H_2$—COO^-	12	$a_H^{CH_2} = 2{,}116$ $a_{^{13}C}^{CH_2} = 3{,}209$ $a_{^{13}C}^{COO} = 1{,}385$	2,003 24
$[OOC$—$\overset{\bullet}{C}H$—$COO]^{2-}$	12	$a_H^{CH} = 1{,}995$ $a_{^{13}C}^{CH} = 3{,}144$ $a_{^{13}C}^{COO} = 1{,}192$	2,003 41
$[OOC$—$\overset{\bullet}{C}H$—CH_2—$COO]^{2-}$	12	$a_H^{CH} = 2{,}042$ $a_H^{CH_2} = 2{,}359$	2,003 25
$[HOOC$—$\underset{H}{C}{=}\underset{H}{C}$—$COOH]^-$	6	$a_H^{CH} = \left. \begin{matrix} 0{,}812 \\ 0{,}506 \end{matrix} \right\}$ je 1 H $a_H^{COOH} = \left. \begin{matrix} 0{,}076 \\ 0{,}059 \end{matrix} \right\}$ je 1 H	2,003 41
$[HOOC$—$\underset{H}{C}{=}\underset{H}{C}$—$COO]^{2-}$	10	$a_H^{CH} = 0{,}674$ $a_H^{COOH} = 0{,}065$	2,003 47

Tabelle 5. (Fortsetzung)

B. Radikalionen

c) *Sauerstoffhaltige Verbindungen*

4) Carbonsäuren

	pH	a	g-Wert
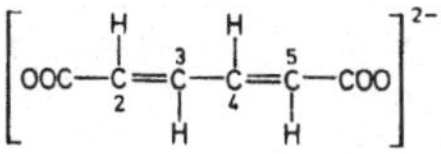 $\left[OOC-\overset{H}{\underset{\underset{H}{2}}{C}}=\overset{3}{C}-\overset{5}{\underset{\underset{H}{4}}{C}}=\overset{H}{\underset{H}{C}}-COO\right]^{2-}$	12	$a_{H_{2,5}} = 0{,}572$ $a_{H_{3,6}} = 0{,}272$	2,003 34
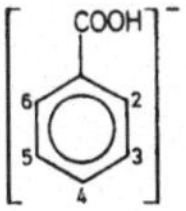 [Struktur: Benzoesäure-Anion]	7	$a_{H_{2,6}} = 0{,}482$ $a_{H_{3,7}} = 0{,}133$ $a_{H_4} = 0{,}726$ $a_H^{COOH} - 0{,}108$	2,003 02
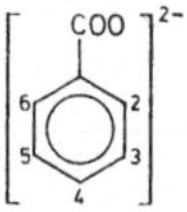 [Struktur: Benzoat-Dianion]	13	$a_{H_{2,6}} = 0{,}418$ $a_{H_{3,5}} = 0{,}083$ $a_{H_4} = 0{,}758$	2,003 06
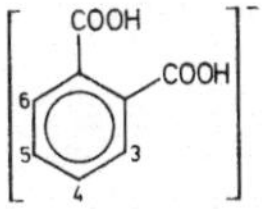 [Struktur: Phthalsäure]	5,5	$a_{H_{3,6}} = 0{,}097$ (1 H) $a_{H_{4,5}} = 0{,}475$ $= 0{,}193$ } je 1 H $a_H^{COOH} = 0{,}097$ (1 H)	2,003 19
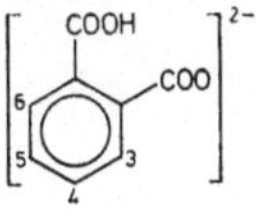 [Struktur: Phthalsäure-Dianion]	9 bis 14	$a_{H_{3,6}} = 0{,}005$ $a_{H_{4,5}} = 0{,}312$ $a_H^{COOH} = 0{,}019$	2,003 21
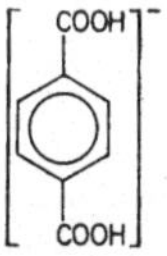 [Struktur: Terephthalsäure]	6	$a_{H_{2,3,5,6}} = 0{,}156$ $a_H^{COOH} = 0{,}025$	2,003 30
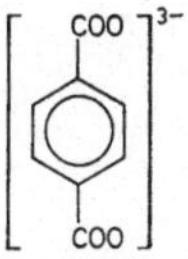 [Struktur: Terephthalat-Trianion]	12	$a_H = 0{,}154$	2,003 28

Tabelle 5. (Fortsetzung)

B. Radikalionen

---

c) *Sauerstoffhaltige Verbindungen*

---

4) Carbonsäuren

	pH a	g-Wert
(Struktur: $HO\text{—}CH_2\text{—}CH(OH)\text{—}CH\text{—}O$, Ringpositionen 6,5,4,3,2,1 mit $O=C$, $C=O$, $C=O$)	$a_{H_4} = 0,176$	2,00518
	$a_{H_5} = 0,007$	
	$a_{H_6} = 0,019$	
	$a_{{}^{13}C_1} = 0,574$	
	$a_{{}^{13}C_2} = 0,362$	
	$a_{{}^{13}C_3} = 0,278$	
	$a_{{}^{13}C_4} = 0,230$	
	$a_{{}^{13}C_5} = 0,096$	

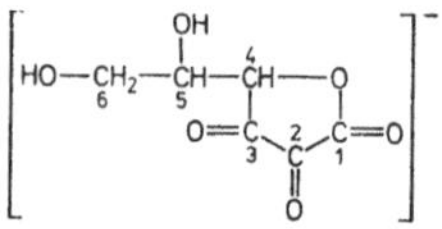

---

d) *Amine*

	a (Kation)	g-Wert
NH_3	$a_H = 2,59$	
	$a_N = 1,95$	
$(H_3C)_2N\text{—}H$	$a_H^{CH_3} = 3,427$	2,0036
	$a_H^{NH} = 2,273$	
	$a_N = 1,928$	
$N(CH_3)_3$	$a_H = 2,856$	2,0036
	$a_N = 2,055$	
(Anilin, NH_2 Positionen 2,3,4,5,6)	$a_{H_{2,6}} = 0,582$	
	$a_{H_{3,5}} = 0,152$	
	$a_{H_4} = 0,958$	
	$a_H^{NH_2} = 0,958$	
	$a_N = 0,786$	
(p-Phenylendiamin, NH_2 Positionen 2,3,5,6)	$a_{H_{2,3,5,6}} = 0,213$	
	$a_H^{NH_2} = 0,588$	
	$a_N = 0,529$	
(N,N,N',N'-Tetramethyl-p-phenylendiamin, $N(CH_3)_2$)	$a_{H_{2,3,5,6}} = 0,198$	
	$a_H^{CH_3} = 0,674$	
	$a_N = 0,702$	

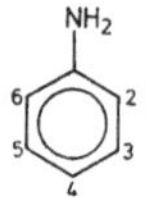

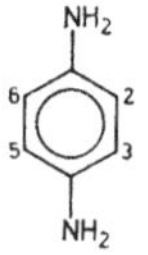

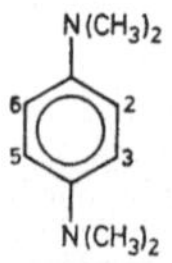

Tabelle 5. (Fortsetzung)

B. Radikalionen

---

d) Amine

	a (Kation)	g-Wert
	$a_{H_{2,2',6,6'}} = 0,108$ $a_{H_{3,3'\,5,5'}} = 0,162$ $a_H^{NH_2} = 0,397$ $a_N = 0,360$	
	$a_{H_{2,2',6,6'}} = 0,346$ $a_{H_{3,3'\,5,5'}} = 0,131$ $a_{H_{4,4'}} = 0,486$ $a_H^{NH} = 1,098$ $a_N = 0,903$	
	$a_{H_{2,2',2'',6,6',6''}} = 0,228$ $a_{H_{3,3',3'',5,5',5''}} = 0,122$ $a_{H_{4,4',4''}} = 0,332$ $a_N = 1,016$	

---

e) Nitroverbindungen

	a (Anion)	g-Wert
$H_3C\!-\!CH_2\!-\!NO_2$	$a_H^{CH_2} = 0,975$ $a_N = 2,52$	
$\begin{array}{c} CH_3 \\ HC\!-\!NO_2 \\ CH_3 \end{array}$	$a_H^{CH} = 0,460$ $a_H^{CH_3} = 0,024$ $a_N = 2,52$	
	$a_{H_{2,6}} = 0,339$ $a_{H_{3,5}} = 0,109$ $a_{H_4} = 0,397$ $a_N = 1,032$	2,0044
	$a_{H_{3,5}} = 0,104$ $a_{H_4} = 0,391$ $a_{H_6} = 0,312$ $a_H^{CH_3} = 0,312$ $a_N = 1,10$	

Tabelle 5. (Fortsetzung)

B. Radikalionen

e) Nitroverbindungen

	a (Anion)	g-Wert
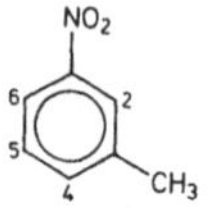	$a_{H_{2,6}} = 0,330$ $a_{H_4} = 0,388$ $a_{H_5} = 0,107$ $a_H^{CH_3} = 0,107$ $a_N = 1,04$	
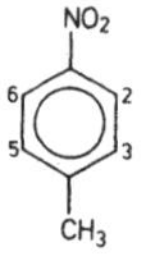	$a_{H_{2,6}} = 0,339$ $a_{H_{3,5}} = 0,111$ $a_H^{CH_3} = 0,398$ $a_N = 1,079$	
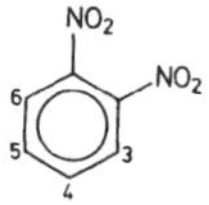	$a_{H_{3,6}} = 0,042$ $a_{H_{4,5}} = 0,163$ $a_N = 0,322$	
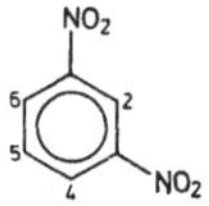	$a_{H_2} = 0,311$ $a_{H_{4,6}} = 0,419$ $a_{H_5} = 0,108$ $a_N = 0,468$	
	$a_H = 0,112$ $a_N = 0,174$	
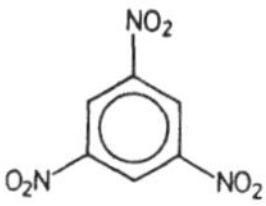	$a_H = 0,414$ $a_N = 0,248$	
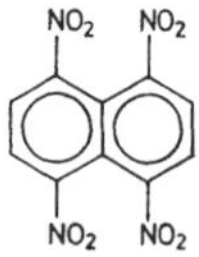	$a_H = 0,148$ $a_N = 0,020$	
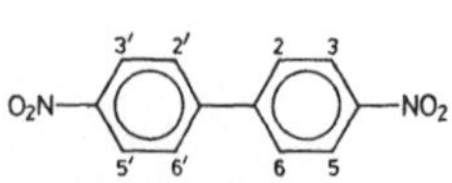	$a_{H_{2,2',6,6'}} = 0,020$ $a_{H_{3,3',5,5'}} = 0,123$ $a_N = 0,269$	

Tabelle 5. (Fortsetzung)

B. Radikalionen

f) Cyanoverbindungen

	a (Anion)	g-Wert
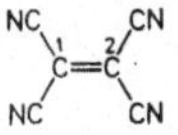	$a_N = 0{,}157$ $a_{{}^{13}C_{1,2}} = 0{,}292$ $a_{{}^{13}C}^{CN} = 0{,}945$	
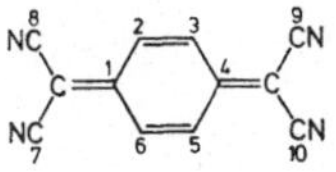	$a_H = 0{,}144$ $a_N = 0{,}102$ $a_{{}^{13}C_{1,4}} = 0{,}440$ $a_{{}^{13}C_{2,3,5,6}} = 0{,}062$ $a_{{}^{13}C_{7,8,9,10}} = 0{,}638$ $a_{{}^{13}C_{1a,4a}} = 0{,}718$	
	$a_{H_{2,6}} = 0{,}363$ $a_{H_{3,5}} = 0{,}030$ $a_{H_4} = 0{,}842$ $a_N = 0{,}215$ $a_{{}^{13}C}^{CN} = 0{,}62$	2,0026
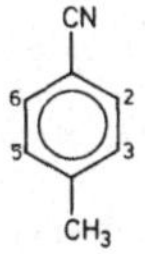	$a_{H_{2,6}} = 0{,}413$ $a_{H_{3,5}} = 0{,}064$ $a_H^{CH_3} = 0{,}938$ $a_N = 0{,}207$	
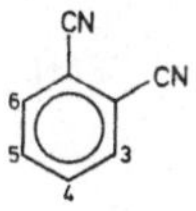	$a_{H_{3,6}} = 0{,}033$ $a_{H_{4,5}} = 0{,}424$ $a_N = 0{,}180$	2,0026
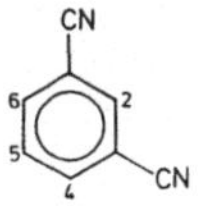	$a_{H_2} = 0{,}144$ $a_{H_{4,6}} = 0{,}829$ $a_{H_5} < 0{,}008$ $a_N = 0{,}102$	
	$a_H = 0{,}159$ $a_N = 0{,}181$ $a_{{}^{13}C_{1,4}} = 0{,}881$ $a_{{}^{13}C_{2,3,5,6}} = 0{,}198$ $a_{{}^{13}C}^{CN} = 0{,}783$	
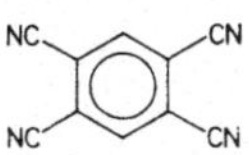	$a_H = 0{,}111$ $a_N = 0{,}115$	

Tabelle 5. (Fortsetzung)

B. Radikalionen

f) Cyanoverbindungen

	a (Anion)	g-Wert
$NC-C_6H_4-C_6H_4-CN$	$a_{H_{2,2',6,6'}} = 0,181$ $a_{H_{3,3',5,5'}} = 0,029$ $a_N = 0,105$	

Literatur

Atherton, N. M.: Electron Spin Resonance, New York: J. Wiley 1973

Ayscough, P. B.: Electron Spin Resonance in Chemistry, London: Methuen 1967

Carrington, A.; McLachlan, A. D.: Introduction to Magnetic Resonance, New York: Harper + Row 1969

Gerson, F.: Hochauflösende ESR-Spektroskopie, Weinheim: Verlag Chemie 1967, New York: J. Wiley 1970 (engl. Ed.)

Heilbronner, E.; Bock, H.: Das HMO-Modell und seine Anwendung, Weinheim: Verlag Chemie 1968, New York: J. Wiley 1976 (engl. Ed.)

Pople, J. A.; Beveridge, D. L.: Approximate Molecular Orbital Theory, New York: McGraw-Hill 1970

Scheffler, K.; Stegmann, H. B.: Elektronenspinresonanz, Berlin, Heidelberg, New York: Springer 1970

Streitwieser, A. Jr.: Molecular Orbital Theory for Organic Chemists, New York: J. Wiley 1961

Symons, M.: Chemical and Biochemical Aspects of Electron Spin Resonance Spectroscopy, New York: J. Wiley 1978

Wentrup, C.: Reaktive Zwischenstufen I, Stuttgart: Thieme 1979

Landolt-Börnstein, Neue Serie Bd. 1 + 9, Berlin, Heidelberg, New York: Springer 1965f.

HPLC,
Schnelle Flüssigkeitschromatographie

Professor Dr. H. Engelhardt und Dipl.-Chem. G. M. Ahr

Angewandte Physikalische Chemie, Universität des Saarlandes
D - 6600 Saarbrücken

Die Hochleistungsflüssigkeitschromatographie ist in Methodik und Analysengeschwindigkeit der Gaschromatographie vergleichbar: Auch hier wird eine Säule für mehrere Analysen verwendet. Nach der Trennung wird die Probe im Eluenten anhand physikalischer Eigenschaften nachgewiesen, wobei das Signal der Konzentration der Probe im Eluenten proportional ist. Die HPLC erlaubt eine schonende Trennung polarer und unpolarer Verbindungen in allen Molekulargewichtsbereichen bei Raumtemperatur.

Es sind Elutionsanalysen üblich, bei denen die Probe diskontinuierlich in den kontinuierlich strömenden Eluenten gegeben wird. Bei der *isokraten* Arbeitsweise bleiben die Eigenschaften des Eluenten während der Analyse unverändert. Bei der *Gradient-Elution* ändert sich die Qualität des Eluenten während der Trennung derart, daß die Elutionskraft zunimmt. Dabei verkürzt sich die Analysenzeit, während sich die Auflösung der Substanzzonen verringert. Die anderen möglichen Programmiertechniken (Trenntemperatur, Strömungsgeschwindigkeit) besitzen nur untergeordnete Bedeutung.

Als stationäre Phasen verwendet man poröse Teilchen (in der Regel aus Kieselgel oder oberflächenmodifiziertem Kieselgel) mit möglichst enger Korngrößenverteilung im Bereich um 10 µm oder um 5 µm. Mit Teilchendurchmessern um 10 µm lassen sich in 25 cm langen Trennsäulen ohne Schwierigkeiten mehr als 5000 Böden erzielen. Trennsäulen mit dieser Effizienz sind im Handel erhältlich, können aber mit etwas Erfahrung auch selbst hergestellt werden.

1. Chromatographische Begriffe

1.1. Retentionsparameter

Retentionszeit, Kapazitätsverhältnis und Selektivität
Zwei Substanzen können nur dann chromatographisch getrennt werden, wenn sie unterschiedlich lange in oder an der stationären Phase verweilen. Diese Zeit, in der sie nicht wandern, heißt *Netto-Retentionszeit* (t_R'). Die Aufenthaltszeit in der mobilen Phase ist für alle Substanzen gleich groß

und entspricht der Elutionszeit des ungehindert durch die Säule strömenden Eluenten, der *Totzeit* (t_0). Die Verweilzeit einer Substanz in der Säule, die *Gesamt-Retentionszeit* t_R, ist demnach die Summe aus Totzeit und Netto-Retentionszeit ($t_R = t_R' + t_0$) (vgl. Abb. 1). Um von der Strömungsgeschwindigkeit des Eluenten unabhängig zu sein, kann man durch Multiplikation der Retentionszeiten mit der Volumengeschwindigkeit F des Eluenten die entsprechenden *Retentionsvolumina* V_R und V_R' und aus der Totzeit das Volumen V_m der mobilen Phase in der Trennsäule errechnen.

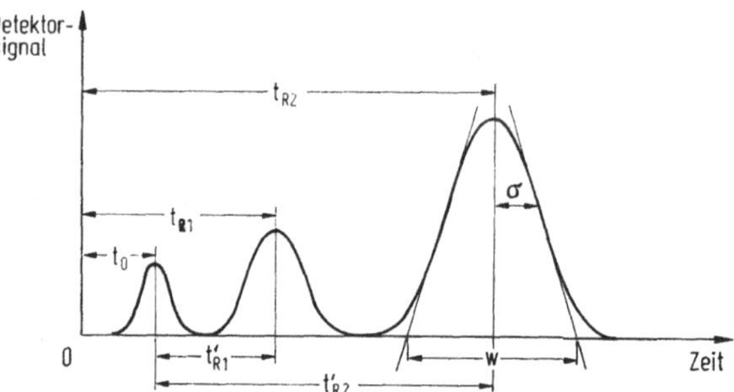

Abb. 1. Schematisches Chromatogramm mit den wichtigsten Parametern zur Charakterisierung einer Trennung (s. Text)

Bildet man das Verhältnis aus der Aufenthaltszeit in der stationären Phase und der in der mobilen Phase, so erhält man das *Kapazitäts- oder Massenverteilungsverhältnis* k′, das von apparativen Größen unabhängig ist.

$$k' = \frac{t_R'}{t_0} = \frac{t_R - t_0}{t_0} = \frac{t_R}{t_0} - 1 \tag{1}$$

Der k′-Wert hängt über die Gleichung

$$k' = k \cdot \frac{V_s}{V_m} \tag{2}$$

mit dem Nernstschen Verteilungskoeffizienten k und dem Verhältnis aus mobiler und stationärer Phase zusammen. Verwendet man den k′-Wert zur Charakterisierung der Retention von Substanzen, ist man von der Eluentengeschwindigkeit *und* von den Dimensionen der Trennsäule (Querschnitt und Länge) unabhängig.

Für die Trennung zweier Komponenten ist deren *relative Retention* α wesentlich, das Verhältnis ihrer k′-Werte

$$\alpha = \frac{t_{R_2} - t_0}{t_{R_1} - t_0} = \frac{k_2'}{k_1'} = \frac{k_2}{k_1} \tag{3}$$

Je größer die relative Retention α zweier Substanzen ist, desto leichter lassen sie sich trennen. Wie bei der Gaschromatographie wird die **relative Retention** durch die stationäre Phase beeinflußt. Darüber hinaus ist in der HPLC die Zusammensetzung der mobilen Phase entscheidend.

Zur Berechnung der Kapazitätsverhältnisse k' und der Selektivität α muß die Totzeit ermittelt werden. Ihre Bestimmung ist in der Praxis häufig schwierig, gilt es doch festzustellen, ob die für die Bestimmung verwendete Substanz inert oder geringfügig retardiert ist. Es gibt folgende Möglichkeiten.

Tabelle 1. Inertsubstanzen

Phase	Kieselgel SiO_2		Umkehrphasen RPC 1 — RPC 18		
Eluent	nC_7H_{16}	CH_2Cl_2	CH_3OH	H_2O	CH_2Cl_2
Inert Substanzen	nC_6H_{14} (RI)	C_6H_6 (UV + RI)	CH_3NO_2 (UV + RI)	D_2O (RI)	C_6H_6 (UV + RI)
(Detektion)	C_2Cl_4 (UV)	C_2Cl_4 (UV)	CD_3OD (RI)		CD_2Cl_2 (RI)
		CD_2Cl_2 (RI)	Gemische: CH_3OH/D_2O gleicher Zusammensetzung (RI)		

Man nimmt entweder an, daß ein niederes Homologes des Eluenten oder seine deuterierte Form im verwendeten System nicht retardiert wird, oder man verwendet eine andere Substanz von der bekannt ist, daß sie sich inert verhält. Tabelle 1 führt einige solcher Verbindungen für verschiedene Trennsysteme auf. Ist keine geeignete Probesubstanz verfügbar, so kann man die Retentionszeit der Inertsubstanz näherungsweise über die totale Porosität ε_T einer Säule berechnen. Die totale Porosität ε_T gibt an, welcher Bruchteil des Kolonnenvolumen V_k dem Eluenten zugänglich ist, und berechnet sich über die Gleichung

$$\varepsilon_T = \frac{F \cdot t_0}{V_k}$$

aus dem Kolonnenvolumen, der Volumenflußgeschwindigkeit und der Totzeit.

Setzt man für die Porosität ε_T einen Standardwert ein, so kann man bei bekanntem Säulenvolumen und bekannter Flußgeschwindigkeit aus der Gleichung die Totzeit berechnen. Übliche Porositäten für Kieselgelsäulen sind $\varepsilon_T = 0{,}80$ und für Trennsäulen mit Umkehrphasen (RPC 18) $\varepsilon_T = 0{,}75$.

Hat man für eine Säule einmal in einem Eluenten die Inertzeit bzw. ε_T bestimmt, so kann der Wert in der Regel auch für andere Eluenten an der gleichen Säule übernommen werden.

1.2. Trennparameter

1.2.1. Bandenverbreiterung

Der Trennung zweier Substanzen wirkt die Verbreiterung der Substanzzonen bei ihrer Wanderung durch das Trennsystem entgegen (Bandenverbreiterung). Als Maß verwendet man die Bodenzahl n bzw. die von der

Säulenlänge L unabhängige Bodenhöhe h. Mittels Gln. (4) und (5) können beide direkt aus dem Chromatogramm bestimmt werden (vgl. Abb. 1).

$$n = 16 \cdot \left(\frac{t_R}{w}\right)^2 \tag{4}$$

$$h = \frac{L}{n} = \frac{L}{16}\left(\frac{w}{t_R}\right)^2 \tag{5}$$

Die Bandenverbreiterung hängt ab:

vom Teilchendurchmesser der stationären Phase,
der Qualität der Säulenpackung,
der Art und der Wanderungsgeschwindigkeit des Eluenten und
den Eigenschaften der Probe (insbes. von ihrem Diffusionskoeffizienten im Eluenten und ihrem Kapazitätsverhältnis im Trennsystem).

Um bei der Wanderungsgeschwindigkeit des Eluenten vom Querschnitt der Säule unabhängig zu sein, verwendet man anstelle der Volumengeschwindigkeit die lineare Strömungsgeschwingdikeit u [mm s^{-1}]. Sie errechnet sich als Quotient aus der Säulenlänge L und der Totzeit t_0.

Die Abhängigkeit der Bodenhöhe h von der Strömungsgeschwindigkeit u läßt sich mit der vereinfachten van Deemter-Gleichung beschreiben:

$$h = A + \frac{B}{u} + C \cdot u$$

Die Koeffizienten A und C hängen u. a. vom Teilchendurchmesser ab, während B vom Diffusionskoeffizienten der Probe im Eluenten abhängt. Die Kurve durchläuft ein Minimum, in dem eine maximale Trennleistung erzielt werden kann. Die Lage des Minimums hängt vom Teilchendurchmesser ab und liegt für 5 — 10 μm Teilchen bei linearen Geschwindigkeiten um 1 mm/ sec.

Für größere Teilchen verschiebt sich die Lage des Minimums zu niedrigeren Geschwindigkeiten.

1.2.2. Auflösung

Die Auflösung zweier Banden ist definiert durch den Quotienten aus dem Abstand der beiden Peakmaxima voneinander (der Differenz der beiden Retentionszeiten) und dem arithmetischen Mittel aus den Basisbreiten w.

$$R = \frac{2(t_{R_2} - t_{R_1})}{w_1 + w_2} \tag{7}$$

Mit den chromatographischen Größen für Retention (α, k') und Bodenzahl (n) hängt sie so definierte Auflösung wie folgt zusammen:

$$R = \frac{\alpha - 1}{4\alpha} \frac{k_2'}{k_2' + 1} \sqrt{n_2} \tag{8}$$

Für quantitative Auswertungen ist eine Auflösung R = 1,5 (die sog. 6σ-Trennung) ausreichend. Geht man zu kleineren α-Werten, so steigt die Zahl der benötigten Böden stark, besonders wenn $\alpha < 1,1$ wird.

Mit ca. 8000 theoretischen Böden, die in 25 cm langen Säulen mit 10 μm Teilchen leicht erzielt werden, können bei einem k'-Wert von ca. 0,25 Substanzen mit $\alpha = 1,5$ mit einem Auflösungsverhältnis von 1,5 getrennt werden. Bei einem Kapazitätsverhältnis von k' um 2 lassen sich mit der gleichen Säule noch Substanzen mit $\alpha = 1,1$ mit identischem Auflösungsvermögen trennen.

Dies zeigt, daß neben der Bodenzahl n der k'-Wert einen entscheidenden Einfluß auf die Trennung hat. Das Produkt aus der k'-Funktion und der Bodenzahl n

$$\left(\frac{k'}{1+k'}\right)^2 \cdot n = N_{eff}$$

wird als *effektive Bodenzahl* bezeichnet. Sie ist für inert gleich Null und nähert sich mit steigendem k'-Wert der theoretischen Bodenzahl.

1.3. Einfluß der Teilchengröße auf die Trennung

Der mittlere Teilchendurchmesser bzw. die Teilchendurchmesserverteilung ist bei sehr kleinen Teilchen eine Funktion der Bestimmungsmethode. Es wurde daher vorgeschlagen, aus einfach bestimmbaren Größen (Druckabfall, Säulendimension, Viskosität und Fluß des Eluenten) einen in der Trennsäule wirksamen *„chromatographischen" Teilchendurchmesser* zu bestimmen [8].

$$d_p = \sqrt{1000\,K_F}, \quad K_F = \frac{F \cdot \eta \cdot L}{\pi r^2 \cdot \Delta p} \tag{9}$$

F = Fluß (cm^3/sec), η = Viskosität (Pa $\cdot$ s), L = Säulenlänge (cm), r = Säulenradius (cm), Δp = Druckabfall (Pa), K_F = Permeabilität (cm^2).

Gegenüber den nach anderen Methoden bestimmten Teilchendurchmessern hat dieser den großen Vorteil, daß er an einer gepackten Säule bestimmt und überprüft werden kann. Die zu erwartende Bodenhöhe h bei gut gepackten Trennsäulen läßt sich mit einer empirischen Näherungsgleichung [9] aus der so bestimmten „chromatographischen" Teilchengröße berechnen.

$$h = 2dp + \frac{6}{u} + \frac{dp^2}{20} \cdot u$$

Dabei erhält man die h-Werte in [μm], wenn man u in [mm sec^{-1}] und dp in [μm] einsetzt. Sie ist gültig im Bereich von $0 < k' < 2$ bei einem Diffusionskoeffizienten von ca. $3 \cdot 10^{-5}$ [cm^2 sec^{-1}], wie er für niedermolekulare Verbindungen in Heptan, Dichlormethan und Methanol gilt.

Eine Säule ist dann noch als gut und brauchbar zu betrachten, wenn für symmetrische Banden h-Werte gemessen werden, die bis zu einem Faktor 1,5 größer sind als mit obiger Gleichung berechnet.

Um die Effizienz der Säulen voll auszunutzen, ist es sinnvoll, im Minimum der h/u-Kurve zu arbeiten. Dieses liegt für Teilchen im Bereich von $5-10$ μm im Bereich von $1-2$ [mm sec^{-1}], was bei üblichen analytischen Säulen ($3-5$ mm i. d.) einem Volumenfluß von etwa 0,5 bis 2 [ml min^{-1}] entspricht.

Mit kleiner werdendem Teilchendurchmesser verschiebt sich das Minimum der h/u Kurve zu höheren linearen Geschwindigkeiten. Um weiterhin im Optimum zu bleiben, muß der Druckabfall an der Säule wegen der benötigten höheren linearen Geschwindigkeit ansteigen. Da der Druckabfall mit abnehmendem Teilchendurchmesser zudem quadratisch zunimmt, bedeutet dies, daß bei Halbieren der Teilchengröße der Druck um den Faktor 8 erhöht werden muß, falls man weiterhin im Optimum arbeiten will. Da der maximal mögliche Druckabfall durch die Apparatur begrenzt wird, geht man zu kürzeren Trennsäulen über, falls die verbleibende Bodenzahl für das Trennproblem ausreicht. Die Säulendimensionen sollten jedoch nur soweit verkleinert werden, daß die Volumina außerhalb der Trennsäule nicht wesentlich zur Erhöhung der Bandenverbreiterung beitragen können. Teilchen unter 3 μm und Säulenlängen unter 7—10 cm haben daher z. Z. in der Praxis fast keine Bedeutung. Darüber hinaus können bei kurzen Säulen mit sehr kleinen Teilchen die Peak-Breiten, gemessen in Zeiteinheiten, so niedrig werden, daß die Ansprechzeiten der üblichen Detektoren und Schreiber (0,25 sec Vollausschlag) nicht mehr ausreichen. Eine weitere prinzipielle Schwierigkeit liegt in der durch den hohen Druckabfall auf kurzer Strecke (Säulenlänge) auftretenden Reibungswärme (ca. 5—7°C Temperaturanstieg pro 100 bar Druckabfall). Der *optimale Teilchendurchmesser* scheint bei 5—10 μm zu liegen. Säulen mit 5 μm-Teilchen stellen bereits hohe Anforderungen an die Apparatur (Probenaufgabe, Verbindungsröhren etc.), wenn die Trennleistung der Säule voll ausgenutzt werden soll. Mit Teilchendurchmessern um 10 μm und den üblichen Trennsäulenlängen von 20—30 cm erhält man relativ einfach zu handhabende Trennsäulen. Die Trennleistung kann durch Hintereinanderschalten mehrerer Säulen erhöht werden, da die Permeabilität derartiger Trennsäulen relativ gut ist.

Zur Charakterisierung der Trennsäulen kann man auch die reduzierten Größen $H = h/dp$ und $\nu = \dfrac{u \cdot dp}{D_M}$ verwenden (D_M = Diffusionskoeffizient mobiler Phase) [3]. Trägt man beide Größen in logarithmischem Maßstab auf, so findet man das Minimum bei H zwischen 2 und 5 [10], was den oben angedeuteten Werten $2 < h < 4dp$ vollkommen entspricht. (Die reduzierten Größen sind mit den Fehlern behaftet, die bei der Bestimmung des mittleren Teilchendurchmessers und des Diffusionskoeffizienten gemacht werden. Die nicht abgeleiteten Größen haben den Vorteil, daß sie direkt aus chromatographischen Daten erhalten und in diese zurückverwandelt werden können.)

1.4. Berechnungsbeispiel

An einem Beispiel (Abb. 2) sollen die Größen, die sich aus einem Chromatogramm berechnen lassen, bestimmt werden, wobei die gemessenen Größen in gängigen Einheiten angegeben werden. Die notwendigen Umrechnungsfaktoren und die Konstanten sind in den Zahlenwerten enthalten.

1. Lineare Geschwindigkeit u

$$u = \frac{L\ [\text{mm}]}{t_0\ [\text{sec}]} = \frac{250}{146} = 1,71\ [\text{mm sec}^{-1}]$$

2. Kapazitätsverhältnis k′ *und Selektivität* α

$$k' = \frac{t_R - t_0}{t_0}$$

$$k_1' = \frac{190 - 146}{146} = 0,30 \qquad k_2' = \frac{204 - 146}{146} = 0,40$$

$$\alpha = \frac{k_2'}{k_1'} = \frac{0,40}{0,30} = 1,33$$

3. Bodenhöhe h *und Bodenzahl* n

$$h = \left(\frac{w}{t_R}\right)^2 \cdot \frac{L}{16} \qquad n = 16 \cdot \left(\frac{t_R}{w}\right)^2$$

hier w und t_R in [cm] aus dem Chromatogramm

$$h_0 = \left(\frac{1,3}{29,8}\right)^2 \cdot \frac{250}{16} = 3 \cdot 10^{-3}\ \text{mm} \triangleq 30\ \mu\text{m} \rightarrow n = 8\,330$$

$$h_1 = \left(\frac{1{,}88}{38{,}8}\right)^2 \frac{250}{16} = 37 \cdot 10^{-3}\,\text{mm} = 37\,\mu\text{m} \to n = 6815$$

$$h_2 = \left(\frac{2{,}18}{41{,}6}\right)^2 \frac{250}{16} = 43 \cdot 10^{-3} = 43\,\mu\text{m} \to n = 5830$$

4. Auflösungsvermögen R

$$R = \frac{2(t_{R_2} - t_{R_1})}{w_1 + w_2} = \frac{2 \cdot (204 - 190)}{10{,}7 + 9{,}2} = 1{,}41$$

5. Permeabilität K_F

$$K_F = 5{,}3 \cdot 10^{-11}\,\frac{F[\text{ml}\cdot\text{min}^{-1}]\,\eta\,[\text{cP}]\,L\,[\text{cm}]}{r^2\,[\text{cm}^2]\,\Delta p\,[\text{bar}]}$$

$$= 5{,}3 \cdot 10^{-11}\,\frac{1{,}00 \cdot 0{,}55 \cdot 25}{0{,}205^2 \cdot 16} = 1{,}08 \cdot 10^{-9}\,[\text{cm}^2]$$

6. Teilchengröße d_p

$$d_p = \sqrt{1000 \cdot K_F} = 1{,}04 \cdot 10^{-3}\,[\text{cm}] = 10{,}4\,[\mu\text{m}]$$

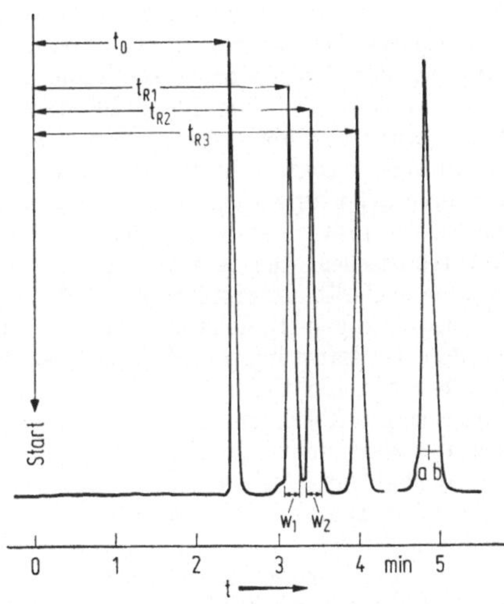

Abb. 2. Trennung einer Testmischung:

Säule: Si 100, RPC 18 ca. 18% w/wC Länge 25 cm, Innendurchmesser 0,41 cm;
Eluent: Methanol $\eta = 0{,}55$ cP (25 °C);
Fluß: $F = 1{,}0$ [ml min^{-1}];
Druck: $\Delta p = 16$ [bar];
Retentionszeiten: $t_0 = 146$ sec, $t_1 = 190$ sec, $t_2 = 204$ sec;
Basisbreiten: $w_1 = 9{,}2$ sec, $w_2 = 10{,}7$ sec;
Proben: 0 Nitromethan, 1 Naphthalin, 2 o-Terphenyl, 3 Anthracen, 4 Pyren

7. Säulengüte

$$h_{Soll} = 2\,dp + \frac{6}{u} + \frac{dp^2}{20} \cdot u$$

$$= 2 \cdot 10{,}4 + \frac{6}{1{,}71} + \frac{(10{,}4)}{20} \cdot 1{,}71 = 33{,}5\;\mu m$$

8. Porosität ε_T

$$\varepsilon_T = \frac{t_0\,[min]\;F\,[ml\;min^{-1}]}{V_k\,[ml]} = \frac{2{,}43 \cdot 1{,}0}{3{,}3} = 0{,}74$$

Ein weiterer wichtiger Parameter zur Säulencharakterisierung ist die Peakasymmetrie (A_s), die bei schlechten Trennsäulen auftritt. Die Asymmetrie berechnet sich als Quotient aus den Strecken zwischen der Mittelsenkrechte und dem Anstieg bzw. Abstieg des Peaks (b/a in Abb. 2) in 10% der Höhe. Der Asymmetriefaktor guter Säulen sollte zwischen 0,9 und 1,4 liegen.

Asymmetrie von Peak 4:

$$A_s = \frac{b}{a} = \frac{0{,}50}{0{,}45} = 1{,}1$$

2. Chromatographische Apparatur

Mit den für analytisches Arbeiten konzipierten Geräten sind auch halbpräparative Trennungen (im mg-Bereich) möglich. Die schnelle Entwicklung in der Microprozessortechnologie hat vor der HPLC nicht halt gemacht und ihr neue Möglichkeiten eröffnet. Von der automatischen Probenaufgabe über programmierbare Pumpen, elektronische Pulsdämpfung, programmierbare Vielwellenlängendetektoren bis hin zur Datenverarbeitung kann alles von zentralen Einheiten gesteuert werden. Trotzdem gibt es zwei prinzipiell unterschiedliche Konzeptionen des Geräteaufbaues: Die Kompaktgeräte, in denen alle möglichen Bausteine in einem Gerät untergebracht sind und die Modulbauweise, in der nur die notwendigen Bauelemente zur optimalen Einheit zusammengestellt werden. Im Bauprinzip und in den Bauelementen unterscheiden sich beide Gerätetypen nicht. Als Mindestausstattung gehören zu einem LC-Gerät: eine Pumpe, die einen konstanten und pulsationsfreien Eluentenfluß liefert (ist das nicht der Fall, so ist eine zusätzliche Pulsationsdämpfung erforderlich), ein Manometer zur Messung des Säuleneingangsdruckes, eine Probenaufgabe, selbstverständlich eine Trennsäule nebst Detektor und Registriereinheit. Das Grundgerät kann zur Erweiterung der Möglichkeiten mit einer Gradienteinrichtung, automatischem Probengeber, mehreren Detektoren, Fraktionssammler, Integrator u. v. a. m. versehen werden. Im folgenden sollen die Mindestforderungen an die Bauteile erläutert werden [1, 2, 4a, 4b, 5, 7].

2.1. Pumpen

Die *Pumpe* sollte einen kontinuierlichen Eluentenfluß mindestens bis zu 10 ml/min (wünschenswert für halbpräparatives Arbeiten bis zu etwa 25 ml/min) zwischen 1 und ca. 400 bar liefern. Die geförderte Eluentenmenge sollte dabei keine Funktion des Gegendruckes sein. Neben speziell für die HPLC entwickelten Hochleistungspumpen, die fast pulsationsfrei fördern, können Dosierpumpen der Technik eingesetzt werden, wenn ihre Pulsation, die hauptsächlich die Anzeige des Detektors stört, geglättet wird.

Die *Dämpfung von Pulsationen* läßt sich am einfachsten durch Hintereinanderschalten von Kapazitäten (Volumina z. B. in der Bourdon-Röhre des Manometers) und Widerständen (Kapillarrohre, Ventile) erzielen. Membran-Dämpfungsglieder, bei denen sich auf der Gegenseite der Membran Hydraulik-Flüssigkeit befindet, können ebenfalls verwendet werden und sind im Handel erhältlich. Wichtig ist, daß die Dämpfungsglieder entweder vollkommen im Eluentenstrom liegen oder leicht gespült werden können.

Pumpen für die HPLC haben eine **Flußkonstanz** von etwa 1%. Mit sehr guten Pumpen, die allerdings auch teurer sind, wird eine Flußkonstanz von $\pm 0{,}5\%$ und besser erreicht. Zur quantitativen Analyse (Abschn. 4.2) kommt es dabei nicht allein auf die Langzeitflußkonstanz, die Konstanz während einer Analyse, sondern auch auf die Kurzzeitflußkonstanz, die Konstanz während der Elution eines Peaks, an. Sie bestimmt die Güte der quantitativen Analyse.

Für die *Gradientelution* werden zwei Mischungsprinzipien verwendet, der Hochdruckgradient und der Niederdruckgradient.

Der Hochdruckgradient verlangt zwei Pumpen und eine Steuereinheit, die die Gesamtfördermenge konstant hält, während die eine Pumpe kontinuierlich weniger und die andere mehr fördert. Dabei können, besonders beim Anfahren einer Pumpe, Unregelmäßigkeiten im Gradienten auftreten. Auch das anomale Mischungsverhalten einiger Eluenten kann zu Schwierigkeiten führen.

Der Niederdruckgradient benötigt zwar nur 1 Pumpe, aber ein exakt arbeitendes Mischsystem, das die Gradientenzusammensetzung bereits beim Ansaugen der Pumpe steuert. Das Dosieren so kleiner Flüssigkeitsmengen (z. B. 1 µl auf 99 µl) mit Ventilen kann schwierig sein.

2.2. Probenaufgaben

Die Probe sollte in den strömenden Eluenten und direkt auf die Säulenpackung gegeben werden können (on column injection), wobei das Druck- und Strömungsprofil an der Trennsäule nicht gestört werden sollte. Für die Praxis ist es optimal, wenn das Probevolumen bequem variiert werden kann. Bei einigen Schleifensystemen können mittels einer Injektionsspritze variable Volumina in eine Speicherschleife bei Normaldruck gegeben werden. Durch Umlenkung des Eluenten-Stroms wird die Probe auf die Trennsäule gespült. Dabei ist darauf zu achten, daß in der Probeschleife und in der Verbindungskapillare keine zusätzliche Bandenverbreiterung auftritt. Die Probenaufgabe ist automatisierbar (Geräte sind im Handel). Bei einigen automatischen Probenaufgabesystemen müssen die zur Probenschleife führenden Verbindungen nach jeder Injektion zunächst mit Eluent und dann mit Probelösung gespült werden. Dazu werden zum Teil erhebliche Mengen an Probelösung benötigt (bis zu

500 µl/Injektion). Ist die verfügbare Probemenge begrenzt, kann das zu Schwierigkeiten führen. Bei den automatisierten Spritzenprobenaufgaben treten solche Schwierigkeiten nicht auf.

2.3. Säulen

Die Säulen der HPLC sind heute fast ausschließlich aus Edelstahl. Daneben gibt es Glassäulen mit Schutzhüllen. Die Säulendimensionen liegen bei analytischen Säulen bei 10—30 cm Länge und 2—5 mm Innendurchmesser, bei halbpräparativen bei 20—50 cm × 8—10 mm und bei präparativen Säulen bei 30—50 cm × 1—5 cm. Teilchen mit Durchmesser > 20 µm werden trocken und u. U. auch in längere Säulen (1 m) gepackt. Teilchen um 10 µm oder 5 µm werden als Suspension in die Trennsäule gefüllt. Als Suspendierflüssigkeiten dienen Lösungsmittel hoher Dichte (z. B. Tetrabromäthan) oder hoher Viskosität (z. B. Cyclohexanol) und alle Übergangsformen zwischen diesen beiden Extrema (z. B. Mischungen aus CCl_4 und Isopropanol). Die Suspension wird am besten mit einem leichteren bzw. niedriger viskosen Lösungsmittel, das mit dem Suspendiermittel mischbar ist, in die Trennsäule gedrückt. Geeignete Vorrichtungen sind erhältlich bzw. beschrieben worden [11—14]. Die exakten Vorschriften sind dort ebenfalls zu finden.

Bei *analytischen* Säulen lohnt es sich oft nicht, die Säulen selbst zu packen, da das Packen von guten Säulen einer gewissen Erfahrung bedarf. Kommerzielle Säulen sind in den letzten Jahren preiswert geworden (wobei die garantierten Bodenzahlen auf 50—65000/m gestiegen sind). *Präparative* Säulen sind erheblich teurer. Hier bleibt im Einzelfall zu überlegen, ob nicht Teilchen enger Fraktion im Bereich von 25—40 µm verwendet werden sollten, die sich trocken packen lassen und ebenfalls chemisch modifiziert im Handel erhältlich sind.

2.4. Detektoren

In der HPLC werden hauptsächlich konzentrationsempfindliche Detektoren verwendet. An Detektorentypen gibt es spezifische (z. B. UV-Detektoren und Fluoreszenzdetektoren) und solche, bei denen sehr geringe Unterschiede der Gesamteigenschaften im Differenzverfahren bestimmt werden (z. B. Differentialrefraktometer). Einen einfachen Universaldetektor gibt es für die Flüssigkeitschromatographie nicht. Für eine gegebene Eluent-Proben-Kombination muß jeweils die geeignetste und empfindlichste Detektion neu ausgewählt werden. Deshalb sollten bei jedem Gerät neben dem UV-Detektor noch ein Differentialrefraktometer oder (und) ein weiterer selektiver Detektor vorhanden sein.

Je nach Sachlage können mehrere Detektoren hintereinander geschaltet werden, wobei man sie wegen der zusätzlichen Bandenverbreiterung nach zunehmendem Totvolumen anordnen sollte. Die Aufgabe der Detektoren ist es, die eluierten Substanzen im Eluenten nachzuweisen. Die Nachweisgrenze hängt von der Substanz, dem Eluenten, der Detektionsform und der Güte des Detektors ab. Die Nachweisempfindlichkeit eines Detektors wird durch das Verhältnis von Rauschbreite zur Signalhöhe bestimmt. Aus der Anzeige kann über die Peakhöhe oder Peakfläche die detektierte Substanzmenge bestimmt werden. Über den linearen Bereich erhöht sich die Anzeige proportional der Konzentration. Darüber hinaus ist die Anzeige niedriger als der Konzentration entspricht. In diesem Bereich, dem dynamischen, eichfähigen Bereich kann der Zusammenhang zwischen Konzentration und Peakfläche oder Peakhöhe durch Eichung bestimmt werden. Detektoren sind ausführlich beschrieben worden [4a, 4b, 1].

2.4.1. Differentialrefraktometer

Mit einem empfindlichen Differentialrefraktometer kann man noch Unterschiede von 10^{-7} Brechungsindexeinheiten [BIE] zwischen Referenz- und Meßzelle bestimmen. Die Temperaturabhängigkeit des Brechungsindex liegt bei 10^{-4} BIE/°C. Daher muß die Temperatur des Eluenten, der Meß- und Referenzzelle auf $\pm$ 0,001 °C konstant gehalten werden, um die Empfindlichkeit des Detektors voll auszunutzen. Die Temperaturkonstanz bestimmt die Nachweisempfindlichkeit des Detektors. Eine Pulsation des Eluentenstromes stört die Refraktometer-Anzeige und vermindert seine Empfindlichkeit.

2.4.2. UV-Detektoren

UV-Detektoren sind spezifische Detektoren. Ihre Empfindlichkeit hängt von der Mess-Wellenlänge und vom molaren Extinktionskoeffizienten ab. Festwellengeräte arbeiten meist bei 254 nm, Geräte mit variabler Wellenlänge können zwischen 190 und 350 nm (Deuteriumlampe) bzw. von 300 – 650 nm (Wolframlampe) eingesetzt werden. Die spektrale Bandbreite liegt bei 2 bis 10 nm. Das Rauschen liegt meist bei ca. 10^{-4} EE, bei guten Geräten mit Festwellenlänge bei ca. 10^{-5} EE. Es sollte unabhängig davon sein, ob der Eluent durch die Meßzelle strömt oder nicht.

Bei guter Meßzellengeometrie ist die Anzeige relativ unanfällig gegenüber Schwankungen der Temperatur und der Strömungsgeschwindigkeit. Änderungen des Brechungsindex des Eluenten, wie bei der Gradientelution und beim Eluentenwechsel, führen bei vielen Geräten zur Drift der Basislinie. Die Spezifität der UV-Detektoren beschränkt die Auswahl der Eluenten. Praktisch können nur aliphatische Kohlenwasserstoffe, aliphatische Halogenkohlenwasserstoffe, Ether, Acetonitril, aliphatische Alkohole und Wasser als Eluenten verwendet werden (vgl. Tabelle 2).

Die Beschränkungen steigen mit abnehmender Meßwellenlänge, weil die im Eluent vorhandenen Verunreinigungen absorbieren. Unterhalb 230 nm haben bei nicht absorbierenden Eluenten häufig nur die sehr teuren Lösungsmittel „für die Spektroskopie" und „für die HPLC" ausreichende Durchlässigkeit. Bei Zweistrahlgeräten kann die verminderte Durchlässigkeit durch Auffüllen der Referenzzelle mit Eluent teilweise kompensiert werden. Dabei erhöht sich das Rauschen und die Nachweisempfindlichkeit sinkt.

Bei einfachen Geräten mit variabler Wellenlänge wird die Wellenlänge von Hand eingestellt. Komfortablere Geräte stellen die gewünschte Wellenlänge automatisch ein, können während eines Chromatogramms bei verschiedenen Wellenlängen (am Absorptionsmaximum jeder Substanz) messen und sind in der Lage, nach einer Flußunterbrechung von der im Detektor befindlichen Substanz ein UV-Spektrum aufzunehmen (Scan-Vorrichtung).

Tabelle 2. Eluotrope Reihe der in der Flüssigkeitschromatographie ververwendeten Eluenten mit einigen physikalischen Eigenschaften

	Eluentenstärke ε_0		Viskosität, 20 °C	Brechungs-index,	Durchlässig-keitsgrenze
	Al_2O_3	SiO_2	[cP]	20 °C	[mm]
n-Alkane	0,00−0,01	0,00−0,01			200[a]
Cyclohexan	0,04		0,98	1,426	210
Diisopropyl-ether	0,28		0,37	1,368	220
1-Chlor-propan	0,30		0,35	1,389	225
Diethyl-ether	0,38	0,38	0,23	1,353	220
Trichlor-methan	0,40	0,26	0,57	1,443	250
Dichlor-methan	0,42	0,32	0,44	1,424	240
Tetrahydro-furan	0,45		0,46	1,407	220
Dioxan	0,56	0,49	1,54	1,422	220
Acetonitril	0,65	0,50	0,37	1,344	190[a]
2-Propanol	0,82		2,3	1,38	200
Ethanol	0,88		1,2	1,361	200
Methanol	0,95		0,6	1,329	200[a]
Wasser	sehr groß	sehr groß	1,00	1,333	180[a]

[a] nur mit speziell gereinigten Eluenten erreichbar

2.4.3. Fluoreszenzdetektor

Mit dem Fluoreszenzdetektor können nur Substanzen nachgewiesen werden, die unter Lichtanregung Licht emittieren. Um empfindlich detektieren zu können, sollten die Wellenlänge des eingestrahlten und die des gemessenen Lichtes frei wählbar sein, um am Absorptions- und Emissionsmaximum der nachzuweisenden Substanz messen zu können. Zeigt die Substanz selbst keine Fluoreszenz, so kann sie oft durch Derivatisierung (z. B. mit 1-Dimethylaminonaphthyl-8-sulfonsäurechlorid = Dansylchlorid) in eine fluoreszierende Form überführt werden.

2.4.4. Reaktionsdetektor

Müssen zu trennende Substanzen zur Detektion derivatisiert werden, so geschieht dies in der Regel vor dem Chromatographieren. Ist dies nicht möglich (weil dadurch die Trennung gestört wird oder weil die Derivate nicht stabil sind) so können die Substanzen noch nach der Säule durch

Zupumpen eines Reagenzes in eine detektierbare Form überführt werden. Dieser Detektortyp — der Reaktionsdetektor — ist zur Zeit im Handel nur in der Form der Autoanalyzer erhältlich.

2.4.5. Spezielle Detektoren

Für spezielle Anwendungen bieten sich noch der elektrochemische Detektor, der Leitfähigkeitsdetektor, der Infrarotdetektor und der Radioaktivitätsdetektor an. Bei dem letzten Detektor bleibt zu überlegen, ob eine off-line Kopplung durch Aufsammeln des Peaks und stationäres Messen im Szintillationszähler nicht eine praktikablere Methode ist. Die gleiche Überlegung gilt für die Kopplung zwischen Flüssigchromatographie und Massenspektrometrie (LC-MS), die noch erhebliche Schwierigkeiten bereitet, sowie für die zwischen Flüssigchromatographie und Kernresonanzspektroskopie (LC-NMR), die leichter off-line als on-line durchzuführen ist.

3. Chromatographische Trennsysteme

Sucht man ein Trennsystem, so kann man aus dem Lösungsverhalten der Proben einen ersten Hinweis erhalten. Eine grobe Klassifizierung ist in Tabelle 3 dargestellt. Eine weitere Entscheidungshilfe kann die Kenntnis der Struktur bzw. der Strukturunterschiede der zu trennenden Substanzen liefern (Tabelle 4).

Tabelle 3. Auswahl des Trennsystems anhand der Probenlöslichkeit

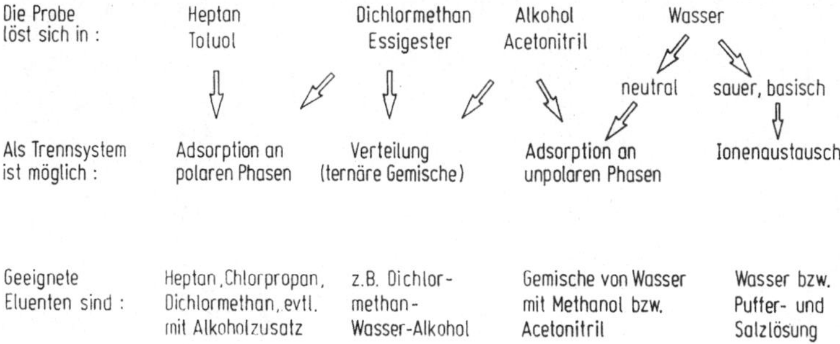

3.1. Chromatographie an polaren stationären Phasen

Für die *Adsorptionschromatographie an polaren stationären Phasen* wird üblicherweise Kieselgel mit einer spezifischen Oberfläche um 300 bis 400 m²/g, seltener Aluminiumoxid mit einer spezifischen Oberfläche von ca. 100—200 m²/g verwendet. Die Selektivitätsunterschiede sind gering, außer für die Trennung kondensierter, aromatischer Kohlenwasserstoffe, wo Al_2O_3 eine größere Selektivität hat als Kieselgel.

Tabelle 4. Auswahl der Trennsysteme anhand der Struktur

Strukturparameter	Chromatographische Trennverfahren				
	Adsorption		Verteilung	Ionenaustausch Δ	Ausschluß
	polare Phasen	unpolare Phasen			
Molekülgröße	+	+	+	−	++
Isomere					
a) Kette-Ring	(+)	+	+	−	+
b) Verzweigung bei gleicher C-Zahl	(+)	++	(+)	−	(+)
c) Sterische (cis-trans)	++	++	+	−	−
d) Optische	(?)	*	(?)	*	−
e) Zahl der $> = <$	++	++	+	−	−
f) Lage der $> = <$	+	+	+	(+)	−
Homologe Reihen	+	++	++	−	+
Zahl und Lage der Substituenten					
a) Unpolar, z. B. Alkyl, Halogen	++	++	++	−	+
b) Mittelpolar, z. B. Nitro, Carbonyl, Ester	++	+	++	−	−
c) Polar, Phenole, Alkohole, Amide, Amine	+	++	++	(+)	−
d) Stark polar saure oder bas. ionisierbare Gruppen	(+)	++	++	++	−

Δ nur für rein-wäßrige Systeme; ++ sehr geeignet; + geeignet
* bei Zusatz eines chiralen Ions zum Eluenten bzw. an chemisch gebundenen chiralen Phasen
(+) eventuell möglich; (?) bislang nicht möglich; − ungeeignet

Bei sonst konstanten Bedingungen steigen die k'-Werte der Proben mit zunehmender Oberfläche. Zur Auswahl des Eluenten ist man noch immer auf die klassischen „eluotropen Reihen" angewiesen, obwohl die Zahl der Lösungsmittel durch die Art des verwendeten Detektors stark beschränkt wird. In Tabelle 2 sind gebräuchliche Eluenten aufgeführt. Die Elutionskraft ε_0 [6] des Eluenten kann durch Mischungen zweier Komponenten auf beliebige Zwischenstufen eingestellt werden. Abb. 3 zeigt die Elutionskraft von Eluentengemischen nach Saunders [15].

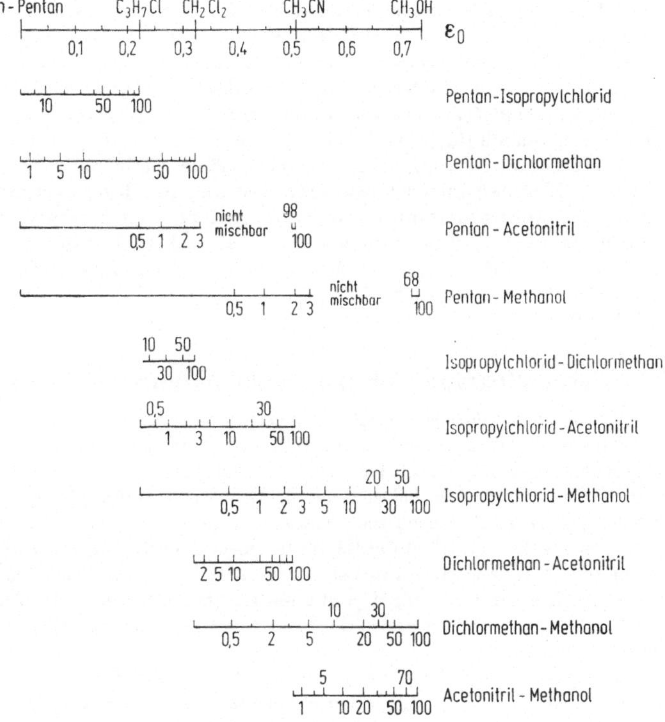

Abb. 3. Elutionskraft von Eluentengemischen

Wie ersichtlich, genügen sehr geringe Zusätze von stark polaren Komponeten (z. B. Methanol in Hexan) um die Elutionskraft wesentlich zu ändern. Aus praktischen Gründen ist es einfacher Gemische von Eluenten zu verwenden, die in der eluotropen Reihe benachbart sind, da die Reproduzierbarkeit der Analyse, z. B. bei Neuansatz der Eluentenmischung, größer ist. Verwendet man Gemische von Eluenten, die in der eluotropen Reihe extrem weit voneinanderstehen, so genügen of Prozent-Bruchteile, um eine Veränderung der Trennung zu erhalten. Die Reproduzierbarkeit der Herstellung derartiger Mischungen ist geringer, die Selektivitätsunterschiede bei der Elution der Proben können bei der Variation derartiger kleiner Konzentrationen jedoch beträchtlich sein.

Geringe Konzentrationen polarer Verunreinigungen (Wasser, Stabilisierungsalkohol, Hydroperoxide etc.) haben ebenfalls einen starken Einfluß auf die Trennungen. Geringfügige Änderungen (einige ppm!) im Wassergehalt des Eluenten können ausschlaggebend für das Gelingen bzw. Nicht-Gelingen einer Trennung sein. Dieser Einfluß macht sich um so stärker bemerkbar, je unpolarer der Eluent ist. Für reproduzierbares chromatographisches Arbeiten mit unpolaren Eluenten (z. B. Hexan, Heptan) ist es unerläßlich, Eluent und Trennsäule mit konstanter relativer Feuchtigkeit im geschlossenen Kreislauf zu betreiben [1], da sogar Schwankungen der Luftfeuchtigkeit der Umgebung das analytische Ergebnis beeinflussen können. Darüber hinaus dauert es relativ lange (8—20 h) bis nach Änderung des Eluenten konstante analytische Bedingungen erreicht werden. Bei Eluenten mit relativ guter Wasserlöslichkeit (Methylenchlorid) oder bei Eluentengemischen mit polaren Zusätzen (z. B. Methanol, Acetonitril) ist die Trennsäule schon nach kürzerer Zeit mit dem Eluenten im Gleichgewicht. Die hier nur kurz skizzierten Probleme der Adsorptionschromatographie mit polaren stationären Phasen trugen damit bei, diese Trennmethode als schlecht reproduzierbar zu qualifizieren. Mit geeigneten Maßnahmen [1] ist man jedoch in der Lage, Trennungen mit nur $\pm 2{,}5\%$ Abweichungen in den k'-Werten durchzuführen.

3.2. Chromatographie an unpolaren stationären Phasen

Die *Chromatographie an unpolaren stationären Phasen*, oft auch als Umkehrphasen (engl. reversed phase, RP) bezeichnet, ist das am häufigsten angewendete Trennsystem. Unpolare Phasen gewinnt man durch Reaktion von Kieselgel mit Alkylsilanen (z. B. Dichlormethyloctylsilan, Trichloroctadecylsilan etc.). Durch die Reaktion sollten alle zugänglichen Silanol-Gruppen an der Kieselgeloberfläche umgesetzt bzw. abgeschirmt sein. Je höher die Oberflächenkonzentration der Alkyl-Gruppen ist, d. h. je mehr Kohlenstoff an das Kieselgel gebunden ist (bestimmbar z. B. durch C,H-Analyse) desto stärker werden die Proben bei gleicher Eluentenzusammensetzung retardiert.

Die relative Retention zweier benachbarter Glieder einer homologen Reihe ist somit bei etwa gleichem Umsetzungsgrad des Kieselgels an einer RP C 18 (18% C) immer größer als an einer Phase mit kürzerer Alkyl-Gruppe z. B. RP C 8 (10% C). Dies gilt jedoch nur, wenn die Phase benetzt wird. Die größere relative Retention führt — bei ebenfalls größeren k'-Werten — zu einer leichteren Trennung innerhalb von homologen Reihen, so daß der organische Anteil im Eluenten und damit in der Regel die Löslichkeit der Probe im RPC 18 System gegenüber RP C 8 Systemen erhöht werden kann. Daher ist für viele Probleme die RP C 18 der RPC 8 vorzuziehen.

Die k'-Werte organischer Verbindungen sind an unpolaren Phasen mit Wasser als Eluenten stets am größten. Mit abnehmender Polarität und steigendem organischen Anteil werden die k'-Werte niedriger. Die Elutionskraft des Eluenten steigt von Methanol über Acetonitril, i-Propanol und Tetrahydrofuran. Sind diese Elueenten und ihre Gemische mit Wasser zu schwach, um Substanzen mit sinnvollen k'-Werten zu eluieren, so kann man auch wasserfrei mit Mischungen aus Dichlormethan und den oben genannten Eluenten arbeiten (z. B. in der Fettanalytik). Für die Elutionskraft von Eluentengemischen gelten die gleichen empirischen Gesichtspunkte wie bei der Adsorptionschromatographie an polaren Phasen diskutiert.

Mit den üblichen Eluenten-Mischungen aus Wasser und Methanol oder Acetonitril kann ein k'-Bereich von 0 bis $10^4 - 10^5$ überstrichen werden.

Die Konditionierung einer Trennsäule bei Eluentenwechsel erfolgt relativ schnell. Oft ist ein Spülen mit ca. 5 Trennsäulenvolumina bereits ausreichend, um konstante analytische Bedingungen zu erreichen.

Der Einfluß der Struktur der Probesubstanzen auf die Retention ist bei unpolaren Phasen übersichtlicher. In erster Näherung steigt die Retention mit abnehmender Löslichkeit der Proben in Wasser und nimmt in einer homologen Reihe exponentiell mit der C-Zahl zu. Proben mit verzweigten Alkylgruppen werden bei gleicher Kohlenstoffzahl stets vor den Proben mit unverzweigter Kette eluiert. Polare Substituenten im gleichen Molekül bewirken eine Verminderung der k'-Werte, so werden Steroide mit Hydroxyl-Gruppen vor solchen mit Carbonyl-Gruppen an der gleichen Position eluiert. Eine Doppelbindung bewirkt ebenfalls die Herabsetzung der k'-Werte.

Substanzen mit dissoziationsfähigen Gruppen werden häufig vor dem Inertpeak oder mit stark asymmetrischen Peaks eluiert. Diese Substanzen treten mit den nicht umgesetzten Silanol-Gruppen des Kieselgels in Wechselwirkung und werden nicht oder nur schlecht getrennt. Die Zugabe von Säuren, Basen oder Puffern zum Eluenten drängt die Dissoziation zurück und erlaubt die Trennung dieser Substanzen. Geeignete Säuren sind Phosphorsäure oder Essigsäure, mögliche Basen Triethylamin, Ammoniak, und geeignete Puffersysteme sind Ammoniumphosphat, Ammoniumacetat und Tris/HCl. Dies führt jedoch nicht immer zum Ziel. Daher wird in der sog. *Ionenpaarchromatographie* an Umkehrphasen die Trennung von Substanzen mit dissozierenden Gruppen über Salzpaare erreicht. Die Selektivität der Trennung kann über sekundäre Gleichgewichte verändert und optimiert werden. Bei diesem der Ionen-Austauschchromatographie ähnlichem Verfahren wird in einem System aus Umkehrphase und wäßrigem Eluent dem Eluent eine organische Säure oder Base zugesetzt, die als Gegenion für die zu trennende Substanz fungiert. Als Mechanismus der Trennung wird entweder die Bildung von Ionenpaaren diskutiert, die gemeinsam durch die Säule wandern, oder die Adsorption der zugegebenen Komponente an der stationären Phase und somit die Ausbildung eines dynamischen Ionenaustauschers, an dem die Substanzen getrennt werden. Ein solches System erhält man z. B., wenn man Alkylsulfonsäuren dem wäßrigen Eluenten an einer Octadecylphase zusetzt. Derartige Systeme können auch an polaren stationären Phasen in Verteilungssystemen aufgebaut werden. Da die Ionenpaare bildenden Substanzen sich im wäßrigen Teil des Systemes und somit in der stationären Phase (in den Poren des Kieselgels) befinden, bereitet die Herstellung dieses Systems bei bereits gepackten Säulen in der Praxis Schwierigkeiten.

Die Ionenpaar-bildende Komponente kann mit dem in diesem Falle unpolaren Eluenten nicht eingeführt werden.

Außer durch Variation des Eluenten kann die Selektivität an chemisch gebundenen Phasen durch die Einführung von funktionellen Gruppen z. B. Amino-, Nitril- und Nitro-Gruppen verändert werden. So zeigen Phasen mit aromatisch gebundenen Nitro-Gruppen in unpolaren Eluenten eine größere Selektivität für die Trennung von kondensierten Aromaten als „nacktes" Kieselgel. In Wasser-Acetonitril-Gemischen zeigen Amino-Phasen (primäre Amino-Gruppe an kurzer Alkyl-Kette) gute Selektivität für die Trennung von Zuckern. Jedoch ist es oft schwierig, die spezifische Selektivität dem gebundenen Rest eindeutig zuzuordnen, da die Bedeckung der Kieselgeloberfläche und damit die Selektivität von Phase zu Phase variieren kann.

3.3. Verteilungschromatographie

Die *Verteilungschromatographie* hat durch die Einführung chemisch gebundener Phasen an Bedeutung verloren. Das Trennprinzip sollte die Verteilung der Probesubstanzen zwischen zwei nicht miteinander mischbaren flüssigen Phasen sein, jedoch sind Auswirkungen der Festkörper auf Retention der Proben selten vollkommen auszuschließen. Aus Einphasen-Eluenten, wie ternären Gemischen aus Methylenchlorid, Wasser und einem primären Alkohol, bildet sich an den polaren Festkörpern eine polare, wasserreiche stationäre Phase. Der Festkörper kann somit in der bereits gepackten Trennsäule („in situ") belegt werden. Bei unpolaren Festkörpern wird vorzugsweise die unpolare Eluentenkomponente adsorbiert. Die Temperatur von Eluent, Trennsäule und der zur Sättigung des Eluenten benötigten Vorsäule muß konstant gehalten werden.

3.4. Ionenaustausch-Chromatographie

Das Anwendungsgebiet der Ionenaustausch-Chromatographie liegt in der Trennung geladener Spezies, die an klassischen Phasen nicht getrennt werden können. Auf der Basis von chemisch modifizierten Kieselgelen stehen druckstabile Phasen mit ausreichender Austauschkapazität (0,5—1 meq/g) sowohl als Kationen- als auch als Anionen-Austauscher zur Verfügung. Letztere sollten mit Vorsicht in die Hydroxyl-Form überführt werden, da sie sich auflösen können (pH > 8,5). Klassische Ionenaustauscher mit organischer Matrix sind wegen ihrer Kompressibilität in der HPLC nur bedingt verwendbar, jedoch sind einigermaßen stabile organische Ionenaustauscherharze mit den gewünschten kleinen Teilchendurchmessern erhältlich. Bei der Ionenaustausch-Chromatographie organischer Verbindungen sind häufig dem eigentlichen Ionenaustausch hydrophobe Wechselwirkungen der Proben mit der Matrix (bzw. chemisch gebundenen organischen Resten) überlagert, die durch andere Parameter beeinflußt werden als der eigentliche Ionenaustausch.

Die Retention von Proben an Ionenaustauschern kann über den pH-Wert des Eluenten (Puffers) und über seine Ionenkonzentration beeinflußt werden. Es gelten analoge Überlegungen wie bei der klassischen Ionenaustauschchromatographie. Der pH-Wert ist so einzustellen, daß

Austauscher wie auch Proben zumindest teilweise dissoziiert vorliegen
können. Wesentlich stärker als über den pH-Wert kann die Retention
durch Veränderung der Ionenkonzentration des Eluenten beeinflußt
werden. Die k'-Werte der Proben sind der Ionenkonzentration umgekehrt proportional. Vielfach erhält man eine lineare Abhängigkeit des
k'-Wertes von der reziproken Ionenkonzentration. Zu einer guten Trennung sind wegen der starken Wechselwirkungen fast immer pH- und/oder
Ionenstärkegradienten notwendig.

3.5. Ausschlußchromatographie

Bei der *Ausschluß-Chromatographie* erfolgt die Trennung ausschließlich
nach Molekülgröße. Wechselwirkungen mit der Oberfläche der stationären Phase müssen ausgeschlossen werden. Die Trennung beruht auf
der unterschiedlichen Zugänglichkeit des Porenvolumens durch die
Probesubstanzen. Alle Proben, deren Moleküldurchmesser (bei Polymeren
statistischer Knäueldurchmesser) größer ist als der größte Porendurchmesser, werden nicht aufgetrennt. Ihr Elutionsvolumen entspricht dem
Zwischenkornvolumen, d. h. dem Volumen des Eluenten zwischen den
Teilchen der stationären Phase in der Trennsäule. Das Elutionsvolumen
der kleineren Moleküle hängt vom Anteil des für die einzelnen Moleküle
zugänglichen Porenvolumens der stationären Phase ab. Die Trennung
ist beendet mit der Elution des kleinsten, mit der Oberfläche des Fest-
körpers nicht in Wechselwirkungen tretenden Moleküls, das in sämtliche
Poren eindringen kann. Bei den anderen chromatographischen Trennsystemen ist dies der Inertpeak, d. h. der Beginn der Trennung. Das
bedeutet aber, daß die Trennkapazität der Ausschlußchromatographie
begrenzt ist.

Man verwendet die Ausschlußchromatographie zur Bestimmung von
Molekularmassen und Molekularmassen-Verteilungen bei Polymeren
im Molekularmassen-Bereich von $1\,000 < \mathrm{Mw} < 7$ Mio. Stationäre Phasen
mit entspr. Porenverteilungen von 40 Å bis 4000 Å sind im Handel
(druckstabile Kieselgele und vernetzte Polymere). Durch geschickte
Wahl des Eluenten kann das Trennsystem so eingestellt werden, daß
die Wechselwirkungen der Proben mit der Oberfläche der stationären
Phase ausgeschlossen werden. In vielen Fällen wird bei erhöhter Temperatur gearbeitet, um die Viskosität der Polymerlösungen zu erniedrigen
und die Löslichkeit der Proben im Eluenten zu erhöhen.

4. Spezielle Techniken

4.1. Programmierte Analyse (Gradientelution)

Die Chromatographie an polaren und unpolaren stationären Phasen und
die Ionenaustauschchromatographie gestatten es oft nicht unter isokraten
Bedingungen (konstanter Temperatur, konstanter Druck, konstante Eluentenzusammensetzung) alle Probekomponenten in angemessener Zeit

zu trennen und zu eluieren. Eine optimale Trennung erreicht man dann nur durch die Änderung einer der folgenden Variablen:

a) Erhöhung der Eluentengeschwindigkeit
b) Erhöhung der Trenntemperatur
c) Verminderung der Aktivität oder der spezifischen Oberfläche der stationären Phase
d) Erhöhung der Elutionskraft des Eluenten.

Es sind nur Änderungen sinnvoll, die zu einer Verkürzung der Analysenzeiten und zu einer Verschärfung der Elutionsbanden führen. Die Programmierung der Elutionskraft ist die wichtigste und am häufigsten angewendete Technik („Gradientelution"). Die Proben werden als schärfere und damit konzentriertere Zonen eluiert, wodurch die Nachweisempfindlichkeit für später eluierte Peaks wesentlich erhöht wird. Die Auflösung der Substanzen ist jedoch immer schlechter als bei der nicht-programmierten Analyse.

Die Gradientelution kann durch die Variation der Ausgangs- und Endzusammensetzung des Eluenten, die Gradientenform und -dauer sowie die Flußgeschwindigkeit optimiert werden.

An Detektoren können nur jene verwendet werden, deren Signal von der Eluentenzusammensetzung nicht beeinflußt wird (z. B. UV- und Fluoreszenzdetektoren). Auch werden extreme Forderungen an die Reinheit der Elutionsmittel gestellt. Sie kann durch „Blindgradienten" (Analysenprogramm *ohne* Probenaufgabe) überprüft werden. Bei der Berechnung des Zeitbedarfs muß die Zeit für die Rückführung der Säule auf die Ausgangsbedingungen (Regenerierung) eingerechnet werden. Sie kann gleiche Zeit beanspruchen wie die Analyse selbst.

4.2. Qualitative und quantitative Auswertung

Die Chromatographie ist primär ein quantitatives Trennverfahren. Das Detektorsignal zeigt die Konzentrationsänderung im Eluenten als Funktion der Zeit an. Die Identifizierung (qualitative Analyse) ist nur indirekt über die Verwendung von Vergleichssubstanzen möglich. Eine eindeutige Aussage erhält man primär über das Fehlen von Substanzen. Eine Zuordnung von bestimmten Substanzen zu den eluierten Peaks ist nur dann möglich, wenn die Retentionsparameter in zwei oder mehr verschiedenen Trennsystemen übereinstimmen. Durch Kopplung der Flüssigkeitschromatographie mit anderen physikalischen Analysenverfahren (MS, NMR, IR, UV etc.) kann die Identifizierung gesichert werden. Es ist relativ einfach, die Substanzen in Eluenten nach der Trennung zu sammeln und zu analysieren. Bei dieser off-line Methode entfallen viele Probleme, die eine Direktkopplung (on-line-Kopplung) verursachen könnten.

Die quantitative Auswertung des Chromatogramms ist über die Peakflächen oder über die Peakhöhen möglich. Sie setzt die Proportionalität der Peakfläche mit der Probemenge voraus. Für die in der HPLC ausschließlich verwendeten konzentrationsempfindlichen Detektoren gilt dies nur bei konstanter Flußgeschwindigkeit. Die Peakfläche, bei gleicher aufgegebener Probemenge, nimmt mit steigender Flußgeschwindigkeit ab. Das bedeutet, daß die quantitative Bestimmung nie genauer sein kann als die Fördermengenkonstanz der Pumpe, wobei es auch auf die Kurzzeit-Konstanz (solange der jeweilige Peak sich im Detektor befindet) ankommt. Diese liegt bei herkömmlichen Geräten um $\pm 1\%$ [16]. Die quantitative Auswertung über die Peakflächen kann also auch bei Verwendung von inneren Standards bei diesen Geräten nie besser als $\pm 1\%$ sein. Bei der quantitativen Auswertung von Chromatogrammen mit Gradient-Elution erzielt man über die Peakhöhenauswertung größere Genauigkeit als über die Peakflächen. Die Nachweisgrenze bei der quantitativen Analyse kann durch geschickte Wahl des Detektors und seines Arbeitsbereiches verbessert werden.

Beim UV-Detektor hängt der lineare Bereich der Nachweisgrenze u. a. vom Extinktionskoeffizienten der Probe, der Meßwellenlänge und der Spaltbreite des Spektrometers ab [17].

4.3. Präparative Trennungen

Für *präparative Trennungen* kann die Probemenge über die Belastbarkeitsgrenzen hinaus erhöht werden. Bei größeren Probemengen als 10^{-4} g Probe/g stationäre Phase sind die Retentionszeiten der Probemenge umgekehrt proportional und die Peakbreiten erhöhen sich. Bei sehr großer Auflösung der Peaks können an den üblichen Trennsäulen (3—4 mm Innendurchm.) bereits einige mg Probe „präparativ" getrennt werden. Durch Vergrößerung des Säulendurchmessers kann die durchsetzbare Menge erhöht werden, jedoch muß bei einer Verdopplung des Säulenquerschnitts die Förderleistung der Pumpe vervierfacht werden, um die gleiche Analysengeschwindigkeiten zu erreichen. Mit den Pumpen in den üblichen HPLC-Geräten (max. Förderleistung 10—15 ml/min) können noch Säulen bis zu 25 mm i. D. mit ausreichender linearer Eluentengeschwindigkeit betrieben werden. Die Trennleistung derartiger Säulen entspricht vollkommen der analytischer Trennsäulen [18]. Bei anspruchslosen Trennungen können auch die billigeren stationären Phasen mit größeren Teilchendurchmessern verwendet werden.

Die handelsüblichen Detektoren sind für die präparative Anwendung zu empfindlich. Ein Splitten des Eluentenstroms vor dem Detektor, z. B. mit einem totvolumenfreien T-Stück, behebt diese Schwierigkeit.

4.4. Spurenanalyse

Die *Spurenanalyse* bereitet in der HPLC wegen der begrenzten Nachweisempfindlichkeit der Detektoren einige Schwierigkeiten, vor allem dann, wenn die Probemenge begrenzt ist. Es gilt also, die Trennsäule so zu optimieren, daß die Verdünnung während des chromatographischen Prozesses so gering wie möglich ist, und die Peakhöhe deutlich das Rauschen des Detektors übersteigt. Da die Verdünnung der Probe mit dem Volumen der Trennsäule, dem k'-Wert und mit der Bodenhöhe zunimmt, sollte die Spurenanalyse an der kürzest und dünnst-möglichen Trennsäule, gepackt mit stationärer Phase mit möglichst kleinem Teilchendurchmesser durchgeführt werden [19]. Die k'-Werte der Spurenkomponenten sollen so klein wie möglich sein. Selbstverständlich sollten die Detektoreigenschaften

(Rauschen, verwendete Nachweiswellenlänge und Schichtdicke) ebenfalls optimal sein.

Sollen Spurenkomponenten in verdünnten Lösungen nachgewiesen werden, so können auch relativ große Probemengen (bis 200 µl) auf übliche analytische Säulen aufgegeben werden, ohne daß sich eine zusätzliche Bandenverbreiterung bemerkbar macht.

Literatur

A. Lehrbücher

1. Engelhardt, H.: Hochdruck-Flüssigkeitschromatographie, 2. Aufl., Berlin, Heidelberg, New York: Springer 1977
2. Eppert, G.: Einführung in die schnelle Flüssigchromatographie, Braunschweig/Wiesbaden: Vieweg 1979
3. Giddings, J. C.: Dynamics of Chromatography, New York: Marcel Dekker 1965
4a Scott, R. P. W.: Liquid Chromatography Detectors, Amsterdam: Elsevier 1977
4b Huber, J. F. K. Ed.: Instrumentation for high-performance liquid chromatography, Amsterdam, Elsevier 1978
5. Simpson, C. F.: Practical High Performance Liquid Chromatography, London: Heyden 1976
6. Snyder, L. R.: Principles of Adsorption Chromatography, New York: Marcel Dekker 1968
7. Snyder, L. R., Kirkland, J. J.: Introduction to Modern Liquid Chromatography 2nd Ed. New York: Wiley-Interscience 1979

B. Zeitschriften

8. Endele, R., Halász, I., Unger, K.: J. Chromatogr. *99*, 377 (1974)
9. Halász, I., Schmidt, H., Vogtel, P.: ibid. *126*, 19 (1976)
10. Knox, J. H., Kennedy, G. J.: J. Chromatogr. Sci. *10*, 549 (1972)
11. Kirkland, J. J.: J. Chromatogr. Sci. *10*, 593 (1972)
12. Strubert, W.: Chromatographie *6*, 50 (1973)
13. Aßhauer, J., Halász, I.: J. Chromatogr. Sci. *12*, 139 (1974)
14. Elgass, H., Engelhardt, H., Halász, I.: Z. analyt. Chem. *294*, 97 (1979)
15. Saunders, D. L.: Anal. Chem. *46*, 470 (1974)
16. Halász, I., Vogtel, P.: J. Chromatogr. *142*, 241 (1977)
17. Stewart, J. E.: J. Chromatogr. *174*, 283 (1979)
18. Beck, W., Halász, I.: Z. analyt. Chem. *291*, 340 (1978)
19. Görlitz, G., Halász, I.: Talanta 26, 773 (1979)

Gas-chromatographische Trenn- und Bestimmungsmethoden in der anorganischen Spurenanalyse

Professor Dr. G. Schwedt

Anorganisch-Chemisches Institut der Universität Göttingen
Tammannstr. 4, D - 3400 Göttingen

1. Einleitung

Die Anwendungen der Gas-Chromatographie in der anorganischen Spurenanalyse unterscheiden sich wesentlich von denen in der organischen Spurenanalytik:

In der anorganischen Analyse hat die Gas-Chromatographie überwiegend, vor allem in der Spurenanalyse, die Aufgabe, aus einem Gemisch einige wenige Substanzen für die nachweisstarke quantitative Analyse der entsprechenden Elemente in einem direkt mit der Trennsäule verbundenen Detektor zu isolieren. Die Abtrennung störender Stoffe steht im Vordergrund, eine Auftrennung in Einzelkomponenten zur Simultanbestimmung mehrerer Elemente wird überwiegend nur für reine Lösungen beschrieben.

Durch die Verbindung chemischer Umsetzungen zur Bildung flüchtiger Derivate aus anorganischen Stoffen mit gas-chromatographischen Trennmethoden und empfindlichen selektiven Detektoren haben jedoch eine Reihe solcher Verbundverfahren für die verschiedensten Matrices einen festen Platz in der Element-Spurenanalyse gefunden.

2. Gas-Chromatographie und Detektion

Nur wenige Stoffgruppen sind direkt für eine gas-chromatographische Trennung (bis 300 °C) in der Säule geeignet (Tabelle 1). Bei Anwendungen in der Spurenanalyse liegen die Probleme in der Detektion, in der Instabilität einiger Verbindungsgruppen (z. B. von Halogeniden gegen Feuchtigkeit) sowie in Wechselwirkungen mit den Säulenmaterialien. In den letzten Jahren wurden Arbeitsweisen für schwerflüchtige anorganische Verbindungen bei höheren Temperaturen beschrieben [12].

Nach Derivatisierungen lassen sich anorganische Stoffe bzw. Elemente auch als metall- oder metalloid-organische Verbindungen, als flüchtige Metallchelate, als Komplexe mit gemischten Liganden oder in Form anderer organischer Verbindungen gas-chromatographisch analysieren (Tabelle 1 und Abb. 1). Als Trennflüssigkeiten sind vor allem wenig polare und temperaturstabile Silicone geeignet [2, 3]. Die chromatographierbaren Derivate besitzen gegenüber anorganischen Verbindungen höhere Flüchtigkeit und können empfindlich mit dem am häufigsten verwendeten Flammenionisationsdetektor (FID) quantitativ erfaßt werden. Trotz günstiger gas-chromatographischer Eigenschaften werden auch bei diesen nahezu rein organischen Substanzen im Spurenbereich Zersetzungen und irreversible Wechselwirkungen mit der stationären Phase bzw. den Säulenmaterialien beobachtet [3, 4]. Die Einführung

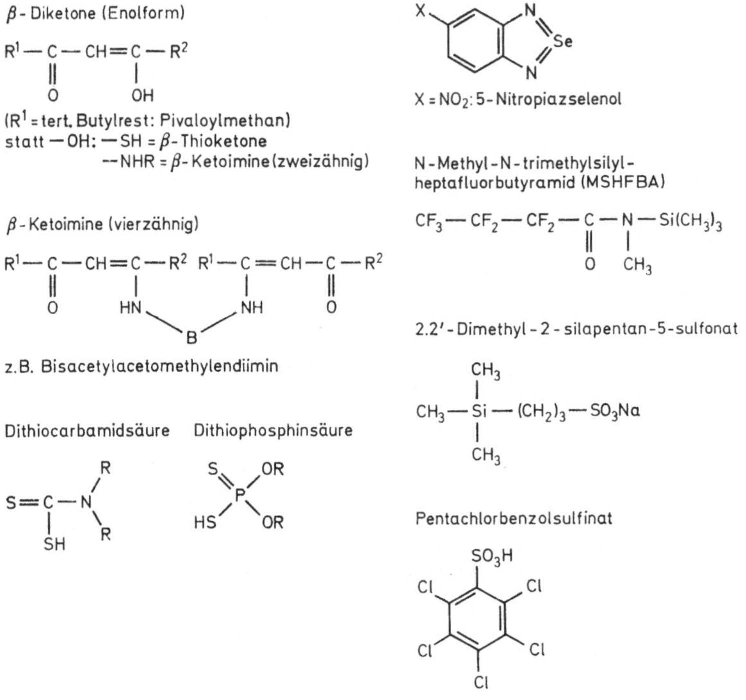

β-Diketone (Enolform)

$$R^1 - C - CH = C - R^2$$

$$\begin{array}{cc} \| & \| \\ O & OH \end{array}$$

(R^1 = tert. Butylrest: Pivaloylmethan)
statt —OH: —SH = β-Thioketone
        —NHR = β-Ketoimine (zweizähnig)

β-Ketoimine (vierzähnig)

$$R^1 - C - CH = C - R^2 \quad R^1 - C = CH - C - R^2$$

z.B. Bisacetylacetomethylendiimin

Dithiocarbamidsäure   Dithiophosphinsäure

$X = NO_2$: 5-Nitropiazselenol

N-Methyl-N-trimethylsilyl-heptafluorbutyramid (MSHFBA)

$$CF_3 - CF_2 - CF_2 - C - N - Si(CH_3)_3$$

2.2'-Dimethyl-2-silapentan-5-sulfonat

$$CH_3 - Si - (CH_2)_3 - SO_3Na$$

Pentachlorbenzolsulfinat

Abb. 1. Komplexbildner, Derivate und Derivatisierungsmittel zur Gas-Chromatographie in der anorganischen Analyse

fluorierter Liganden erhöht die Flüchtigkeit von Metallchelaten wesentlich, so daß bei niedrigeren Säulentemperaturen gearbeitet werden kann; gemischte Komplexe weisen häufig eine höhere thermische Stabilität auf. Trotzdem sind auch diese Substanzgruppen nur mit Einschränkungen zur Spurenanalyse im Nanogrammbereich geeignet. Im Mikrogrammbereich lassen sich dagegen zahlreiche Elemente auf diese Weise auch in Simultananalysen gas-chromatographisch bestimmen [1, 2, 6]. Unerwünschte Zersetzungserscheinungen in der Säule können häufig durch sorgfältiges Deaktivieren (Silanisieren) der Trägermaterialien oder durch den Zusatz des Liganden in der Gasphase bei Verwendung selektiver Elementdetektoren beseitigt werden [4, 6].

Tabelle 2 gibt eine Übersicht über die Detektoren zur gas-chromatographischen Bestimmung in der anorganischen Analytik.

Tabelle 3 zeigt Nachweisgrenzen für einzelne Elemente. Die Ergebnisse wurden mit Lösungen der reinen Substanzen erhalten. Wegen der unterschiedlichen Definitionen der Nachweisgrenzen (in der Regel Signal-Rausch-Verhältnis 3:1) lassen sich die quantitativen Angaben nicht unmittelbar vergleichen. Die niedrigsten Nachweisgrenzen werden mit fluorierten Chelaten oder anderen halogenhaltigen organischen Verbindungen mit einem Elektroneneinfangdetektor (ECD) erzielt. Die atomspektroskopischen Detektoren weisen besonders hohe Selektivität und oft auch hohe Empfindlichkeit auf (Beispiel: Abb. 2).

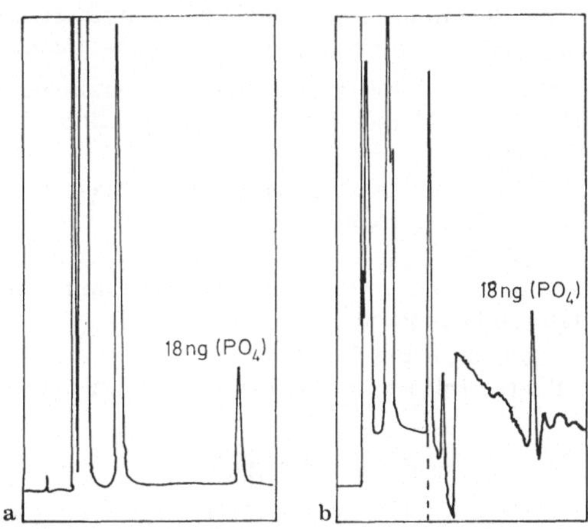

Abb. 2. Gas-chromatographische Bestimmung von Phosphat nach der Umsetzung zum Trimethylsilylester.
GC-Bedingungen:
Trennflüssigkeit: 5% OV-225, Trägergas: 80 cm³/min N_2,
Temperaturprogramm: von 65 °C mit 5°/min.
A. Flammenphotometrischer Detektor (FPD); B. Flammenionisationsdetektor (FID). Nach [26]

3. Anwendungen in der anorganischen Spurenanalyse

In den *Tabellen 4 und 5* sind Anwendungen gas-chromatographischer Verfahren nach Elementen sowie anorganischen bzw. Bio- und Umweltmaterialien geordnet zusammengestellt. Die Nachweisgrenzen sind meist nur mit dem Bereich, bezogen auf das Ausgangsmaterial, anzugeben, da vor allem in den älteren Arbeiten keine exakten Nachweisgrenzen ermittelt wurden [4]. Die Übersichten machen deutlich, daß nur wenige Arbeiten über erfolgreiche Simultanbestimmungen von Elementen in verschiedenen Matrices berichten.

Zur *Genauigkeit* (precision) gas-chromatographischer Verfahren in der Element-Spurenanalyse sind einige ausgewählte quantitative Daten in der Tabelle 6 zu finden. Im ppm-Bereich lassen sich je nach Probenvorbereitung im allgem. relative Standardabweichungen unter 10% erzielen.

Einige Arbeiten befassen sich auch mit dem Vergleich der gas-chromatographisch erhaltenen Analysenergebnisse mit denen nach Anwendung vor allem atomspektroskopischer Methoden (vgl. Tabelle 7).

Der Überblick über die Anwendung gas-chromatographischer Analysenverfahren in der anorganischen Spurenanalyse weist die Gas-Chromatographie in Verbindung mit den verschiedensten Detektoren als eine für eine Reihe von Elementen selektive und empfindliche Analysenmethodik für anorganische und organische Materialien aus, die auch als Referenzmethode für den extremen Spurenbereich von großer Bedeutung ist.

Die Abbildungen 3 bis 6 zeigen charakteristische Beispiele zur Anwendung der Gas-Chromatographie in der anorganischen Spurenanalyse:

Abbildung 3 für Trennungen anorganischer Stoffe, hier von Metallchloriden, und die Bestimmung von Zinn als $SnCl_4$ in anorganischem Material,

Abbildung 4 für Simultanbestimmungen von 9 Elementen als Di(trifluorethyl)dithiocarbamate nach Extraktion aus einer wäßrigen Lösung,

Abbildung 5 für die störungsfreie Spurenanalyse eines Elementes (des Berylliums) als Trifluoracetylacetonat mit dem ECD in anorganischem Material (Mondgestein),

Abbildung 6 für die störungsfreie Spurenanalyse des Nickels als Thiotrifluoracetylacetonat in einem organischen Material (Teeprobe).

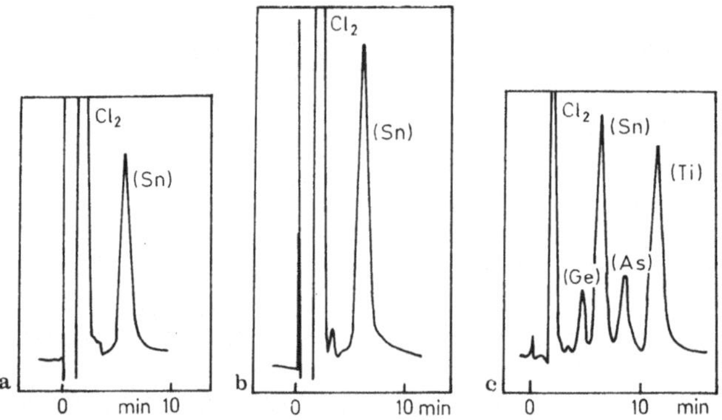

Abb. 3. Gas-Chromatographie von Metallhalogeniden.
1. nach Chlorieren von reinem Zinn in Gegenwart von Zirkonium; 2. nach Chlorieren von Zircaloy II; 3. Trennung der Chloride von Ge, Sn, As und Ti
GC-Bedingungen:
Trennflüssigkeit: polymeres Trifluormonochlorethylen,
Temperatur: isotherm 108 °C, Trägergas: 60 cm³/min Argon,
Detektor: WLD. Nach [22]

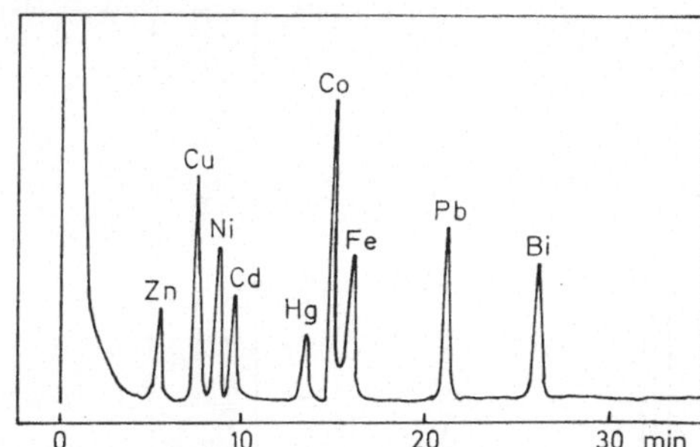

Abb. 4. Gas-chromatographische Trennung von Metall-di(trifluorethyl)-dithiocarbamaten (nach Extraktion aus wäßriger Lösung, 0,55—1,1 ppm im Wasser).
GC-Bedingungen:
Trennflüssigkeit: 3% OV-25, Temperaturprogramm: 120—210°C mit 2°/min, Trägergas: 35 cm³/min N_2, Detektor: FID. Nach [27]

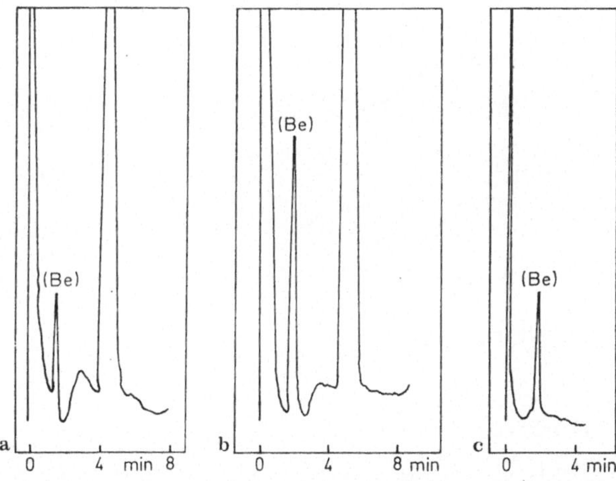

Abb. 5. Gas-chromatographische Analyse von Beryllium als Trifluoracetyl-acetonat mit dem ECD
a) Apollo 11 — kristallines Gestein; b) Apollo 11 — Bodenprobe; c) Standard von 10^{-12} g Be.
GC-Bedingungen:
Trennflüssigkeit: 10% SE-30; Temperatur: isotherm 120°C; Trägergas: 60 cm³/min Methan/Argon (10 + 90%); Detektor: ECD (gepulst). Nach [17]

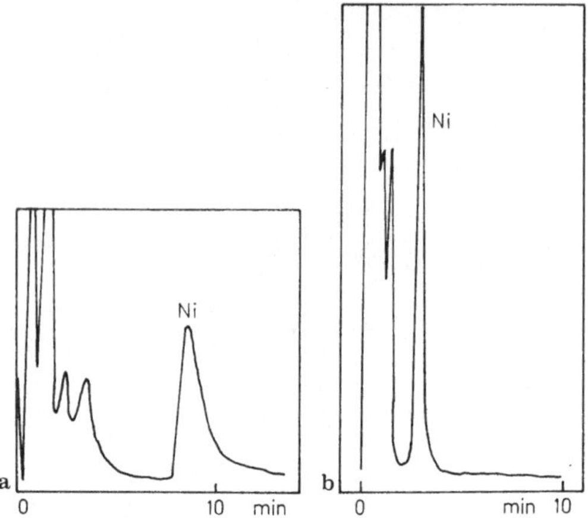

Abb. 6. Gas-chromatographische Bestimmung von Nickel-Spuren im Tee
A. isotherm 140 °C, B. isotherm 170 °C.
Trennflüssigkeit: 5% Silicongummi E 350, Trägergas: 90 cm³/min N$_2$,
Detektor: ECD [63]Ni (gepulst). Nach [21]

Tabelle 1. Anorganische, metall- und metalloid-organische Verbindungen und Metallchelate für gas-chromatographische Trennungen [1—6]

Stoffgruppe	Beispiele
gasförmige Elemente	N_2, O_2, Edelgase u. a.
Element-, Metalldämpfe	Zn, Cd, S, P
gasförmige anorganische Verbindungen: Oxide, Halogenide, Wasserstoffverbindungen	CO, CO_2, Stickoxide, Halogenide von As, Sb, Sn, Ti u. a., Borane, Silane, H_2S, NH_3, $(NH_2)_2$, Hydride
metall- und metalloid-organische Verbindungen,	z. B. der Elemente: Si, Ge, Sn, B, P, As, Sb, Bi, Se, Hg, Pb
Metallchelate	einfache und fluorierte Liganden: β-Diketone, β-Thioketone, β-Ketoamine (zwei- und vierzähnig), Salicylaldimine, Diethyldithiophosphate, Diethyldithiocarbamate
Komplexe mit gemischten Liganden	β-Diketone + Dimethylormamid (DMF), Dibutylsulfoxid (DBSO), Diethylamin, Tributylphosphat (TBP)
verschiedene Verbindungen (nach vorherigen chemischen Umsetzungen)	z. B. Triethylfluorsilan (Bestimmung von F), Jodaceton (I), Piazselenole (Se), Trialkylsilylester anorganischer Säuren (der Elemente B, As, C, P, V), 1.2-Dibromcyclohexan (Br), $SCN \cdot Br$ (SCN^-)

Tabelle 2. Detektoren zur Gas-Chromatographie
in der anorganischen Analyse

Detektor	Anwendung
Wärmeleitfähigkeits-Detektor (WLD)	universell (jedoch nicht für metall-aggressive Stoffe)
Flammenionisations-Detektor (FID)	spricht auf $C-H$-Bindungen an, auch auf CS_2 u. ä. Substanzen
Alkaliflammenionisations-D. (AFID)	Nachweis von P, N, S u. Halogenen
Ionisationsdetektoren: Argon-Detektor, Helium-Detektor	Analyse permanenter Gase, metallorganischer Verbindungen
Photoionisationsdetektor	permanente Gase
Elektroneneinfang-D. (ECD)	Halogene, halogenhaltige Substanzen, Metallalkyle u. -aryle, Chelate mit halogenalkylierten Liganden, S-haltige-Verbindungen
Mikrowellenemissionsspektral-photometrischer Detektor (MED)	z. B. S-haltige Substanzen, permanente Gase, Hg-, Pb-Alkyle u. a., s. z. B. [7] Metallacetylacetonate
Plasma-Emissions-Detektor (PED)	Metallkomplexe, Hydride s. [8]
Flammenphotometrischer D. (FPD)	Halogenverbindungen, S, N, P, Hg, Se-Verbindungen
Atomabsorptionsspektral-photometrischer Detektor (AAS)	Elementverbindungen s. [9, 10]
Massenspektrometer (MS)	metall- u. metalloidorganische Verbindungen, Metallchelate s. [11]
Gasdichtewaage	permanente Gase
elektrochemische Detektoren: Koduktometer, Coulometer	CO_2, NH_3, H_2S, SO_2, Halogenwasserstoffe
Radiometrische Detektoren	^{3}H-markierte Metallchelate, radioaktive anorganische Stoffe s. [12]

Tabelle 3. Nachweisgrenzen gas-chromatographischer Bestimmungsverfahren für einzelne Elemente [3, 4]

Element	Verbindung (Ligand)	Detektor	Nachweisgrenze (absolut in g)
Al	TFA[a]	ECD	$6,7 \cdot 10^{-12}$
As	Triphenylarsin	FID	$4 \cdot 10^{-10}$
	AsCl$_3$	ECD	10^{-10}
Be	TFA[a]	ECD	$4 \cdot 10^{-13}$
	TFA[a]	WLD	$4 \cdot 10^{-8}$
Cd	Diethyldithiophosphinat	FID	$6 \cdot 10^{-9}$ nach [13]
Co	Heptafluordimethyloctandion	ECD	$4,4 \cdot 10^{-11}$
Cr	HFA[b]	MED	$9 \cdot 10^{-13}$
	HFA[b]	FPD	10^{-6}
	HFA[b]	ECD	10^{-11}
	TFA[a]	MS	$5 \cdot 10^{-13}$
Cu	Monothio-TFA	ECD	10^{-10}
Ge	GeCl$_4$	ELD	$3 \cdot 10^{-6}$
Hg	Phenyl-Hg-chlorid	ECD	10^{-11}
Ni	Monothio-TFA	ECD	$5 \cdot 10^{-11}$
P	elementarer P	FPD	10^{-12}
Pb	Perfluoralcoylpivalmethan	MS	10^{-14}
Pd	fluorierte Bisacetylaceton-ethylendiimine	FID	$1,5 \cdot 10^{-10}$
Rh	TFA[a]	ECD	$2,2 \cdot 10^{-12}$
S	S, SO$_2$	FPD	$5 \cdot 10^{-9}$
Se	5-Nitropiazselenol	ECD	$4 \cdot 10^{-10}$
	Diethylselenid	AAS	10^{-10}
Si	SiCl$_4$	Gasdichtewaage	$5 \cdot 10^{-5}$
Sn	SnCl$_4$	WLD	$4 \cdot 10^{-6}$
Th	HFA·DBSO[c]	WLD	$6 \cdot 10^{-7}$
Ti	TiCl$_4$	FPD	10^{-8} bis 10^{-9}
Tl	Tl(I)cyclopentadienyl	WLD	10^{-6}
U	HFA·DBSO[c]	WLD	$4 \cdot 10^{-7}$
V	TFA[a]	WLD	10^{-7}
Zn	Diethyldithiophosphinat	FID	10^{-8} nach [13]
Br$^-$	1.2-Dibromcyclohexan	FID	10^{-7}
Cl$^-$	Phenyl-Hg-chlorid	FID	$4 \cdot 10^{-10}$
	1.3-Dichlorpropanol	ECD	$2 \cdot 10^{-9}$ nach [14]
	1-Chlor-3-brompropanol	ECD	$8 \cdot 10^{-12}$ (14)
	1-Chlor-3-iodpropanol	ECD	$4 \cdot 10^{-13}$ (14)
CN$^-$	CN·Br	ECD	10^{-9}
F$^-$	Triethylfluorsilan	WLD	$2 \cdot 10^{-7}$
	Triethylfluorsilan	FID	$6 \cdot 10^{-10}$
I$^-$	Iodaceton	ECD	$2 \cdot 10^{-10}$
PO$_4^{3-}$	Trimethylsilylphosphat	FID	10^{-10}
S^{2-}	H$_2$S	WLD	10^{-7}
SCN$^-$	SCN·Br	ECD	10^{-9}
SO$_3^{2-}$	SO$_2$	WLD	10^{-7}
SO$_4^{2-}$	indirekt als Butylamin aus Butylammoniumsulfat	FID	$8 \cdot 10^{-7}$
SO$_2$	SO$_2{}^{18}$F$_2$	radiom. D.	10^{-18}

[a] TFA = Trifluoracetylaceton; [b] HFA = Hexafluoracetylaceton;
[c] DBSO = Di-n-butylsulfoxid

Tabelle 4. Anwendungen gas-chromatographischer Verfahren zur Element-Spurenanalyse in anorganischen Materialien [3, 4]

Element	Material	Verbindung: Verfahren	Nachweisgrenze (Detektor) (ng/g)
As	Oxide, Sulfide, Erze, Legierungen	*$AsCl_3$*: Chlorierung mit CCl_4 in geschlossenem Glasrohr (spezielle Probenaufgabetechnik direkt aus dem Glasrohr)	µg/g-Bereich (WLD)
Be	Mondgestein, Meteoriten	*$Be(TFA)_2$*: Aufschluß durch Schmelzen mit Na_2CO_3, Lösen in HCl, Extraktion mit HTFA in Benzol nach pH-Einstellung u. EDTA-Maskierung	40 (ECD)
Cr	Eisenlegierungen	*$Cr(TFA)_3$*: Umsetzung mit HTFA in Anwesenheit katalytischer Mengen an HNO_3, initiiert durch Mikrowellen-Emissions-Strahlung ohne organisches Lösungsmittel	20 (ECD)
F	Wasser, Phosphate	*Triethylfluorsilan*: Extraktion einer wäßrigem Fluoridlösung mit Triethylchlorsilan in einem organischen Lösungsmittel	µg/g- bis ng/g-Bereich (FID)
Se	Stahl, elementares As, As_2O_3, hochreines Cu, reine Schwefelsäure	*3-Nitropiazselenol*: Umsetzung der selenigen Säure (nach Aufschluß) mit 4-Nitro-1.2-phenylendiamin, Extraktion mit Benzol oder Toluol	minimal 1 (in Cu)/(ECD)
Si	Eisen, Stahl	*$SiCl_4$*: Erhitzen bei 650°C im Chlorstrom, Auffangen der Chloride bei −5°C	50 µg/g (Gasdichtewaage)
Sn	Zircaloy	*$SnCl_4$*: Aufschluß mit Chlorgas in einer speziellen Apparatur	µg/g-Bereich (WLD)

Al, Cr	Uran	*TFA-Komplexe:* Extraktion aus acetatgepufferter Lösung mit HTFA in Benzol	100 (ECD)
Al, Cu	Zink	*TFA-Komplexe:* Aufschluß mit Königswasser, Extraktion aus Lösung pH 4,5 mit HTFA in Chloroform	20 (MED)
C, S	reines Helium	CO_2, CO, COS, H_2S: als Verunreinigungen	µg/g-Bereich (Helium-Detektor)
NO_3^-, NO_2^-	wäßrige Lösungen	*Nitrobenzol:* Umsetzung mit Benzol und H_2SO_4, Nitrit nach Oxidation mit $KMnO_4$	120 (ECD)
Bi, Cd, Cu, Ni, Pb, Sb, Zn	wäßrige Lösungen	Extraktion als Di(trifluorethyl)dithiocarbamate in Benzol	60 (ECD) (nach [15])

Tabelle 5. Anwendungen gas-chromatographischer Verfahren zur Element-Spurenanalyse in Bio- und Umweltmaterialien [3, 4]

Element	Material	Verbindung: Verfahren	Nachweisgrenze (Detektor) (ng/g)
Al	Wasser	$Al(TFA)_3$: Extraktion mit HTFA in Toluol, Überschuß an Chelatbildner mit verd. NH_3 reextrahieren (bei hohem Gehalt an organischer Substanz: Oxidation durch UV-Bestrahlung)	1000 (ECD)
Al	Rattenleber	$Al(TFA)_3$: Aufschluß mit H_2SO_4/HNO_3, Extraktion bei pH 4,5 wie oben	ng/g-Bereich (ECD)
As	Wasser, Urine	*As-diethyldithiocarbamat:* Reduktion zu As(III) mit I^- in HCl-saurer Lösung, Extraktion in Toluol	1000 (ECD)
As	Biomaterial	*TMS-Arsenat:* Säureaufschluß in der Teflonbombe, Extraktion als As-DDTC, Naßaufschluß (Oxidation), Silylierung mit Methyl-trimethylsilyl-heptafluorbutyramid	100 (FID) (FID)
As	Lebergewebe	*Triphenylarsin:* Aufschluß durch Verbrennung im Schönigerkolben, Extraktion als As-DDTC, Umsetzung mit Magnesiumdiphenyl	250 (FID)
Be	Urin, Blut, Gewebe, Luft	$Be(TFA)_2$: Aufschlüsse durch Veraschung bei niedriger Temperatur oder Säureaufschluß in der Teflonbombe, nach Vorextraktion oder Maskierung störender Elemente Extraktion bei pH 9 in Benzol	minimal 1 (ECD)
Br	Blut	*1,2-Dibromcyclohexan:* proteinfreies Filtrat mit $KMnO_4$ in saurer Lösung oxidieren, Extraktion mit Cyclohexen in Cyclohexan	100 (FID)

Cl	Wasser	*Phenyl-Hg-chlorid:* Umsetzung mit Phenyl-Hg-nitrat bei pH 1,5 in wäßriger Lösung, Extraktion mit Chloroform	8 (FID)
Cr	Plasma, Gewebe	$Cr(TFA)_3$: Naßaufschluß, Extraktion bei pH 5,8—6,1 mit HTFA in Benzol (Umsetzung bei 70 °C), für Blut u. Plasma: Umsetzung bei 175° ohne Aufschluß	minimal 5 (ECD)
Ge	Kohle	$GeCl_4$: Umsetzung mit HCl-Gas bei 600—700 °C (Störungen an organischen Stoffen aus Kohle bei 300 °C entfernen) — Auffangen von $GeCl_4$	3300 (WLD)
F	Wasser, Urin, Serum, Knochen	*Triethyl(methyl)fluorsilan:* Anreicherung aus Wasser durch Adsorption an Hydroxylaptatit, Extraktion aus sauren Lösungen mit Triethyl- bzw. Trimethylchlorsilan in m-Xylol bzw. Benzol; aus organischem Material vorherige Destillation als Fluorwasserstoff, Extraktion mit Triethylchlorsilan in Tetrachlorethylen	minimal 10 (FID)
Hg	Wasser	*Methyl-Hg-Verbindungen:* Umsetzung mit 4,4-Dimethyl-4-silapenten-1-sulfonat unter Erhitzen im Wasserbad, Extraktion mit Benzol	2,5 (ECD)
Hg	Wasser, Urin, Serum	*Pentafluorphenyl-Hg-Verb.:* Umsetzung mit Pentafluorbenzolsulfinat	20 (ECD)
Hg	Biomaterial	*Methyl-Hg-chlorid:* Umsetzung mit $Sn(CH_3)_4$ (Clean-up vor GC-Analyse erforderlich)	1 (ECD)
I	Milch	*Iodaceton:* Proteinfällung, Oxidation von I^- zu Iod, Umsetzung mit Aceton (Gesamtiodbestimmung: Aufschluß mit K_2CO_3 bei 600 °C)	3 (ECD)
P	Wasser, Biomaterial	*elementarer P:* mit Benzol oder iso-Octan extrahieren	ng/g-Bereich (FPD)

Tabelle 5. (Fortsetzung)

Element	Material	Verbindung: Verfahren	Nachweisgrenze (Detektor) (ng/g)
P	Wasser	*TMS-Phosphat:* Extraktion von PO_4^{3-} mit einem quarternären Ammoniumsalz (als Ionenpaar), anschließend Silylierung in der organischen Phase	100 (FID, FPD)
Ni	Tee, Fette	*Ni(TTFA)$_2$:* nasser oder trockener Aufschluß, Extraktion bei pH 4,5—5,0 aus wäßriger Lösung mit HTTFA in n-Hexan	ng/g-Bereich (ECD)
Se	Biomaterial, Milch	*5-Nitropiazselenol:* Aufschluß mit $HNO_3/Mg(NO_3)_2$ Umsetzung mit 4-Nitro-1,2-phenyldiamin, Extraktion mit Toluol	5 (ECD)
Se	Wasser, Urin	*Piazselenol:* Umsetzung mit 2,3-Diaminonaphthalin bei pH 2, Extraktion mit n-Hexan	0,1—15 (MED, ECD)
CN⁻	Wasser	*CNBr:* Umsetzung mit ortho-Phosphorsäure und Bromwasser (Überschuß an Brom mit wäßr, Phenol entfernen)	10 (ECD)
		CNCl: Umsetzung mit Chloramin T	25 (ECD)
NO_3^-	Blut, Wasser, Luft	*Nitrobenzol:* Reaktion mit Benzolin schwefelsaurer Lösung	100 (ECD)
As, Sb	Umweltmaterial	*Triphenylverb.:* Cokristallisation mit Thionalid, Umsetzung des Niederschlages mit Phenyl-Mg-bromid, Zersetzung des Reagenzüberschusses, Extraktion mit Diethylether	30—125 (MED)

| Al, Cr | Wasser | *TFA-Komplexe:*
Umsetzung mit HTFA in Benzol bei 55—60°C, Reextraktion des Reagenzes mit verd. NaOH | 0,5—4
(ECD) |
| Cu, Ni, Zn | Sedimente | *DDTC-Komplexe:*
getrocknete Proben im Mikroautoklaven mit HNO_3/HF bei 150°C aufschließen, Fällung von Fe u. Mn mit NH_3, Extraktion als Carbamate | 1000
(FID) |

Tabelle 6. Quantitative Daten zur gas-chromatographischen Spurenanalyse ausgewählter Elemente [3, 4]

Element	(Detektor) analysierte Verbindung	Anwendung	Ergebnisse: Konzentration — Standardabweichung
Al, Cr	TFA-Komplexe (ECD)	Uran	Al: 0,18 μg/g — 16,7%, Cr: 0,18 μg/g — **33,3%**
As	As-diethyldithiocarbamat (FID)	Wasser, Urin	1 μg/g — 9,3%
As	Triphenylarsin (FID)	Leberproben	0,4 μg/g — 10%
Be	Be(TFA)$_2$ (ECD)	Vollblut	1,14 μg/g — 7,1%
Cr	Cr(TFA)$_3$ (ECD)	Plasma	5,16 ng/g — 7,5%
Cr, Be	TFA-Komplexe (MS)	Serum	0,6—1,3 μg/g — 8,7%
Cu, Ni	Bis(trifluoracetylaceton)-ethylen-diimin-Komplexe (ECD)	wäßrige Lösungen	7 · 10^{-6} bis 10^{-9} g — 5%
Hg	Phenyl-Hg-chlorid (ECD)	Wasser	1 μg/g — 9,6%
		Urin	1 μg/g — 12,7%
		Serum	1 μg/g — 18,4%
Ni	Monothiotrifluoracetylacetonat (ECD)	Tee	13 ng/g — 10,8%
Se	5-Nitropiazselenol (ECD)	reines As	3,76 μg/g — 20%
Si	SiCl$_4$ (WLD)	Nichteisen-legierungen	0,7% — 1,4 bis 4,3%
Lanthanide (Cer-Gruppe)	Decafluor-3,5-heptandion DBSO	wäßrige Lösungen	2 · 10^{-7} bis 1,5 · 10^{-5} g — 1,9 bis 3,1%
Cl$^-$	Phenyl-Hg-chlorid (FID)	Wasser	8 ng/g — 25%, 20 ng/g — 7,2%, 60 ng/g — 4,5%
CO$_3^{2-}$	CO$_2$ (WLD)	Gesteine, Mineralien	0,2 μg/g — 1%
F$^-$	Triethylfluorsilan (FID)	Leberproben	2,5 μg/g — 20%
	Trimethylfluorsilan (FID)	Zahnpasta	0,1%—1%
	Trimethylfluorsilan (FID)	Serum	35 ng/g — 3,4%
I$^-$	Iodaceton (ECD)	wäßrige Lösungen	0,14 μg/g — 8%
NO$_3^-$	Triethoxynitrobenzol (ECD)	Wasser	0,2 μg/g — 3,7%
PO$_4^{3-}$	Trimethylsilylester (ECD)	wäßrige Lösungen	7 · 10^{-6} bis 10^{-9} g — 5%
	Trimethylsilylester (FPD)	Wasser	0,1 μg/g — 7 bis 10%

Tabelle 7. Methodenvergleiche

Element	Material	Methode	Ergebnisse (Konzentration)		Literatur
Al	Uran	GC (TFA/ECD) Photometrie (+ Oxin)	11,6 µg/g 14,5 µg/g		[16]
Be	Granit-Standard	GC (TFA/ECD) Spektrochemische Methode Fluorimetrie	2,07 $\pm$ 0,13 µg/g 2,3 µg/g 3,20 $\pm$ 0,03 µg/g	GC und Fluorimetrie: etwa gleiche Empfindlichkeit, Fluorimetrie mit geringerer Standardabweichung	
	Basalt-Standard	GC spektrochemisch Fluorimetrie	1,53 $\pm$ 0,18 µg/g 2 µg/g 1,59 $\pm$ 0,11 µg/g		[17]
Be	„Obstgartenlaub"-Standardproben des National Bureau of Standards (NBS), USA	GC (TFA/ECD) Emissionsspektrometrie Fluorimetrie (+ Morin)	nicht bestimmbar infolge störender Signale im Chromatogramm Nachweisgrenze 0,02 µg/g 0,0213 $\pm$ 0,0035 µg/g		[18]
Cr	Urin, Serum	GC (TFA/ECD) AAS (Flamme)	Nachweisgrenzen: GC: 1 ng/100 ml Benzol-Extrakt AAS: 0,6 µg/100 ml Extraktionslsg. Korrelationskoeffizienten: Urin: $r = 0,963$ Serum: $r = 0,923$		[19]
Ge	Kohle	GC (GeCl$_4$/WLD) Photometrie (+ Phenyl-fluoron)	Differenzen (der Mittelwerte) im ppm-Bereich bei 7%		[20]
Ni	Tee	GC (TTFA/ECD) UV-Photometrie (TTFA) AAS (Flamme)	13,0 ng/g (s_{rel}: 10,8%) 14,0 ng/g (20,0%) 12,7 ng/g (19,7%)		[21]

Tabelle. 7 (Fortsetzung)

Element	Material	Methoden	Ergebnisse (Konzentration)	Literatur
Sn	Zircaloy	GC (SnCl$_4$/WLD)	$1,30 \pm 0,03\%$	
		Röntgenfluoreszenz	$1,40 \pm 0,04\%$	
		Polarographie	$1,37-1,38\%$	[22]
Se	Wasser		Nachweisgrenzen: Wasser	
		GC (Piazselenol/MED)	$0,1$ ng/g	[23]
		HPLC (5-Cl-Piazselenol, UV-320 nm)	$0,32$ ng/g	[24]
		Photometrie	$5,3$ ng/g	
Se	wäßrige Lösungen	GC (5-Nitropiazselenol/ECD)	10^{-11} (in g)	nach [25]
		Neutronenaktivierungs-analyse	10^{-9}	
		AAS (flammenlos)	$7 \cdot 10^{-11}$	
		inverse Voltammetrie	$4 \cdot 10^{-9}$	
		Fluorimetrie	$2 \cdot 10^{-9}$	
		Photometrie	$2 \cdot 10^{-8}$ bis $2 \cdot 10^{-9}$	
		HPLC (5-Chlorpiaz-selenol/UV-320 nm)	$1,2 \cdot 10^{-9}$	

Literatur

Übersichtsarbeiten und Monographien:

1. Guichon, G.; Pommier, C.: Gas chromatography in inorganics and organometallics, Ann Arbor Mich.: Ann Arbor Science Publishers 1973
2. Rüssel, H.; Tölg, G.: Anwendung der Gaschromatographie zur Trennung und Bestimmung anorganischer Stoffe, Fortschr. chem. Forsch. *33*, 1 (1972)
3. Rodriguez-Vazquez, J. A.: Quantitative inorganic analysis by gas chromatography, Anal. Chim. Acta *73*, 1 (1974)
4. Schwedt, G.: Chromatography in inorganic trace analysis, Topics Curr. Chem. *85*, 160 (1979)
5. Schwedt, G.: Chromatographie in der anorganischen Analyse, Heidelberg: Hüthig 1980
6. Uden, P. C.; Henderson, D. E.: Determination of metals by gas chromatography of metal complexes, Analyst *102*, 889 (1977)

Originalarbeiten

7. Reamer, D. C.; Zoller, W. H.; O'Haver, T. C.: Anal. Chem. *50*, 1449 (1978)
8. Robbins, W. A.; Caruso, J. A.: J. Chromatogr. Sci. *17*, 360 (1979)
9. Bye, R.; Paus, P. E.: Anal. Chim. Acta *107*, 169 (1979)
10. Radzink, B. et al.: Anal. Chim. Acta *105*, 255 (1979)
11. Krupcik, J. et al.: J. Chromatogr. *171*, 285 (1979)
12. Rudolph, J.; Bächmann, K.: Mikrochim. Acta 1979 I, 477
13. Flegler, B. et al.: Talanta *26*, 761 (1979)
14. Vierkorn-Rudolph, B. et al.: Talanta *26*, 755 (1979)
15. Tavlaridis, A.; Neeb, R.: Z. Anal. Chem. *282*, 17 (1976)
16. Genty, C. et al.: Anal. Chem. *43*, 235 (1971)
17. Eisentraut, K. J., Griest, J.; Sievers, R. E.: Anal. Chem. *43*, 2003 (1971)
18. Florence, T. M. et al.: Anal. Chem. *46*, 1874 (1974)
19. Savory, J. et al.: Anal. Chem. *42*, 294 (1970)
20. Sazonov, M. L.; Alymova, T. E.; Selenkina, M. S.: Zh. Khim. *196* D, No. 21 698 (1968), ref. Anal. Abstr. *17*, 881 (1969)
21. Barrat, R. S. et al.: Anal. Chim. Acta *59*, 59 (1972)
22. Becker, J. H.; Chevallier, J.; Spitz, J.: Z. Anal. Chem. *247*, 301 (1969)
23. Talmi, Y.; Andren, A. W.: Anal. Chem. *46*, 2122 (1974)
24. Schwedt, G.; Schwarz, A.: J. Chromatogr. *160*, 309 (1978)
25. Schwedt, G.: Fresenius Z. Anal. Chem. *288*, 50 (1977)
26. Matthews, D. R. et al.: Anal. Chem. *43*, 1582 (1971)
27. Tavlaridis, A.; Neeb, R.: Fresenius Z. Anal. Chem. *292*, 199 (1978)

Röntgenspektralanalyse am Rasterelektronenmikroskop
II. Wellenlängendispersive Spektrometrie[1]

Dr. Reinhold Klockenkämper

Institut für Spektrochemie und angewandte Spektroskopie
Bunsen-Kirchhoff-Str. 11, D-4600 Dortmund

1. Einleitung

1.1. Geschichtliche Entwicklung

Das Konzept der Elektronenstrahlmikrosonde entstand durch Zusammenwachsen von zwei Geräten: von Elektronenmikroskop und fokussierendem Röntgenspektrometer. Ende der 40er Jahre wurden erste Laborgeräte gebaut. Sie gestatteten es, ein Elektronenstrahlbündel auf eine Probe zu fokussieren, die angeregte Röntgenstrahlung in einem Spektrometer zu zerlegen und zur quantitativen Analyse zu benutzen (Castaing und Guinier in Frankreich, Borovskii in der Sowjetunion). Anfang der 60er Jahre waren die ersten kommerziellen Geräte erhältlich. Heute spricht man von der zweiten Generation der Geräte.

Die Entwicklung vollzog sich von zwei Seiten her, mit spektrometrischem und mikroskopischem Schwerpunkt. Aufgrund dessen unterscheidet man heute zwischen einer Mikrosonde und einem Rasterelektronenmikroskop mit Spektrometer. Während eine Mikrosonde eine lokale Auflösung von etwa 0,5 µm hat, aber Probenströme bis zu einigen µA führt, löst ein Rasterelektronenmikroskop noch ca. 10 nm lokal auf, führt aber nur bis zu 0,1 µA Probenstrom. Die gute Lokalauflösung des Rasterelektronenmikroskopes kann jedoch nur für topographische Darstellungen ausgenutzt werden; bei Röntgenanalysen kann man nur ca. 1 µm auflösen, da die Elektronen in der Probe gestreut werden und Röntgenstrahlung aus einem birnenförmigen Bereich mit etwa 1 µm Durchmesser kommt. Ein Großteil der zu untersuchenden Inhomogenitäten ist allerdings von der gleichen Größenordnung.

1.2. Rang der wellenlängendispersiven Methode

Die *wellenlängendispersive* Spektrometrie mit Kristallspektrometern tritt seit der Entwicklung des *energiedispersiven* Verfahrens mehr und mehr in den Hintergrund. Sie scheint aber aufgrund einiger spezieller Stärken unersetzbar — und zwar auf Gebieten, in denen das energiedispersive

---

[1] Zur energiedispersiven Spektrometrie vgl. Analytiker Taschenbuch Band 1, Seite 269 ff.

Verfahren nicht leistungsfähig ist: beim Nachweis leichter Elemente ($Z < 11$), beim Nachweis kleiner Konzentrationen und bei der Auflösung von Linienkoinzidenzen. Nutzt man die Stärken beider Verfahren, so ergänzen sie sich gegenseitig vortrefflich.

2. Funktionsweise und Prinzipien

Die Gerätekombination besteht aus einem Rasterelektronenmikroskop (REM) mit Probenkammer und einem fokussierenden Kristallspektrometer. Ein Lichtmikroskop dient zur Justierung der Probe in z-Richtung (Achse des Elektronenstrahls).

Im REM wird der feingebündelte Elektronenstrahl auf die Probe fokussiert (Abb. 1). Durch die hochenergetischen Elektronen werden die Atome der Probenelemente zur Emission von Röntgenstrahlen angeregt. Im Kristallspektrometer wird die Röntgenstrahlung in ihre monochromatischen Komponenten zerlegt, deren Wellenlängen für die jeweiligen Elemente charakteristisch sind („charakteristische Röntgenstrahlung"). Ein Detektor dient zur Registrierung der Strahlungskomponenten.

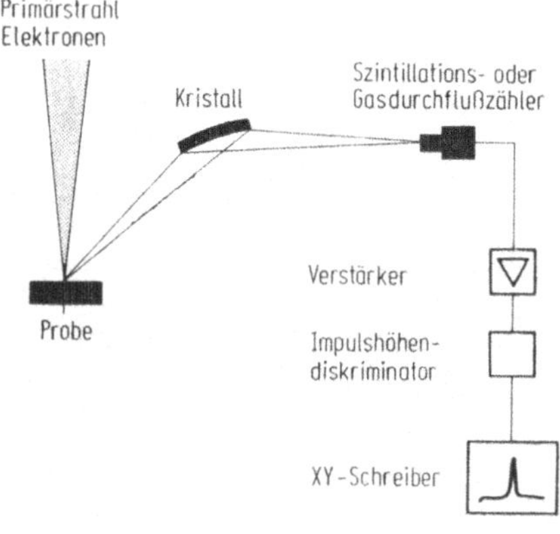

Abb. 1. Schematische Anordnung eines wellenlängendispersiven Spektrometers am REM

2.1. Bedingungen von Bragg und Rowland

Die spektrale Zerlegung am Analysatorkristall erfolgt durch Beugung am räumlichen Gitter des Kristalls. Eine Netzebenenschar reflektiert die Röntgenstrahlen einer bestimmten Wellenlänge λ unter dem Glanzwinkel Θ (gegen die Netzebenen gemessen), wenn die Braggsche Bedingung erfüllt ist:

$$2d \cdot \sin \Theta = n \cdot \lambda \tag{1}$$

Mit d ist der Netzebenenabstand bezeichnet, mit n die spektrale Ordnung (n = 1, 2, 3...).

Um einen möglichst großen Anteil der emittierten Röntgenstrahlung zu erfassen, wird eine Rowland-Anordnung gewählt: Probe, Kristallachse und Detektor liegen auf einem Kreis mit dem Radius R (Abb. 2). Es werden gebogene Kristalle verwendet; der Krümmungsradius ihrer Netzebenen beträgt:

$$\varrho = 2R \tag{2}$$

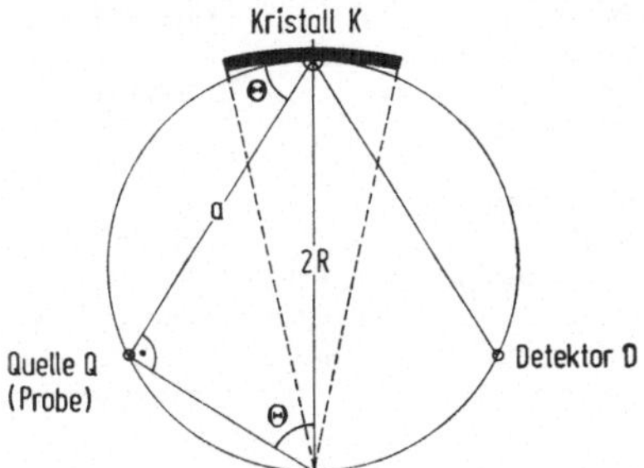

Abb. 2. Rowland-Anordnung eines fokussierenden Spektrometers

Da der Mittelpunkt des Krümmungskreises und die Kristallachse auf einem Durchmesser des Rowland-Kreises liegen, gilt die geometrische Beziehung:

$$\sin \Theta = a/2R \tag{3}$$

(a = Abstand zwischen Elektronenstrahlfokus auf der Probe und Kristallachse). Diese drei Bedingungen lassen sich zu *einer* Fokussierungsbedingung zusammenfassen:

$$\frac{a}{\varrho} = \frac{n}{2d} \cdot \lambda \tag{4}$$

2.2. Fokussierende Spektrometer

Kristallspektrometer sind i. allgm. dazu angelegt, das Röntgenspektrum sequentiell aufzunehmen: d. h. die Spektrallinien der einzelnen Elemente mit verschiedenen Wellenlängen λ werden *nacheinander* registriert. Das geschieht prinzipiell durch Änderung des Glanzwinkels Θ (vgl. Tabelle 1).

Beim „semifokussierenden" Typ liegt die Kristallachse A fest; somit bleibt a konstant. Um die Achse drehen sich Kristall und Detektor — letzterer mit doppelter Winkelgeschwindigkeit. Die Fokussierungsbedingung (4) wird hierbei verletzt, denn sie ist nur für ein bestimmtes λ erfüllt. Verwendet man mehrere Kristalle verschiedener Krümmung ϱ, so erhält man mehrere Wellenlängenintervalle, in denen die Bedingung näherungsweise erfüllt wird.

Beim „quasi-vollfokussierenden" Typ behilft man sich, indem man den Kristall beim Durchfahren des Spektrums verbiegt, d. h. ϱ stetig ändert. Hierzu eignen sich nur wenige Kristalle.

Tabelle 1. Wellenlängendispersive Röntgenspektrometer beim Abfahren des Spektrums (Grenzfall: nicht-fokussierendes Spektrometer mit ebenem Kristall, d. h. $\varrho = \infty$)

Spektro-meter	Kristall-achse	Abstände Q−K−D	Rowland Kreis R	Kristall $\varrho = 2R$	Schärfe/ Bereich	Abnahme-winkel für Strahlung
Nicht-fokussierend	fest	konstant	−	∞	keine/ ohne	konstant
Semi-fokussierend	fest	konstant	variiert	wechselt	mäßig/ klein	konstant
Quasi-fokussierend	fest	konstant	variiert	variiert	mäßig/ voll	konstant
Voll-fokussierend (Gerade)	bewegt	variiert	konstant	konstant	gut/ voll	konstant
Voll-fokussierend (Kreis)	bewegt	variiert	konstant	konstant	gut/ voll	variiert

Bei den wirklich fokussierenden Spektrometern bleibt die Kristallachse nicht fest: Beim rotierenden Typ läuft sie auf dem feststehenden Rowland-Kreis, beim linearen Typ auf einer Geraden (Abb. 3). Die Fokussierungsbedingung (4) wird nicht verletzt, denn bei konstantem ϱ wird mit dem Abstand a die Wellenlänge λ der reflektierten Strahlung variiert. Im Unterschied zum rotierenden Typ bleibt beim linearen Typ der Abnahmewinkel φ für die Strahlung erhalten. Das ist ein Vorteil, da man einen großen Abnahmewinkel (mehr als 30°) vorgeben und folglich Matrixeffekte für alle Wellenlängenbereiche klein halten kann.

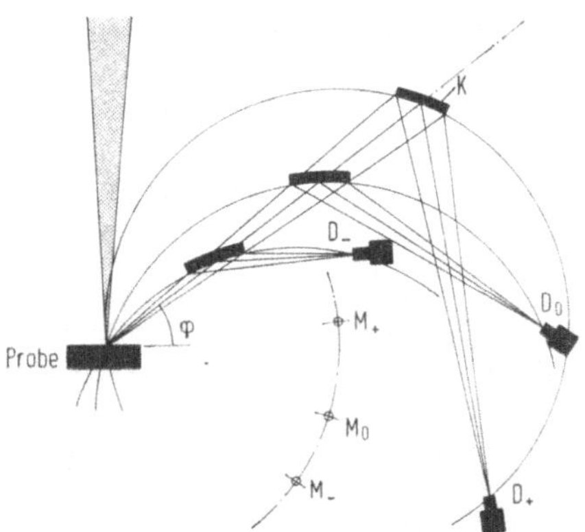

Abb. 3. Vollfokussierendes Spektrometer vom linearen Typ: Der Kristall K bewegt sich auf einer Geraden und dreht sich um seine Achse; der Mittelpunkt M des Rowland-Kreises beschreibt einen Kreisbogen; der Detektor D bewegt sich auf einer Epizykloide; das Eintrittsfenster ist der Kristallachse zugewendet. Der Abnahmewinkel μ der Strahlung bleibt konstant

Zur Registrierung benutzt man Gasdurchflußzähler mit nur geringer spektraler Auflösung. Sie liefern Zählimpulse, deren Höhe nur wenig genau mit der Energie des eintreffenden Röntgenquants korreliert. Die Auflösung reicht aber aus, um mit einem Impulshöhendiskriminator (Einkanalanalysator) die sich überlappenden Linien verschiedener Ordnung n voneinander zu trennen. — Abb. 4 zeigt das Spektrum einer Stahllegierung.

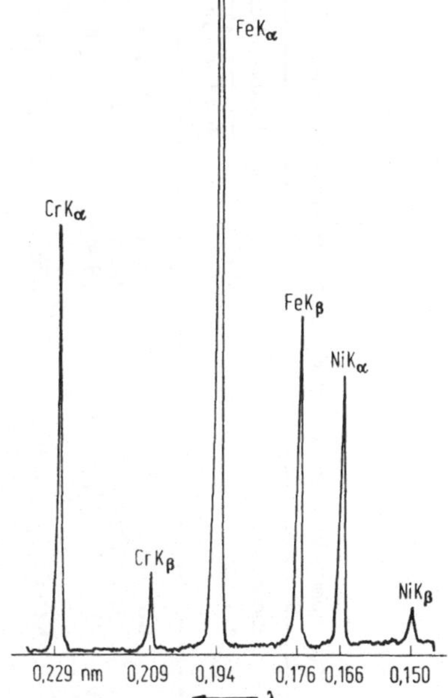

Abb. 4. Röntgenspektrum einer Stahllegierung, aufgezeichnet mit einem X/t-Schreiber; Spektrallinien: Cr K$_\alpha$, Cr K$_\beta$, Fe K$_\alpha$, Fe K$_\beta$, Ni K$_\alpha$ und Ni K$_\beta$.
(Vgl. Analytiker Taschenbuch Band 1, Abb. 3, S. 272)

2.3. Analysatorkristalle

Zur spektralen Zerlegung werden Kristalle mit Netzebenenabständen d zwischen 0,2 nm und 5 nm verwendet. Um alle Elemente zwischen B und U in der K- oder L-Strahlung zu erfassen, benötigt man in praxi 4 Kristalle. Sie sind zweckmäßig in einem Kristallwechsler untergebracht; eine Auswahl zeigt Tab. 2. Die Herstellung guter Kristalle — mit großem Reflexionsvermögen und geringer Winkeldivergenz — ist eine hohe Kunst. Das gilt bes. für die Züchtung von Kristallen mit großem Netzebenenabstand, für die man häufig die Salze von Fettsäuren (Seifen) verwendet.

Ein wesentlicher Unterschied besteht zwischen Kristallen vom Johann- und vom Johansson-Typ. Erstere sind allein gekrümmt, letztere auch noch angeschliffen, so daß ihre Oberflächen einen Krümmungsradius von R, ihre Netzebenen von 2R haben. Dadurch wird eine noch bessere Abbildung der Quelle in den Fokus vor dem Detektor erreicht (Abb. 5).

Tabelle 2. Kristalle für wellenlängendispersive Röntgenspektrometer (2Θ-Werte liegen etwa zwischen 30° und 130°)

Kristall-kurzbezeichnung	vollständige Bezeichnung	chemische Formel	d [nm]	Analysenbereich	
				K-Strahlung	L-Strahlung
LiF	Lithiumfluorid	LiF	0,201	$_{20}Ca-_{35}Br$	$_{50}Sn-_{92}U$
PET	Pentaerythritol	$C(CH_2OH)_4$	0,437	$_{14}Si-_{24}Cr$	$_{87}Rb-_{62}Sm$
RHP	Rubidiumhydrogenphthalat	$RbOOC\cdot C_6H_4\cdot COOH$	1,306	$_9F-_{14}Si$	$_{24}Cr-_{38}Sr$
RAP	Rubidiumacidphthalate				
KHP	Kaliumhydrogenphthalat	$KOOC\cdot C_6H_4\cdot COOH$	1,332	$_8O-_{14}Si$	$_{24}Cr-_{38}Sr$
KAP	Kaliumacidphthalate				
STE	Bleistearat	$[CH_3\cdot(CH_2)_{16}\cdot COO]_2Pb$	4,950	$_5B-_7N$	$_{20}Ca-_{23}V$
MYR	Myristat	$CH_3\cdot(CH_2)_{12}\cdot COOX$	4,03	$_5B-_8O$	$_{20}Ca-_{24}Cr$

Johansson-Kristalle werden oft als vollfokussierend bezeichnet, und diese Eigenschaft wird dann leicht fälschlich auf das Spektrometer übertragen. Man muß deshalb unbedingt zwischen Spektrometertyp und Kristalltyp unterscheiden. Es ist durchaus möglich, einen *nicht-vollfokussierenden* Johann-Kristall in einem *voll-fokussierenden* Spektrometer zu verwenden; u. U. ist es sogar unumgänglich, da viele Kristalle nur als Johann-Kristalle herstellbar sind.

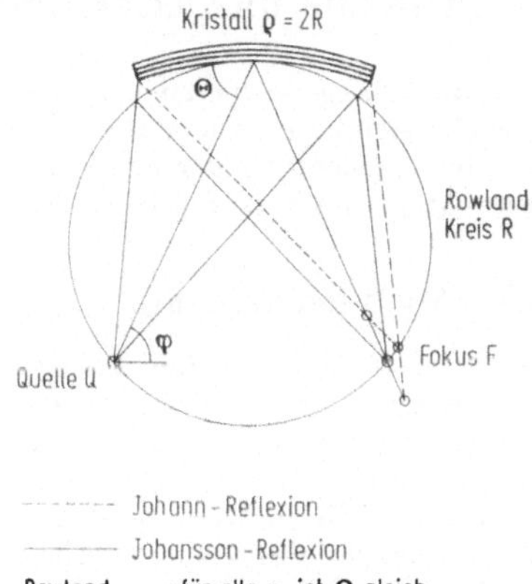

Abb. 5. Zur Unterscheidung von Johann- und Johansson-Reflexion

2.4. Spektrometerorientierungen

Man unterscheidet zwischen „Neigungstyp" und „Vertikaltyp" (Abb. 6). Beim Neigungstyp steht die Ebene des Rowland-Kreises zur horizontalen Probenebene geneigt, und zwar unter dem Abnahmewinkel der Röntgen-

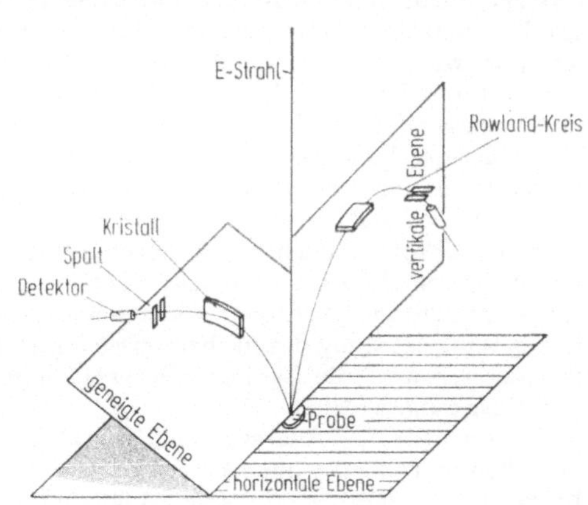

Abb. 6. Zwei Anordnungen fokussierender Kristallspektrometer am REM: „Neigungstyp" (links) und „Vertikaltyp" (rechts)

strahlung (30° bis 50°); beim Vertikaltyp steht sie senkrecht zur Probenebene und enthält die elektronenoptische Achse. Der Vertikaltyp ist
platzsparend: Es lassen sich mehrere Spektrometer an einer elektronen-
optischen Säule anbringen. Der Neigungstyp ist weniger empfindlich für
Höhenunterschiede der Probe; er ist folglich für unebene Oberflächen
besser geeignet.

3. Methodik und Leistungsvermögen

Die wellenlängendispersive Variante der Röntgenspektralanalyse unterscheidet sich zwar in den Prinzipien von der energiedispersiven Variante,
ist aber hinsichtlich der analytischen Methodik weitgehend ähnlich und
hinsichtlich des Leistungsvermögens nur graduell verschieden.

3.1. Analysenmethodik

Wie bereits in Teil I für die energiedispersive Röntgenspektralanalyse
ausgeführt, unterscheidet man bei der qualitativen Analyse die Durch-
schnittsanalyse von der Lokalanalyse, — bei dieser wiederum Punkt-,
Linien- und Flächenanalyse. Anstelle des Linienintegrals dient bei der
wellenlängendispersiven Methode das Linienmaximum als Intensitäts-
maß; anstelle des elektronischen „Fensters" am Vielkanalanalysator
wird hier die Winkelposition im Kristallspektrometer gewählt.

Die Registrierung des Spektrums geschieht sequentiell: Während am
Spektrometer der Glanzwinkel Θ stetig oder schrittweise geändert wird,
zeichnet ein X/t-Schreiber die Impulsrate auf (Abb. 4). Um das Spektrum
von ca. 0,05 nm bis 7 nm aufzuzeichnen, benötigt man bis zu 2 h.

Wegen der erforderlichen Fokussierung ist eine Analyse nur dann
sinnvoll, wenn die Proben hinreichend eben sind (beim Vertikaltyp auf
etwa $\pm 50\ \mu m$). Zudem muß der zu analysierende Bereich weitgehend
begrenzt werden. Das wird durch eine hohe Vergrößerung im REM
erreicht, denn dabei wird der Elektronenstrahl auf so kleinem Bereich
geführt, daß die Fokussierungsbedingung überall näherungsweise erfüllt
ist. (Sie wird nur auf einer Linie senkrecht zur Rowland-Kreisebene
exakt erfüllt). Nur dann hat man die Gewähr, daß Intensitätsunterschiede
nicht aufgrund mangelnder Fokussierung auftreten. Bei etwa 1500facher
Vergrößerung kann man diese Unterschiede vernachlässigen; denn sie
betragen auf einer Fläche von 100 μm Kantenlänge höchstens 10%.

Eine Linienanalyse über eine wesentlich größere Strecke als 100 μm
wird mit „Probenvorschub" durchgeführt. Hierbei steht der Elektronenstrahl fest und die Probe wird unter dem Strahl in einer Richtung bewegt,
entweder kontinuierlich oder schrittweise. Das Spektrometer steht dabei
in der Winkelstellung des nachzuweisenden Elementes. Mit einem Impuls-
ratenmesser wird die Zählrate gemessen und synchron mit einem X/t-
Schreiber aufgezeichnet.

Für quantitative Analysen sind die gleichen Verfahren anzuwenden,
die schon in Teil I für die energiedispersive Variante beschrieben wurden.
In Anlehnung daran zeigt Tabelle 3 eine Übersicht.

Tabelle 3. Quantitative Röntgenemissionsanalyse; Methoden der Matrixkorrektur für Feststoffproben (eben, dick) mit n Nachweiselementen

	Einflußkoeffizientenverfahren	Fundamentalparameterverfahren	Polynomverfahren
Charakter	halbempirisch	theoretisch	empirisch
mathematische Gleichung	$I_i = c_i/\sum \alpha_{ij}c_j$ mit $\alpha_{ij} \approx \mu_{ij}/\mu_{ii}$	$I_i = c_i \cdot (Z \cdot A \cdot F)$	$c_i = \alpha_i + \sum_j \beta_{ij}I_j + \sum_{j,k} \gamma_{ijk}I_jI_k$
Eichung	$\geqq n^2$ Eichmessungen $\geqq n$ Eichproben	nicht erforderlich	$> n^2$ Eichmessungen $> n$ Eichproben
Auswertung	Kleinrechner	Großrechner	Kleinrechner
Anwendung	ähnliche Analysenproben	beliebige Analysenproben	gleichartige Analysenproben

3.2. Auflösungsvermögen

Hohes spektrales Auflösungsvermögen ist entscheidend für die Trennung benachbarter Linien. Es ist zudem maßgebend für ein gutes Linie/Untergrund-Verhältnis. Die spektrale Auflösung ist definiert als

$$R = \frac{\lambda}{\varDelta\lambda} \tag{5}$$

wobei $\varDelta\lambda$ die Halbwertsbreite der vom Spektrometer gezeichneten Analysenlinie bedeutet, λ ihre Wellenlänge. Das Spektrometer zeichnet die Linie mit der Breite $\varDelta\lambda$, da die Linienstrahlung nicht nur unter dem Bragg-Winkel Θ reflektiert wird, sondern auch in einem — wenn auch kleinen — Bereich $\varDelta\Theta$ um diesen Winkel herum. Dafür gibt es zwei Gründe:

1. Der Analysatorkristall besteht aus vielen kleinen Mosaikkristallen, deren Netzebenen in der Orientierung leicht differieren. Verschiedene Orientierungen bedeuten aber verschiedene Reflexionsstellungen des Gesamtkristalls ($\varDelta\Theta$).

2. Der Kristall hat senkrecht zum Rowland-Kreis eine gewisse Breite, so daß nicht nur Strahlung in der Rowland-Kreisebene in den Detektor reflektiert werden kann. Verschiedene Reflexionsebenen bedeuten wiederum verschiedene Reflexionsstellungen des Gesamtkristalls.

Die spektrale Auflösung von Kristallspektrometern ist sehr gut; sie ist nur um den Faktor 2 bis 5 kleiner als die Auflösung, die der natürlichen Linienbreite der Röntgenlinien entspricht (ca. 2500 für die K-Linien, ca. 1200 für die L-Linien). Nur für die leichten Elemente ($Z < 11$) mit langwelliger Strahlung sind die Kristalle nicht so perfekt; sie ergeben eine spektrale Auflösung von höchstens 100.

3.3. Nachweisgrenzen

Der Bereich der nachweisbaren Elemente erstreckt sich von B bis U; Be ist unter Laborbedingungen nachgewiesen worden. Schwierigkeiten verursachen die leichten Elemente, denn sie sind schwer anzuregen und ihre Strahlung wird leicht absorbiert. Man benötigt zwar nur geringe Beschleunigungsspannung, aber großen Elektronenstrom, gutes Vakuum und ultra-dünne Detektorfenster.

Die relativen Nachweisgrenzen für Konzentrationen liegen zwischen etwa 10 µg/g bis 1000 µg/g. Eine Übersicht über spektrale Auflösung und Nachweisgrenzen zeigt Tabelle 4.

Für Lokalanalysen ist der Nachweis geringer Mengen ein wichtiges Kriterium. Die absoluten Nachweisgrenzen liegen zwischen 10^{-12} und 10^{-15} g. (100 µg/g in einem Volumen von 1 µm³ ergeben bei einer Dichte von 10 g/cm³ eine Masse von 10^{-15} g). Diese Massen im Nanogramm- oder gar Femtogramm-Bereich können nachgewiesen und auf 1 µm lokalisiert werden.

Eine Gesamtübersicht zeigt Tabelle 5.

Tabelle 4. Daten zur Bestimmung von spektraler Auflösung und Nachweisgrenzen für ein wellenlängendispersives Spektrometer am REM (Meßdaten des Autors)

Z	Element	Matrix	Analysator-kristall	λ [nm]	$\Delta\lambda \cdot 1000$ [nm]	Auflösung R	Linie [Imp/nA/sec]	Linie/ Untergrund	Nachweisgrenze[a] [μg/g]
29	Cu	Kupfer	LiF	0,154	0,50	307	405	400	140
26	Fe	Stahl	LiF	0,193	0,32	613	446	857	90
22	Ti	Titan	LiF	0,274	0,21	1305	238	1299	100
22	Ti	Titan	PET	0,274	0,65	421	2326	1157	30
14	Si	Silizium	RAP	0,711	1,85	395	1783	890	40
13	Al	Aluminium	RAP	0,832	1,64	514	2378	1326	30
12	Mg	Magnesium	RAP	0,987	1,67	598	1783	1680	30
8	O	Bergkristall	MYR	2,361	43,3	56	44	178	400
6	C	Diamant	MYR	4,478	132,0	34	50	95	790
5	B	Bor	MYR	6,720	173,0	39	16	70	1650

[a] Spannung 10—25 kV; Strom 100 nA; Zählzeit 1 min

Tabelle 5. Kenngrößen und Leistungsdaten eines wellenlängendispersiven Spektrometers am REM

Strahlungsanreg.	durch Elektronen des REM $10 \cdots 50$ kV $10^{-9} \cdots 10^{-7}$ A kein Materialverbrauch (evtl. Radiolyse; Verfärbung)
Probenart	Feststoffproben, nicht wärmeempfindl.; evtl. Nichtleiter; möglichst ebene, glatte Oberflächen
Orientierung	durch das REM-Bild der Probe
Spektrometer	fokussierend: Präzisionsgoniometer mit bis zu 4 Analysatorkristallen; Translations- u. Rotationsbewegung
Strahlungszerleg.	gemäß Braggscher Reflexion ($\rightarrow$ Beugungswinkel $\rightarrow$ Wellenlänge)
Spektrenaufnahme	sequentiell; X/t-Schreiber $(2-4$ parallele Spektrometer) ca. 1 min/Element
Impulsrate	max. ca. 10^6 s^{-1}
eff. opt. Leitwert	bis 10^{-5} cm^2 sr
Analysenart	Lokalanalyse (Durchschnittsanalyse) Punkt-, Linien-, Flächenanalyse
nachweisbar	B bis U $(Z = 5$ bis 92)
spektr. Auflösg. R	$1\,000 \cdots 50$ $(1/E)$
Linienidentifizier.	n-deutig (spektrale Ordnungen) Überlappungen selten (Impulshöhenanalyse)
nachweisbar Konz. Volumina Massen	$0{,}001\%$ $(10$ µg/g$) \cdots 100\%$ $10^{-10} \cdots 10^{-2}$ mm^3 $10^{-15} \cdots 10^{-5}$ g
Volumenausdehn. lateral in d. Tiefe	1 µm $\cdots 100$ µm ($\perp$ zum Rowland-Kreis: bis 10 mm) 1 µm $\cdots 50$ µm
relat. Standard- abweich.	ca. $0{,}0015/\sqrt{c}$ $< 0{,}005$ für Hauptbestandteile $(> 10\%)$
Analysenfehler Δc	$0{,}1\% \cdots 1\%$ für Haupt- und Nebenbestandteile
Aufwand	hoher Zeitaufwand hohe Anschaffungskosten $(> 100\,000$ DM$)$

4. Leistungsvergleich wellenlängen- und energiedispersiver Spektrometer

Die beiden Varianten der Röntgenspektralanalyse unterscheiden sich vor allem hinsichtlich Anwendbarkeit, Aufwand, Zuverlässigkeit und Nachweisvermögen (s. Tabelle 6).

Tabelle 6. Vergleich der Leistungskriterien für energie- und wellenlängendispersive Röntgenspektralanalyse am REM (vorteilhafte Kriterien $+$)

	energiedispersiv	wellenlängendispersiv
effekt. opt. Leitwert	$< 10^{-3}$ cm^2 sr	$< 10^{-5}$ cm^2 sr
Probenart	Feststoffe, auch $+$ biologische Proben	Feststoffe (evtl. Zerstörung; Radiolyse)
Spektrenaufnahme	elektron./simultan	mechan./sequentiell
Probenposition Analysenart	$+$ unkritisch; einfach $+$ schnell $+$ übersichtl. $+$ (Zufallsproben)	kritisch (Justierung) zeitraubend unübersichtl. (ausgewählte Elemente)
spektrale Auflösg. R u. Zuordng.	$10\cdots100$ ($\sqrt{E}$) eindeutig	$1000\cdots50$ (1/E) n-deutig
Zuverlässigk.	häufig Überlappungen	$+$ selten Überlappungen
Impulsrate	bis 30000 s^{-1} pro Gesamtspektrum	max. 10^6 s^{-1} pro Analysenlinie
Nachweisgrenzen[a] für Konz. für Massen	ca. 1000 µg/g ca. 10^{-13} g	$+$ ca. 10 µg/g $+$ ca. 10^{-15} g
Detektorfenster	7 µm Be-Fenster	0,2 µm Be-Fenster
nachweisbare Elemente	$Z \geq 11$ (Na)	$+$ $Z \geq 5$ (B)

[a] bezogen auf eine metallene Matrix; Analysendauer 1 min

Beide Verfahren eignen sich für die Analyse von Feststoffproben. Nichtleitende Proben müssen eventuell mit einem dünnen Film bedampft oder bestäubt werden, um Aufladungen zu verhindern. Um hohe Impulsraten zu bekommen, muß man beim *wellenlängendispersiven* Spektrometer mit stärkerem Elektronenstrom arbeiten als für die mikroskopische Darstellung üblich. Dabei können feinstrukturierte oder biologische Proben leicht zerstört werden. Zudem hat es zur Folge, daß man die gute lokale Auflösung verliert. Für ein *energiedispersives* Spektrometer sind die Stromwerte des Rasterelektronenmikroskopes völlig ausreichend (10^{-10} bis 10^{-12} A).

Die Aufnahme eines Spektrums erfolgt bei der energiedispersiven Variante elektronisch simultan. Bei der wellenlängendispersiven Variante arbeitet man mechanisch sequentiell — folglich mit weit mehr Zeitaufwand. Hinzu kommt eine aufwendige Justierung, wobei die Fokusse von Elektronenstrahl und Analysatorkristall zur Deckung gebracht werden müssen.

Die wellenlängendispersive Methode ist hinsichtlich der Position und auch der Ebenheit der Probe weit empfindlicher als die energiedispersive Methode. (Hinsichtlich Welligkeit und Rauheit der Probenoberfläche sind beide Methoden gleich empfindlich, da hierfür die Elektronenanregung maßgeblich ist. Für quantitative Analysen ist eine Rauhtiefe von $< 0{,}3$ μm erforderlich.)

Wegen der simultanen Spektrenaufzeichnung ist die energiedispersive Variante übersichtlich und für Zufallsproben geeignet. Die wellenlängendispersive Methode ist eher für Proben geeignet, bei denen gezielt auf einige Elemente geprüft wird.

Aufgrund der besseren spektralen Auflösung (Abb. 7) für Quantenenergien unter ca. 20 keV ist die wellenlängendispersive Variante allerdings weit zuverlässiger. Überlappungen treten wesentlich seltener auf, wenn auch die Zuordnung von Kristallstellung und Wellenlänge prinzipiell vieldeutig ist (spektrale Ordnungen n). Durch Impulshöhenanalyse wird diese Vieldeutigkeit aber aufgehoben.

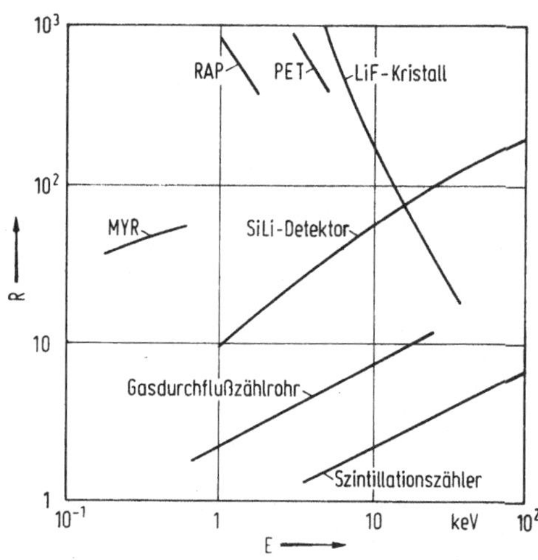

Abb. 7. Spektrale Auflösung $R = E/\Delta E$ für die Röntgenspektralanalyse mit verschiedenen Kristallen und Detektoren, abhängig von der Quantenenergie E (nach Meßergebnissen des Autors)

Weiterhin zeichnet sich die wellenlängendispersive Variante durch hohes Nachweisvermögen aus. Ursache ist einmal die hohe spektrale Auflösung (für $E < 20$ keV), die ein großes Linie/Untergrundverhältnis und somit niedrige Nachweisgrenzen bewirkt. Zudem ist maßgeblich, daß eine große Impulsrate für die Blindwertmessung genutzt werden kann. Die entsprechend niedrige Standardabweichung bewirkt ebenfalls niedrige Nachweisgrenzen. Bei der energiedispersiven Variante hingegen wird das *gesamte* Spektrum vom Detektor aufgenommen; aber für die Blindwertmessung kann nur ein geringer Anteil der gesamten Impulsrate verarbeitet werden. Demgemäß sind Standardabweichung und Nachweisgrenzen groß.

Bestimmbar sind bei der wellenlängendispersiven Methode alle Elemente mit $Z \geq 5$ (B), bei der energiedispersiven Methode i. allgm. nur mit $Z \geq 11$ (Na). Das ist vor allem auf die Verwendung eines etwa 7 µm dicken Be-Fensters zurückzuführen, das den Detektor vor Kontamination schützen soll. Mit *fensterlosen* Detektoren kann man noch C mit $Z = 6$ nachweisen.

Insgesamt ist das energiedispersive System für schnelle Übersichtsanalysen unübertrefflich — bes. von biologischen Proben und von Zufallsproben. Die Stärken des wellenlängendispersiven Systems liegen in der hohen spektralen Auflösung, im Nachweis kleiner Konzentrationen und im Nachweis leichter Elemente. Durch gegenseitige Ergänzung kann und soll man sich die Vorteile *beider* Verfahren zunutze machen.

Literatur

1. Bertin, E. P.: Introduction to X-Ray Spectrometric Analysis, New York: Plenum Press 1978
2. Bertin, E. P.: Principles and Practice of X-Ray Spectrometric Analysis, 2nd ed., New York: Plenum Press 1975
3. Birks, L. S.: X-Ray Spectrochemical Analysis, ed. 2, New York: Interscience Publishers 1969
4. Birks, L. S.: Electron Probe Microanalysis (Chemical Analysis, Vol. 17), New York: Wiley-Interscience 1971
5. Birks, L. S.: IUPAC-Empfehlungen; Nomenclature, Symbols, Units and Their Usage in Spectrochemical Analysis; Part IV: X-Ray Emission Spectroscopy; s. auch: Jenkins, R., Pure & Appl. Chem. *52*, 2541 (1980)
6. Jenkins, R.: Einführung in die Röntgenspektrometrie, London: Heyden 1977 (deutsche Übersetzung von M. F. Ebel)
7. Kuscheck, D.: Elektronik *21*, 415 (1972)
8. Volkmann, H.: Leitz-Mitteilungen, Suppl. Band 1, 154 (1974)

Neue Titrationen mit elektrochemischer Endpunktsanzeige

Dr. E. Schumacher und Professor Dr. F. Umland

Anorganisch-chemisches Institut der Universität Münster
Gievenbecker Weg 9, D-4400 Münster

1. Übersicht

Elektrochemisch indizierte Titrationen sind Absolutmethoden mit in weiten Grenzen linearer Eichkurve. Das elektrische Meßsignal (Spannung, Strom) kann unmittelbar einer Datenverarbeitung zugeführt werden. Durch geeignete Bestimmungsreaktionen kann hohe Selektivität unabhängig vom Elektrodenvorgang erreicht werden.

Tabelle 1. Übliche Indizierungsmethoden

Indikationsart	Elektroden	Meßsignal	Gesetzmäßigkeit
Potentiometrisch	Indicator- Vergleichs-	Spannung U $(i \to 0)$	Gleichgewichts- potential,
Bipotentio- metrisch	2 Indicator-		Nernst, Adsorption
Voltametrisch	Arbeits-Hilfs-	U bei i = const (μA-Bereich)	reversibel: Nernst
Bivoltametrisch	2 Arbeits-		irreversibel: Reilley[1])
Amperometrisch Biampero- metrisch	Arbeits-Hilfs- 2 Arbeits-	Stromfluß bei U = const (0,02 − 1 V)	Nernst Reilley Lingane[2])
Kondukto- metrisch	2 platinierte Platin-	i~ bzw. R	Kolthoff Debye
Oszillometrisch	2 Außenel. (unpolaris.)	Doppel-T-Br. (i~, C, R)	Kolthoff Debye

IUPAC-Nomenklatur:

Voltametrisch	= Potentiometrisch bei kontrolliertem Strom
Bivoltametrisch	= Potentiometrisch bei kontrolliertem Strom mit zwei Indicatorelektroden
Biamperometrisch	= Amperometrisch mit zwei Indicatorelektroden
Oszillometrisch	= Hochfrequenzkonduktometrisch

Arbeitselektroden sollen nach IUPAC „Indicatorelektroden" genannt werden, wenn durch den Stromfluß die Elektrolytkonzentration nicht wesentlich verändert wird (vgl. dazu G. Kraft: Elektrochemische Analysenverfahren, Analytiker Taschenbuch Band 1, Seite 103 ff.).

Trends in den letzten Jahren:

Zunehmender Einsatz ionenselektiver Elektroden.

Ausnutzung von Adsorptionseffekten (APE) in der Spurenanalyse, bei denen eine Überempfindlichkeit des Meßsignals gerade bei kleinen Konzentrationen besteht.

Verstärkter Einsatz gemischter und nichtwäßriger Lösungsmittel, die Löslichkeiten und Komplexstabilitäten beeinflussen.

Bevorzugung von Techniken mit zwei polarisierbaren Elektroden (Bipotentiometrie, Bivoltametrie, Biamperometrie), um störende Diffusionspotentiale auszuschalten.

Ausnutzung katalytischer Effekte beim Elektrodenvorgang zur Empfindlichkeitssteigerung.

Breiterer Einsatz digitaler Meßtechnik und Meßwertverarbeitung.

Dadurch verstärkter Übergang zu den diffizileren Wechselstromtechniken.

2. Potentiometrie und Bipotentiometrie

2.1. Potentialbildende Mechanismen

2.1.1. Klassische Vorstellungen

Abbildung 1 zeigt den Aufbau einer galvanischen Zelle, an der alle Mechanismen erläutert werden können.

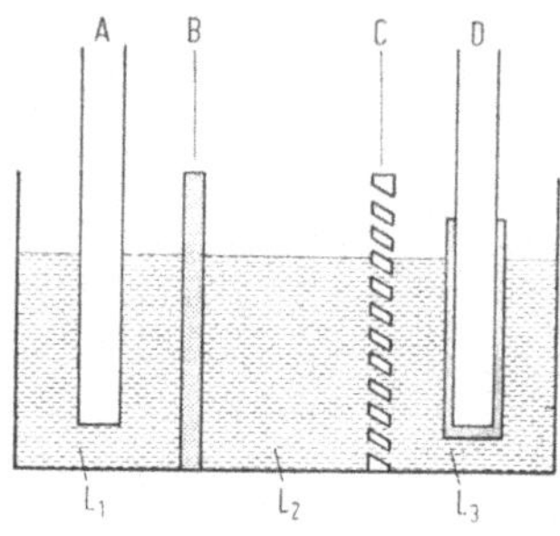

Abb. 1. Galvanische Zelle zur Erläuterung der verschiedenen Potentialaufbaumechanismen

$L_{1,2,3}$ Elektrolytlösungen

A   Metallelektrode (Elektrode I. Art; Edelmetall-Redoxel.).

B   Membran, die sowohl für das Lösungsmittel als auch für bestimmte Ionensorten durchlässig sein kann (= Permselektivität).

C   Diaphragma, das für das Lösungsmittel und für alle Ladungsträger durchlässig ist, aber ein Durchmischen der Elektrolytlösungen verhindern soll.

D   Metallelektrode mit ionenleitendem Salzüberzug, der sowohl die Aufgabe einer permselektiven Membran als auch die eines Bodenkörpers erfüllt (Elektrode II. Art).

Das elektrochemische Gleichgewicht ist dadurch definiert, daß das elektrochemische Potential $\tilde{\mu}_i$ aller durchtrittsfähigen Ladungsträger in allen beteiligten Phasen gleich wird, d. h. die Überführungsarbeit verschwindet. Bei gegebenem chemischen Potential μ_i der Ladungsträger in den einzelnen Phasen wird das Gleichgewicht dadurch erreicht, daß sich unter Ladungstrennung entsprechende Phasenpotentiale φ_i einstellen. Die Gleichgewichtsrechnung führt in allen Fällen zu einer modifizierten Nernstschen Gleichung und soll hier am Beispiel A/L_1 durchgeführt werden:

$$\tilde{\mu}_i = \mu_i + nF\varphi_i$$

$$\mu_i = \mu_i^0 + RT \ln a_i$$

Im Gleichgewicht zwischen zwei Phasen I und II gilt:

$$\tilde{\mu}_{i(I)} = \tilde{\mu}_{i(II)}$$

$$\Delta\varphi \equiv E = - \frac{\mu_{i(I)}^0 - \mu_{i(II)}^0}{nF} - \frac{RT}{nF} \ln a_{i(I)} + \frac{RT}{nF} \ln a_{i(II)}$$

Wenn im reinen Feststoff (hier Metallelektrode A) $a_{i(A)} \equiv 1$ ist, vereinfacht sich der Ansatz zur Nernstschen Gleichung:

$$E = E^0 + \frac{RT}{nF} \ln a_{i(A)}$$

Am Diaphragma D entsteht ein Diffusionspotential, wenn die Ladungsträger des Salzes i unterschiedliche Wanderungsgeschwindigkeit haben:

$$E = \left[\frac{u^+ - u^-}{u^+ + u^-} \right] \cdot \frac{RT}{nF} \ln a_{i(L_2)}/a_{i(L_3)}$$

Annähernd gleiche Wanderungsgeschwindigkeit haben K^+ und Cl^-. Bei unterschiedlichen Lösungsmitteln in L_2 und L_3 entsteht Permselektivität wie an der Membran B.

2.1.2. Potentialaufbau durch einen Adsorptionsvorgang

Tritt bei einer selektiven Adsorption auf einer der beiden Elektroden eine Ladungstrennung im Elektrolyten auf (z. B. bei der Adsorption großer, niedrig geladener und damit schwach solvatisierter Anionen), so beobachtet man bei offenem Stromkreis einen Potentialaufbau. Oberflächensättigung wird schon bei sehr kleinen Konzentrationen entlang einer Freundlich-Isothermen erreicht. Hier gilt annähernd $E \sim c$ im Gegensatz zum Nernst-Potential ($E \sim \log c$).

Bei hoher Elektrolytkonzentration wird die Ladungstrennung kompensiert, man beobachtet kein Adsorptionspotential mehr. Für Spurenanalysen eliminiert man zweckmäßigerweise das Nernst-Potential durch

Verwendung gleichartiger Elektroden mit unterschiedlicher Oberflächenbeschaffenheit.

Auf dieser Grundlage wurde die eigenständige APE-Indiktion entwickelt [3] (**A**dsorptions**p**olarisierte **E**lektroden). Adsorptionspotentiale spielen auch bei der bipotentiometrischen Indikation mit Elektroden aus zwei verschiedenen Metallen eine Rolle, werden aber hier durch das Nernst-Potential überlagert.

2.1.3. Membranpotential ohne Innenelektrolyt

Ionenselektive Elektroden sind häufig als „all solid state"-Elektroden aufgebaut: Die permselektive Membran, der Sensor, ist unmittelbar auf einen inerten Leiter aufgekittet. Solche Elektroden zeigen nur dann Nernst-Verhalten, wenn der Sensor überschüssiges Metall enthält (M/M^+-Elektrode) bzw. mit überschüssigen Ladungsträgern gesättigt ist (z. B. LaF_3; EuF_3^--Elektrode). Besonders bei letzteren steigt der Sensorwiderstand sehr stark an, wenn sie ausschließlich in verdünnten Lösungen eingesetzt werden. Sie lassen sich in konzentrierteren Lösungen des durchtrittsfähigen Ions regenerieren.

2.2. Elektrodentypen

Tabelle 2 stellt eine Auswahl der üblichen *Festkörperelektroden* dar. Das Sensormaterial kann als Einkristall, polykristallin oder als Suspension in einer Kunststoffmatrix vorliegen. Es kann direkt auf die Metall- oder Kohleelektrode aufgebracht oder als Membran zwischen zwei Elektrolytlösungen angeordnet sein. Der Linearitätsbereich gilt im allgemeinen nur für reine Lösungen, da starke Querempfindlichkeiten bestehen (vgl. K. Cammann: Fehlerquellen bei ionenselektiven Elektroden, Analytiker Taschenbuch Band 1, S. 245ff.).

Feste Ionenaustauscher-Membranen sind chemisch äußerst widerstandsfähig aber wenig selektiv. Sie werden deshalb häufig zur potentiometrischen Indikation eingesetzt, wenn die Bestimmungsreaktion für die nötige Selektivität sorgt. Als Sensor dienen Polystyrolsulfonat-, Carboxylat- und anionenaustauschende Polyammin-Membranen. Es gibt Versuche, die Selektivität durch Einfügen funktioneller Gruppen, durch Einlagerung von Lösungsmitteln mit neutralen Ladungsüberträgern oder von flüssigen Ionenaustauschern zu erhöhen.

Flüssige Ionenaustauschermembranen (Tabelle 3) können so aufgebaut sein, daß eine poröse Trägermembran von einem Vorrat an flüssigem Ionenaustauscher benetzt wird (Orion-Elektrode) (Abb. 2a). Man kann aber auch einfach eine Kohleelektrode mit dem flüssigen Ionenaustauscher benetzen (Abb. 2b). Die Austauschkapazität ist dann allerdings gering und die Elektrode muß öfter regeneriert werden. Diese Elektroden sind sehr flexibel, aber empfindlich gegen nichtwäßrige Lösungsmittel.

Für viele Ionenarten gibt es *Elektroden mit elektroneutralen Ladungsüberträgern*. Interessant sind solche, die auf Alkali- und Erdalkalimetallionen oder auf organische Stoffe, wie Morphinane, ansprechen (Tabelle 4). Ihre Anwendung ist aber eng an geeignete Reaktionen zur titrimetrischen Bestimmung gebunden, die es für Alkalimetallionen, speziell für Na^+, bisher kaum gibt.

Tabelle 2. Beispiele für ionenselektive Festkörperelektroden [a]

Angezeigte Ionenart	Sensormaterial	Linearitätsbereich $pX = -\log c$
F^-	$LaF_3/EuF_2/CaF_2$	$1-6$
Cl^-	$AgCl/Ag_2S$	$1-4$
	$AgCl/Ag_2Te$	
	$Ag_2S/Hg_2S/Hg_2Cl_2$	
	$Hg_2S/Hg_2Cl_2/Hg$	
Br^-	$AgBr/Ag_2S$	$1-5$
J^-	Ag_3JS-Einkristall	$1-7$
	$AgJ + Ag_2S\ 1:1$	
	α-$/\beta$-AgJ	
	AgJ/Ag_2Se	
S^{2-}	Ag_2S/Ag_2Se	beim Verdünnen: $1-7$ bei Fällung mit S^{2-}: > 7
SO_4^{2-}	$Ag_2Se/PbSe/PbSO_4$	$2-4$
CrO_4^{2-}	glasartiges $PbCrO_4$	
SO_4^{2-}	$PbCrO_4$ in Silikongummi	
HPO_4^{2-}		
Tl^+	$TlJ/AgJ\ (3:7)$	
Pb^{2+}	PbS-Einkristall	$1-7$
Cu^{2+}	$Cu_{(2-x)}S\ (x = 0-0{,}2)$	$1-8$
Cd^{2+}	$CdSe/Ag_2S$	$1-7$
	$CdS/Ag_2S/Bi_2O_3$	
Hg^{2+}	Ag_2HgJ_4 in Epoxidharz	$4-8$

[a] vgl. [4]

Tabelle 3. Beispiele für Elektroden mit flüssiger Membran [a]

Angezeigte Ionenart	flüssiger Ionenaustauscher	Störungen Bereich
Br^-	Tetradecylammonium-$HgBr_3^-$ in Tributylphosphat	Cl^-, NO_3^-, SO_4^{2-}
J^-, SCN^-	Tetraphenylarsonium-Kristallviolett in Nitrobenzol	
J^-	Tetraalkylphosphonium J^-	H^+, NO_3^-, Cl^-
ClO_4^-	$Nb(V)$-oxinat in Chloroform	OAc^-, SO_4^{2-}
NO_3^-	Nitronnitrat in Nitrobenzol	pNO_3^-: $1-3$
	Tetraalkylphosphoniumnitrat	pNO_3^-: $1-5$
CO_3^{2-}	1% Tricaprylmethylammoniumchlorid in Trifluoroacetyl-p-butylbenzol	pCO_3^{2-}: $2-7$
$Mo(V)$ als $MoO(SCN)_5^{2-}$	di-Tetraäthylammonium-$MoO(SCN)_5$ in Nitrobenzol/o-Dichlorbenzol $(2:3)$	pMo: $2-7$
K^+; Ag^+	Kalignost in Cyclohexanon	

[a] vgl. auch [4]

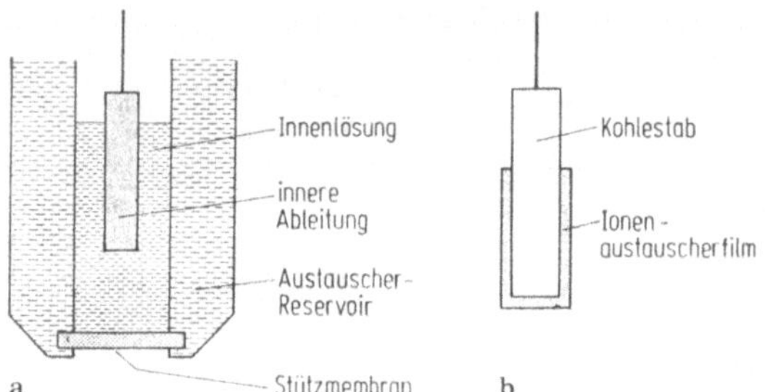

Abb. 2. Elektrodentypen mit flüssiger Ionenaustauschermembran

Tabelle 4. Beispiele für Elektroden mit elektroneutralen Ladungsüberträgern (vgl. [4])

Angezeigte Ionenart	Ladungsüberträger	Störungen Bereich
H^+	Tricresylphosphat in PVC	
Na^+	Neue synthet. Neutralträger in PVC und Lösungsmitteln [4]	pNa: $1-5$
K^+	Macrocyclische Polyäther in PVC Valinomycin in PVC + Dibutylphthalat	
Sr^{2+}	Sr^{2+}-Polyäthylenglycolkomplex	Cs^+, Ba^{2+}, Hg^{2+}
Dextromethorphan	N′N-Dimethylolamid in PVC	Titration mit BPh_4^-

Tabelle 5. Beispiele für Metallelektroden

Elektrodenmetall	Funktion	Störungen
Platin	Redox pH	Halogene, S^{2-}, CN^-/O_2 [a] starke Reduktionsmittel (H_2)
Gold	Redox	Halogene, S^{2-}, CN^-/O_2 [a]
Silber	pAg^+	starke Oxidationsmittel
Quecksilber	pHg_2^{2+}	Oxidationsmittel
Amalgame	pM^{n+}	Oxidationsmittel; bei unedlem M schon O_2
In, Sb, Bi, W	pH/pO_2	starke Säuren, starke Laugen

[a] In Gegenwart dieser Substanzen bildet sich kein Gleichgewichtspotential aus. Das Mischpotential kann aber in einigen Fällen (Br_2, J_2, S^{2-}) analytisch genutzt werden.

Glaselektroden gehören zu den ältesten ionenselektiven Membranelektroden. Zusätze zum Glas (Be, B, Al, Ga, Fe(III), Ge(IV), Sn(IV), V(IV/V), P(V) verändern die Ionenbeweglichkeit in der Membran, die Austauscheigenschaften der Oberfläche und damit die Selektivität gegenüber H⁺, den leichten und den schweren Alkalimetallionen, Ag⁺ und anderen, meist einwertigen, Kationen.

Metallelektroden (Tabelle 5) sind Elektroden erster Art und können außerdem als Elektronenleiter Redoxpotentiale anzeigen. Unedle Metalle können in Sonderfällen in Amalgamform (hohe Wasserstoffüberspannung) als Elektrode erster Art dienen. Sie können sich mit einer Oxidschicht überziehen und arbeiten dann als pOH/pO_2-Elektroden. Bestimmte Mischoxidschichten (z. B. SnO_2/Sb_2O_3) zeigen Elektronenleitung, sind chemisch sehr stabil und haben eine hohe Sauerstoffüberspannung, so daß sie sich zur Redoxpotentialmessung in stark oxidierendem Medium eignen.

2.3. Auswerteverfahren

Die einfachste Art der Endpunkterkennung ist die Wendepunktsbestimmung der Titrationskurve, für die es folgende Verfahren gibt:

Graphisch: a) Tangentenverfahren und Verfahren des mittleren Schnittpunktes [6]

b) Methode der kleinsten Krümmungsradien [7]

c) Glasstabmethode [8]

Apparativ: d) Elektronisches Differenzierglied dE/dt. Die Kurvenform ist abhängig von der Titriergeschwindigkeit. Unabhängig von der Titriergeschwindigkeit werden die Kurven bei:

e) Differenzierung $dE/dVol$. Dabei ist eine Volumenschrittrückmeldung erforderlich (Schrittmotor)

f) Stufenweise Zugabe gleicher kleiner Volumina. $\Delta E/\Delta Vol$ ist im Wendepunkt am größten. Die Kurve braucht nicht gezeichnet zu werden; eine automatische mathematische Auswertung und Linearisierung ist möglich [11].

Außer f) (mit Linearisierung) führen alle Verfahren nur für homovalente Titrationen zu korrekten Werten.

Unsymmetrische Titrationskurven erfordern Korrekturfaktoren. Aus kinetischen Gründen im Äquivalenzbereich auftretende Verzerrungen lassen sich nur durch mathematische Linearisierung z. B. nach Gran [9] oder Liteanu [10] korrigieren. Moderne Titrierautomaten linearisieren durch elektronische Bildung des Antilogarithmus von pH oder pM.

Damit kann man für Messungen nach f) Genauigkeiten von $\pm\,0{,}1\%$ selbst für Gemische aus schwachen Säuren erreichen, wenn der Datensatz statistisch ausgewertet wird [11].

2.4. Bipotentiometrische Methoden

Verschiedene Metall- bzw. Legierungselektroden liefern gegen eine Vergleichselektrode zeitlich versetzte Titrationskurven, die eventuell noch unterschiedliche Steilheit haben. Die größten Potentialunregelmäßigkeiten treten im Äquivalenzbereich auf. Geeignete Kombinationen zweier solcher Elektroden — ohne Diphragma — zeigen häufig den Endpunkt einer Titration viel schärfer an, als eine klassische Elektrodenanordnung.

Die Kurvenform ist meist kompliziert. Einen Überblick über die auftretenden Phänomene gibt Kékedy [12].

Bei der *APE-Indikation* [3] werden Elektrodenkombinationen aus gleichartigem Elektrodenmetall aber mit unterschiedlicher Oberflächenbeschaffenheit benutzt. Zur Aktivierung werden Oberflächenstörungen auf einer der Elektroden durch Schmirgeln, anodisches oder chemisches Ätzen oder durch kathodisches Abscheiden einer rauhen Schicht erzeugt. Platinierte und palladinierte Elektroden müssen anschließend oxidierend behandelt werden, um den Wasserstoff zu entfernen.

Weil hier der Nernst-Verlauf fast völlig kompensiert wird, geben die Adsorptionseffekte eine besonders scharfe Indikation bei sehr kleinen Konzentrationen (je nach Adsorbierbarkeit im Bereich von 10^{-6} bis 10^{-10} M).

Tabelle 6. Bestimmungen mit APE-Indikation

Bestimmung	Medium	Elektroden	Bemerkungen
J^-, Br^-, Cl^- Pseudohal. mit Ag^+	wäßr. Aceton/H_2O	Ag-APE	Trenng. durch Variieren d. Lsg.-Zusammensetzg.
SO_4^{2-} mit Ba^{2+} komplexe Anionen und Kationen mit Tensiden	60% Aceton wäßr. Aceton/H_2O	Pt-APE	Feldeffekt ohne Ladungsträgerdurchtritt
Ag^+, Tl^+, Cu^+, Au^+ Fällung mit J^-	wäßr.	Ag-APE Pt-APE Pd-APE	Höhere Oxidationsstufen setzen Jod frei
Se(IV)/Te(IV) Ir(IV), Au(III) Cu(II), Tl(III) Pd(II), Pt(IV) Fe(III), As(V) Cr(VI), Mn(VII) Ce(IV) u. a. iodometrisch	wäßr.	Pt-APE Pd-APE	Vielfach wird d. Iodo- komplex mit Thiosulfat re- duziert. (Te, Pd, Ir, Pt)

3. Polarisationsmethoden

Hierzu gehören die *voltametrische* (i = const.) und *amperometrische* Indikation (U = const.). Der Mechanismus läßt sich für reversible Redox-Systeme schematisch an einer Strom-Spannungskurve demonstrieren (Abb. 3).

Bei der Voltametrie gibt man einen kleinen Strom Δi vor. Im Äquivalenzbereich der Titration springt das Potential von U_1 nach U_2. Bei der Amperometrie gibt man eine Spannung U_A vor. Während der Titration ändert sich der Strom kontinuierlich von i_1 nach i_2 und bleibt nach dem Endpunkt konstant.

Bei zwei polarisierbaren Elektroden (*Bivoltametrie* bzw. *Biamperometrie*) stellen sich Potential bzw. Strom zwischen beiden Elektroden automatisch ein, während beide Elektroden — bezogen auf eine Vergleichselektrode — längs der Strom-Spannungs-Kurve driften. Im Äquivalenzbereich treten plötzliche Potential- bzw. Stromsignale auf.

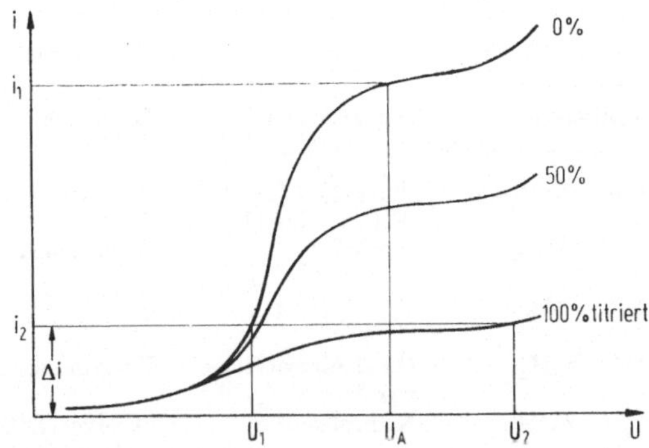

Abb. 3. Strom-Spannungskurve zur Erläuterung des Indikationsmechanismus bei den Polarisationsmethoden

Die Amperometrie und Biamperometrie, letztere vor allem für nichtwäßrige Lösungsmittel, haben die größere Bedeutung (Tabelle 7).

Tabelle 7. Beispiele für neuere amperometrisch induzierte Titrationen

Bestimmungsreaktion	Medium	Indikation	Bemerkungen
Cu^{2+} und Pd^{2+} mit Rubeanwasserstoff	Essigsäure 6% $LiClO_4$	2 Pt-El.	
Se(IV) und Te(IV) mit Permanganat	10 M H_2SO_4(Se) 1 M H_2SO_4(Te)	2 Pt-El. 0,3 V	$Mn(VII) \rightarrow Mn(III)$
Ir(IV) mit Thioharnstoff	wäßr.	2 Pt-El.	Citrat-Puffer
Cu^{2+} mit Pb-Diäthyldithiocarbamidat	Essigsäure 0,15 M $LiClO_4$	2 Pt-El. 2 Cu-El.	0,6–1 V bei Pt 0,01–0,1 V bei Cu
Chelatometrie mit EDTA, TTHA, EGTA	wäßr.	$Hg_{(stat.)}$ $Hg_{(tropf.)}$	Ausnutzg. d. Chelonwelle

Sehr häufig lassen sich *katalytische Effekte* zur Verschärfung der Indikation ausnutzen (Tabelle 8).

Insbesondere der Indikation komplexometrischer Titrationen mit oxidbeschichteten Anoden kommt in letzter Zeit zunehmende Bedeutung zu [13, 14]. Besonders interessant sind Entwicklungen, die die Folgebestimmung mehrerer Analysenbestandteile durch eine einzige Titration mittels sukzessiver Substitution ermöglichen. So wurden bereits die Folgebestimmung von Ca^{2+} und Mg^{2+} [15] sowie von Cd^{2+} und Zn^{2+} [16] beschrieben. Besonders vorteilhaft ist dabei, daß das volle Komplexstabilitätsverhältnis der nebeneinander bestimmten Analysenbestandteile erhalten bleibt.

Tabelle 8. Beispiele für Katalyse in der Amperometrie

Reaktion	Katalysator	Hemmer	Bestimmungen
H_2O_2-Reduktion	Fe(III), Mo(VI) W(VI), Cu(II)	Komplexbildner, CN^-	Austauschreaktionen
$J^- + BrO_3^-$	Mo(VI)	Ascorbinsäure	Mo, Oxidationsmittel
$Ag^+ \rightarrow Ag$	F^-, Th(IV)	—	F^--Titration mit Th(IV)
$2H^+ \rightarrow H_2$	Oxidschichten auf Mo/W	Komplexone	Komplexometrie
$O_2 \rightarrow 2OH^-$	Komplexone	Oxidschichten auf Mo/W	Komplexometrie
Oxidation von überschüssigen Komplexonen	Tl_2O_3, PtO_X PtO_2 u. a.	—	Komplexometrie

4. Wechselstromtechniken

Je nach eingesetzter Frequenz beobachtet man noch einen überlagerten Faraday-Strom (0,1 bis ca. 50 Hz), Orientierungs- und Verschiebungseffekte (um 1000 Hz; Konduktometrie) oder nur noch Verschiebungseffekte (um 10^6 Hz; Oszillometrie).

Zur Indikation von Titrationen kann man entweder die Änderung des Wechselstromwiderstandes verfolgen, indem man eine Wechselspannung konstanter kleiner Amplitude an die beiden gleichartigen Meßelektroden anlegt und die Zellimpedanz mit Hilfe einer Brückenschaltung mit der Impedanz einer Ersatzschaltung vergleicht, die aus ohmschem Widerstand, Kondensator und — bei höheren Frequenzen — induktivem Widerstand besteht. Der meßtechnische Aufwand wird mit zunehmender Frequenz größer.

Man kann aber auch bei den Polarisationsmethoden dem angelegten Gleichstrom bzw. der Gleichspannung einen niederfrequenten Wechselstrom(-spannung) kleiner Amplitude überlagern und die Änderung des Polarisationswiderstandes der Elektroden zur Indikation ausnutzen, wie in Abb. 4 am Beispiel der Amperometrie mit überlagerter Wechselspannung verdeutlicht.

Der Wechselstromanteil ergibt in erster Näherung die Ableitung der normalen Titrationskurve, wenn beide Reaktionsrichtungen reversibel sind.

In Kombination mit den in der modernen Polarographie bereits üblichen Techniken der Eliminierung des kapazitiven Stromanteiles (Tast-, Puls-

und differentielle Pulstechnik) gewinnt diese Indikationsmethode zunehmend Bedeutung.

Während die Konduktometrie als abgeschlossenes Gebiet betrachtet werden kann, fehlt es bei der Oszillometrie nicht an Versuchen, die Meßtechnik mit Hilfe integrierter Schaltkreise zu vereinfachen (Meßsignal-Frequenz-Wandlung).

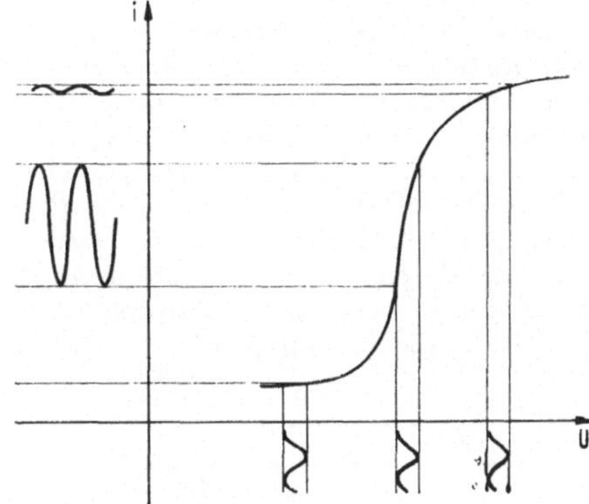

Abb. 4. Einfluß des Polarisationswiderstandes auf das Meßsignal bei der Amperometrie mit überlagerter Wechselspannung

5. Coulometrische Reagenzerzeugung

Die coulometrische Reagenzerzeugung vereinfacht die Automatisierung von Titrationen, weil hier auch der Reagenzumsatz als elektrische Größe auftritt. Bei 100% Stromausbeute wird das Coulomb als Standard benutzt. Die Nachweisempfindlichkeit läßt sich in weiten Grenzen mit der Größe des Elektrolysenstromes variieren. Während früher fast ausschließlich mit Konstantstrom elektrolysiert wurde, um die Strommenge auf eine einfache Zeitmessung zu reduzieren, besteht zur Zeit der Trend zur *Stromkontrollierten Coulometrie*. Die wesentlichen Vorteile sind: Durch die Anpassung des Stromes an die Depolarisatorkonzentration kann die Elektrolysenzeit wesentlich verringert werden, ohne daß gegen Ende der Titration Nebenreaktionen ablaufen. Durch den gegen Ende der Titration automatisch verringerten Elektrolysenstrom kann der Endpunkt sehr sicher erkannt werden. Die Integration der Strom-Zeit-Kurve macht beim heutigen Stand der Meßtechnik keine Schwierigkeiten mehr. Der Generatorstromkreis wird über die erste Ableitung des Indikationssignals geregelt. Um Nebenreaktionen auszuschließen, muß die Spannung begrenzt werden können.

Auf dieser Grundlage konnten z. B. mit Hilfe eines einfachen PID-Reglers $15-250 \times 10^{-9}$ Val HCl in 10 sec auf $5-1\%$ austitriert werden [10].

Durch *Einsatz gemischter Lösungsmittel* läßt sich der Elektrodenvorgang bei der coulometrischen Reagenzerzeugung besser steuern. So wird an einer Chrom-Anode in DMF/Acetonitril mit $1-5$ M HCl Chrom(II) erzeugt, während im gleichen Gemisch auf Zusatz von $NaClO_4$ Chrom(VI) erzeugt wird [11].

Gerade in gemischten Lösungsmitteln, die z. T. zur Erzielung einer besseren Stromausbeute, z. T. aber auch zur Beeinflussung der Produktstabilität eingesetzt werden, ist es wünschenswert, auf das Diaphragma im Generatorstromkreis zu verzichten, um den Widerstand zu verringern.

Inzwischen sind viele Beispiele für *Generatorstromkreise ohne Diaphragma* beschrieben worden. Sie beruhen darauf, daß das Gegenreaktionsprodukt durch Fällung oder Komplexbildung aus dem Gleichgewicht entfernt wird. So läßt sich OH^- ohne Diaphragma in einer Alkalihalogenid-Grundlösung erzeugen, wenn eine Ag-Anode eingesetzt wird, weil dann als Gegenreaktion unlösliches AgHal gebildet wird [12].

Eine besonders elegante Form ist die Kombination der diaphragmenlosen APE-Indikation mit einem Generatorstromkreis, in dem das Diaphragma durch einen Adsorptionsvorgang simuliert wird. Auf dieser Basis wurde eine Ultramikrocoulometrische Halogenidtitration entwickelt [3], die an Abb. 5 erläutert wird:

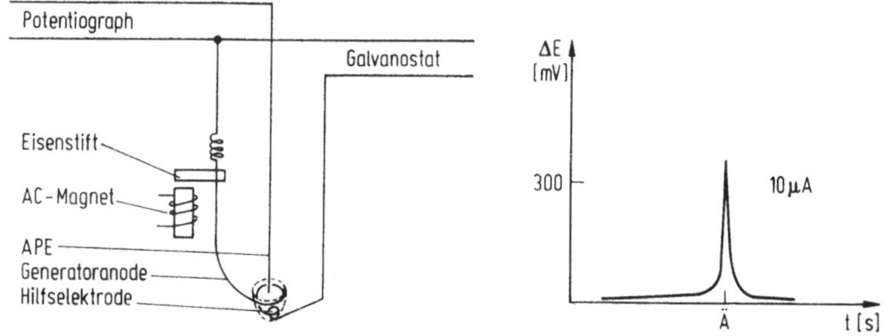

Abb. 5. Ultramikrocoulometrische Halogenidbestimmung im hängenden Tropfen

Der Analysentropfen hängt frei in der zur Schlinge gebogenen Ag-Anode und wird durch magnetische Vibration gerührt. Die Anzeigeschärfe ist bei etwa 10 µA Generatorstrom am größten. Bis etwa 100 µA Generatorstrom wird bis unmittelbar vor dem Endpunkt ausschließlich bereits auf der Generatoranode adsorbiertes Halogenid umgesetzt. Zusammen mit der APE-Umladung ergibt sich hieraus die peakförmige Indikation bei praktisch 100% Stromausbeute.

Das Arbeitsprinzip läßt sich auch auf andere Reaktionstypen, z. B. auf die coulometrische Komplexometrie, übertragen.

Literatur

1. Reilly, C. N.: "Fundamentals of Electrode Processes", in "Treatise of Analytical Chemistry", Part I, Vol. 4 New York: Interscience Publishers (1963)

2. Lingane, J. J.: Ind. Eng. Chem., Anal. Ed. *15*, 583 (1943)
3. Schumacher, E.; Umland, F.: Microchim. Acta 449 (1977, II)
4. Buck, R. P.: Anal. Chem. *50*, 17R (1978)
5. Amman, D. et al.: Anal. Lett. *7*, 23 (1974)
6. Ebel, S.: Z. Anal. Chem. *245*, 108 (1969)
7. Tubbs, C. F.: Anal. Chem. *26*, 1670 (1954)
8. Wahbi, A. M. et al.: Fresenius Z. Anal. Chem. *271*, 344 (1974)
9. Gran, G.: Analyst *77*, 661 (1952)
10. Liteanu, C.: Rev. Chimie *7*, 291 (1962)
11. Pehrsson, L., Ingman, F.: Talanta *24*, 79 (1977)
12. Kékedy, L.: Rev. Anal. Chem. (Tel-Aviv) *3* (1), 27 (1975)
13. Kraft, G.: Fresenius Z. Anal. Chem. *245*, 58 (1969)
14. Kainz, G. et al.: ibid. *256*, 345 (1971)
15. Ohzeki, K.; Schumacher, E.; Umland, F.: ibid. *293*, 18 (1978)
16. Ohzeki, K.; Schumacher, E.; Umland, F.: ibid. *294*, 352 (1979)
17. Buijsman, E. et al.: ibid. *272*, 102 (1974)
18. Kostromin, A. I. et al.: Zh. Anal. Khim. (USSR) *32*, 933 (1977)
19. Damokos, T.: Hung. Sci. Instrum. *37*, 9 (1976)

Weiterführende Literatur

Cammann, K.: Das Arbeiten mit ionenselektiven Elektroden, Berlin, Heidelberg, New York: Springer
Ebel-Parzefall: Experimentelle Einführung in die Potentiometrie, Weinheim: Verlag Chemie 1975
Erdey-Gruz, T.: Kinetik der Elektrodenprozesse, Budapest 1975
Kraft-Fischer: Indikation von Titrationen, Berlin: de Gruyter (1972)
Vielstich-Schmickler: Elektrochemie II, Kinetik, Darmstadt: Steinkopff (1976)

Differentielle Pulspolarographie, Pulsvoltammetrie und Pulsinversvoltammetrie

Professor Dr. H. W. Nürnberg

Institut 4: Angewandte Physikalische Chemie,
Chemiedepartment, Kernforschungsanlage Jülich
D - 5170 Jülich

1. Einleitung

Polarographie und Voltammetrie sind eine Gruppe elektrochemischer
Verfahren der Spurenanalyse und Spurenchemie. Wegen der allgemeinen
Grundlagen und Arbeitsprinzipien der Polarographie sei auf Lehrbücher
und Übersichtsarbeiten verwiesen [1—6]. Die moderne Phase geht wesentlich auf neuere Methoden von G. C. Barker zurück [7]. Hier haben
[4, 6, 8] inzwischen für die Analytik die

differentiellen Pulsmethoden, d. h. differentielle Pulspolarographie (DPP),
differentielle Pulsvoltammetrie (DPV) und
differentielle Pulsinversvoltammetrie (DPIV),

die größte Bedeutung erlangt. Es ist vor allem den aus dem Einbau dieser
differentiellen Pulsmethoden in moderne, kostengünstige Polarographen
[9] resultierenden breiten Nutzungsmöglichkeiten zuzuschreiben, daß der
voltammetrische bzw. polarographische Weg wieder zu einer der wesentlichen methodischen Alternativen in der Spurenanalyse anorganischer
und organischer Substanzen geworden ist.

1.1. Grundsätzliche Aspekte

Alle polarographischen und voltammetrischen Methoden basieren auf dem
Gesetz von Faraday, wonach 1 Mol einer in einem Elektrodenprozeß
umgesetzten Substanz der sehr großen elektrischen Ladung von $n \cdot 96\,500$ C
äquivalent ist. Hierbei ist n die Zahl der im Elementarschritt übergehenden
Elektronen und hat häufig den Wert 2, kann jedoch je nach Substanz
auch andere ganzzahlige Beträge von 1 bis 6 haben. Der Grundlage des
Faradayschen Gesetzes verdanken polarographische und voltammetrische
Methoden drei vorteilhafte Eigenschaften von grundlegender spuren-
analytischer Bedeutung. Es sind die außerordentlich

hohe Nachweisempfindlichkeit verbunden mit einer
guten Genauigkeit (precision) und vor allem ihre
inhärent hohe Richtigkeit (accuracy).

Die aus dem ausgesprochen niedrigen Risiko hinsichtlich verdeckter
methodischer systematischer Fehler resultierende hohe Zuverlässigkeit der
analytischen Daten ist eine der Hauptgründe dafür, daß in der modernen

Spurenanalytik Polarographie und Voltammetrie, vor allem in Form der differentiellen Pulsmethoden, eine sich ständig ausweitende Anwendung verzeichnen. Wegen des bei Pulsmethoden sehr günstig gestaltbaren Signal-Rauschverhältnisses kommen die drei genannten Grundeigenschaften bei den differentiellen Pulsverfahren (DPP, DPV und DPIV) besonders nachhaltig zum Tragen. Hinzu kommt die gute Selektivität gerade dieser Pulsverfahren, was eine optimale Nutzung der generellen Eigenschaft ermöglicht, daß polarographische und voltammetrische Methoden die simultane Bestimmung mehrerer Substanzen ermöglichen, und somit zur Gruppe der *Oligosubstanzmethoden* gehören. In diesem Zusammenhang sei hervorgehoben, daß polarographische und voltammetrische Verfahren grundsätzlich *substanzspezifisch* und nicht nur elementspezifisch sind, wie etwa die atomspektroskopischen Methoden oder die Neutronenaktivierungsanalyse. Der Anwendungsbereich ist vielfältig und weit und umfaßt eine Reihe von Metallen und Metalloiden sowie anorganische Anionen von Nichtmetallen [10] und eine große Anzahl organischer Substanzklassen, [6, 11, 12], darunter viele wichtige Naturstoffe und die meisten biologisch wesentlichen Substanzen bis zu Biopolymeren und Nukleinsäuren [57, 58]. Es ist der Bereich der organischen Substanzen, in dem die umfangreichsten zukünftigen Erweiterungen der Anwendung der differentiellen Pulsverfahren zu erwarten sind.

Sämtliche modernen, kommerziellen Polarographen enthalten heute als einen wählbaren Modus die differentielle Pulsmethode [9], womit eine sehr kostengünstige Voraussetzung zur breiten Anwendung dieses leistungsstarken Verfahrens der instrumentellen Spurenanalyse besteht.

1.2. Nomenklatur

Von *differentieller Pulspolarographie (DPP)* ist bei Einsatz der *Quecksilbertropfelektrode* die Rede, während bei Verwendung *stationärer Elektroden* die Bezeichnung *differentielle Pulsvoltammetrie (DPV)* zu verwenden ist. Setzt man den *differentiellen Pulsmodus* in der *inversen Voltammetrie* zur Aufnahme des Voltammogramms ein, so kommt man zur *differentiellen Pulsinversvoltammetrie (DPIV)*. Je nachdem, ob mit kathodischer oder anodischer Voranreicherung gearbeitet wird und folglich in anodischer oder kathodischer Richtung bei der Aufnahme des Voltammogrammes die angelegte Spannungsrampe verläuft, unterscheidet man anodische bzw. kathodische DPIV. Im englischen Schrifttum sind hierfür die Bezeichnungen *differential pulse anodic stripping voltammetry (DPASV)* bzw. *differential pulse cathodic stripping voltammetry (DPCSV)* üblich.

2. Differentielle Pulspolarographie und differentielle Pulsvoltammetrie

2.1. Methodik

Bei allen polarographischen und voltammetrischen Verfahren läuft an einer Mikroelektrode der Elektrodenprozeß

$$Ox + n\,e^- \rightleftharpoons Red$$

der zu bestimmenden Substanz Ox bzw. Red in reduktiver oder oxidativer Richtung ab. Hierbei liegt in der Lösung des Analyten nur Ox bzw. Red vor, während das jeweilige Produkt des Elektrodenprozesses, Red bei Reduktion bzw. Ox bei Oxidation, erst in dessen Verlauf an der Phasengrenze Elektrode/Lösung, d. h. *in situ*, gebildet wird. Die vorgegebene Größe ist immer das Elektrodenpotential E und die Meßgröße der entsprechende Strom i. Bei Aufzeichnung der Strom-Spannungs-Beziehung i = f(E) erhält man das Polarogramm oder Voltammogramm (Abb. 3). Der Substanzverbrauch für die Aufnahme eines Polarogrammes oder Voltammogrammes bleibt wegen des Faraday-Gesetzes minimal, so daß sich die Konzentration im Innern des Analyten praktisch nicht verändert, auch nicht bei mehrfacher Wiederholung.

2.1.1. Elektroden

Als *Arbeitselektrode* wird in der differentiellen Pulspolarographie die Quecksilbertropfelektrode (DME) verwendet. Mit einer Glaskapillare von 0,07 mm Innendurchmesser werden bei einer Quecksilberreservoir-Höhe zwischen 25 und 50 cm Tropfzeiten zwischen 3 und 1 s erzielt. Kürzere Tropfzeiten können infolge zu starker Rührung der Lösung zu Störungen führen. Die natürliche Tropfzeit nimmt mit der Ladung der Elektrode und damit um so mehr ab, desto verschiedener das angelegte Elektrodenpotential vom elektrokapillaren Nullpotential ist, welches in den üblichen wäßrigen Leitelektrolyten zwischen −0,5 bzw. −0,6 V (SKE) liegt. Man arbeitet daher vorteilhaft mit durch eine Abklopfvorrichtung kontrollierter Tropfzeit, wobei darauf zu achten ist, daß diese vorgegebene kontrollierte Tropfzeit die natürliche Tropfzeit im jeweiligen Potentialbereich immer unterschreitet. Der vor allem bei der Nutzung von Elektrodenprozessen in reduktiver Richtung mögliche Einsatz der Tropfelektrode hat den großen prinzipiellen Vorzug, daß nach jeder Tropfzeit die Elektrodenoberfläche sich erneuert, so daß alle evtl. aus der Elektrodenvorgeschichte erwachsenden Probleme entfallen.

In der *differentiellen Pulsvoltammetrie* hingegen werden stationäre feste Arbeitselektroden aus Gold, Graphit (evtl. wachsimprägniert), Glaskohle und Kohlepaste (13) eingesetzt. Die DPV findet vor allem Einsatz, wenn es um den Nachweis organischer Substanzen über deren Oxidation bei relativ positiven Potentialen geht, aber auch bei der Reduktion gewisser anorganischer Ionen, z. B. Hg(II), As(III) an der Goldelektrode [14]. Für Metalle, wie Ni und Co, die keine Amalgame bilden, hat jüngst die DPV an einer chelatsensibilisierten Quecksilberelektrode besondere Bedeutung gewonnen. Die Anreicherung infolge Adsorption des Chelates (z. B. Dimethylglyoxim) an der Oberfläche ergibt eine Bestimmungsgrenze von 1 ng/l [52, 53].

Als *Hilfselektrode* HE dient bei allen Verfahren in der Regel ein Platindraht. Die üblichen *Referenzelektroden* sind die ges. Kalomelelektrode (SKE) oder die Ag/AgCl-Elektrode, wobei zur Vermeidung der Kontamination des Analyten die nicht vom Strom durchflossene Referenzelektrode in der Regel durch eine mit einem Diaphragma versehene Salzbrücke abgetrennt wird.

2.1.2. Potentialanlegung und Strommessung

Das Blockschaltbild der Anordnung für differentielle Pulsverfahren zeigt Abb. 1.

Die polarographische Zelle ist mit drei Elektroden ausgestattet,
der Arbeitselektrode AE,
der Gegen- oder Hilfselektrode HE und
einer Referenzelektrode RE.

Diese Dreielektrodenanordnung hat den Vorteil, daß durch den heutzutage in jeden kommerziellen Polarographen eingebauten Potentiostaten das an der Arbeitselektrode liegende Potential, bezogen auf die Referenzelektrode, immer der vorgegebenen Spannung gleicht, unabhängig vom Stromfluß durch die Zelle zwischen Arbeitselektrode und Hilfselektrode.

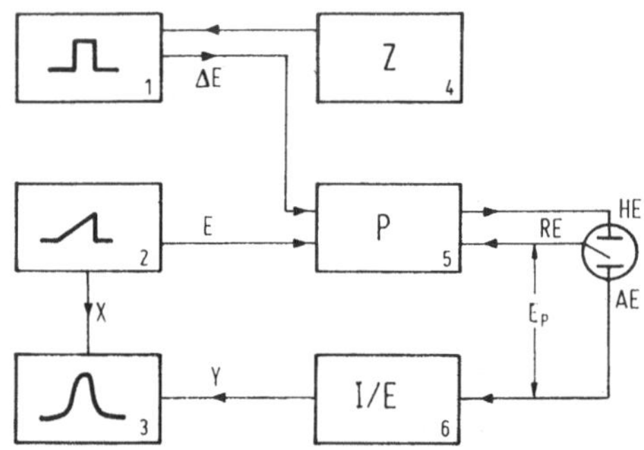

Abb. 1. Blockschaltbild eines Polarographen zur Anwendung der differentiellen Pulspolarographie, Pulsvoltammetrie oder Pulsinversvoltammetrie nach dem 3-Elektrodenprinzip unter potentiostatischer Kontrolle des Potentials E_p an der Arbeitselektrode AE
1 Pulsgenerator für Pulse ΔE; 2 Spannungsrampengenerator für linear veränderliche Grundspannung E_m; 3 X-Y-Schreiber; 4 Zeitgenerator zur Festlegung der Pulsfolgezeit t_f und Auslösung der Abklopfvorrichtung bei Verwendung der Quecksilbertropfelektrode; 5 Potentiostat; 6 Strom-Spannungswandler; HE — Hilfselektrode und RE — Referenzelektrode

Die potentiostatische Kontrolle des an die Arbeitselektrode gelegten Potentials hat verschiedene praktische Vorteile. Besonders wichtig ist, daß die Analytlösung einen relativ hohen Ohmschen Widerstand haben darf, ohne daß es hierdurch bei Stromfluß zu einer Beeinflussung des vorgegebenen Potentials der AE kommt, und somit auch eine Beeinträchtigung des Polarogrammes oder generell der i-E-Charakteristik unterbleibt. Das bedeutet, daß relativ niedrige Leitelektrolytkonzentrationen bis 10^{-2} M, evtl. sogar bis 5×10^{-3} M, tolerabel sind, was zur Vermeidung von Kontamination in der Ultraspurenanalyse von Metallen wünschenswert sein kann. Hinsichtlich organischer Matrices ist gleichfalls von Bedeutung, daß bei potentiostatischer Kontrolle der Elektrodenpolarisation auch organische Solventien mit relativ niedriger DK als Analyt Verwendung finden können.

Die vorgegebene Spannung E, und damit der Potentialverlauf an der Arbeitselektrode, besteht aus einer linearen Spannungsrampe E_m, die

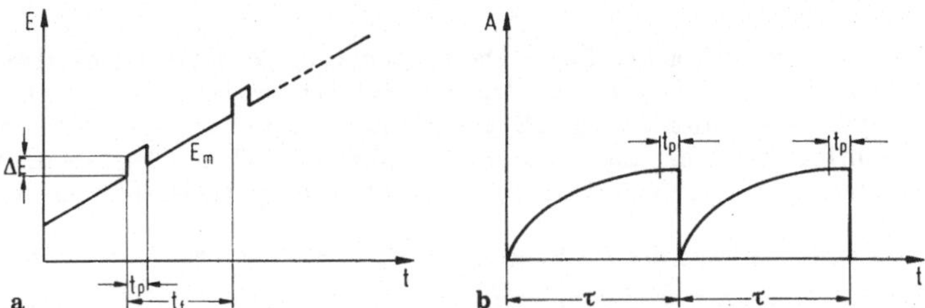

Abb. 2. a Polarisationsverlauf bei differentiellen Pulsverfahren. E_m linear veränderte Spannungsrampe; ΔE Pulshöhe der Rechteckpulse; t_p Pulsdauer; t_f Pulsfolgezeit; **b** Lage des Rechteckpulses im Tropfenleben bei der DPP mit kontrollierter Tropfzeit τ; A Tropfelektrodenoberfläche

sich mit einer Rate von 2 bis 10 mV s^{-1} in kathodischer bzw. anodischer Richtung ändert, und einem überlagerten Zug rechteckiger Spannungspulse mit einer Pulsdauer t_p von 20 bis 60 ms und einer Pulshöhe ΔE zwischen 25 und 100 mV (vgl. Abb. 2a). Gewöhnlich wird ΔE zu 50 mV gewählt. Im Potentiostaten werden E_m und ΔE zum angelegten Potential E_p elektronisch addiert, so daß gilt: $E_p = E_m + \Delta E$.

Die Pulsfolgezeit t_f wird in der DPP so gewählt, daß in jedes Tropfenleben ein Rechteckpuls fällt, und zwar in die Endphase der Tropfzeit τ, so daß die Änderung der Tropfenoberfläche A während der Pulsdauer t_p vernachlässigbar bleibt (Abb. 2b). Danach triggert der Zeitgenerator Z die Abklopfvorrichtung und ein neuer Tropfen bildet sich anschließend. An stationären Elektroden in der DPV und DPIV werden häufig kürzere Pulsfolgezeiten t_f bis zu 0,2 s gewählt [26].
Die Strommessung wird so gestaltet, daß nur die aus der pulsartigen Potentialänderung ΔE resultierende Stromänderung Δi oder genauer gesagt ein Anteil hiervon registriert werden. Dazu wird der registrierte Anteil von Δi im Strom-Spannungswandler des Polarographen in eine entsprechende Spannung umgewandelt und den Y-Eingang eines X-Y-Schreibers zugeführt, während die Spannungsrampe E_m dem X-Eingang zugeführt wird (Abb. 1). Man erhält dann im Potentialbereich des Elektrodenprozesses die typische glockenförmige differential-pulspolarographische Kurve (Abb. 3). In der DPIV haben die resultierenden Signale

Abb. 3. Typisches differentielles Pulspolarogramm bzw. Pulsvoltammogramm bei der Simultanbestimmung zweier Substanzen unterschiedlicher Konzentration

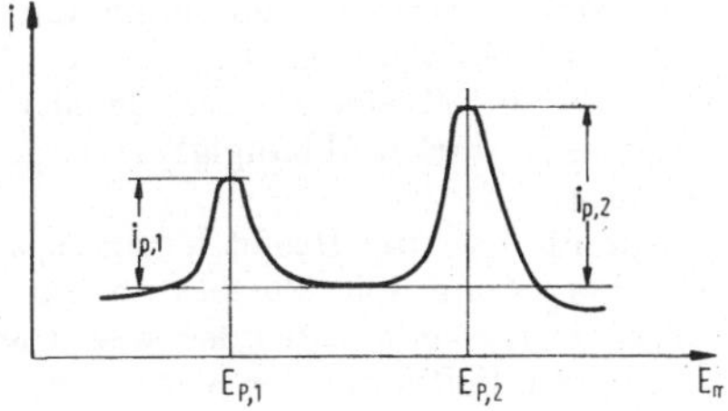

eine analoge peak-artige Form. Da die Änderung der Rate des Elektrodenprozesses und folglich des registrierten Anteiles von Δi als Folge der pulsartigen Potentialänderung ΔE am größten im Bereich des Halbstufenpotentials der betr. Substanz in der konventionellen Gleichspannungspolarographie ist, entspricht die differential-pulspolarographische Kurve praktisch dessen 1. Ableitung. Bei reversiblem Elektrodenprozeß gilt daher für die Lage des Peakpotentials $E_p = E_{1/2} - \Delta E$.

2.1.3. Methodik der Pulsverfahren zur Erzielung hoher Nachweisstärke

Bei der Stromregistrierung wird außerordentlich effizient die letztlich die Nachweisempfindlichkeit limitierende Grundproblematik sehr weitgehend und elegant gelöst. Hierauf beruht vornehmlich die außerordentlich hohe Nachweisstärke und gute Genauigkeit der differentiellen Pulsmethoden. Sie sind deshalb in den letzten Jahren auch zu Recht zur zentralen Methode der polarographischen und voltammetrischen Analytik geworden und haben die Renaissance der Polarographie und Voltammetrie in der spurenanalytischen Praxis bewirkt. Das Grundproblem besteht darin, daß sich grundsätzlich die gemessene Stromstärke i aus zwei Komponenten additiv zusammensetzt, der mit der Umladung der Doppelschicht verbundenen *Kapazitätsstromkomponente* i_c und der mit dem Elektronentransfer im Verlaufe des Elektrodenprozesses bei Reduktion wie Oxidation verknüpften *faradayschen* Stromkomponente i_F. Von der Summe

$$i = i_c + i_F$$

interessiert in der Analytik in der Regel nur i_F. Es sind also Bedingungen anzustreben, unter denen $i \approx i_F$ gilt; denn das Verhältnis i_F/i_c bestimmt das voltammetrische Nachweisvermögen, dessen Grenze für $i_F/i_c = 1$ erreicht wird.

Bei pulsartiger Polarisation läßt sich durch Nutzung der sehr unterschiedlichen Zeitfunktionen für i_c und i_F die Bedingung $i_c \ll i_F$ und damit $i \approx i_F$ sehr effizient einhalten. Für die Zeitabhängigkeiten der Komponenten des als Folge des Spannungspulses ΔE während der Pulsdauer t_p fließenden Stromes i gilt:

$$i_F \sim t^{-b} \quad \text{und} \quad i_c \sim \exp -\frac{t}{RC_D}$$

Der Exponent b ist $\leq 0{,}5$ und hat für den in der Analytik häufig vorliegenden Fall diffusionskontrollierter Faradayscher Ströme den Wert $0{,}5$. Die Zeitkonstante RC_D in der Zeitfunktion von i_c ist das Produkt aus dem Ohmschen Widerstand der Lösung R und der differentiellen Doppelschichtkapazität C_D, deren Betrag bei Leitsalzkonzentrationen von etwa 0,1 M eine gewisse, jedoch im Bereich $-0{,}4$ bis $-1{,}5$ (SKE) nicht sehr starke Abhängigkeit vom mittleren Elektrodenpotential E_m aufweist.

Nimmt man die Registrierung des während t_p fließenden Stromes i erst vor, wenn seit Pulsbeginn eine gewisse Verzögerungszeit t_v verstrichen ist, so gilt wegen des wesentlich rascheren exponentiellen Abfalles von i_c zum Zeitpunkt der Stromregistrierung $i \approx i_F$ (vgl. Abb. 4).

Setzt man z. B. voraus, daß $i_F/i_c = 100$ gelten soll, so ergeben sich, da i_c zum praktisch vollständigen Abklingen etwa $5\,RC_D$ benötigt, folgende Bedingungen für den erforderlichen Minimalbetrag von t_v (vgl. Tabelle 1). Da für die Stromregistrierung eine gewisse Zeitspanne M_2 von $10-20$ ms benötigt wird, sollte die Pulsdauer t_p um mindestens 25% die Verzögerungszeit t_v überschreiten.

Tabelle 1. Abhängigkeit der Verzögerungszeit t_v für die Stromregistrierung während der Pulsdauer t_p vom ohmschen Widerstand R und differentieller Doppelschichtkapazität $\overset{\star}{C}$

R (Ω)	C_D (μF)	t_v (ms)
100	1,6	0,8
100	0,8	0,4
1 000	1,6	8,0
1 000	0,8	4,0
4 000	1,6	32,0
4 000	0,8	16,0

Die C_D-Beträge beziehen sich auf eine für die Tropfelektrode typische Oberfläche von $0,04$ cm² und im Potentialbereich $-0,4$ bis $-1,5$ V (SKE) bei etwa $0,1$ M Leitsalz typische flächennormierte C_D-Beträge zwischen 40 und 20 μF cm^{-2}

2.1.4. Selektive Registrierung der pulspolarographischen bzw. pulsvoltammetrischen Stromkomponente

Aus den dargelegten Gründen wird in den modernen Polarographen, die heutzutage alle die differentielle Pulsfunktion enthalten, die Stromregistrierung auf folgende Weise vorgenommen (vgl. Abb. 4). Unmittelbar vor dem Puls liegt ein Meßinterval M_1 und nach der einstellbaren Verzögerungszeit t_v innerhalb der ebenfalls wählbaren Pulsdauer t_p ein

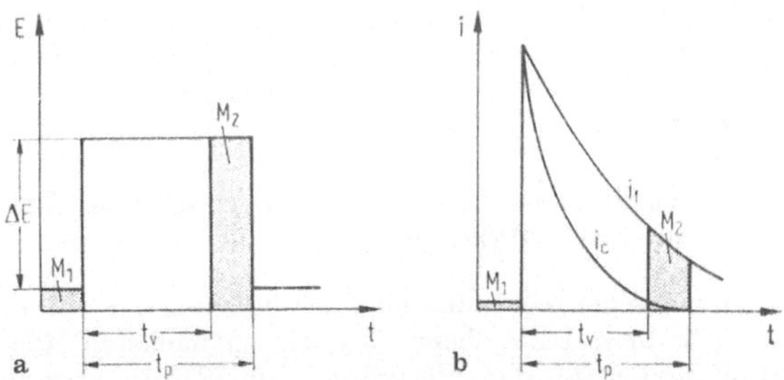

Abb. 4. a Lage der verschiedenen Zeitintervalle vor und in einem Spannungspuls. M_1, M_2 Intervalle der Strommessung; t_v Verzögerungszeit; t_p Pulsdauer; **b** Zeitverlauf der kapazitiven und faradayschen Stromkomponenten i_c und i_F während Pulsdauer t_p

Meßintervall M_2. Die Dauer der Meßintervalle ist auf 10 bis 20 ms festgelegt. In M_1 wird der vor dem Puls entsprechend $E = E_m$ fließende Reststrom registriert und in einem Kondensator gespeichert. Im Intervall M_2 wird der als Folge von ΔE fließende Strom $i + \Delta i$ registriert, wobei nach Verstreichen von t_v der Anteil Δi praktisch Δi_F entspricht, und in einem zweiten Kondensator gespeichert. Die Differenz der zeitlichen Mittelwerte der Ströme über M_2 und M_1 entspricht dem Mittelwert $\overline{\Delta i_F}$ über M_2. Diese Differenzmessung hat der Methode die Bezeichnung differentielle Pulspolarographie (DPP) bzw. an stationären Elektroden differentielle Pulsvoltammetrie (DPV) eingetragen.

2.2. Analytische Aspekte

2.2.1. Nachweisvermögen

Das Nachweisvermögen ist infolge der dargelegten Nutzung der unterschiedlichen Zeitgesetze für die faradaysche und kapazitive Stromkomponente um mindestens den Faktor 100 größer als das der konventionellen Gleichspannungspolarographie (vgl. Tabelle 2). Die potentiostatische pulsartige Polarisation ist eine Grundvoraussetzung für die volle Nutzung der unterschiedlichen Zeitgesetze für i_c und i_F und die daraus resultierende Steigerung des Nachweisvermögens. Ein besonderer Vorteil ist, daß die Nachweisempfindlichkeit für Substanzen mit reversiblem oder irreversiblem Elektrodenprozeß etwa gleich groß bleibt, im Gegensatz zu echten Wechselspannungsverfahren, wie ac- oder Square-Wave-Polarographie.

2.2.2. Ermittlung der Konzentration aus dem gemessenen Signal

Die Höhe der im Polarogramm bzw. Voltammogramm (Abb. 3) erhaltenen Strompeaks ist immer der Konzentration der im Analyten gelösten Substanz proportional. Die Auswertung erfolgt entweder gegen Eichgeraden oder nach der Eichzusatzmethode. Für Präzisionsbestimmungen von Metallen und Metalloiden ist gewöhnlich die *Eichzusatzmethode* vorzuziehen, da die Peakhöhe infolge Inhibition des Elektrodenprozesses durch adsorbierte grenzflächenaktive Stoffe beeinflußt werden kann, und zwar je nach vorhandener Art und Gehalt in verschiedenen Analytlösungen in unregelmäßigem Ausmaß.

2.2.3. Auflösungsvermögen und Verhältnis differentieller zu normalen Pulsverfahren

Im Rahmen der methodischen Klassifikation der Voltammetrie [15] gehört die DPP bzw. DPV ebenso wie die im nächsten Abschnitt behandelten DPIV-Moden zu den Verfahren mit *kleiner Spannungsamplitude* ($\Delta E \leq 100$ mV). Sie sind in ihrem Verhalten dadurch gekennzeichnet, daß durch die in diesem Falle pulsartige Polarisation um ΔE nur eine *Änderung* des bereits beim zugrunde liegenden Potential E_m ablaufenden Elektrodenprozesses der untersuchten Substanz erfolgt. Es gibt auch eine Version der Pulspolarographie und Pulsvoltammetrie mit Pulsen großer Höhe ΔE, die von einem fest eingestellten Ausgangspotential E_s außerhalb des Potentialbereiches des Elektrodenprozesses ausgehen, so daß der Elektrodenprozeß nur während der Pulsdauern t_p entsprechend dem jeweils erreichten Potential $E_s + \Delta E$ abläuft. An der Tropfelektrode erhält man mit dieser *normalen* Pulspolarographie (NPP) stufenartige Polarogramme, wie in der konventionellen Gleichspannungspolarographie, jedoch mit der der Pulspolarographie eigenen wesentlich erhöhten Nachweisempfindlichkeit. Dennoch liegt das Hauptanwendungsgebiet der NPP bei physikalisch-chemischen Untersuchungen, wie Problemen der Reaktionskinetik oder der Adsorption von in einem Elektrodenprozeß umsetzbaren Substanzen [16].

Für die Analytik ist der differentiellen Pulspolarographie bzw. differentiellen Pulsvoltammetrie eindeutig der Vorzug zu geben. Zwar haben NPP und DPP das gleiche Nachweisvermögen, jedoch ist das *Auflösungsvermögen* der DPP wesentlich höher, ein für in der Analytik häufig auszuführende Simultanbestimmungen mehrerer Substanzen wesentlicher Aspekt. Dieses hohe Auflösungsvermögen basiert auf der Tatsache, daß die DPP zu den Techniken mit kleiner Polarisationsamplitude ΔE gehört. Bei reversiblem Elektrodenprozeß ist noch die simultane Bestimmung zweier in etwa gleicher Konzentration vorliegender Substanzen möglich, deren Peaks sich bei n = 1,2 bzw. 3 um 90, 45 bzw. 30 mV unterscheiden. Stärker unterschiedliche Konzentrationsverhältnisse und Irreversibilität bedingen natürlich größere Potentialunterschiede für eine hinreichende Diskriminierung. Bei Peakpotentialdifferenzen von mindestens 200 mV sind Überschußverhältnisse bis zu $10^4 : 1$ zulässig. Sie ist jedoch, wie das Beispiel in Abb. 6 für die Simultanbestimmung verschiedener Metalle, die in recht unterschiedlicher Konzentration vorliegen, zeigt, immer bemerkenswert hoch. Ein wichtiger Gesichtspunkt bei der Untersuchung organischer Substanzen ist weiterhin, daß die in der DPP erhaltenen peaks nur unwesentlich durch Adsorption der Ausgangsstoffe und/oder Reaktionsprodukte des Elektrodenprozesses über die Symmetrie der peaks beeinflußt werden [17]. Aus allen diesen Gründen sind die DPP und DPV für die Analytik die pulsvoltammetrischen Methoden der Wahl.

2.2.4. Bestimmbare Substanzklassen und Anwendungsbereiche

Neben den im Bereich *anorganischer* Substanzen mit der Polarographie gut bestimmbaren Schwermetallen und Übergangsmetallen sowie einigen Metalloiden, wie As, Se, Te, und verschiedenen Anionen ist die umfangreiche und vielfältige Palette polarographisch bzw. voltammetrisch bestimmbarer *organischer* Verbindungen (darunter zahlreicher Substanzen biologischer Bedeutung) hervorzuheben. Hier eröffnen sich ständig an Bedeutung zunehmende Anwendungsfelder in der Materialanalyse, der Pharmazie und medizinischen Chemie, der Hygiene und ökologischen Chemie, in der Lebensmittelchemie, forensischen Chemie und Agrikulturchemie [6, 11, 12, 17, 18, 19]. Färbung und Trübung der Lösung sind ohne Belang. Der Stoffverbrauch ist so geringfügig, daß die DPP- bzw. DPV-Analyse hinsichtlich der Substanzkonzentration im Analyten quasizerstörungsfrei arbeitet, und sich daher auch besonders für die Verfolgung von Reaktionsabläufen eignet.

In Anbetracht der Schlüsselbedeutung zuverlässiger Analysenresultate in den genannten Anwendungsbereichen der organischen Spurenanalytik besteht eine der wichtigsten gegenwärtigen Aufgaben der polarographischen und voltammetrischen Analytik darin, die hohe Nachweisstärke und Selektivität der DPP und DPV durch Ausarbeitung entsprechender Arbeitsvorschriften für die zahlreichen organischen Verbindungsklassen nutzbar zu machen, von denen die grundsätzliche Möglichkeit zur polarographischen und voltammetrischen Bestimmung aus der Literatur [6, 11, 18, 19] bekannt ist. Dabei kommt der optimalen Verknüpfung mit vor der Bestimmung erforderlichen Trenn- und clean up-Verfahren besondere Bedeutung zu, wobei die Verknüpfung mit der HPLC besonders hervorzuheben ist. [54, 55]. In der Regel müssen für die Bestimmung mit der DPP und DPV die organischen Substanzen gelöst in einem polaren Solvens und bei einem geeigneten pH vorliegen, obwohl in bestimmten Fällen unter Einsatz von speziellen festen Mikroelektroden sogar *in vivo*-Bestimmungen von Pharmaka in Organen von Versuchstieren möglich sind [20, 51].

3. Differentielle Pulsinversvoltammetrie

Vor allem für eine Reihe von Schwermetallen und Übergangsmetallen, wie Cu, Bi, Pb, Cd, Zn, Tl, Hg u. a. sowie einigen Metalloiden (Se(IV), As(III), Sb) hat die Einführung der differentiellen Pulsmethode in die Inversvoltammetrie den Zugang zur zuverlässigen Ultraspurenanalyse geschaffen. Hinzu kommen anorganische und organische Schwefelverbindungen, womit auch die Spurenanalyse schwefelhaltiger Proteine ermöglicht wird [21].

Wie in der konventionellen Inversvoltammetrie besteht die erste Phase in einer elektrolytischen Anreicherung eines Aliquotes der zu bestimmenden Spurenelemente in der Phasengrenze Arbeitselektrode/Lösung. Diese elektrolytische Anreicherung hat den speziellen Vorzug im Vergleich zu chemischen Anreicherungsoperationen, daß sie *in situ* aus der Analytlösung erfolgt, und daher mit keinem die Richtigkeit benachteiligenden zusätzlichen Kontaminationsrisiken beaufschlagt ist. Am häufigsten werden als Arbeitselektroden Quecksilberelektroden eingesetzt, für bestimmte Spurenelemente, wie Hg oder As(III), jedoch Goldelektroden.

3.1. Differentielle anodische Pulsinversvoltammetrie

Diese als DPASV (von *differential pulse anodic stripping voltammetry*) bezeichnete Methode hat bisher die breiteste Anwendung gefunden für die simultane Analyse von zur Amalgambildung befähigten Spurenmetallen.

Dabei setzt man bis zu Spurenmetallgehalten von etwa 0,1 µg/l in der Analytlösung die *hängende Quecksilbertropfenelektrode* (*HMDE*) als AE ein, während noch kleinere Gehalte bis zu 0,001 bzw. 0,0005 µg/l die Verwendung der Quecksilberfilmelektrode (MFE) erfordern. Sie sollte in der Regel nicht bei Gehalten oberhalb 500 µg/l eingesetzt werden, um Störungen durch eine Überladung des Quecksilberfilmes mit Amalgamen zu vermeiden.

3.1.1. Methodisches Prinzip

Die voltammetrische Bestimmung besteht aus 3 Phasen, der kathodischen
Anreicherung bei konstantem Potential in gerührter Lösung, der Beruhigungszeit nach Beendigung der Rührung bzw. Rotation der Arbeitselektrode und der Reoxidationsphase im differentiellen Pulsmodus zur
Aufnahme des Voltammogrammes. Während der Anreicherungszeit t_e
wird ein hinreichend negatives Potential E_e eingestellt (Abb. 5), so daß
das Spurenmetall mit dem negativsten Abscheidungspotential noch erfaßt.
und Interferenzen durch Abscheidung des Leitsalzkations oder in saurer
Lösung infolge Wasserstoff-Entwicklung unterbleiben. Zur Steigerung des

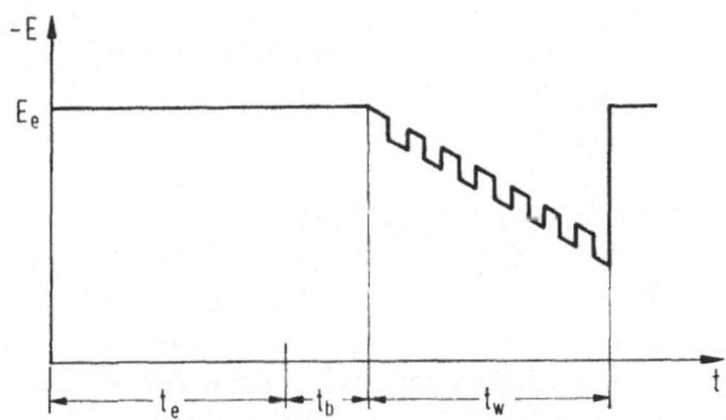

Abb. 5. Phasen der differentiellen Pulsinversvoltammetrie, DPASV-Ver-
sion. t_e Anreicherungszeit; E_e konstantes Anreicherungspotential; t_b Beruhigungszeit; t_w anodische Wiederauflösungsphase im differentiellen Pulsmodus

Massentransportes wird bei Verwendung des hängenden Quecksilber-
tropfens die Lösung mit einem Magnetrührer mit ca. 800 U/min gerührt,
während man die Quecksilberfilmelektrode oder Goldelektrode rotieren
läßt (1 500—3 000 U/min; Synchronmotor). Die Anreicherungszeiten t_e
liegen je nach Spurenmetallkonzentrationsbereich im Analyten zwischen
1 und 15 min. Sie können auch im extremen Ultraspurenbereich so kurz
gehalten werden, da nach Abstellen der Rührung bzw. Rotation und
einer Beruhigungszeit t_b von 30 s in ruhender Lösung die Reoxidation
eines Aliquots der abgeschiedenen Spurenmetalle unter Einsatz des besonders nachweisstarken differentiellen Pulsmodus erfolgt, wobei die
Pulse einer linear in anodischer Richtung veränderten Grundspannung
E_m überlagert sind. Die während der Pulse erfolgende Reoxidation zum
Metallion eines Anteiles der durch vorherige kathodische Abscheidung an
der Elektrode angereicherten Spurenmetalle liefert das Voltammogramm
(Abb. 6). Die Peakhöhen sind der Konzentration im Analyt proportional.
Der Einsatz des differentiellen Pulsmodus in der Bestimmungsphase ist
in mehrfacher Hinsicht von besonderer Bedeutung. Er sichert auch im
extremen Spurenbereich eine hohe Nachweisstärke bei zugleich hinreichen-
der Genauigkeit und ermöglicht kurze Anreicherungszeiten, ein für die
arbeitstägliche Analysenrate wichtiger Aspekt.

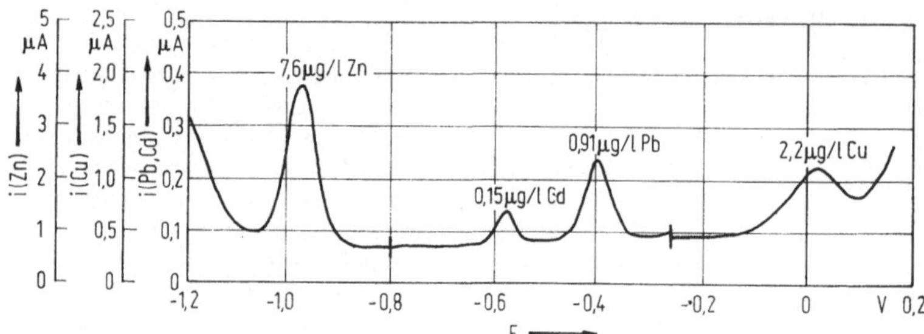

Abb. 6. Simultanbestimmung von Spurenmetallen in der Trinkwasser-kontrolle mit DPASV an der HMDE. ΔE 50 mV; Änderungsrate der Spannungsrampe E_m 2 mV s^{-1}; t_e 5 min; E_e −1,2 V (SKE); 0,1 M Azetat-puffer, pH 4,6. Die vertikalen Striche zeigen Umschaltung der Geräte-empfindlichkeit an

Die Eichzusatzmethode ist in den meisten Fällen das sicherste Aus-wertungsverfahren, wobei gewöhnlich zwei Eichzusätze genügen. Der Zeitbedarf beträgt somit für eine vollständige Analyse etwa 20—60 min, je nachdem welche Anreicherungszeit t_e auf Grund der zu bestimmenden Spurenmetallkonzentrationen erforderlich ist. Dabei ist zu bedenken, daß simultan 4 bis 5 Metalle bestimmt werden. Üblicherweise werden folgende pulsvoltametrischen Parammeter eingestellt: ΔE 50 mV; t_p 60 ms; t_v 40 ms; M_1, M_2 10 bis 20 ms; t_f 0,5 s und Vorschub der Spannungsrampe E_m 5 mV s^{-1}.

3.1.2. Arbeitselektroden

Hängende Quecksilbertropfenelektrode. Die oberhalb ca. 0,1 μg/l meist eingesetzte hängende Quecksilbertropfenelektrode (*hanging mercury drop electrode HMDE*) hat eine Oberfläche von 1 bis 4×10^{-2} cm². Bei der manuellen HMDE wird unmittelbar vor der Anreicherungsphase jeder Bestimmung mit einer Mikrodosiervorrichtung ein frischer Tropfen aus der Kapillare gedrückt. Auf diese Weise bleiben die Vorteile der echten Quecksilbertropfenelektrode, wie frische Elektrode für jede Analyse und hohe Wasserstoffüberspannung, weitgehend erhalten. Besonders vorteilhaft in der Routineanalytik ist die automatische HMDE.

Goldelektroden. Für die Bestimmung von Hg, evtl. simultan mit Cu, ist im Konzentrationsbereich oberhalb 0,08 μg/l eine normale polierte Goldscheibenelektrode optimal, die während der Anreicherungsphase mit 1 500—3 000 U/min rotiert [22] (vgl. Abb. 7). Sie muß vor jeder Analyse aktiviert werden, durch mehrmaligen Potentialwechsel von −0,25 zu +1,7 V (SKE) mit Verweilszeiten von 20 s beim jeweiligen Potential. Der Chloridgehalt im Analyt soll 5×10^{-3} M nicht überschreiten, so daß gegebenenfalls nach der Anreicherungsphase vor der Reoxidation des abgeschiedenen Hg Mediumwechsel zu 0,1 M HClO$_4$ + 5×10^{-3} M HCl erforderlich ist. Auch die Aktivierung muß bei einem Cl$^-$-Gehalt unter 5×10^{-3} M erfolgen.

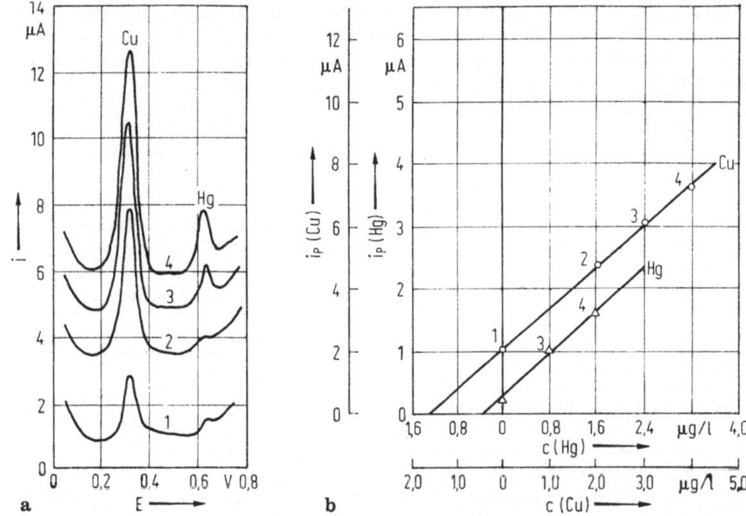

Abb. 7. Simultanbestimmung mit DPASV von Kupfer und Quecksilber in Flußwasser an der konventionellen Goldscheibenelektrode (12,6 mm^2) nach vorausgegangener UV-Bestrahlung (2 h) bei pH 2. t_e 5 min; E_e $-0,4$ V (SKE); vor Reoxidation im differentiellen Pulsmodus Mediumwechsel zu 0,1 M HClO$_4$ + 2,5 × 10^{-3} M HClO$_4$.
1 Wasserprobe; 2, 3, 4 erster, zweiter und dritter Eichzusatz

Im Konzentrationsbereich von etwa 0,1 bis 0,001 µg/l erzielt man ein befriedigendes Signal/Rausch-Verhältnis bei Anwendung der *subtraktiven differentiellen anodischen Pulsinversvoltammetry (SDPASV)*, was den Einsatz einer *Zwillingsgoldelektrode* erfordert (23). Hierbei ist die Goldscheibe in zwei voneinander isolierte Hälften geteilt. Bei großem Cu-Überschuß kann außerdem programmierte Polarisation während der kathodischen Anreicherungsphase erforderlich werden.

Quecksilberfilmelektrode. Die Arbeitselektrode für die simultane Bestimmung von Ultraspurengehalten ($< 0,1$ µg/l) amalgambildender Spurenmetalle (vgl. Tabelle 2) ist die Quecksilberfilmelektrode (MFE) [24, 25]. Sie wird während der kathodischen Anreicherungsphase *in situ* gebildet durch elektrolytische Abscheidung eines dünnen Quecksilberfilmes (100—1000 Å Dicke) auf einer speziell polierten Glaskohleelektrode [24, 25]. Hierzu wird dem Analyt Hg(NO$_3$)$_2$, Merck, suprapur, zugesetzt (50 µl 2,5 × 10^{-2} M Hg(NO$_3$)$_2$ auf 50 ml Analyt). Zur Erzielung eines befriedigenden Quecksilberfilmes muß das Anreicherungspotential mindestens auf $-1,0$ V (SKE) eingestellt werden. Wegen der relativ großen Oberfläche von typisch 0,3 cm^2 und des kleinen Volumens von 0,3 bis 1,5 × 10^{-6} cm^3 ist die Aufkonzentrierung der Spurenmetalle sehr groß und erreicht bei Anreicherungszeiten von 10 min Anreicherungsfaktoren bis zu 2 × 10^4. Zur Feststellung der Konzentration genügen zwei Eichzusätze. Die entsprechenden Voltammogramme erfolgen am gebildeten Quecksilberfilm, der dabei weiter wächst.

Als optimal [14, 26] haben sich an der MFE folgende pulsvoltammetrischen Parameter erwiesen: ΔE 50 mV; t_v 29 ms; M_1, M_2 13 ms; t_f 16 ms; t_f 0,24 s und Vorschub der Spannungsrampe E_m 10 mV s^{-1}.

Tabelle 2. Typisches Nachweisvermögen und Genauigkeit direkter und inverser Methoden

Methode	Bestimmungsgrenze im Analyt bzw. in natürlichen Gewässerproben bei relat. Standardabweich. $\pm 20\%$	
	µg/l	Mol/Liter
I. Direkte Methode		
Konventionelle Gleichspannungspolarographie, Quecksilbertropfelektrode (DME) bzw. konventionelle Gleichspannungsvoltammetrie an stationären Elektroden	1 000	1×10^{-5}
differentielle Pulspolarographie bzw. Pulsvoltammetrie	10	1×10^{-7}
II, Inverse Methoden		
Konventionelle Inversvoltammetrie mit linearer Gleichspannungsrampe		
— hängender Quecksilbertropfen (HMDE)	0,1	1×10^{-9}
— Quecksilberfilmelektrode (MFE)	0,01	1×10^{-10}
differentielle Pulsinversvoltammetrie		
— hängender Quecksilbertropfen (HMDE)	0,01	1×10^{-10}
— Quecksilberfilmelektrode (MFE)	$\leq$ 0,001	$\leq 1 \times 10^{-11}$
— Goldscheibenelektrode	0,08	5×10^{-10}
subtraktive differentielle Pulsinversvoltammetrie		
— Zwillingsgoldelektrode	0,001	1×10^{-11}

Nach jeder Analyse (inklusive der Eichzusätze) wird der Quecksilberfilm mit feuchtem Filterpapier abgewischt und die wieder erhaltene Glaskohleoberfläche mit de-ionisiertem Wasser gespült. Bei Nichtgebrauch wird die Glaskohleelektrode in Quecksilber eingetaucht gelagert. Bei sorgsamer Handhabung hat die Elektrode eine Lebensdauer von 1 bis 2 Jahren.

3.2. Differentielle kathodische Pulsinversvoltammetrie

Dieses Verfahren (*differential cathodic stripping voltammetry DCPSV*) wird unter Einsatz der HMDE bei Spurensubstanzen angewandt, die bei anodischen Potentialen durch Verbindungsbildung mit entstehenden Hg^{2+}-Ionen eine Schicht auf der Elektrodenoberfläche bilden, wie z. B. Sulfide [21] und Selenide [27]. Anschließend wird durch kathodische Polarisation im differentiellen Pulsmodus das gebundene Hg(II) wieder reduziert und das S^{2-} bzw. Se^{2-} der Schicht wieder freigesetzt. Man kann z. B.

auf diese Weise im gleichen Arbeitsgang simultan zunächst mit DPASV Spurenmetalle wie Cu, Pb, Cd, Zn bestimmen, anschließend bei —0,2 V (SKE) das Potential zur Se-Anreicherung als HgSe einige Minuten halten und dann die Se-Bestimmung mit DPCSV vornehmen [27]. Ansonsten gilt das für die DPASV dargelegte.

3.3. Ausnahmen

In der Regel bietet die Kopplung des inversvoltammetrischen Prinzips mit dem differentiellen Pulsmodus so große Vorteile, daß die resultierende differentielle Pulsinversvoltammetrie die konventionelle inverse Voltammetrie mit ausschließlich linearer Spannungsrampe weitgehend verdrängt hat. Für einige Metalle und Metalloide, wie Cr, As(III), ist jedoch nach wie vor die *konventionelle Inversvoltammetrie* einzusetzen [14].

3.4. Automatisierung

In Anbetracht der Bedeutung der Pulsinversvoltammetrie für die Spurenanalyse ist gegenwärtig die Automatisierung in vollem Gange. Man unterscheidet *Halb-* und *Vollautomaten*.

3.4.1. Halbautomaten

Beim Halbautomaten werden die verschiedenen sequentiellen Phasen (evtl. Aktivierung, Anreicherung und Rührung oder Rotation der Arbeitselektrode, Beruhigungszeit, Polarisation im differentiellen Pulsmodus zur Aufnahme des Voltammogrammes) im zeitlichen Ablauf und in der Dauer sowie die Polarisation der Arbeitselektrode programmgesteuert. Eine mehrmalige Wiederholung der Aufnahme des Voltammogrammes kann automatisch zur Überprüfung der Reproduzierbarkeit erfolgen, ebenso wie Differenzbildung gegen den gespeicherten Grundstrom der Leerlösung.

3.4.2. Vollautomaten

Vollautomaten sind mit einem Mikroprozessor oder Rechner ausgestattet und führen die gesamte voltammetrische Bestimmung inklusive der *Dosierung* von Analyt und Eichzusätzen automatisch durch. Es erfolgt außerdem die Verarbeitung der Analysendaten und ihre digitale Anzeige bzw. ihr Ausdruck mit Angabe der Standardabweichung. Neueste Entwicklungen arbeiten simultan mit mehreren Zellen und damit Proben oder sind als automatische Meßvorrichtungen im *on-line-Betrieb* einsetzbar, z. B. in der Trinkwasserkontrolle im Wasserwerk [28] oder bei der Überwachung von Gewässern.

3.5. Analytische Aspekte

3.5.1. Generelles

Die Spurenanalyse einer Reihe von Metallen und Metalloiden (vgl. Tabelle 3) spielt wegen ihrer essentiellen bzw. toxischen Wirkungen eine immer wichtigere Rolle in der *ökologischen Chemie* bezüglich *Umweltschutz* und

Ökotoxikologie, in der *Lebensmittelkontrolle* einschließlich Trinkwasser und in der *klinischen Chemie* und *Arbeitsmedizin*. Es handelt sich hierbei um Spuren von Metallen und Metalloiden, die der differentiellen Pulsinversvoltammetrie gut zugänglich sind. Diese Spurenelemente sind außerdem auch für bestimmte Probleme der Biochemie, für die Geochemie und die chemische Ozeanographie und Limnologie von vielfältigem Interesse.

In der Nachweisstärke wird für Cu, Pb, Cd, Zn, Hg, Tl, Bi, Se, die DPIV von keiner methodischen Alternative der instrumentellen Analytik übertroffen. Die Robustheit und Kompaktheit der Instrumentation ermöglichen ihren Einsatz in Feldstudien und bei Expeditionen.

3.5.2. Anwendungsbereiche

Wasseranalytik. Die außerordentliche Nachweisstärke kommt besonders bei Proben aus dem aquatischen Bereich zum Tragen und die DIPV ist hier eindeutig die Methode der Wahl [14, 29, 30]. Zur Probenvorbereitung genügt häufig die Einstellung eines geeigneten pH-Wertes. So lassen sich alle nach der *Trinkwasserverordnung* zu bestimmenden Metalle und Metalloide elegant und sicher bestimmen [31] sowie außerdem Cyanid und Nitrat nach Überführung in Nitrophenol mit der differentiellen Pulspolarographie [32]. Das Gleiche gilt für die Spurenmetallgehalte in *Regen* und *Schnee* [27, 33]. Proben aus *Flüssen, Seen* und dem *Meer* erfordern in der Regel etwas mehr Probenvorbereitung (Abb. 8).

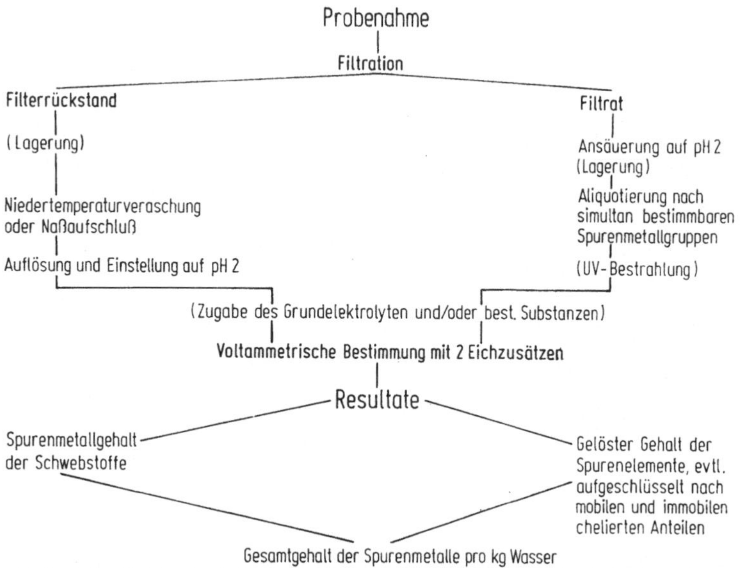

Abb. 8. Analysengang bei der Spurenmetallbestimmung in natürlichen Gewässern (Flüsse, Seen, Meer)

Nach Abtrennung der Schwebstoffe durch ein Membranfilter (0,45 μm Porenweite) wird das Filtrat einer UV-Bestrahlung mit einer Quecksilberlampe (150—500 W) für einige Stunden unterworfen (evtl. Zusatz von H_2O_2), um photolytisch die Spurenmetalle bindende gelöste organische Materie abzubauen und so die Spurenmetallanteile in eine voltammetrierbare Form zu überführen [14, 22, 25]. Die systematische Anwendung der DPIV im Zusammenhang mit diesen Probenvorbereitungstechniken und neuartigen Probenahmeverfahren [34] hat zu einer tiefgreifenden Revision der bisherigen Vorstellungen über die gelösten Spurenmetallgehalte im Meer geführt [30, 53]. Fortschritte von prinzipieller Bedeutung in der marinen und aquatischen Spurenchemie sind der breiten Anwendung der DPIV zu verdanken, und zwar sowohl hinsichtlich der Gehalte als auch bezüglich der Charakterisierung und Quantifizierung gelöster Metallspezies im realistischen Spurenbereich [30, 38]. Abb. 9 zeigt die erreichbare Genauigkeit im möglichen Einsatzbereich der Quecksilberfilmelektrode. Auch in *kommunalen Abwässern* ist eine entspr. Spurenmetallbestimmung sicher und rasch möglich [35].

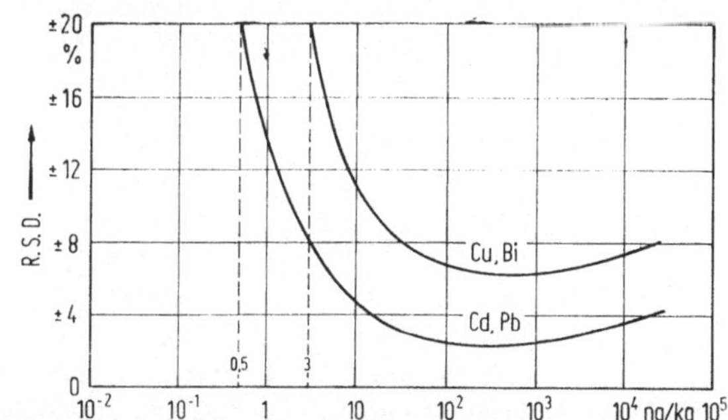

Abb. 9. Genauigkeit von Bestimmungen mit der DPASV an der Quecksilberfilmelektrode (MFE) in natürlichen Gewässerproben

Weinanalytik. Der Spurenmetallanalytik im Wein hat die DPIV neue Möglichkeiten eröffnet. Nach vorausgegangener UV-Bestrahlung ist unmittelbar die voltammetrische Simultanbestimmung von Cu, Pb und Cd möglich [36, 37]. In weiteren Aliquots wird die Hg-Bestimmung an der einfachen Goldelektrode vorgenommen, während ein drittes Aliquot zur Bestimmung von Ni und Co nach adsorptiver Chelatakkumulierung unter Anwendung der DPV dient [56].

Nahrungsmittel und biologische Matrices. Ständig wachsende Bedeutung gewinnt die DPIV auch für die Analyse einer Reihe von Spurenmetallen in biologischem Material [38, 46], und zwar in der Untersuchung und Kontrolle von Grundnahrungsmitteln (Fisch [39, 40], Milch [41], Fleisch, Getreideprodukte, Pflanzenmaterial etc.) sowie von Körperflüssigkeiten (Blut [42], Urin [43]), Biopsie- und Autopsiematerial und für die Lösung von Problemstellungen der Ökotoxikologie, Arbeitsmedizin und klinischen Chemie [49, 50]. Eine vollständige *Mineralisierung* durch Naßaufschluß oder Veraschung ist bei diesen Matrices Voraussetzung (Abb. 10). Bewährt haben sich die Niedertemperaturveraschung im Sauerstoffplasma [42], Naßaufschlüsse mit $HClO_4/H_2SO_4$ oder $H_2O_2/HNO_3/H_2SO_4$ [14, 44] und der Druckaufschluß mit HNO_3, wobei unbedingt eine Nachbehandlung mit H_2O_2 oder H_2SO_4 oder $HClO_4$ erforderlich ist [41, 45]. Generell wird bei allen Probenvorbereitungsverfahren für die Spurenmetallbestimmung mit DPIV angestrebt, daß die Spurenmetalle im Analyt als Spezies vorliegen, die einen weitgehend reversiblen Elektrodenprozeß der Metalle gewährleisten.

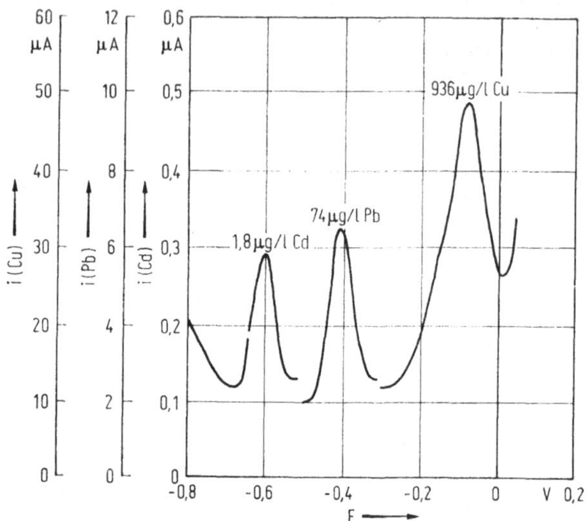

Abb. 10. Simultanbestimmung mit DPASV toxischer Spurenmetalle in menschlichem Vollblut nach Niedertemperaturveraschung im Sauerstoffplasma (150 °C, 8 h) und Auflösung in mit HCl angesäuertem Wasser (pH 2). HMDE; E_e −0,8 V (SKE); t_e 2 min (800 U/min Rührung). Zwischen den einzelnen peaks wurde die Geräteempfindlichkeit geändert. Bestimmungsgrenzen: Pb 4 µg/l (RSD ± 30%); Cd 0,1 µg/l (RSD ± 20%). Die höheren Kontaminationsrisiken für Pb während der Probenvorbereitung schränken die praktisch erzielbare Nachweisempfindlichkeit stärker ein als für Cd.

Bezogen auf die biologische Matrix kann nicht die gleiche Nachweisempfindlichkeit erreicht werden wie in Matrices, in denen die Spurenelemente gelöst vorliegen. Jedoch werden Bestimmungsgrenzen von etwa 1 µg/kg Frischgewicht und je nach Spurenmetall auch 0,1 µg/kg erreicht [39—43]. Die Zuverlässigkeit ist hervorragend [46, 47].

4. Schlußfolgerungen

Bei der DPIV liegen sowohl für biologische Matrices als auch in der Wasseranalytik die latenten Risiken in der Probenahme und Probenvorbereitung. Häufig ist die Probenahme der kritischste Schritt. Das gilt vor allem in der Wasseranalytik. Jedoch hat auch die kontaminationsfreie Sektion von Organismen und Organen sowie Blutentnahme wohl zu beachtende Probleme. Grundlegende Voraussetzungen sind wie generell in der Spurenanalytik die Verwendung entsprechender rigoros gereinigter Gefäße und Reagentien [42, 48], die Durchführung der Manipulationen unter einer clean bench [25, 48] und die konsequente Einhaltung einer generellen spurenchemischen Arbeitsweise, wobei die Anforderungen beim Übergang vom µg/kg- zum ng/kg-Bereich entsprechend wachsen [47].

Für eine allen Ansprüchen zur Bestimmung organischer Spurenstoffe und anorganischer Spurenelemente genügende Instrumentation für die differentielle Pulspolarographie und differentielle Pulsinversvoltammetrie sind etwa 20000 DM erforderlich. Mit den Geräten sind bei Abschaltung des differentiellen Pulsmodus konventionelle Polarographie und Inversvoltammetrie durchführbar.

Die Voltammetrie zählt heute eindeutig zu den kostengünstigsten und leistungsfähigsten Verfahren der modernen instrumentellen Analytik von Spurenstoffen [30, 38, 46, 49, 50].

Literatur

1. Heyrovský, J.; Kuta, J.: Grundl. Polarographie. Berlin: Akademie-Verlag 1965
2. Nürnberg, H. W.; v. Stackelberg, M.: J. Electroanal. Chem. *2*, 181, 350 (1961)
3. Nürnberg, H. W.: Fresenius Z. Anal. Chem. *186*, 1 (1962)
4. Nürnberg, H. W.; Wolff, G.: Chem.-Ing.-Techn. *37*, 977 (1965); *38*, 160 (1966)
5. Neeb, R.: Inverse Polarographie und Voltammetrie. Weinheim: Verlag Chemie 1969
6. Nürnberg, H. W.; Kastening, B.: in Korte, F. (ed.): Methodicum Chimicum, Bd. 1/1, S. 606. Stuttgart: G. Thieme 1973
7. Barker, G. C.; Gardner, A. W.: Fresenius Z. Anal. Chem. *173*, 79 (1960)
8. Schmidt, H.; v. Stackelberg, M.: Neuart. polarograph. Methoden. Weinheim: Verlag Chemie 1962
9. Flato, J. B.: Anal. Chem. *44*, 75 A (1972)
10. Meites, L.: Polarographic Techniques, 2nd ed. New York: Interscience 1965
11. Nürnberg, H. W.: Angew. Chem. *72*, 433 (1960)
12. Smyth, W. F. (ed.): Polarography of Molecules of Biological Significance. New York: Academic Press 1979
13. Monien, H.: Chem.-Ing.-Techn. *42*, 857 (1970); *43*, 666 (1971)
14. Valenta, P.; Nürnberg, H. W.: in Böhnke, B. (Hrsg.): Gewässerschutz — Wasser — Abwasser. Bd. 44, S. 105 Aachen: Ges. Förder. Siedlungswasserwirtschaft, 1980
15. Meites, L.; Nürnberg, H. W.; Zuman, P. and IUPAC Commission V. 5 Electroanalytical Chemistry: Pure and Appl. Chem. *45*, 81 (1976)
16. Nürnberg, H. W.: Fortschr. Chem. Forschg. *8*, 241 (1967)
17. Wolff, G.; Nürnberg, H. W.: Fresenius Z. Anal.-Chem. *216*, 169 (1966)
18. Brezina, M.; Zuman, P.: Die Polarographie in der Medizin, Biochemie und Pharmazie. Leipzig: Akademie-Verlag 1956; New York: Interscience 1958
19. Nürnberg, H. W. (ed.): Electroanalytical Chemistry. London — New York: Wiley 1974

20. Adams, R. N.: Anal. Chem. *48*, 1126 A (1976)
21. Florence, T. M.: J. Electroanal. Chem. *97*, **219**, 237 (1979)
22. Sipos, L.; Golimowski, J.; Valenta, P.; Nürnberg, H. W.: Fresenius Z. Anal. Chem. *298*, 1 (1979)
23. Sipos, L. et al.: Anal. Chim. Acta *115*, 25 (1980)
24. Nürnberg, H. W. et al.: Fresenius Z. Anal. Chem. *282*, 357 (1976)
25. Mart, L.; Nürnberg, H. W.; Valenta, P.: Fresenius Z. Anal. Chem. *300*, 350 (1980)
26. Valenta, P.; Mart, L.; Rützel, H.: J. Electroanal. Chem. *82*, 327 (1977)
27. Nürnberg, H. W.; Valenta, P.; Nguyen, V. D.: Jahresber. 1978/79, Kernforschungsanlage Jülich, S. 47
28. Valenta, P. et al.: Fresenius Z. Anal. Chem. *292*, 120 (1978)
29. Nürnberg, H. W.; Valenta, P.: in Goldberg, E. D. (ed.): The Nature of Sea Water, p. 89, Berlin: Dahlem-Konf. 1975
30. Nürnberg, H. W.: Chem.-Ing.-Techn. *51*, 717 (1979)
31. Klahre, P.; Valenta, P.; Nürnberg, H. W.: Vom Wasser *51*, 199 (1978)
32. Frahne, D.; Geil, J. V.; Deuschle, A.: Labor Praxis, Juni 1980, 28
33. Nguyen, V. D.; Valenta, P.; Nürnberg, H. W.: Sci. Tot. Environm. *12*, 151 (1979)
34. Mart, L.: Fresenius Z. Anal. Chem. *299*, 97 (1979)
35. Pihlar, B. et al.: Z. Wasser u. Abwasserforsch., *13*, 130 (1980)
36. Golimowski, J.; Valenta, P.; Nürnberg, H. W.: Z. Lebensm. Unters. Forsch. *168*, 333 (1979)
37. Golimowski, J. et al.: Z. Lebensm. Unters. Forsch. *168*, 439 (1979)
38. Nürnberg, H. W.: Sci. Tot. Environm. 12, 35 (1979)
39. Stoeppler, M.; Nürnberg, H. W.: Ecotox. Environm. Safety *3*, 335 (1979)
40. Stoeppler, M.; Brandt, K.: Z. Lebensm. Unters. Forsch. *169*, 95 (1979)
41. Jönsson, H.: Z. Lebensm. Unters. Forsch. *160*, 1 (1976)
42. Valenta, P. et al.: Fresenius Z. Anal. Chem. *282*, 25 (1977)
43. Golimowski, J. et al.: Talanta *26*, 649 (1979)
44. May, K.; Stoeppler, M.: Fresenius Z. Anal. Chem. *293*, 127 (1978)
45. Stoeppler, M.; Backhaus, F.: ibid. *291*, 116 (1978)
46. Nürnberg, H. W.: in Smyth, W. F. (ed): Electroanalysis in Hygiene, Environmental, Clinical and Pharmaceutical Chemistry; p. 351. Amsterdam: Elsevier 1979
47. Stoeppler, M.; Valenta, P.; Nürnberg, H. W.: Fresenius Z. Anal. Chem. *297*, 22 (1979)
48. Mart, L.: Fresenius Z. Anal. Chem. *296*, 350 (1979)
49. Stoeppler, M.: in Brown, S. S. (ed.): Clinical Chemistry and Chemical Toxicology of Metals, p. 307. Amsterdam: Elsevier/North Holland Biochemical Press 1977
50. Stoeppler, M.; Nürnberg, H. W.: Proc. Int. Workshop Specimen Bank Collection; p. 325. The Hague: M. Nijhoff 1979
51. Lane, R. F.; Hubbard, A. T.: Anal. Chem. *48*, 1287 (1976)
52. Pilhar, B.; Valenta, P.; Nürnberg, H. W.: J. Electroanal. Chem., i. Druck
53. Mart, L. et al.: Geochem. S., i. Druck
54. Smyth, M. R.; Frischkorn, C. G. B.: Anal. Chim. Acta *115*, 293 (1980)
55. Frischkorn, C. G. B. et al.: Fresenius Z. Anal. Chem. *300*, 407 (1980)
56. Golimowski, J.; Nürnberg, H. W.; Valenta, P.: Lebensmittelchem. gerichtl. Chemie *34*, 116 (1980)
57. Nürnberg, H. W.; Valenta, P.: Proc. 29th Colston Symp.; p. 201, Scientechnika, Bristol 1978
58. Séquaris, S. M. et al.: Bioelectrochem. Bioenerg. *5*, 483 (1978)

III. Anwendungen

Chemischer Nachweis funktioneller organischer Gruppen

Dr. W. Huber

BASF AG, Analytisches Laboratorium, D - 6700 Ludwigshafen

Die instrumentelle Analytik, insbes. die Infrarotspekroskopie, hat den chemischen Nachweis funktioneller Gruppen in den Hintergrund treten lassen. Die Gründe dafür liegen weniger in der prinzipiellen Leistungsfähigkeit der beiden Arbeitsweisen — jede hat besondere Stärken und Schwächen — als vielmehr in der grundsätzlichen Arbeitstechnik:

Bei der Spektroskopie wird zuerst die experimentelle Arbeit durchgeführt, d. h. ein Spektrum aufgenommen. Die Schwierigkeiten sind hierbei in der Regel gering. Sie liegen in der Interpretation der Spektren. Alle funktionellen Gruppen, die überhaupt erfaßbar sind, können bei *einer* Bestimmung erkannt werden, also auch solche, deren Vorhandensein überraschend kommt.

Bei der chemischen Analytik ist die Situation gerade umgekehrt: Das Hauptproblem ist die richtige Fragestellung und die Auswahl einer angemessenen Methode. Auch wird jeweils nur nach *einer* funktionellen Gruppe gefragt, und die Antwort lautet ja oder nein. Die Interpretation macht somit keine Schwierigkeiten, dagegen sind die Anfangsprobleme groß. Überraschende Ergebnisse sind nicht zu erwarten, da für die Fragestellung schon eine konkrete Vermutung vorgelegen haben muß.

Die geistige „Aktivierungsarbeit" von spektroskopischen Methoden ist somit wesentlich geringer, was sicher zu ihrer Beliebtheit beigetragen hat. Dazu kommt, daß die systematische Bearbeitung des chemischen Nachweises funktioneller Gruppen in der Literatur ziemlich vernachlässigt wird. Es ist außerordentlich mühsam, sich für einen konkreten Fall eine umfassende Literaturkenntnis anzueignen, da die Anzahl der Arbeiten geradezu unübersehbar groß ist. Dazu kommt noch, daß sich die in Frage kommenden Arbeitsmethoden in mehrere Gruppen aufteilen lassen, zwischen denen nur wenig Verbindung besteht:

1) Die eigentlichen *qualitativen Nachweise.* Darunter kann man auch die Tüpfelreaktionen nach Feigl zählen. Die Bedeutung dieser Gruppe ist im Abnehmen, da nur wenige neue Arbeiten erscheinen.
2) *Quantitative Bestimmungsmethoden,* meist auf photometrischer Basis. Hier liegt ein für die qualitative Analyse weitgehend ungenutzter, außerordentlich umfangreicher Erfahrungsschatz vor, der laufend zunimmt.

3) *Sprühreagentien für die Papier- und Dünnschichtchromatographie.* Der Nachweis von Substanzen auf zweidimensionalen Chromatogrammen beruht häufig auf dem Vorhandensein entsprechender funktioneller Gruppen. Leider wird dieser Umstand in der Literatur nur wenig gewürdigt. Ein systematischer Katalog von selektiven Reagentien für funktionelle Gruppen steht noch aus.

Die Stärke von chemischen Nachweisen funktioneller Gruppen besteht in der Möglichkeit, außerordentlich spezielle Fragen stellen zu können. Dadurch lassen sich Probleme der Selektivität und der Nachweisempfindlichkeit in vielen Fällen besser lösen als mit spektroskopischen Methoden. Daß der apparative Aufwand wesentlich geringer ist, versteht sich am Rande, spielt aber heute häufig keine Rolle mehr.

Die Schwäche dieser Methoden besteht hauptsächlich in der Schwierigkeit, in dem riesigen Arsenal, das zur Verfügung steht, das richtige Instrument herauszusuchen. Dazu gehört neben Literaturangaben viel chemisches Verständnis, insbesondere über Löslichkeiten. Schwächster Punkt sind Störungen. Man kann nicht erwarten, daß Literaturangaben auf alle im konkreten Fall vorhandenen Probleme eingehen können.

Erläuterung zu den Tabellen

Aus dem überaus zahlreichen Material wird hier eine relativ kleine Auswahl getroffen. Als Auswahlkriterium diente neben der Spezifität vor allem ein möglichst breiter Anwendungsbereich durch Benutzung möglichst universaler Lösungsmittel, z. B. Alkohole. Für wichtige Gruppen wurde mehr als eine Methode angegeben.

Die Spezifität der einzelnen Reaktionen ist meist um so besser, je reaktionsfähiger die Gruppe ist. Bei wenig reaktionsfähigen Gruppen, z. B. C=C-Doppelbindungen, kann die Spezifität sehr gering sein. Hier besagt ein positiver Ausfall der Prüfung wenig, umso mehr aber ein negativer. Störungen sind nach Möglichkeit angegeben, die Angaben sollten in erster Linie als Hinweise für Störmöglichkeiten betrachtet werden.

Angaben über Empfindlichkeiten werden absichtlich nicht gemacht. In den seltensten Fällen werden Reinkomponenten geprüft, und die Empfindlichkeiten bei Gemischen sind in der Regel matrixabhängig. Da die meisten Reaktionen jedoch auch quantitativ auswertbar sind, können aus der Literatur einige Angaben übernommen werden. Bei einem Endvolumen von ca. 5 ml ist die Nachweisgrenze in der Regel wesentlich < 1 mg, häufig < 10 µg.

Sofern in der Spalte ,,Literatur'' die Abkürzung ,,Quant.'' erscheint, wird damit angezeigt, daß die Reaktion quantitativ auswertbar ist. Näheres kann bei der angegebenen Stelle entnommen werden.

Gruppe	Reagentien	Arbeitsweise
$-C=C-$	A: p-Dimethylamino-benzaldehyd in Eisessig, $w = 10\%$ (m/m) B: Schwefelsäure, konz.	Probe in einigen Tropfen A lösen, ca. 10fache Menge B zugeben und erwärmen: Rotfärbung Beim Verdünnen mit H_2O: Violettfärbung
$-C=C-C=C-$	Eine gesättigte Lösung von p-Nitrobenzoldiazoniumfluoborat in Methoxyethanol wird mit 20% (v/v) konz. Phosphorsäure versetzt.	Probe in Reagens lösen und schwach erwärmen (max. 35°) Gelb- bis Rotfärbung. Absorptionsmaximum für Butadien ca. 400 nm für Isoprenderivate 490—610 nm Die volle Farbentwicklung kann Stunden dauern
$-C-CH=CH_2$ $-C-CH=C\diagup^R_{\diagdown R}$	0,5 g Phloroglucin werden in 60 ml reinem Ethanol gelöst und mit konz. HCl auf 100 ml aufgefüllt. Das Reagens ist für 12 h stabil.	Probe im Reagens lösen und auf ca. 45° erwärmen. Es entwickelt sich eine Rotfärbung (Absorptionsmaximum 520 nm)
(Benzolring-Struktur)	10 ml konz. H_2SO_4 werden mit 5 Tropfen konz. Formaldehydlösung versetzt.	Probe mit Reagens versetzen. Es entsteht eine intensive Färbung, gelb, rot, blau oder grün.
$-C\equiv CH$	Verd. $AgNO_3$-Lösung in Wasser oder Methanol	Proben in H_2O oder Methanol lösen, hohe Acidität abpuffern, Reagens zugeben. Weißer Niederschlag, der sich mit überschüssigem Reagens wieder löst, was durch NH_3 verhindert werden kann.
$-OH$	A: Dinitrobenzoyl-chlorid in wasserfreiem Pyridin, 100 mg/ml. Frisch ansetzen. B: Salzsäure, $c = 2$ mol/l C: Natriumcarbonat-lösung, $\rho = 50$ g/l D: Ethylendiamin E: Dimethylformamid	Probe in A lösen und ca. 15 min. stehenlassen. Die 5fache Menge B zugeben, in einen Scheidetrichter überführen und mit Cyclohexan ausschütteln. Cyclohexan mit C waschen. 1 ml Cyclohexanphase mit 5 ml E und 1 ml D versetzen: Rotfärbung (525 nm). Die gebildeten Dinitrobenzoate lassen sich dünnschichtchromatographisch trennen.

Störungen	keine Störungen	nicht bestimmbar	Literatur
Thiophen, Pyrrol, Indole, Verbindungen, die durch H_2SO_4 dehydratisiert werden, Hydrazine, Harnstoff-Derivate, Tropanalkoloide, akt. Methylen-Gruppen, Pyrazolone	CO, NH_3, NO_2, SO_3,C_2H_2,Benzol, Formaldehyd, Acet-, Propional-dehyd Äthylacetat. Äther, Anilin, Phenol, Methanol, Äthanol	Crotonaldehyd Äthylen Propylen	A. P. Altshuller u. S. F. Sleva, Anal. Chem. *33*, 1413 (1961) *Quant.*
Phenole geben 1 bis 50% des Signals für Isopren Carbonyl-Verbindungen einige Prozent. Stark verzweigte Olefine	Geradkettige Olefine, Acetylen, m-Xylol, Paraffin		A. P. Altshuller u. I. R. Cohen, Anal. Chem. *32*, 1843 (1960) *Quant.*
Malondialdehyd, aliphatische Aldehyde, Aldosen, Chinone, Ketosen ergeben Blaufärbung	Vinyl-, Propenyl- und Butenyl-Verbindungen	gewisse Alkyl-verbindungen	K. Bencze, Z. anal. Chem. *189*, 309 (1962) *Quant.*
Stoffe, die mit H_2SO_4 allein schon Färbungen ergeben (z. B. Zucker). Daher Prüfung mit H_2SO_4 erforderlich		Einige Nitro- und Amino-Aromaten, Anthrachinon, Benzoesäure, Salicylaldehyd	F. Feigl, Tüpfelanalyse, Organischer Teil, Akad. Verlagsgesellschaft 1960, S. 136
Bromid, Jodid; Reduktionsmittel in Gegenwart von NH_3; Chlorid in Gegenwart von Natriumacetat. SH-Verbindungen	Chlorid in ammoniakalischer Lösung; Reduktionsmittel in Gegenwart von Acetatpuffer.	Nicht endständige Acetylene; Acetylene mit stark hydrophilen Gruppen	S. Siggia, Quantitative Organic Analysis, John Wiley New York, 1963, S. 381ff. *Quant.*
Primäre und sekundäre Amine sowie andere acylierbare Verbindungen (Phenole, Merkaptane); Wasser in größeren Mengen	Ester, Säuren (in nicht zu großen Mengen)	tertiäre Alkohole reagieren nur teilweise; Verbindungen mit stark hydrophilen Gruppen werden evtl. nicht extrahiert	S. Harrison, H. Hincliffe u. G. L. Woodroffe, Analyst, *99*, 491 (1974). *Quant.*

(Fortsetzung)

Gruppe	Reagentien	Arbeitsweise
$-CHOH-CHOH-$ $-CHOH-CO-$ $-CO-CO-$	25 ml einer 2%igen Kaliumperjodatlösung werden mit je 2 ml einer 10%igen Silbernitratlösung und konz. Salpetersäure versetzt. Stehenlassen, klare Lösung dekantieren.	Probe in Wasser oder Dioxan lösen und mit Reagens versetzen. Es bildet sich ein Niederschlag von $AgJO_3$. Evtl. erwärmen.
$CH_3-CHOH-CH_2OH$ bzw. CH_3 | $(-COH-CHOH-)_n$	2 g Ninhydrin und 5 g $NaHSO_3$ werden in 100 ml Wasser gelöst. Die Lösung ist stabil	1 ml der wäßrigen Lösung der Probe mit 5 ml konz. H_2SO_4 versetzen und ca. 10 Minuten stehen lassen. Abkühlen, mit 0,2 ml Reagens versetzen. Es entwickelt sich langsam eine Rotviolettfärbung (560 nm)
(Phenol-Struktur mit OH)	$FeCl_3$-Lösung in Wasser, $\rho = \sim 100$ mg/ml, mit HCl gerade soweit angesäuert, daß die Trübung verschwindet	Probe in Wasser oder 50%igem Ethanol lösen, ca. 10% Reagens zugeben. Vergleich mit Blindprobe! Sehr verschiedene Färbungen, Maximum $420-630$ nm.
	A: p-Nitrobenzoldiazonium-Salz, 0,5%ig in Salzsäure, c = 0,5 mol/l (kann auch direkt aus p-Nitranilin und $NaNO_2$ hergestellt werden) B: Sodalösung, w = 5% (m/m) Auch andere Diazoniumsalze können verwendet werden	Probe in Wasser oder verd. Alkohol lösen, mit 10% A versetzen, gleiche Menge B zugeben. Es entstehen gelbe bis rote Färbungen (420 bis 530 nm). Diese können meist mit organischen Lösungsmitteln extrahiert werden (Anreicherung, DC).
$R-SH$ $R\!\!>\!\!=CS$ (R)	3 g NaN_3 werden in 100 ml Jodlösung (c = 0,1 mol/l KJ_3) gelöst	Die Probe wird in etwas H_2O oder Aceton gelöst und mit Reagens versetzt. Die Lösung entfärbt sich allmählich unter N_2-Bildung. Sehr empfindlich!
$R-SH$	A: N-Ethylmaleinimid in i-Propanol, c = 0,5 mol/l B: KOH in i-Propanol, c = 0,025 mol/l	1 ml der neutralisierten Probelösung in i-Propanol wird mit 0,2 ml A versetzt und ca. 5 Min. stehen gelassen. Dann gibt man 1 ml B zu. Es entsteht allmählich eine Rotfärbung (515 nm).

Störungen	keine Störungen	nicht bestimmbar	Literatur
Reduktionsmittel; α-Oxysäuren reagieren bei Temperaturerhöhung langsam; Epoxide	Aldehyde		F. Feigl, Tüpfelanalyse, Org. Teil, Akad. Verlagsges. 1960, S. 130
Polyethylenoxide			L. R. Jones u. J. A. Riddick, Anal. Chem. 29, 1214 (1957) Quant.
Enolisierbare Ketone u. Nitroalkane, Indole, Phenothiazine, Reduktionsmittel, Komplexbildner, Verbindungen, die mit Fe^{+++} reagieren.		Sterisch stark behinderte Phenole	P. H. Gore u. P. J. Newman, Anal. Chim Acta 31, 111 (1964)
Aromatische Amine stören teilweise. Verbindungen mit aktiven Methylengruppen, Imidazole	Aromatische Amine kuppeln z. T. nur in saurem Medium	Sterisch stark behinderte Phenole, z. T. geringe Empfindlichkeit für o,p-besetzte Phenole	
H$_2$S, S$_2$O$_3''$, SCN Reduktionsmittel in größeren Mengen (dabei nur Entfärbung!) Schwermetallsalze	Thioäther, Disulfide, Sulfone, Sulfinsäuren,		F. Feigl, Tüpfelanalyse, Org. Teil Akad. Verlagsges., 1960, S. 233.
Puffernde Substanzen (pH-Wert ist kritisch!); H$_2$S, Thiosulfinate, S-Acylthiole, S-Alkylthiazoniumsalze, aromatische Sulfinsäuren	Disulfide		J. Broekhuysen, Anal. Chim. Acta 19, 542 (1958) Quant.

(Fortsetzung)

Gruppe	Reagentien	Arbeitsweise
$-O-O-$	1 g NH_4SCN und 1 ml verd. Schwefelsäure (1:6) werden in 200 ml Wasser bzw. Methanol bzw. Aceton gelöst und 0,2 g $FeSO_4 \cdot 7H_2O$ z. A. zugegeben. Man schüttelt kräftig und dekantiert ab. Die Lösung ist an der Luft nicht beständig.	Die Probe wird in dem Reagens gelöst oder digeriert. Rotfärbung. Vergleich mit Blindwert empfehlenswert, ebenso Inertgasatmosphäre.
	3 g α-Naphthol, 150 ml Methanol, 1350 ml Wasser, 0,5 g $K_2S_2O_5$, 20 ml Eisessig, 0,5 g $FeSO_4 \cdot 7H_2O$ und 2,2 g Farbentwickler 3 (Merck, N{2[N-Ethyl-N(4-amino-3-methyl-phenyl)-amino]ethyl}-methansulfonamidsesquisulfat werden in dieser Reihenfolge vermischt und gelöst. Haltbarkeit ca. 1 Woche	Probe in wenig Methanol lösen und mit Reagens versetzen. Es entwickelt sich allmählich eine Blaufärbung. Sehr empfindlich.
$\begin{array}{c} R \\ \diagdown \\ \diagup C=O \\ R'(H) \end{array}$	Für wasserlösliche Carbonylverbindungen in nicht zu geringen Mengen: Dinitrophenylhydrazin, gesättigte Lösung in Salzsäure (c = 2 mol/l)	Probe in Reagens lösen, 5 min erhitzen, abkühlen und stehenlassen: Gelber Niederschlag, der sich für DC und Gravimetrie eignet
	Für wasserunlösliche Proben sowie für extreme Empfindlichkeit: A: Dinitrophenylhydrazin, gesättigte Lösung in Salzsäure (c = 2 mol/l) B: KOH in H_2O, w = 0,4 g/g C: Ethanol, carbonylfrei. (500 ml Ethanol werden mit 5 g Dinitrophenylhydrazin und etwas Salzsäure 2 h am Rückfluß gekocht und dann abdestilliert)	Probe in 1−2 ml C lösen, 5 Tropfen A zugeben und einige Minuten erwärmen. Abkühlen, 3 ml B zugeben. Bleibende Rotfärbung (bei α-Dioxo-Verb. Blaufärbung). Blindbestimmung unbedingt erforderlich!

Störungen	keine Störungen	nicht bestimmbar	Literatur
Oxidations- und Re-duktionsmittel; Fe^{III}		Dialkylperoxide reagieren lang-sam oder gar nicht	I. M. Kolthoff u. A. I. Medalia, Anal. Chem. *23*, 595 (1951) *Quant.*
Starke Oxidations- und Reduktions-mittel	Auch Dialkyl-peroxide werden erfaßt, allerdings mit längerer Re-aktionszeit		W. Huber u. E. Fröhlke, Chromato-graphia *5*, 256 (1972).
Substanzen, die mit Säure ausgefällt wer-den; starke Oxida-tionsmittel. Acetale und Ketale werden miterfaßt.		Sterisch stark be-hinderte CO-Ver-bindungen, Verbindungen mit stark hydro-philen Gruppen	
Starke Oxidations-mittel. Acetale und Ketale werden mit-erfaßt.		Sterisch stark be-hinderte CO-Ver-bindungen.	G. R. Lappin u. L. C. Clark, Anal. Chem. *23*, 541 (1951) *Quant.*

(Fortsetzung)

Gruppe	Reagentien	Arbeitsweise
$-CHO$	$AgNO_3$-Lösung ($c \approx 0,1$ mol/l) wird mit derselben Menge NaOH ($c \approx 0,1$ mol/l) versetzt. Der Niederschlag von Ag_2O wird mit NH_3 in Lösung gebracht, wobei ein Überschuß zu vermeiden ist. Vorsicht! Reagens nicht aufbewahren!	Die neutrale Probe wird in Wasser oder Methanol gelöst und mit derselben Menge Reagens versetzt. Bei Zimmertemperaturen bildet sich allmählich ein brauner Niederschlag oder ein Silberspiegel
$R-CHO$ $R = Alkyl$	0,2 g Anthron werden in 100 ml konz. Schwefelsäure gelöst.	Probe in 2 ml H_2O lösen oder aufschlämmen, 3 ml Reagens zutropfen. Es entsteht eine Gelb- bis Orangefärbung (455—520 nm).
(Struktur: Aromat mit CHO)	A: 1-Phenyl-2,3-dimethyl-5-pyrazolon in Wasser, $w = 5\%$ (m/m) B: Schwefelsäure, konz.	A und B werden im Verhältnis 3:5 vermischt und die alkoholische Probelösung (max. 1:5) zugegeben. Es entwickelt sich allmählich eine Gelb- bis Rotfärbung (415—542 nm).
$-O$, $-O$ CH_2 bzw. CH_2O	0,3 g Chromotropsäure werden in 100 ml konz. Schwefelsäure gelöst.	Probe in wenig Wasser lösen oder suspendieren, dieselbe Menge Reagens zugeben. Vorsicht! Violettfärbung (570 nm).
$R-CO-CH_2-R$ $R-CO-CH=CH$ ... R $R-CO-CH-R$ ... R	A: m. Dinitrobenzol in Ethanol $w = 2\%$ (m/m) B: 12 g KOH werden in 100 ml Ethanol gelöst. Die Lösung ist nur 1 d haltbar.	Die Probe wird mit 0,3 ml A versetzt und 0,6 ml B zugegeben. Nach 30 sec wird mit 5 ml Ethanol verdünnt. Es entsteht eine Blau- bis Purpurfärbung (500 bis 550 nm).
$R-CO-CO-R$ (Struktur: Chinon)	A: Na_2CO_3, gesättigte Lösung in H_2O B: CH_2O, $w \approx 4\%$ in H_2O C: o-Dinitrobenzol, $w \approx 5\%$ in Toluol	Die Lösung der Probe in H_2O oder Toluol wird mit gleichen Teilen A, B und C versetzt und auf dem Wasserbad einige Minuten erhitzt. Violettfärbung. Zum Teil extrem empfindlich, daher Blindprobe!

Störungen	keine Störungen	nicht bestimmbar	Literatur
Zahlreiche Reduktionsmittel ergeben dieselbe Reaktion, z. B. manche Kohlenhydrate	Acetale, Vinylether, Ketone (außer Cyclohexanon), Säuren in nicht zu großen Mengen		S. Siggia u. E. Segal, Anal. Chem. *25*, 640 (1953). *Quant.*
Furfurol und Verbindungen, die mit H_2SO_4 Furfurol erzeugen (Kohlenhydrate). Verbindungen, die mit Schwefelsäure Färbungen ergeben.			T. Kwon u. B. M. Watts, Anal. Chem. *35*, 733 (1963) *Quant.*
Wasserstoffperoxid	Aliphatische Aldehyde; Ketone und Oxycarbonsäuren bis 10^4, Ether u. Ester bis $5 \cdot 10^3$, Alkohole bis 10^6fachen Überschuß		N. V. Trofimov u. N. A. Kanaev, Ž. anal. Chim. *28*, 2033 (1973) ref. Z. anal. Chem. *271*, 305 (1974). *Quant.*
Starke Oxidationsmittel, Nitrat; Verbindungen, die mit H_2SO_4 Färbungen ergeben. Glykolsäure wird mitbestimmt.	Andere Aldehyde		M. Houle, D. E. Long u. D. Smette, Anal. Letters *3*, 401 (1971).
			J. Stanton King u. N. H. Leake, Analyst, *84*, 694 (1959). *Quant.*
Reduzierende Verbindungen geben dieselbe Reaktion auch *ohne* Zusatz von B. Sie können auf diese Weise erkannt werden.			F. Feigl, Tüpfelanalyse, Org. Teil, Akad. Verlagsges. 1960, S. 210

(Fortsetzung)

Gruppe	Reagentien	Arbeitsweise
R—CHO **R = Alkyl** **Aryl**	Gesättigte Lösung von 2-Thiobarbitursäure in Schwefelsäure, $c = 1$ mol/l. Als Katalysator werden ca. $0{,}005\%$ $Fe_2(SO_4)_3$ zugesetzt	Die Probe wird im Reagens gelöst und im Wasserbad erhitzt. Gelbfärbung (432 nm).
R—COOH **R $\geqq \sim C_7$**	A: 1,5 g Triäthanolamin und 0,65 g $Cu(NO_3)_2 \cdot 3\,H_2O$ werden in 100 ml H_2O gelöst und 1 Tropfen Eisessig zugesetzt. B: Natriumdiethyldithiocarbamat in i-Butanol, $w = 0{,}1\%$ (m/m)	Die Probe wird in ca. 5 ml Chloroform gelöst und mit 2,5 ml A intensiv geschüttelt. Die Chloroformphase wird abgetrennt, filtriert und mit etwas B versetzt. Gelb- bis Braunfärbung (440 nm). Blindprobe erforderlich!
R—COOR′ **R′: Alkyl,** **Aryl,** **R—CO—,** **—NHR,** **Halogen** **R—C≡N**	A: Hydroxylaminhydrochlorid, gesättigte Lösung in Ethanol. B: NaOH, gesättigte Lösung in Ethanol C: 20 ml HCl, konz., werden mit Ethanol auf 100 ml aufgefüllt C: $FeCl_3$-Lösung in H_2O $w = 1\%$ (m/m)	Die Probe wird in 1—3 ml Ethanol gelöst und mit je 1 ml A und B versetzt. Dann wird im Wasserbad einige Minuten bis zum beginnenden Sieden erhitzt, abgekühlt und 1 ml C und 0,5 ml D zugegeben. Rotfärbung (505 nm). Blindprobe!
R—NH₂ **R** **\>NH** **R**	A: Acetatpuffer, $pH = 4{,}6$, in Wasser, $c = 0{,}1—1$ mol/l B: Ninhydrin in Methylglykol $w = 1\%$ (m/m)	2 ml Probelösung in H_2O oder Ethanol werden mit 2 ml A und 1 ml B versetzt und auf dem Wasserbad erwärmt. Violettfärbung. Blindprobe erforderlich!
R **\>NH** **R′**	A: 50 ml i-Propanol werden mit 4 Tropfen CS_2 und 5 ml NH_3 konz. versetzt B: 0,1 g $CuCl_2 \cdot 2\,H_2O$ werden in 250 ml H_2O gelöst und mit Pyridin auf 500 ml aufgefüllt	1 ml Probelösung in Alkohol werden mit 4 ml A und 2 ml B versetzt und stehengelassen. Es entwickelt sich eine gelbe bis braune Färbung (435—450 nm).

Störungen	keine Störungen	nicht bestimmbar	Literatur
Schwermetallsalze, Oxidationsmittel, Pyrimidine		Formaldehyd, Benzaldehyd	K. Täufel u. R. Zimmermann, Fette, Seifen, Anstrichmittel *63*, 226 (1961)
Substanzen, die chloroformlösliche, Cu-Salze geben bzw. Cu^{2+} in die organische Phase schleusen. Cu-Komplexbildner		Niedere, hydrophile Carbonsäuren	W. G. Duncombe, Biochem. J. *88*, 7 (1963) *Quant.*
Schwermetalle, die mit Hydroxamsäuren Komplexe geben; Komplexbildner. Puffernde Substanzen in größeren Mengen. Amide und Nitrile reagieren wesentlich langsamer als Ester!	Lactone werden mitbestimmt.	Sehr schwer verseifbare Ester und Amide	M. S. Karawya u. M. G. Ghowat, J. Pharm. Sci. *59*, 1331 (1970) *Quant.*
Ammoniak; stark puffernde Substanzen		Aromatische Amine reagieren nur teilweise	S. Moore u. W. H. Stein, J. Biol. Chem. *176*, 376 (1948) *Quant.*
Oxidationsmittel	NH_3, tertiäre Amine, primäre Amine in nicht zu großen Mengen	Diarylamine	G. R. Umbreit, Anal. Chem. *33*, 1572 (1961) *Quant.*

(Fortsetzung)

Gruppe	Reagentien	Arbeitsweise
$R-NH_2$ $(R = Aryl)$	A: Salzsäure, $c = 1\ mol/l$ B: $NaNO_2$ in H_2O, 　$w = 0,2\%$ (m/m) C: Amidosulfonsäure D: N-(1-Naphthyl)- 　ethylendiamin- 　hydrochlorid in H_2O, 　$w = 0,1\%$ (m/m)	Die Probe wird mit 1 ml A gelöst bzw. suspendiert, 1 ml B zugegeben und 15 min stehengelassen. Man zerstört den Nitritüberschuß mit C vollständig und gibt 1 ml D zu. Rotviolettfärbung (510—560 nm).
$R-NH_2$ $R = Alkyl$	2 ml Acetylaceton und 1 ml Formaldehyd in H_2O ($w \approx 30\%$) werden mit Pyridin auf 50 ml aufgefüllt. Das Reagens ist nicht haltbar.	5 ml der neutralen, wäßrigen Lösung werden mit 1 ml Reagens einige Minuten auf 100° erhitzt. Gelbfärbung (410—430 nm).
$R\diagdown$ $R-N$ $R\diagup$ R_4N^+ $R = Alkyl$	2 g Citronensäure werden in 100 ml Essigsäureanhydrid gelöst. Bei hohem Blindwert ist die Citronensäure umzukristallisieren.	Die Probe bzw. deren Lösung in Eisessig wird mit der 20fachen Menge Reagens versetzt und auf 100° erhitzt. Rot- bis Blaufärbung (540 nm). Blindprobe!
X $\|$ $R-HN-C$ $R'\diagdown\ \|$ 　$\diagdown N$ $R'\diagup$ $X = O, S$ $R = H$, niederes Alkyl $R' = H$, Alkyl, Aryl	A: 2,5 g Diacetylmonoxim werden in 100 ml H_2O gelöst. B: 0,25 Thiosemicarbazid werden in 100 ml H_2O gelöst. C: 10 ml H_2SO_4 conz. + 300 ml H_3PO_4 ($w = 85\%$) werden auf 500 ml mit H_2O aufgefüllt. Reagens: 25 ml A, 10 ml B werden mit 500 ml C gemischt. Frisch ansetzen.	1 ml der Probelösung in Wasser werden mit 3 ml Reagens versetzt und im Dampfbad erhitzt. Es bildet sich eine Rotfärbung aus (527 nm).
$R\diagdown$ 　$\diagup C{=}NOH$ $R\diagup$ $R, R' = Alkyl, Aryl, H$	A: 0,2 g p-Nitrobenzaldehyd werden in 50 ml Ethanol gelöst und 50 ml Salzsäure ($c = 0,6\ mol/l$) zugegeben. B: Natronlauge, $c = 0,3\ mol/l$	Die neutrale Probe wird in 1 ml Ethanol gelöst und 1 ml A zugegeben. Man erhitzt einige Minuten unter leichtem Sieden des Lösungsmittels. Dann wird abgekühlt und mit B schwach alkalisch gemacht. Gelbfärbung (368 nm).

Störungen	keine Störungen	nicht bestimmbar	Literatur
Nitritverbrauchende Substanzen in größeren Mengen	Andere Amine, NH_3	Extrem schwerlösliche Arylamine	
Carbonylverbindungen, Oxidationsmittel. NH_3 wird miterfaßt	Sekundäre und tertiäre Amine, primäre Arylamine		M. Pesez u. J. Bartos, Ann. Pharm. Franc. *15*, 467 (1957). *Quant.*
Alkali- und Erdalkalisalze	Wasser und Alkohole, wenn die Arbeitsweise eingehalten wird.		W. D. Langley, Anal. Chem. *39*, 199 (1967) *Quant.*
Reduzierende und oxidierende Verbindungen	$(NH_4)_2SO_4$, KNO_3, Aminosäuren	Diphenylharnstoff, Äthylenharnstoff, asymm. Dialkylharnstoffe (Thioharnstoffe)	L. A. Douglas u. J. M. Brenner, Anal. Letters *3*, 79 (1970). *Quant.*
Eigenfärbungen der Probe im alkalischen Bereich; stark puffernde Substanzen; Hydroxylamin wird miterfaßt.		Amidoxime	D. P. Johnson, Anal. Chem. *40*, 646 (1968). *Quant.*

(Fortsetzung)

Gruppe	Reagentien	Arbeitsweise
R $\diagdown$ $N-NO$ $\mid$ COR'	A: 0,5 Sulfanilsäure werden in 100 ml Essigsäure ($\varphi = 30\%$ V/V) gelöst B: 0,1 g N-Naphthylethylendiaminhydrochlorid werden in 100 ml Essigsäure ($\varphi = 30\%$ V/V) gelöst.	Für Nitrosamide: Die Probe wird mit 1 ml H_2O oder Essigsäure gelöst und mit 5 ml Reagens versetzt. Beim Erwärmen auf ca. 50 °C entwickelt sich allmählich eine Rotviolettfärbung (550 nm).
R $\diagdown$ $N-NO$ $R\diagup$	Reagens: A und B werden 1:1 gemischt. Die Lösung wird mit konz. HCl angesäuert (1:10). Frisch ansetzen. C: Sodalösung in Methanol/H_2O 4:1 (w = 0,2%)	Für Nitrosamine: Neutrale Probe in 1 ml C lösen, 15 min mit kurzwelligem UV bestrahlen, 1 ml Reagens zugeben. Rotviolettfärbung (550 nm)
$R-NH$ $\mid$ $C=NH$ $\mid$ NH_2	Natriumnitroprussiat (w $\approx$ 10%), Kaliumcyanoferrat III (w $\approx$ 10%) u. Natriumhydroxid (w $\approx$ 10%) werden zu gleichen Teilen gemischt und 20 min stehengelassen. Das Gemisch wird 1:25 verdünnt.	Die Probe wird in 5 ml i-Propanol gelöst und mit 4 ml Reagens versetzt. Rotfärbung (490 nm).
$RONO_2$	A: NaOH, c = 2 mol/l B: 4 g Sulfanilamid, 10 ml konz. H_3PO_4 und 0,2 g Naphthylethylendiaminhydrochlorid werden in 100 ml H_2Ogelöst.	Die in H_2O oder i-Propanol gelöste Probe wird mit 1/4 A versetzt und 15 min auf dem Wasserbad erhitzt. Abkühlen, mit HCl schwach ansäuern. Nach Zugabe von B Rotviolettfärbung (540 nm).
$RONO$	s. $RONO_2$	Die im H_2O oder Alkohol gelöste Probe wird mit B versetzt. Rotviolettfärbung (540 nm).
$R-NO_2$ $(R = Aryl)$	Tetraethylammoniumhydroxid in H_2O, w $\approx$ 20% (m/m) (auch andere quartäre Basen sind verwendbar)	Die neutrale Probe wird in 5 ml Dimethylformamid gelöst und mit 0,1 ml Reagens versetzt. Farbvertiefung nach 1—20 min (520 bis 660 nm).

Störungen	keine Störungen	nicht bestimmbar	Literatur
Nitrit wird miterfaßt.	Nitrosamine		R. Preussmann u. F. Schaper-Druckrey, N-Nitroso Compounds, Analysis and Formation, Proc. of Working Conf. Heidelberg 1971.
Nitrit wird miterfaßt, Nitrosamide z. T.			D. Daiber u. R. Preussmann, Z. anal. Chem. *206*, 344 (1964). *Quant.*
Harnstoffe, Thioharnstoffe, prim. Arylamine, Cyanamide, arom. Nitrosoverb., Thioether, Thiocarbonylverb. werden z. T. miterfaßt.			A. de Marco u. E. Mecarelli, Microchim. Acta 1970, 135. *Quant.*
Oxidationsmittel HNO_2 und RONO werden miterfaßt.		Manche Ester der HNO_3 sind sehr schwer verseifbar.	F. K. Bell, J. J. O'Neil u. R. M. Burgison, J. Pharm. Sci. *53*, 752 (1964).
Oxidationsmittel HNO_2 wird miterfaßt.			
Stark puffernde Substanzen; Oxyanthrachinone, polyhydroxylierte und polyungesättigte Systeme.		Verbindungen, die keine chinoiden Strukturen bilden können	C. C. Porter, Anal. Chem. *27*, 805 (1955). *Quant.*

(Fortsetzung)

Gruppe	Reagentien	Arbeitsweise
R—NO$_2$ **R = (Aryl)**	A: Salzsäure, c = 1 mol/l B: Zn-Staub	Die Probe wird mit 20 ml A und 1 Spatelspitze B einige Min. leicht erwärmt. Überführung in R—NH$_2$ (s. d.).
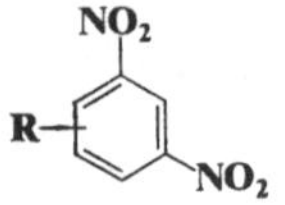 NO$_2$ R—(Ring)—NO$_2$	KCN	Die Probe wird in ca. 2 ml Alkohol gelöst, mit ca. 20 mg KCN versetzt und einige Minuten zum Sieden erhitzt. Rotviolettfärbung (580 nm).
R—NO$_2$ **(R = Alkyl),** **(prim. + sek.)**	A: NaOH in Methanol, c = 0,5 mol/l B: 5 g FeCl$_3$ · 6 H$_2$O werden in 1 l H$_2$O gelöst und 500 ml HCl (c = 0,6 mol/l) zugegeben.	Die Probe wird in 3 ml Alkohol gelöst, 1 ml A zugegeben und die Mischung 10 min stehengelassen. Dann werden 3 ml B zugegeben. Orangefärbung (490 nm). Blindwert erforderlich.
R—NO$_2$ **(R = Alkyl,** **sek. + tert.)**	A: H$_2$SO$_4$, konz. B: Resorcin in H$_2$O, w = 1% (m/m)	Die Probe wird in 10 ml A gelöst und verschlossen 5 min auf 100° erhitzt. Nach Abkühlung Zugabe von 5 ml B (Vorsicht!). Violettfärbung (560 nm).
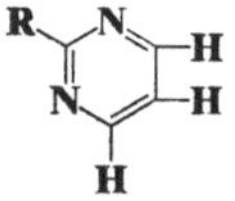 (Pyrimidin-Struktur: R, N, H)	1 g Thiobarbitursäure wird in 100 ml NaOH (c = 0,05 mol/l) gelöst. Dann wird eine Lösung von 7,5 Na-Citrat-Dihydrat und 6,4 ml konz. Salzsäure in 90 ml H$_2$O zugegeben.	Die Probe wird in 1 ml H$_2$O gelöst und 4 ml Reagens zugegeben. Das Gemisch wird ca. 1 h auf dem Dampfbad erhitzt. Rotfärbung (525 bis 535 nm). Blindversuch!
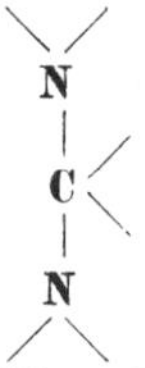 (N—C—N Struktur)	A: 100 mg Cobaltacetat werden in 20 ml Methanol gelöst B: 6 g Cyclohexylamin werden in 20 ml Methanol gelöst	Die Probe wird in 5 ml Ethanol gelöst und je 1 ml A und B zugegeben. Violettfärbung (530—570 nm).
Phenothiazine	A: 10 g Na-Acetat · 3 H$_2$O + 80 ml Salzsäure (c = 1 mol/l) werden mit H$_2$O auf 200 ml aufgefüllt (pH 2,0). B: 50 mg PdCl$_2$ werden in 50 ml konz. HCl gelöst.	Die Probe wird in 1 ml H$_2$O oder Ethanol gelöst, 5 ml A und 0,5 ml B zugegeben. Rote Färbung (480 bis 550 nm).

Störungen	keine Störungen	nicht bestimmbar	Literatur
Primäre arom. Amine		Sehr schwer lösliche Verb.	
Cyanocobalamin	o- und p-Dinitroverbindungen		M. S. Schechter u. H. L. Haller, Ind. Eng. Chem. Anal. Ed. *16*, 325 (1944). *Quant.*
Verbindungen, die mit Fe^{III} reagieren, z. B. Phenole, Komplexbildner; Reduktionsmittel, enolisierbare Verb., stark puffernde Substanzen.		Tertiäre Nitroalkane, die nicht enolisierbar sind.	L. R. Jones u. J. A. Riddick, Anal. Chem. *23*, 349 (1951). *Quant.*
Oxidations- und Reduktionsmittel; Substanzen, die mit H_2SO_4 Färbungen ergeben.	Primäre Nitroalkane	Nicht alle tertiären Nitroalkane werden zu HNO_2 aufgespalten	L. R. Jones u. J. A. Riddick, Anal. Chem. *24*, 1533 (1952). *Quant.*
Aldehyde ergeben Gelbfärbung.		Pyrimidine, die in 4-, 5- oder 6-Stellung substituiert sind.	R. G. Shepherd, Anal. Chem. *20*, 1150 (1948).
Wasser u. org. Säuren setzen die Empfindlichkeit herab. Manche OH- und NH-Verbindungen ergeben ebenfalls gefärbte Co-Komplexe.	Barbiturate und Thiobarbiturate werden gut erfaßt.	N,N'-disubstituierte Verbindungen	A. Bult u. H. B. Klasen, Pharm. Weekblad *109*, 389 (1974). *Quant.*
Zahlreiche S-Verbindungen geben Gelbfärbungen.			G. Hintze, Arzneimittel-Forsch. *21*, 29 (1971). *Quant.*

(Fortsetzung)

Gruppe	Reagentien	Arbeitsweise
Thiophen-H	Isatin in konz. H_2SO_4, $w = 0{,}04\%$ (m/m)	10 ml Reagens werden mit 1 Tropfen konz. HNO_3 versetzt, dann wird die Probe zugegeben und gut umgeschüttelt. Violettfärbung (540–560 nm).
Pyrrol-H; Indol-H	A: Glyoxylsäure in H_2O, $w = 0{,}3\%$ (m/m), $0{,}01\%$ $FeCl_3$ enthaltend. B: H_2SO_4, $w = 90\%$ (m/m)	Die Probe wird in 1 ml A gelöst und 2 ml B zugegeben. Dann wird einige Min. auf dem Dampfbad erhitzt und abgekühlt. Violettfärbung (530–570 nm), in manchen Fällen Gelbfärbung (370–390 nm).
Pyridin-H; Pyrazol-H	A: KCN in H_2O, $w = 1\%$ (m/m) B: Chloramin T in H_2O, $w = 1\%$ (m/m) C: 300 mg Barbitursäure und 2,25 g K_2HPO_4 werden in 100 ml H_2O gelöst.	Die Probe wird in 2 ml H_2O gelöst, dann werden 1 ml A und 5 ml B zugegeben und einige Min. stehengelassen. Dann werden 35 ml C zugegeben und 1 h stehengelassen. Gelb-, Rot- oder Violettfärbung (400, 510 bis 520, 550–580 nm). Kupplung mit Diazoniumsalzen s. Phenole
Reduktionsmittel	A: $FeCl_3$-Lösung in Methanol, $w = 2\%$ (m/m) B: 2,2′-Dipyridil in Methanol, $w = 2\%$ (m/m)	Eine Lösung der Probe in H_2O oder Methanol wird mit gleichen Mengen A und B versetzt. Allmählich eintretende Rotfärbung (522 nm).
Oxidationsmittel	s. Fe^{II}/NH_4SCN-Reagens auf Peroxide	
Alkylierende Verbindungen z. B. $R-Hal$ $RO{-}SO_2{-}OR$; $-CH-CH-$ mit NH; $R-CHN_2$ **Phosphorsäureester** $-CH_2-CH_2-$ mit O	A: 4-(4-Nitrobenzyl)-pyridin in Acetophenon, $w \approx 50\%$ B: Cyclohexylamin in Acetophenon, $w \approx 0{,}5\%$	Die neutrale Probe wird in 1 ml A gelöst, bis zum beginnenden Sieden erhitzt, abgekühlt und mit 2 ml B versetzt. Blaufärbung (550 bis 580 nm).

Störungen	keine Störungen	nicht bestimmbar	Literatur
Pyrrole, ungesättigte Steroide, gewisse Reduktionsmittel	Aromaten		H. C. Mc Kee, L. K. Herndon u. J. R. Withrow, Anal. Chem. *20*, 301 (1948).
Phenothiazine, Desoxyzucker, Glykoxide, Sterine, Vitamin A. Zahlreiche Verb., die mit H_2SO_4 oder Fe^{III} Färbungen geben.	Imidazole, Purine, Chinoline, Guanidine, Aminosäuren (außer Tryptoohan), Pyrrolidin, Harnstoff, Hexosamine.	Indol und Skatol geben Gelbfärbung	H. P. Rieder u. M. Böhmer, Helv. Chim. Acta *43*, 638 (1960). *Quant.*
Stark puffernde Substanzen. Verbindungen, die mit Barbitursäure kondensieren.			E. Asmus, R. Höhne u. J. Krätsch, Z. anal. Chem. *187*, 34 (1962). *Quant.*
		Voll substituierte Imidazole	E. Sawicki et al. Microchem. J. *15*, 25 (1970). *Quant.*
Verbindungen, die mit Fe-Ionen reagieren. Basen müssen neutralisiert werden.			G. F. Bories, Analyst *98*, 593 (1973). *Quant.*
Verbindungen, die mit Fe-Ionen reagieren. Basen müssen neutralisiert werden.			
Verbindungen mit aktiven Methylengruppen; stark puffernde Verbindungen		Es lassen sich keine sicheren Angaben über die Reaktionsfähigkeit der möglichen Reaktanden machen	E. Sawicki et al., Anal. Chem. *35*, 1479 (1963). *Quant.*

Methoden zur Bestimmung von Element-Spezies in natürlichen Wässern

Professor Dr. G. Schwedt

Anorganisch-Chemisches Institut der Universität Göttingen
Tammannstr. 4, D - 3400 Göttingen

Einleitung

Chemische Elemente können in natürlichen Wässern im Spurenbereich vorhanden sein als

suspendierte oder kolloidale Teilchen von Hydroxiden, Oxiden und Sulfiden (filtrierbarer Anteil),
suspendiertes oder kolloidales anorganisches oder organisches Material, durch Adsorption, Ionenaustausch oder Komplexierung gebunden,
Lösung:

ionogen (als hydratisierte Metallionen),
in Form einfacher oder komplexer Ionen,
als nicht-ionisierte Chelate,
als metallorganische Verbindungen.

Für diese Bindungsformen wird auch der Begriff „Spezies" verwendet.
Folgende Mechanismen zur Aufnahme von Metallen durch aquatische Organismen lassen sich diskutieren [24]:

die teilweise Aufnahme von Substanz mit suspendierten anorganischen Verbindungen,
die Aufnahme von Nahrung, die Metallspuren enthält,
die Überführung ungelöster Spezies in lösliche Verbindungen und Assimilation infolge Sekretion biogener, komplexierender Substanzen,
die Aufnahme in physiologische Systeme,
Ionenaustausch und Sorption an Gewebe- und Membranoberflächen.

Die toxischen Wirkungen (inbes. von Schwermetallen) reichen von den Lebewesen des Biotops Wasser über die Nahrungskette, häufig mit Anreicherungen verbunden, bis zum Menschen. Eine differenzierte Beurteilung dieser Wirkungen ist daher nur bei Kenntnis der Gehalte an unterschiedlichen chemischen Spezies möglich.

Bestimmungsmethoden

Die stetig verbesserten z. T. neu entwickelten und in Routinelaboratorien angewendeten Methoden der Element-Spurenanalyse wie Atomabsorptionsspektralphotometrie und Voltammetrie ermöglichen nur in wenigen

Fällen die direkte Bestimmung von Element-Spezies. Dagegen finden vor allem Trennmethoden in Verbindung mit empfindlichen und selektiven spektroskopischen Detektionsmethoden sowie für spezielle Problemstellungen auch physikalisch-chemische Meßmethoden Anwendung (Übersicht: Tabelle 2).

Die Analytik von Element-Spezies im Spurenbereich umfaßt ihre Identifizierung und quantitative Analyse. Außer der selektiven Elementanalyse ist daher auch die Bestimmung der Liganden erforderlich.

Aus der Chemie der Elemente und der Zusammensetzung der Umgebung an anderen anorganischen und organischen Stoffen ergeben sich Hinweise auf die zu vermutenden Spezies, für deren Nachweis und Bestimmung dann eine Auswahl der Methoden getroffen werden kann.

Schwerpunkte der bisher beschriebenen Spezies-Analysen sind

die Trennung, Identifizierung und quantitative Analyse quecksilberorganischer Verbindungen [5, 9, 10, 14, 33, 38, 39],

Untersuchungen zur Komplexierung von Schwermetallen mit Huminsäuren [2, 4, 13, 23, 31, 35, 36],

sowie die differenzierte Analyse nach unterschiedlichen Valenzzuständen eines Elementes (Cr: [7, 34] — As: [1, 19] — Se: [8, 10] — Fe: [3]).

Voltammetrische Methoden sind vor allem zur Bestimmung anorganischer und auch stabiler organischer Komplexe mit z. B. Nitrilotriessigsäure [27, 32] geeignet. In Verbindung mit Berechnungsmethoden [29, 30] lassen sich aus elektrochemischen Messungen Konzentrationen definierter anorganischer Komplexe z. B. in Meerwasser berechnen. Wegen der großen Zahl an möglichen Komplexbildnern in anderen natürlichen Wässern haben Berechnungsmethoden jedoch im allgemeinen nur einen begrenzten Wert. Auch ist zu berücksichtigen, daß zahlreiche Metallionen im Wasser vorhanden sind, die mit den gleichen Liganden reagieren können.

Nur in wenigen Fällen lassen sich mit den bisher zur Verfügung stehenden Methoden einzelne Element-Spezies direkt nachweisen und quantitativ erfassen. Die meisten Methoden erlauben lediglich die Erfassung von Spezies-Gruppen (Tabelle 3). Vergleiche der Ergebnisse haben gezeigt, daß nicht immer die gleiche abgegrenzte Gruppe erfaßt wird (s. [12]).

Praktikable Analysenschemata zur Spezifizierung von Element-Spuren in natürlichen Wässern (vorwiegend Meerwasser) werden von mehreren Arbeitsgruppen beschrieben. Drei Arbeitsweisen sind in Tabelle 4 zusammengestellt. Die wesentlichsten Methoden sind Ionenaustausch mit voltammetrischen Bestimmungen [12], voltammetrische Methoden nach speziellen Vorbehandlungen der Proben [27] und die Kombination von Flüssig-flüssig-Extraktion, Ionenaustausch und Voltammetrie [15].

Außer den allgemeinen experimentellen und methodischen Schwierigkeiten in der Element-Spurenanalyse sind für die Anwendung von Methoden zur Bestimmung von Element-Spezies folgende Probleme besonders hervorzuheben:

extreme Kontaminationsprobleme,
besonders kritisch: Reinheit aller Reagentien,
Adsorptionsprobleme nach der Probennahme in den Gefäßen,
zahlreiche empfindliche und selektive Methoden (wie die Neutronen-

aktivierungsanalyse und AAS) sind nicht direkt anwendbar, da sie nur den Gesamtgehalt ermitteln,
Bestimmungs- und Trennmethoden führen häufig zu einer Verschiebung der Gleichgewichte (z. B. Ionenaustausch).

Bereits nachgewiesene Element-Spezies sind in Tabelle 5 zusammen mit kurzgefaßten Angaben zur Analysenmethodik zu finden. Einige Beispiele für Konzentrationen in verschiedenen Wasserarten gibt Tabelle 6.

Tabelle 1. Systematische Einteilung der Element-Spezies in natürlichen Wässern

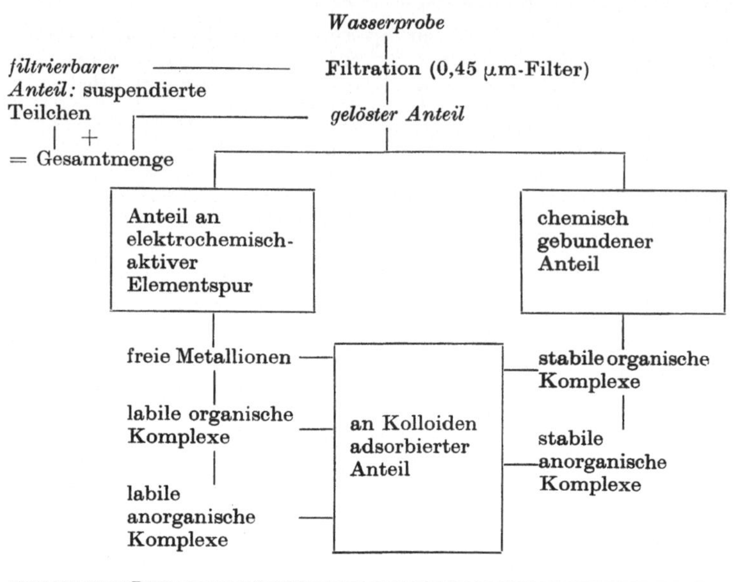

Tabelle 2. Methoden zur Bestimmung chemischer Element-Spezies in natürlichen Wässern

Trennmethode/Bestimmungsmethode	Elemente	Lit.
chromatographische Methoden	Hg	[10: Review]
Hochdruck-Flüssigkeits-Chromatographie (HPLC)/AAS	Hg, As, Sn	[5]
HPLC/Photometrie	Cr	[34]
Gas-Chromatographie (GC)	Hg	[33: Review]
GC/Mikrowellen-Emissionsspektralphotometrie (EMD)	Hg	[38, 39]
Ionenaustausch	Cu, Pb, Cd, Zn	[11, 12: Review]
Gel-Chromatographie	Fe, Mn, Ni, Cu, Cr, Pb, Cd	[36]
Gelfiltration	Cu, Ni, Zn	[23, 25]
Elektrophorese	Fe	[3]
Ultrafiltration	Cu	[35]
Flüssig-flüssig-Extraktion/AAS	As	[19]
,, ,, ,, /AAS	Se	[20]
,, ,, ,, /Fluorimetrie	Se	[41]
,, ,, ,, /Photometrie	Cu—Zn	[37—15]
Mitfällung	Cr	[7]
Ultrafiltration, Dialyse, Ionenaustausch	Metallionen	[16, 17]
Potentiometrie mit ionenselektiven Elektroden	Cu	[18]
	Pb, Cu	[6]
Polarographie	Cu	[29]
	Cr, As, Cu, Mn, Zn, Au	[40]
Voltammetrie	toxische Metalle	[27: Review]
	Übergangselemente	[43]
	Cu, Zn, Cd, Pb	[44]
	Zn	[22]

Tabelle 3. Beispiele für spezielle Analysenmethoden zur Bestimmung von Spezies-Gruppen

Spezies-Gruppe	Methoden	Lit.
Gesamtgehalt	z. B. Atomabsorptionsspektralphotometrie (AAS)	
freie Metallionen	Potentiometrie mit ionenselektiven Elektroden	[18]
labile Komplexe, anorganisch	Berechnungen aus Gleichgewichtskonstanten nach Bestimmung der Ligandenkonzentrationen	[28, 29, 32]
organisch	Flüssig-flüssig-Extraktionen	[15, 37]
freie Ionen und labile Komplexe	Voltammetrie,	[22, 27]
	nach Abtrennung an einem Chelat-Ionenaustauscher auch andere Methoden: AAS, Photometrie,	[11]
	selektive Ligandenaustausch-Reaktionen mit photometrischer Bestimmung	[37]
an Kolloiden adsorbierte Anteile	Gel-Chromatographie (-Filtration)	[23, 25, 36]
stabile Komplexe	durch Chelat-Ionenaustauscher nicht zurückgehaltene Spezies (Bestimmung nach Bestrahlung mit UV-Licht oder Anwendung chemischer Aufschlußmethoden)	[11]
unterschiedliche Valenzzustände	Polarographie, Voltammetrie	[26, 27, 40]
	Elektrophorese,	[3]
	Chromatographie zur Trennung unterschiedlicher Komplexe (nach Zusatz eines Komplexbildners)	[34]
	Mitfällung,	[7, 41]
	selektive Flüssig-flüssig-Extraktionen	[8, 19, 20]

Tabelle 4. Analysenschema zur Bestimmung von Element-Spezies (Cu, Pb, Cd, Zn) in natürlichen Wässern nach Florence u. Batley 1977 [12]

---

ungelöster Anteil: Rückstand nach Filtration (0,45 μm Porendurchmesser)

gelöster Anteil: Filtrat (Gesamtgehalt nach Erhitzen mit HNO_3)

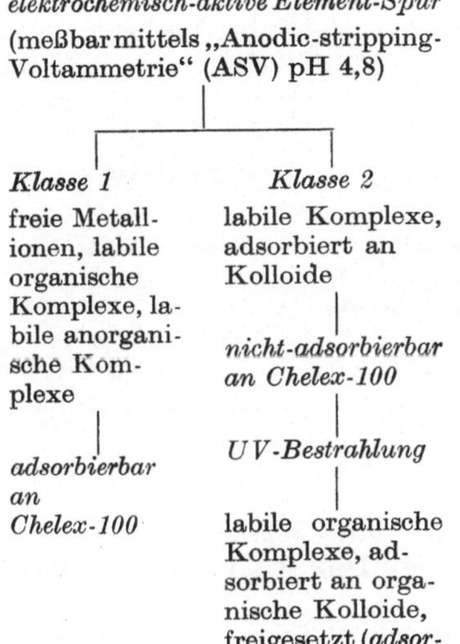

Klasse 1:	einfache anorganische Komplexe mit Chlorid-, Sulfat-, Carbonat oder Hydroxylionen als Liganden, oder auch organische Citrat- oder Aminosäure-Komplexe
Klassen 2 und 4:	Metallkomplexe, adsorbiert an organische oder anorganische Kolloide (oder auch okkludiert); stärkere Bindungen als die Metall-Chelex-100-Komplexbindungen (Funktionelle Gruppe: Iminodiacetat); Liganden z. B. Humin- und Fulvinsäuren
Klasse 3:	teilweise Überlappung mit der Klasse 4, kann Humin- und Fulvinsäure-Komplexe enthalten, die teilweise durch Chelex-100 dissoziierbar sind

Tabelle 4. (Fortsetzung)

Analysenschema für Meerwasser; vereinfacht nach Nürnberg 1979 [27]

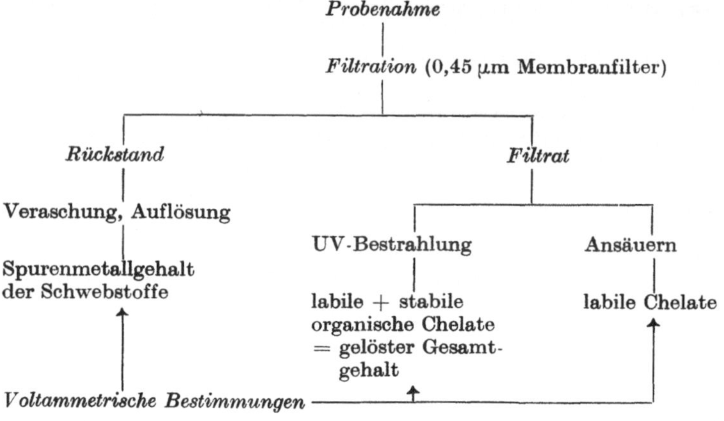

Analysenschema für Zink-Spezies nach Fukai u. Huynh-Ngoc 1975 [15] im Meerwasser

1) Filtration durch 0,45 μm Membranfilter: Filtrat = gelöster Anteil
2) Extraktion mit Dithizon (nach Ansäuern): freie Metallionen und labile Komplexe
3) Erhitzen mit Säuren: wie 2) + labile organische Komplexe, anorganische Komplexe an Kolloiden
4) Chelat-Ionenaustauscher-Adsorption: etwa wie 2)
5) „Anodic-stripping-Voltammetrie" pH 8: etwa wie 2)
                                           pH 4: etwa wie 4)

Tabelle 5. Beispiele für definierte chemische Element-Spezies in natürlichen Wässern

Element	Chemische Spezies	Wasserart	Analysenmethodik	Literatur
As	As(III), As(V)	Fluß-, Meer- und Abwasser	Kombination Flüssig-flüssig-Extraktion und flammenlose AAS (Extraktion von As(III) mit Ammoniumpyrrolidindithiocarbamat, von Gesamt-As nach Reduktion von As(V))	[19]
As	As(III), As(V), Mono- und Dimethylarsonsäure	Seen-, Fluß- wasser	Austreiben der flüchtigen Arsine mit Stickstoff — Reduktion von As(III) mit $NaBH_4$/pH 6—8 — Reduktion von As(V) und Arsonsäuren bei pH 1 — anschließend AAS von AsH_3	[1]
Cd	Cd-Chlorokomplexe	Meerwasser	Inversvoltammetrie, unter Einbeziehung von Literaturdaten für die Chlorokomplexe berechnet	in: [26]
Cd	Cd-Nitrilotriessigsäure-(NTA)Komplex	Meerwasser	„Differential-pulse-anodic-stripping-Voltammetrie" (DPASV)	[32]
Co	adsorbiert an Tonpartikel	Flußwasser	—	[21, s. auch 17]
Cr	CrO_4^{2-}, $Cr(OH)_2^+ \cdot 4H_2O$	Meerwasser	Mitfällung von Cr(III) mit $Fe(OH)_3$, Cr(VI) u. Cr(III) mit $Fe(OH)_2$ unter Reduktion von Cr(VI), anschließend flammenlose AAS	[7]
Cr	Cr(III), Cr(VI)	Abwasser	HPLC-Trennung der unterschiedlichen Komplexe mit Ammoniumpyrrolidindithio-carbamat (Reversed-phase-System)/UV-Detektion	[34]
Cu	Cu^{2+}, $CuCl^+$, $Cu(HCO_3)_2(OH)^-$	Meerwasser	Wechselstrom-Polarographie: Verschiebung von Halbstufenpotentialen in Abhängigkeit von Komplexbildungskonstanten und Ligandenkonzentrationen	[29]
Cu	Huminsäure-Komplexe	Moorwasser	Potentiometrie, Spektralphotometrie, Polarographie	[13]

Tabelle 5. (Fortsetzung)

Element	Chemische Spezies	Wasserart	Analysenmethodik	Literatur
Cu	Huminsäure-Komplexe	Moorwasser	Gelfiltration/UV-Photometrie	[23]
Fe	$Fe(OH)_3$ (= Fe, ungelöst), $Fe(II)$, $Fe(III)$: gelöst	Roh- und Brunnenwasser	Elektrophorese der Cyclohexylen-1.2-dinitriloessigsäure-Komplexe/UV-Photometrie direkt oder AAS (nach Elution)	[3]
Hg	Hg^{2+}, CH_3Hg^+, $C_2H_5Hg^+$, $(CH_3)_2Hg$	natürliche Wässer	chromatographische Trennmethoden Gas-Chromatographie mit selektiven Detektoren (nach Extraktion)	[10: Review] [33: Review]
Pb	$PbCO_3$, $Pb(CO_3)_2^{2-}$	Meerwasser	Polarographie unter Einbeziehung von Literaturdaten für die Komplexe berechnet	[28]
Se	Se(IV), Se(VI)	Fluß-, Seen- und Abwasser	Se(IV) als Diethyldithiocarbamat mit Diethyl-1-hexanol in Chloroform extrahiert, Gesamt-Se nach Reduktion von Se(VI) mit NBr/photometrische Bestimmung	[8]
Se	Se(IV), Se(VI)	Meer- und Flußwasser	Se(IV): Mitfällung mit $Fe(OH)_3$, Extraktion aus dem gelösten Niederschlag mit Caprylsäure in Chloroform, Umsetzung mit 2.3-Diaminonaphthalin zur fluorimetrischen Bestimmung — Se(VI) im Filtrat: Mitfällung mit Tellur (Te(IV) + Hydrazin), dann wie Se(IV)	[41]
Se	Se(IV), Se(VI)	Meer- und Flußwasser	Extraktion von Se(IV) mit Diethyldithiocarbamat bei pH 3,5—4,5 in Tetrachlorkohlenstoff, Gesamt-Se nach Reduktion (in 4 M HCl unter Erhitzen), dann wie Se(IV) — anschließend flammenlose AAS	[42]
Zn	anorganische Zn-Komplexe	Meerwasser	voltammetrische Methoden	[42]
Fe, Mn, Ni, Cu, Cr, Pb, Cd	adsorbiert an Kolloide, Verteilung nach Molekülgrößen-Fraktionen	verschiedene Gewässer	Gelfiltration (bzw. -chromatographie) membranfiltrierter Proben an Sephadex-Gelen/AAS (Graphitrohrküvette) der Fraktionen	[36]

Tabelle 6. Quantitative Ergebnisse aus Analysen von Element-Spezies in unterschiedlichen Wasserarten

Element	Wasserart	Konzentration an Element-Spezies	Literatur
As	Flußwasser	As(III): 3 ng/ml — As(V): 14 ng/ml	[19]
	Abwasser	As(III): 4 ng/ml — As(V): 7 ng/ml	
	Meerwasser	nicht nachweisbar — As(V): 3 ng/ml	
As	Flußwasser	As(III): 0,019 ppb — As(V): 1,75 ppb — Monomethylarsonsäure: 0,017 ppb — Dimethylarsonsäure: 0,12 ppb	
	Meerwasser	As(III): 0,04 ppb — As(V): 1,08 ppb — Monomethylarsonsäure: 0,021 ppb — Dimethylarsonsäure: < 0,004 ppb	(1)
Cr	Flußwasser	Cr(VI): 3,3 $\pm$ 0,6 nM — Cr(III): 0,09 $\pm$ 0,13 nM — Cr, ungelöst: 1,8 $\pm$ 0,1 nM	
	Meerwasser	Cr(VI): 2,0 $\pm$ 0,4 nM — Cr(III): 0,15 $\pm$ 0,13 nM — Cr, ungelöst: 0,05 $\pm$ 0,05 nM	[7]
Cu	Flußwasser	Cu^{2+}: 0,6 µg/l — $CuCO_3$: 2 µg/l — Cu-Aminosäurekomplexe: 106 µg/l — Cu-Huminsäurekomplexe: nicht nachweisbar — Hexanol-extrahierbare Spezies: 12 µg/l — CN-ähnliche Cu-Komplexe: nicht nachweisbar	[37]
Se	Abwasser	Se(IV): 12 ng/ml — Se(VI): 26 ng/ml	[20]
Fe	Rohwasser	Fe(II): 8,0 mg/l — Fe(III): 5,9 mg/l — Fe, ungelöst: 2,0 mg/l	
	Sauerbrunnen	Fe(II): 19,0 mg/l — Fe(III): 3,0 mg/l — Fe, ungelöst: —	[3]
Zn	Meerwasser	gesamt (Aufschluß mit Peroxidisulfat): 5,3 $\pm$ 0,2 µg/l — extrahierbar (mit Dithizon): 1,6 $\pm$ 0,1 µg/l — gebunden (berechnet): 3,7 $\pm$ 0,2 µg/l	[15]
Zn	Flußwasser	gesamt: 24,0 µg/l — elektrochemische aktive (labile) Zn-Spezies: 13,9 µg/l (Tensid- und Zn-organoverbindungen) — filtrierbarer Anteil (durch 0,2 µm Poren: 4,3 µg/l)	[22]
Zn, Cd Pb, Cu	Meerwasser	(Siehe nachstehende Teiltabelle)	[12]

	Zn	Cd	Pb	Cu	(µg/l)
gesamt	1,50	0,14	0,50	0,42	
labile Spezies (an Chelex-100 austauschbar)	1,80	0,15	0,40	0,42	
stabile gebundene Spezies	0,70	0,09	0,10	—	

Literatur

1. Andreae, M. O.: Anal. Chem. *49*, 820 (1977)
2. van den Berg, C. M. G.; Kramer, J. R.: Anal. Chim. Acta *106*, 113 (1979)
3. Blasius, E.; Ehrhardt, T.: Talanta *26*, 713 (1979)
4. Bondarenko, G. P.: Geokhimija *88*, 1012 (1972)
5. Brinckman, F. E. et al.: J. Chromatogr. Sci. *15*, 493 (1977)
6. Buffle, J. et al.: Anal. Chem. *49*, 216 (1977)
7. Crauston, R. E.; Murray, J. W.: Anal. Chim. Acta *99*, 275 (1978)
8. Desai, G. R.; Paul, J.: Microchim. J. *22*, 176 (1977).
9. Dogan, S.; Haerdi, W.: Int. J. Environ. Anal. Chem. *5*, 157 (1978)
10. Fishbein, L.: Chromatographic Rev. *13*, 83 (1970)
11. Florence, T. M.; Batley, G. E.: Talanta *23*, 179 (1976)
12. Florence, T.; Batley, G. E.: Talanta *24*, 151 (1977)
13. Frimmel, F. H.: Vom Wasser *49*, 1 (1977)
14. Frimmel, F.; Winkler, H. A.: ibid. *45*, 285 (1975)
15. Fukai, R.; Huynh-Ngoc, L.: J. Oceanographic. Soc. (Japan) *31*, 179 (1975)
16. Guy, R. D.; Chakrabarti, C. L.: Can. J. Chem. *54*, 2600 (1976)
17. Guy, R. D.; Chakrabarti, C. L.; Schramm, L. L.: Can. J. Chem. *53*, 661 (1975)
18. Jasinski, R.; Trachtenberg, J.; Andrychuk, D.: Anal. Chem. *46*, 364 (1974)
19. Kamada, T.: Talanta *23*, 835 (1976)
20. Kamada, T.; Shiraishi, T.; Yamamoto, Y.: Talanta *25*, 15 (1978)
21. Kharkar, D. P.; Turekian, K. K.; Bertine, K. K.: Geochim. Cosmochim. Acta *32*, 285 (1968)
22. Kritsotakis, K.; Tobschall, H. J.: Fresenius Z. Anal. Chem. *292*, 8 (1978)
23. Mantoura, R. F. C.; Riley, J. P.: Anal. Chim. Acta *78*, 193 (1975)
24. Martin, J. H.: Limnol. Oceanog. *15*, 756 (1970)
25. Means, J. L.; Crevar, D. A.; Amster, J. L.: Limnol. Oceanogr. *22*, 957 (1977)
26. Nürnberg, H. W.: Environment *12*, 35 (1979)
27. Nürnberg, H. W.: Chem.-Ing.-Techn. *51*, 717 (1979)
28. Nürnberg, H. W. et al.: Fresenius Z. Anal. Chem. *282*, 357 (1976)
29. Odier, M.; Plichon, V.: Anal. Chim. Acta *55*, 209 (1971)
30. Perrin, D. D.; Sayce, I. G.: Talanta *14*, 833 (1967)
31. Rajan, K. S.; Martell, A. E.: J. Inorg. Nucl. Chem. *29*, 463 (1967)
32. Raspor, B. et al.: Sci. Tot. Environment *9*, 87 (1977)
33. Rodriguez-Vazquez, J. A.: Talanta *25*, 299 (1978)
34. Schwedt, G.: Fresenius Z. Anal. Chem. *295*, 382 (1979)
35. Smith, R. G.: Anal. Chem. *48*, 74 (1976)
36. Steinberg, C.; Stabel, H.-H.: Vom Wasser *51*, 11 (1978)
37. Stiff, M. J.: Water Res. *5*, 585 (1971)
38. Talmi, Y.: Anal. Chim. Acta *74*, 107 (1975)
39. Talmi, Y.; Norvell, V. E.: Anal. Chim. Acta *85*, 203 (1976)
40. Whitnack, G. C.: Anal. Chem. *47*, 618 (1975)
41. Yoshii, O. et al.: Japan Analyst *26*, 91 (1977)
42. Zirino, A.; Healy, M. L.: Limnol. Oceanogr. *15*, 956 (1970)
43. Zirino, A.; Healy, M. L.: Environ. Sci. Technol. *6*, 243 (1972)
44. Zirino, A.; Yamamoto, S.: Limnol. Oceanogr. *17*, 661 (1972)

Indikatoren und ihre Eigenschaften

Dr. V. Schmidt und Dr. W. D. Mayer

E. Merck, Postfach 4119, D - 6100 Darmstadt

Unter einem Indikator versteht man eine Substanz, die es ermöglicht, den Äquivalenzpunkt einer Reaktion visuell zu erkennen. Diese Erkennung erfolgt durch eine Farbänderung, einen Fluoreszenz- oder Trübungswechsel oder durch eine Farbverstärkung infolge Adsorption.

Die Indikatoren werden in den meisten Fällen als *interne Indikatoren* verwendet, d. h. einige Tropfen einer Indikatorlösung werden dem zu untersuchenden Reaktionsgemisch zugegeben. Bei bestimmten Reaktionen, z. B. wenn die zu untersuchende Lösung selbst stark gefärbt ist oder bei einigen fällungsanalytischen Titrationen, bei denen der Indikator mit den Ionen der Probe- oder Maßlösung reagieren würde, bietet sich die Verwendung eines *externen Indikators* an. Die bekanntesten Beispiele für diese externen Indikatoren sind die pH-Indikatorpapiere (s. S. 268), Reagenzienpapiere, Teststäbchen (s. Tabelle 4) und die sogenannten Tüpfelindikatoren.

Die Indikatoren werden allgemein nach ihrer Anwendung eingeteilt. Die nachfolgende Zusammenstellung lehnt sich dementsprechend an den Vorschlag der Nomenklaturkommission der Analytical Chemistry Division der IUPAC an (s. IUPAC-Inf. Bul. Nr. 26 (August 1966) 46—47).

Die wichtigsten und bekanntesten Indikatoren sind die *Säure-Base-Indikatoren für wäßrige Systeme* (s. Tabelle 1), deren Anwendung im allgemeinen als interner Indikator erfolgt. Diese Indikatoren sind selbst Säuren oder Basen und zeigen bei ihrer Protolyse oder Deprotolyse eine Farbänderung. Wie Tabelle 1 zeigt, handelt es sich hierbei vor allem um Azofarbstoffe, Nitrophenole, Phthaleine, Sulfonphthaleine und Triphenylmethanfarbstoffe, alles Verbindungen, die durch die Protolyse bzw. Deprotolyse ihr π-Elektronensystem so verändern, daß sich die Lage des längstwelligen Absorptionsmaximums deutlich verschiebt. Erfolgt diese Verschiebung innerhalb des sichtbaren Wellenlängenbereiches, so tritt dabei ein Farbwechsel ein (zweifarbige Indikatoren, z. B. Bromkresolgrün, Methylrot). Verschiebt sich das Absorptionsmaximum aus dem sichtbaren Wellenlängenbereich heraus oder herein, so tritt Entfärbung bzw. Färbung der zuvor farblosen Lösung ein (einfarbige Indikatoren, z. B. Phenolphthalein).

Da die Farbänderung durch Protolyse bzw. Deprotolyse ausgelöst wird, ist der Farbumschlag abhängig von der Wasserstoffionenkonzentration bzw. dem pH-Wert. Der Umschlagspunkt des Indikators ist dabei

durch diejenige Wasserstoffionenkonzentration festgelegt, bei der die
Konzentration der „alkalischen" und der „sauren" Form des Indikators
gleich groß ist. Dieser Umschlagspunkt liegt bei jedem Farbstoff bei
einer anderen Wasserstoffionenkonzentration. Dadurch ist es möglich,
jede Wasserstoffionenkonzentration bzw. jeden pH-Wert durch den
Umschlagspunkt eines bestimmten Indikators sichtbar zu machen. In
der Praxis zeigen die Indikatoren jedoch keinen scharfen Umschlagspunkt, verbunden mit einem plötzlichen Farbwechsel, sondern einen mehr
oder weniger großen Umschlagsbereich, der durch einen allmählichen
Farbübergang über eine Mischfarbe gekennzeichnet ist. Verursacht wird
dies durch das gleichzeitige Vorhandensein beider Molekülformen des
Indikators im pH-Bereich um den theoretischen Umschlagspunkt. Für
eine möglichst genaue Erkennung des Äquivalenzpunktes eines zu bestimmenden Säure-Base-Paares ist daher zweierlei erforderlich: ein möglichst
großer Sprung des pH-Wertes um den zu bestimmenden Äquivalenzpunkt
und möglichst wenig Indikator, denn dieser muß ja mittitriert werden.
Durch Zumischen eines pH-neutralen Farbstoffs, z. B. Methylenblau
zu Methylrot oder durch Mischen mehrerer Indikatoren kann man das
Erkennen des Umschlags wesentlich verbessern. Im ersten Fall spricht
man im angelsächsischen Raum von Screened Indicators (abgeschirmten
Indikatoren), während der zweite Fall die eigentlichen Mischindikatoren
(engl.: Mixed Indicators) darstellt. In Tabelle 2 sind diese Mischindikatoren mit AI für die abgeschirmten Indikatoren und mit MI für die
eigentlichen Mischindikatoren gekennzeichnet.

Auf Grund hydrolytischer Prozesse — eine Folgeerscheinung des verschieden großen Dissoziationsgrades der einzelnen Säuren und Basen —
fallen der Äquivalenzpunkt und der Neutralpunkt oft nicht zusammen.
Für die Bestimmung des Äquivalenzpunktes mit Hilfe eines Indikators
ist es daher nötig, einen Indikator auszusuchen, dessen Umschlagsbereich den pH-Wert des Äquivalenzpunktes überstreicht. Für jedes
Säure-Base-System gibt es daher je nach pH-Wert im Äquivalenzpunkt
einen optimalen Indikator. Tabelle 1 zeigt eine Auswahl der gebräuch-
lichsten Säure-Base-Indikatoren nach steigendem pH-Bereich des Farb-
umschlags sortiert.

Die Anwendung von Säure-Base-Indikatoren als externe Indikatoren
erfolgt in Form von Indikatorpapieren oder Teststäbchen. Diese pH-Indikatorpapiere stellt man durch Tränken hochwertigen Spezialpapiers mit
Lösungen der in Tabelle 1 aufgeführten Säure-Base-Indikatoren und
anschließendem Trocknen her. Ihr Nachteil ist, daß sie wegen der nur
adsorptiven Bindung des Farbstoffes an das Papier bei längerer Ein-
tauchzeit, vor allem aber in alkalischen Lösungen leicht ausbluten. Diesen
Nachteil zeigen die pH-Indikatorpapiere, bei denen der Indikatorfarbstoff
an die Cellulosefaser des Indikatorpapiers kovalent gebunden wird,
nicht (nichtblutende Indikatorstäbchen, K. H. Neisius, Kontakte (Merck)
2/15 (1971)).

Bezüglich des Meßbereiches unterscheidet man drei Arten von Indikatorpapieren:

die einfachen pH-Indikatorpapiere wie z. B. das Lackmuspapier;
sie lassen nur die Aussage zu, ob eine Lösung sauer, neutral oder alkalisch
reagiert. Eine bessere Differenzierung erlauben die sogenannten Universal-

indikatorpapiere, die den gesamten pH-Bereich von 0—14 erfassen und eine Ablesegenauigkeit von etwa 1 pH-Einheit ermöglichen. Eine noch differenziertere Erfassung des pH-Wertes einer Lösung gelingt mit den Spezialindikatorpapieren, die zwar nur einen pH-Bereich von 2—5 pH-Einheiten anzeigen, dafür aber eine Ablesegenauigkeit von 0,2—0,5 pH-Einheiten aufweisen.

Eine von der IUPAC-Kommission nicht besonders aufgeführte Gruppe von Indikatoren sind die *Indikatoren für die Titration in nichtwäßrigen Systemen* (s. Tabelle 3). Zu beachten ist bei Anwendung von Indikatoren in nichtwäßrigen Systemen, daß die pH-Skala nur für wäßrige Systeme definiert ist und die angegebenen Umschlagsbereiche nur in wäßrigen Systemen gelten. Deshalb sind in Tabelle 3 keine Umschlagsbereiche angegeben, sondern es wird an Titrationsbeispielen gezeigt, in welchem Lösungsmittel und mit welchem Titrationsmittel der entsprechende Indikator verwendet werden kann, wobei mit (a) und (s) das zunächst vorherrschende Medium und nach dem →-Zeichen das nach der Titration vorhandene Milieu gekennzeichnet ist (a = alkalisch, s = sauer).

Eine weitere Klasse von Indikatoren sind die *Adsorptions-Indikatoren* (s. Tabelle 4). Diese Indikatoren werden vor allem in der Argentometrie verwendet, wo sie unter Farbänderung am oder in der Nähe des Äquivalenzpunktes von einem Niederschlag adsorbiert oder desorbiert werden.

Weitere Indikator-Tabellen werden im Band 3 dieses Taschenbuches veröffentlicht werden.

Tabelle 1. Säure-Base-Indikatoren nach steigenden pH-Umschlagbereichen

Nr.	Indikator C. I. Nr.	Strukturformel	Summenformel Molare Masse M	Umschlagbereich Farbwechsel			Indikatorlösung (Zubereitung)
1	Malachitgrün C. I. Nr. 42000		$C_{23}H_{25}N_2Cl$ $M = 364,7$ g/mol	0,0 gelb	—	2,0 grün- blau	0,1 g in 100 ml Wasser
2	Ethylviolett C. I. Nr. 42600		$C_{31}H_{42}ClN_3$ $M = 492,16$ g/mol	0,0 gelb	—	2,2 blau	0,1 g in 100 ml Methanol (50%)
3	Brillantgrün (Ethylgrün) C. I. Nr. 42040		$C_{27}H_{34}N_2O_4S$ $M = 482,64$ g/mol	0,0 gelb	—	2,6 grün	0,1 g in 100 ml Wasser

Nr.	Name		Summenformel				Löslichkeit

Nr.	Name	Struktur	Summenformel, Molmasse	pH / Farbe			Löslichkeit
4	Eosin gelblich C. I. Nr. 45380	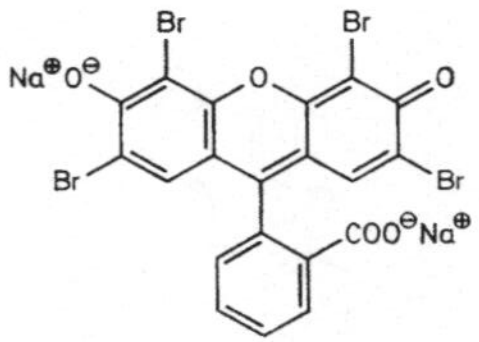	$C_{20}H_6Br_4Na_2O_5$ $M = 691{,}91$ g/mol	0,0 gelb	—	3,0 grüne Fluores-zenz	0,1 g in 100 ml Wasser
5	Erythrosin Dinatriumsalz C. I. Nr. 45430	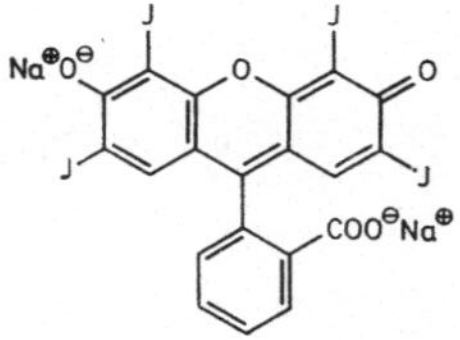	$C_{20}H_6J_4Na_2O_5$ $M = 879{,}92$ g/mol	0,0 orange	—	3,6 rot	0,1 g in 100 ml Wasser
6	Methylgrün C. I. Nr. 42590	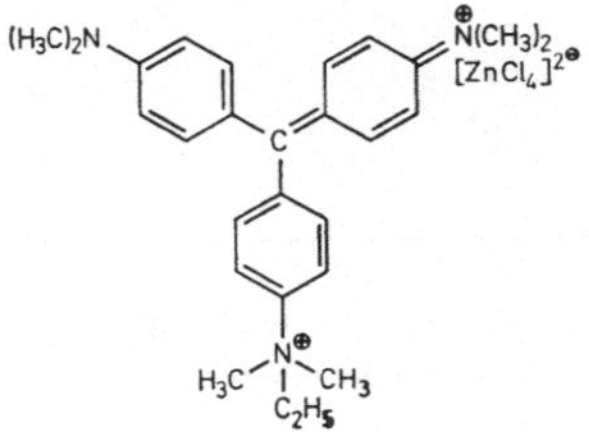	$C_{27}H_{35}Cl_4N_3Zn$ $M = 594{,}78$ g/mol	0,1 gelb	—	2,3 blau	0,1 g in 100 ml Wasser

Tabelle 1. (Fortsetzung)

Nr.	Indikator C. I. Nr.	Strukturformel	Summenformel Molare Masse M	Umschlagbereich Farbwechsel		Indikatorlösung (Zubereitung)
7	Methylviolett (Mischung von Tetra-, Penta- u. Hexamethyl-pararosanilinhydro-chlorid) C. I. Nr. 42 535	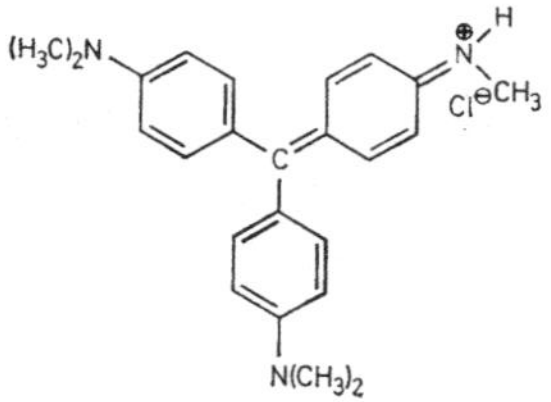	$C_{24}H_{28}N_3Cl$ $M = 393,96$ g/mol (Pentamethylpara-rosanilinhydro-chlorid)	0,1 gelb	2,7 violett	0,1 g in 100 ml Ethanol (20%)
8	Pikrinsäure C. I. Nr. 10 305	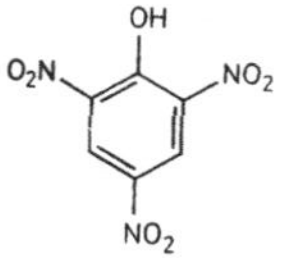	$C_6H_3N_3O_7$ $M = 229,11$ g/mol	0,2 farb-los	1,0 gelb	0,1 g in 100 ml Ethanol (70%)
9	Kresolrot (o-Kresolsulfon-phthalein)	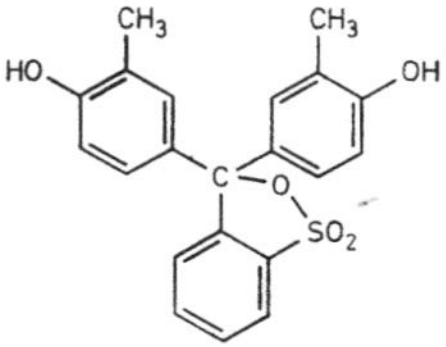	$C_{21}H_{18}O_5S$ $M = 382,44$ g/mol	0,2 rot	1,8 gelb	0,1 g in 100 ml Ethanol (20%) oder 0,04 g in 1,05 ml Natronlauge 0,1 mol/l lösen und mit Wasser auf 100 ml auffüllen

10	Kristallviolett (Gentianaviolett) C. I. Nr. 42555	$C_{25}H_{30}ClN_3$ $M = 407{,}99$ g/mol	0,8 gelb	—	2,6 blau-violett	0,1 g in 100 ml Ethanol (70%)
11	Metanilgelb C. I. Nr. 13065	$C_{18}H_{14}N_3NaO_3S$ $M = 375{,}34$ g/mol	1,2 rot	—	2,3 gelb	0,1 g in 100 ml Ethanol (20%) oder 0,1 g in 100 ml Wasser
12	m-Kresolpurpur (m-Kresolsulfon-phthalein)	$C_{21}H_{18}O_5S$ $M = 382{,}44$ g/mol	1,2 rot	—	2,8 gelb	0,04 g in 100 ml Ethanol (20%) oder 0,04 g in 1,05 ml Natronlauge 0,1 mol/l lösen und mit Wasser auf 100 ml auffüllen
13	Thymolblau (Thymolsulfon-phthalein)	$C_{27}H_{30}O_5S$ $M = 466{,}60$ g/mol	1,2 rot	—	2,8 gelb	0,04 g in 100 ml Ethanol (20%) oder 0,04 g in 0,86 ml Natronlauge 0,1 mol/l lösen und mit Wasser auf 100 ml auffüllen

Tabelle 1. (Fortsetzung)

Nr.	Indikator C. I. Nr.	Strukturformel	Summenformel Molare Masse M	Umschlagbereich Farbwechsel		Indikatorlösung (Zubereitung)
14	p-Xylenolblau (p-Xylenolsulfon-phthalein)		$C_{23}H_{22}O_5S$ M = 410,49 g/mol	1,2 rot	— 2,8 gelb	0,1 g in 100 ml Ethanol (50%) oder 0,04 g in 0,98 ml Natronlauge 0,1 mol/l lösen und mit Wasser auf 100 ml auffüllen
15	Pentamethoxyrot (2,4,2′4′,2″-Penta-methoxytriphenyl-carbinol)		$C_{24}H_{26}O_6$ M = 410,47 g/mol	1,2 rot-violett	— 3,2 farblos	0,1 g in 100 ml Ethanol (96%)
16	Benzopurpurin 4 B C. I. Nr. 23 500	$C_{34}H_{26}N_6Na_2O_6S$ M = 692,67 g/mol		1,3 violett	— 4,0 rot	0,1 g in 100 ml Wasser

17	Eosin B (bläulich) C. I. Nr. 45400	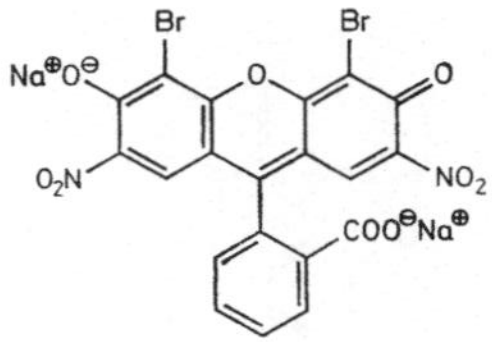	$C_{20}H_6Br_2N_2Na_2O_9$ M = 624,09 g/mol	1,4 farblos	—	2,4 rosa-fluoreszierend	0,1 g in 100 ml Wasser
18	Tropaeolin 00 C. I. Nr. 13080	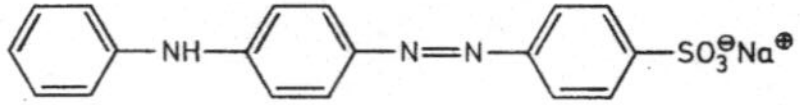	$C_{18}H_{14}N_3NaO_3S$ M = 375,4 g/mol	1,4 rot	—	2,6 gelb	0,025 g in 100 ml Ethanol (50%) oder 0,1 g in 100 ml Wasser
19	Chinaldinrot	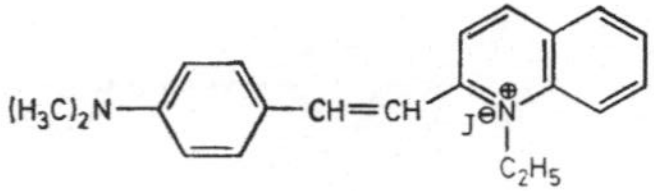	$C_{21}H_{23}JN_2$ M = 430,33 g/mol	1,4 farblos	—	3,2 rosa	0,1 g in 100 ml Ethanol (60%)
20	Martiusgelb C. I. Nr. 10315	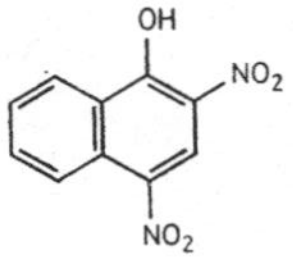	$C_{10}H_6N_2O_5$ M = 234,17 g/mol	2,0 gelb	—	3,2 dunkelgelb	0,06 g in 100 ml Ethanol (20%)
21	2,6-Dinitrophenol (β-Dinitrophenol)	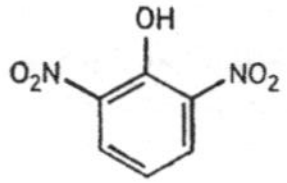	$C_6H_4N_2O_5$ M = 184,1 g/mol	2,0 farblos	—	4,4 gelb	0,1 g in 100 ml Ethanol (70%)

Tabelle 1. (Fortsetzung)

Nr.	Indikator C. I. Nr.	Strukturformel	Summenformel Molare Masse M	Umschlagbereich Farbwechsel		Indikatorlösung (Zubereitung)
22	2,4-Dinitrophenol (α-Dinitrophenol)	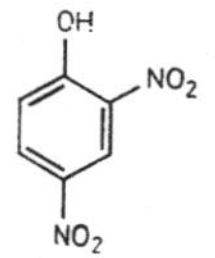	$C_6H_4N_2O_5$ M = 184,1 g/mol	2,8 farb-los	4,7 gelb	0,1 g in 100 ml Ethanol (70%)
23	4-Dimethylamino-azobenzol (Dimethylgelb) C. I. Nr. 11020	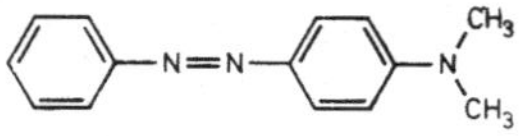	$C_{14}H_{15}N_3$ M = 225,30 g/mol	2,9 rot	4,0 orange-gelb	0,1—0,5 g in 100 ml Ethanol (90%)
24	Ethylorange	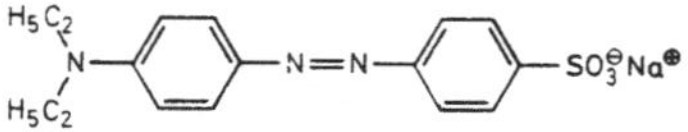	$C_{16}H_{18}N_3NaO_3S$ M = 355,40 g/mol	3,0 rot	4,5 orange	0,2 g in 100 ml Ethanol (20%) oder 0,04 g in 100 ml Wasser
25	Bromchlorphenol-blau	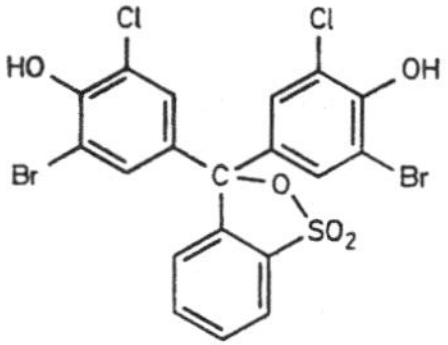	$C_{19}H_{10}Br_2Cl_2O_5S$ M = 581,08 g/mol	3,0 gelb	4,6 blau-violett	0,1 g in 100 ml Ethanol (20%) oder 0,04 g in 0,69 ml Natronlauge 0,1 mol/l lösen und mit Wasser auf 100 ml auffüllen

Nr.	Name		Summenformel / Molmasse	Umschlag			Herstellung
26	Bromphenolblau	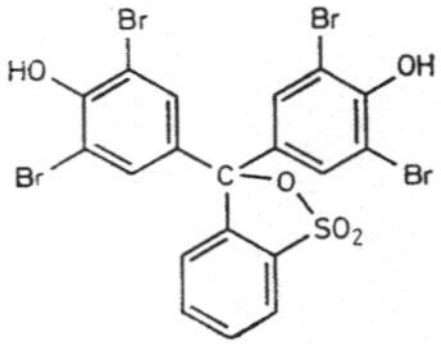	$C_{19}H_{10}Br_4O_5S$ $M = 669{,}99$ g/mol	3,0 grün- lich gelb	—	4,6 blau- violett	0,1 g in 100 ml Ethanol (20%) oder 0,04 g in 0,6 ml Natronlauge 0,1 mol/l lösen und mit Wasser auf 100 ml auffüllen
27	Tetrabromphenol- tetrabromsulfon- phthalein	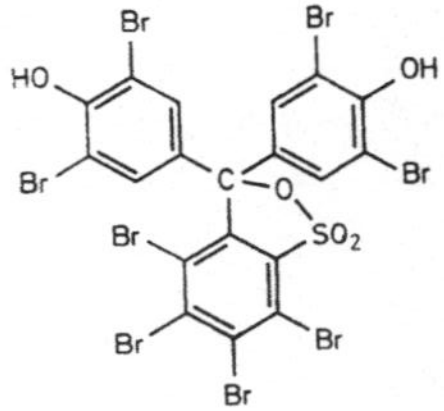	$C_{19}H_6Br_8O_5S$ $M = 985{,}59$ g/mol	3,0 gelb	—	5,0 blau	0,04 g in 100 ml Ethanol (90%)
28	Kongorot C. I. Nr. 22120	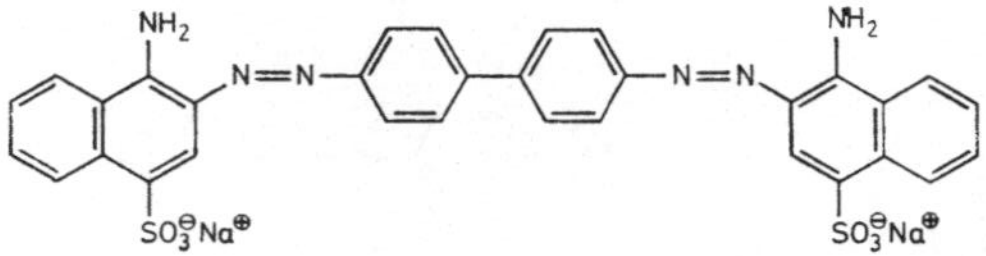	$C_{32}H_{22}N_6Na_2O_6S_2$ $M = 696{,}68$ g/mol	3,0 blau- violett	—	5,2 rot- orange	0,2 g in 100 ml Wasser
29	Methylorange C. I. Nr. 13025	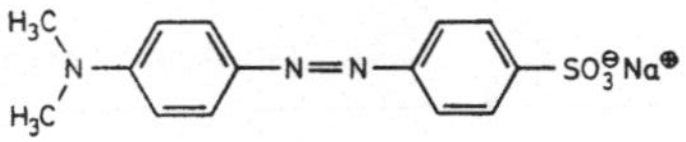	$C_{14}H_{11}N_3Na_2O_6S_2$ $M = 327{,}34$ g/mol	3,1 rot	—	4,4 gelb- orange	0,04 g in 100 ml Ethanol (20%) oder 0,04 g in 100 ml Wasser

Tabelle 1. (Fortsetzung)

Nr.	Indikator C. I. Nr.	Strukturformel	Summenformel Molare Masse M	Umschlagbereich Farbwechsel		Indikatorlösung (Zubereitung)
30	p-Ethoxychrysoidin-Hydrochlorid		$C_{14}H_{16}N_4O \cdot HCl$ M = 292,76 g/mol	3,5 rot	5,5 gelb	0,2 g in 100 ml Ethanol (96%) oder 0,2 g in 100 ml Wasser
31	α-Naphthylrot (α-Naphthylamino-azobenzol) C. I. Nr. 11350		$C_{16}H_{13}N_3$ M = 247,30 g/mol	3,7 rot	5,0 gelb	0,1 g in 100 ml Ethanol (70%)
32	Bromkresolgrün		$C_{21}H_{14}Br_4O_5S$ M = 698,04 g/mol	3,8 gelb	5,4 blau	0,1 g in 100 ml Ethanol (20%) oder 0,04 g in 0,58 ml Natronlauge 0,1 mol/l lösen und mit Wasser auf 100 ml auffüllen
33	2,5-Dinitrophenol (γ-Dinitrophenol)		$C_6H_4N_2O_5$ M = 184,11 g/mol	4,0 farb-los	5,8 gelb	0,05—0,1 g in 100 ml Ethanol (70%)

Nr.	Bezeichnung	Formel				Herstellung
34	Alizarinsulfonsäure Natriumsalz (Monohydrat) C. I. Nr. 58005	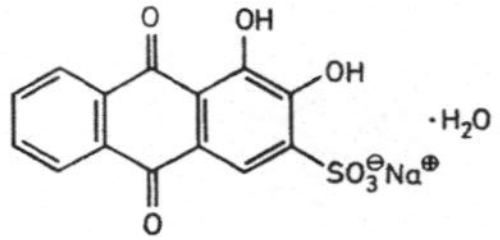 $C_{14}H_7NaO_7S \cdot H_2O$ $M = 360{,}28$ g/mol	4,3 gelb	—	6,3 violett	0,1 g in 100 ml Ethanol (50%) oder 0,1 g in 100 ml Wasser
35	Methylrot C. I. Nr. 13020	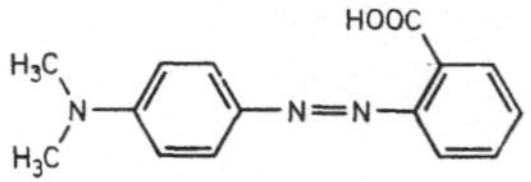 $C_{15}H_{15}N_3O_2$ $M = 269{,}31$ g/mol	4,4 rot	—	6,2 gelb	0,1 g in 100 ml Ethanol (96%)
36	Chlorphenolrot	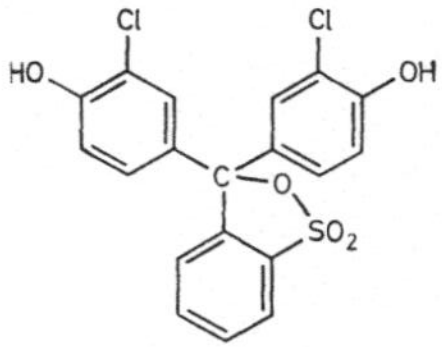 $C_{19}H_{12}Cl_2O_5S$ $M = 423{,}27$ g/mol	4,8 gelb	—	6,4 purpur	0,1 g in 100 ml Ethanol (20%) oder 0,04 g in 0,94 ml Natronlauge 0,1 mol/l lösen und mit Wasser auf 100 ml auffüllen
37	Lackmus C. I. Nr. 1242	$M = 3300$ g/mol	5,0 rot	—	8,0 blau	4 g in 100 ml Wasser
38	Bromkresolpurpur	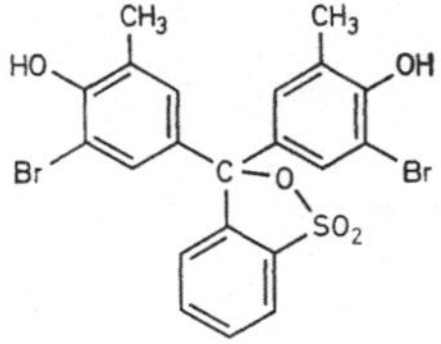 $C_{21}H_{16}Br_2O_5S$ $M = 540{,}24$ g/mol	5,2 gelb	—	6,8 purpur	0,1 g in 100 ml Ethanol (20%) oder 0,04 g in 0,74 ml Natronlauge 0,1 mol/l lösen und mit Wasser auf 100 ml auffüllen

Tabelle 1. (Fortsetzung)

Nr.	Indikator C. I. Nr.	Strukturformel	Summenformel Molare Masse M	Umschlagbereich Farbwechsel	Indikatorlösung (Zubereitung)
39	Bromphenolrot	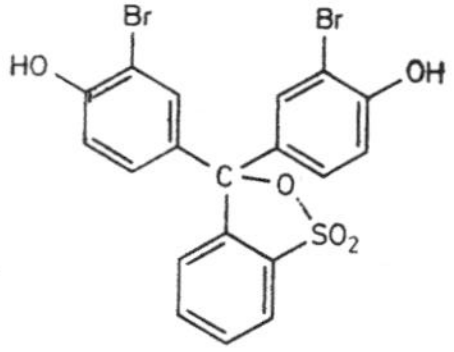	$C_{19}H_{12}Br_2O_5S$ M = 512,19 g/mol	5,2 — 6,8 orange-gelb purpur	0,1 g in 100 ml Ethanol (20%) oder 0,04 g in 0,94 ml Natronlauge 0,1 mol/l lösen und mit Wasser auf 100 ml auffüllen
40	4-Nitrophenol		$C_6H_5NO_3$ M = 139,11 g/mol	5,4 — 7,5 farb-los gelb	0,2 g in 100 ml Ethanol (96%) oder 0,08 g in 100 ml Wasser
41	Bromxylenolblau	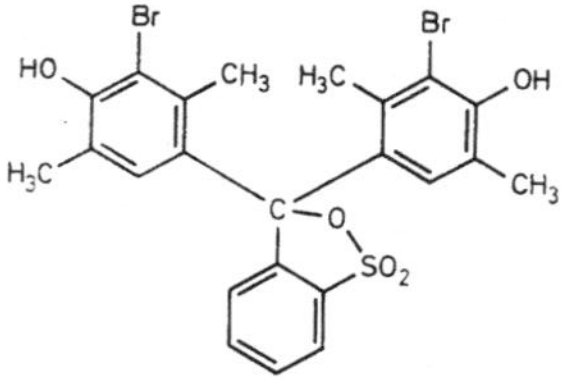	$C_{23}H_{20}Br_2O_5S$ M = 568,29 g/mol	5,7 — 7,4 gelb blau	0,1 g in 100 ml Ethanol (96%)

42	Alizarin C. I. Nr. 58000	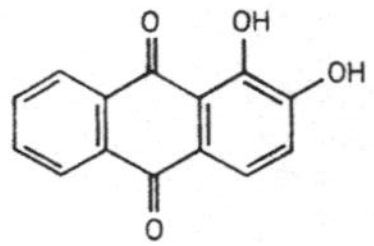	$C_{14}H_8O_4$ $M = 240{,}22$ g/mol	5,8 gelb	—	7,2 rot	0,5 g in 100 ml Ethanol (96%)	
43	Nitrazingelb C. I. Nr. 14590	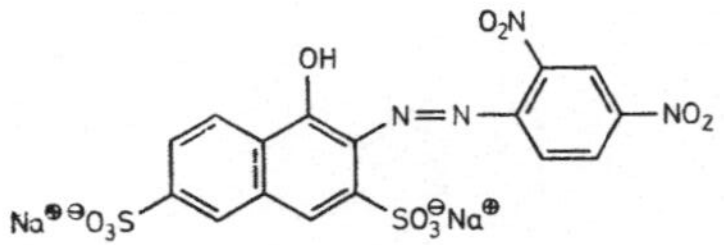	$C_{16}H_8N_4Na_2O_{11}S$ $M = 542{,}37$ g/mol	6,0 gelb	—	7,2 blau	0,05 g in 100 ml Ethanol (70%)	
44	Bromthymolblau	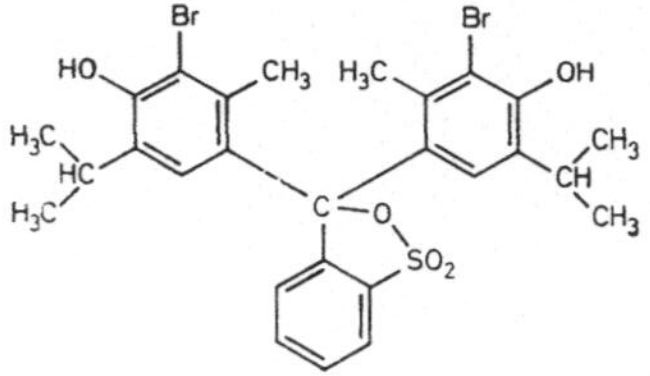	$C_{27}H_{28}Br_2O_5S$ $M = 624{,}40$ g/mol	6,0 gelb	—	7,6 blau	0,1 g in 100 ml Ethanol (20%) oder 0,04 g in 0,64 ml Natronlauge 0,1 mol/l lösen und mit Wasser auf 100 ml auffüllen	
45	Phenolrot	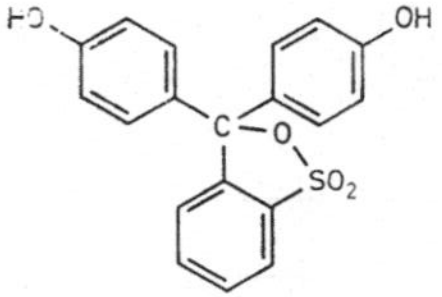	$C_{19}H_{14}O_5S$ $M = 354{,}38$ g/mol	6,4 gelb	–	8,2 rot- violett	0,1 g in 100 ml Ethanol (20%) oder 0,04 g in 1,13 ml Natronlauge 0,1 mol/l lösen und mit Wasser auf 100 ml auffüllen	

Tabelle 1. (Fortsetzung)

Nr.	Indikator C. I. Nr.	Strukturformel	Summenformel Molare Masse M	Umschlagbereich Farbwechsel	Indikatorlösung (Zubereitung)
46	Brillantgelb C. I. Nr. 24890	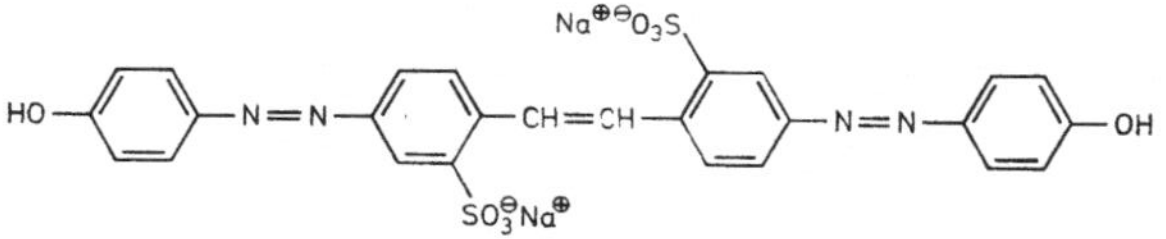	$C_{26}H_{18}N_4Na_2O_8S_2$ M = 624,27 g/mol	6,4 — 9,4 gelb rot-orange	0,1 g in 100 ml Ethanol (20%)
47	3-Nitrophenol	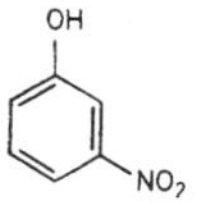	$C_6H_5NO_3$ M = 139,11 g/mol	6,6 — 8,6 farb-los gelb-orange	0,3 g in 100 ml Ethanol (96%) oder 0,08 g in 100 ml Wasser
48	Neutralrot C. I. Nr. 50040	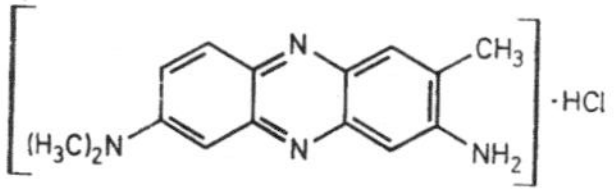	$C_{15}H_{17}ClN_4$ M = 288,78 g/mol	6,8 — 8,0 blau-rot orange-gelb	0,1 g in 100 ml Ethanol (70%)
49	1-Naphtholphthalein (a-Naphthol-phthalein)	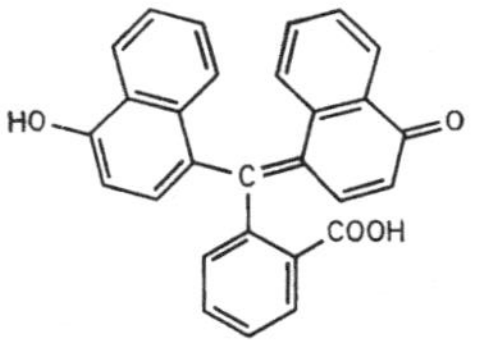	$C_{28}H_{18}O_4$ M = 418,42 g/mol	7,1 — 8,3 blau rosa-bräun-lich	0,1 g in 100 ml Ethanol (96%)

50	Kresolrot (o-Kresolsulfonphthalein)	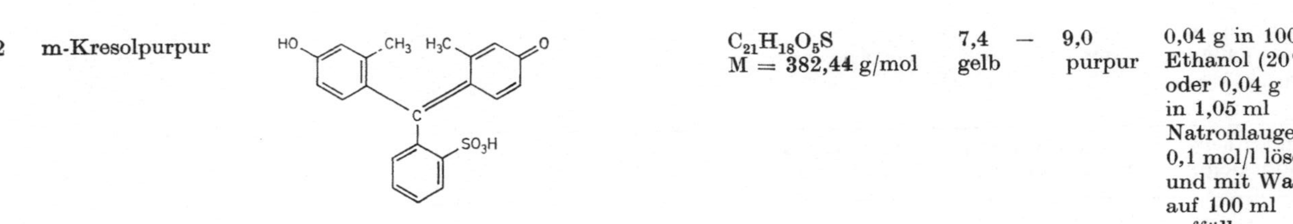	$C_{21}H_{18}O_5S$ $M = 382,44$ g/mol	7,0 gelb	—	8,8 purpur	0,1 g in 100 ml Ethanol (50%) oder 0,04 g in 1,05 ml Natronlauge 0,1 mol/l lösen und mit Wasser auf 100 ml auffüllen
51	Tropaeolin 000 Nr. 2 C. I. Nr. 15510		$C_{16}H_{11}N_2NaO_4S$ $M = 350,33$ g/mol	7,4 gelb	—	8,6 orange	0,2 g in 100 ml Ethanol (20%) oder 0,1 g in 100 ml Wasser
52	m-Kresolpurpur		$C_{21}H_{18}O_5S$ $M = 382,44$ g/mol	7,4 gelb	—	9,0 purpur	0,04 g in 100 ml Ethanol (20%) oder 0,04 g in 1,05 ml Natronlauge 0,1 mol/l lösen und mit Wasser auf 100 ml auffüllen

Tabelle 1. (Fortsetzung)

Nr.	Indikator C. I. Nr.	Strukturformel	Summenformel Molare Masse M	Umschlagbereich Farbwechsel		Indikatorlösung (Zubereitung)
53	Thymolblau		$C_{27}H_{30}O_5S$ $M = 466{,}60$ g/mol	8,0 — 9,6 gelb	blau	0,04 g in 100 ml Ethanol (20%) oder 0,04 g in 0,86 ml Natronlauge 0,1 mol/l lösen und mit Wasser auf 100 ml auffüllen
54	p-Xylenolblau		$C_{23}H_{22}O_5S$ $M = 410{,}49$ g/mol	8,0 — 9,6 gelb	blau	0,1 g in 100 ml Ethanol (50%) oder 0,04 g in 0,98 ml Natronlauge 0,1 mol/l lösen und mit Wasser auf 100 ml auffüllen
55	o-Kresolphthalein		$C_{22}H_{18}O_4$ $M = 346{,}36$ g/mol	8,2 — 9,8 farb- rot- los violett		0,02 g in Ethanol (50%)

Nr.	Name	Formel		Umschlagsbereich		Löslichkeit
56	Phenolphthalein	$C_{24}H_{30}O_5S$ $M = 318,33$ g/mol	8,2 farb- los	—	9,8 rot- violett	0,1 g in 100 ml Ethanol (96%)
57	Thymolphthalein	$C_{28}H_{30}O_4$ $M = 430,55$ g/mol	9,3 farb- los	—	10,5 blau	0,1 g in Ethanol (50%)
58	Alkaliblau C. I. Nr. 42 750	$C_{32}H_{28}N_3NaO_4S$ $M = 573,65$ g/mol	9,4 violett	—	14,0 rosa	0,1 g in Ethanol (90%)
59	Alizaringelb GG C. I. Nr. 14 025	$C_{13}H_6N_3NaO_5$ $M = 309,21$ g/mol	10,0 hell- gelb	—	12,1 bräun- lichgelb	0,1 g in Wasser

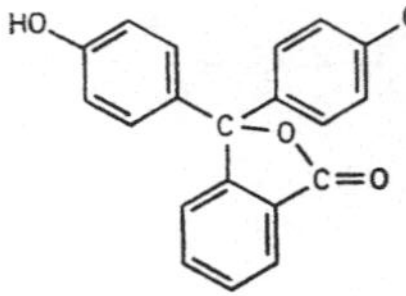

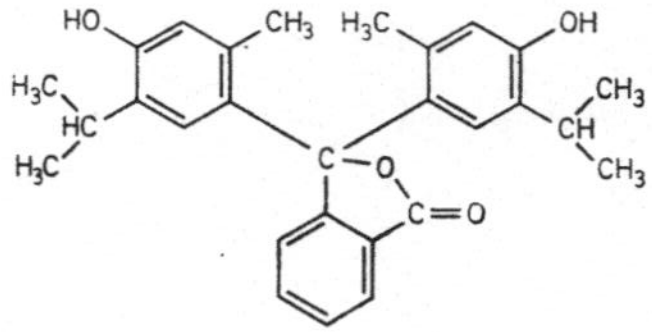

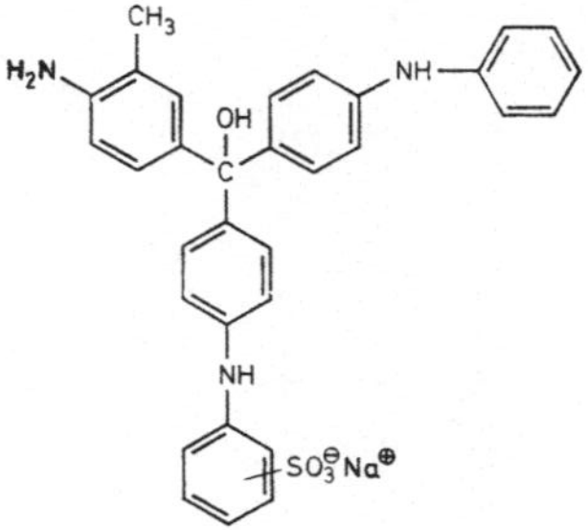

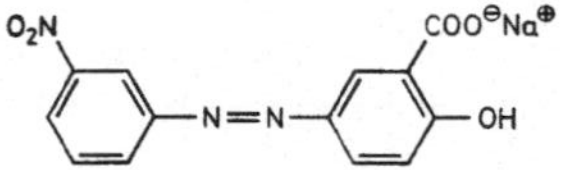

Tabelle 1. (Fortsetzung)

Nr.	Indikator C. I. Nr.	Strukturformel	Summenformel Molare Masse M	Umschlagbereich Farbwechsel		Indikatorlösung (Zubereitung)
60	Alizaringelb R C. I. Nr. 14030		$C_{13}H_8N_3NaO_5$ M = 309,21 g/mol	10,1 hell-gelb	— 12,1 bräun-lichrot	0,1 g in Wasser
61	Alizarin C. I. Nr. 58000	s. Nr. 42		10,1 rot	— 12,1 violett	0,5 g in 100 ml Ethanol (96%)
62	Tropaeolin 000 Nr. 2	s. Nr. 51		10,2 orange	— 11,8 rot	0,2 g in 100 ml Ethanol (20%) oder 0,1 g in 100 ml Wasser
63	CLAYTON-Gelb (Titangelb) C. I. Nr. 19540		$C_{28}H_{19}N_5Na_2O_6S_4$ M = 695,73 g/mol	11,0 gelb	— 13,0 rot	0,1 g in 100 ml Ethanol (20%)
64	Tropaeolin 0 C. I. Nr. 14270		$C_{12}H_9N_2NaO_5S$ M = 316,27 g/mol	11,1 gelb	— 12,7 orange-braun	0,1 g in 100 ml Wasser

| 65 | Indigocarmin
C. I. Nr. 73015 | 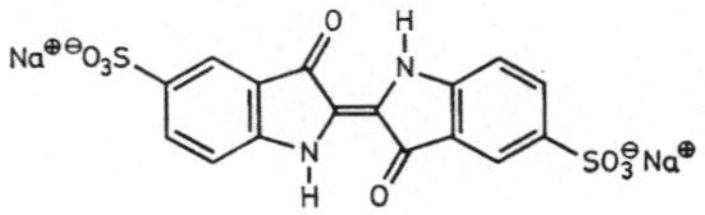 | $C_{16}H_8N_2Na_2O_8S_2$
$M = 466{,}37$ g/mol | 11,5 — 14,0
blau   gelb | 0,25 g in 100 ml
Ethanol (50%)
oder 1 g in
100 ml Wasser |
| 66 | Epsilonblau | 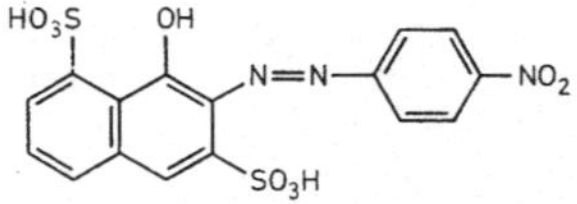 | $C_{16}H_{11}N_3O_9S_2$
$M = 453{,}41$ g/mol | 11,6 — 13,0
orange violett | 0,1 g in 100 ml
Wasser |

Tabelle 2. Mischindikatoren (nach steigenden pH-Bereichen)

Nr.	Indikatorlösungen und Mischungsverhältnis	MI = Misch-Indikator AI = Abgeschirmter Indikator	Bereich	Farbwechsel	Bemerkungen
1	Indikator flüssig pH 0—5 Merck	MI	0—5	von organgerot über ocker-lindgrün-hellgrün-dunkelgrün-blaugrün nach blau	Anhand einer mitgelieferten Farbskala mit 11 unterschiedlichen Farbpunkten kann der pH-Wert auf 0,5 pH-Einheiten abgelesen werden
2	1 Teil Dimethylgelb 0,1 g in 100 ml Ethanol (96%) 1 Teil Methylenblau 0,1 g in 100 ml Ethanol (96%)	AI	3,2	blauviolett-grün	In dunkler Flasche aufbewahren. Bei pH 3,4 noch grün, bei pH 3,2 blauviolett Ausgezeichneter Indikator
3	4 Teile Methylorange 0,1 g in 100 ml Wasser 1 Teil Kupferphthalocyanin-4,4′,4″,4‴-tetrasulfonat 0,1 g in 100 ml Wasser	AI	3,6—4,0	rosa-grün	
4	1 Teil Methylorange 0,25 g in 100 ml Ethanol (50%) 1 Teil Xylencyanol FF 0,35 g in 100 ml Ethanol (50%)	AI	3,8	violett-grün	

5	Universalindikator flüssig pH 4—10 Merck	MI	4—10	von rosa über schmutziggelb-gelbgrün-graugrün-grau-bläulichgrau-grauviolett-nach violett	Anhand einer mitgelieferten Farbskala mit 13 unterschiedlichen Farbpunkten kann der pH-Wert auf 0,5 pH-Einheiten abgelesen werden
6	1 Teil Methylorange 0,1 g in 100 ml Wasser 1 Teil Indigocarmin 0,25 g in 100 ml Wasser	AI	4,1	violett-grün	In dunkler Flasche aufbewahren. Guter Indikator, besonders bei künstlicher Beleuchtung
7	1 Teil Methylorange 0,1 g in 100 ml Wasser 1 Teil Anilinblau 0,1 g in 100 ml Wasser	AI	4,3	violett-grün	
8	1 Teil Bromkresolgrün 0,1 g in 100 ml Ethanol (96%) 1 Teil Methylorange 0,02 g in 100 ml Wasser	MI	4,3	orange-grün	
9	Mischindikator 5 für Ammoniaktitrationen Merck	AI	4,4—5,8	rotviolett-graugrün-grün	Sehr scharfe Farbänderung. Ausgezeichneter Indikator bei Ammoniaktitrationen
10	1 Teil Methylorange 0,2 g in 100 ml Wasser 1 Teil Fluorescein 0,2 g in 100 ml Ethanol (96%)	AI	4,5—4,8	rot-grüne Fluoreszenz	

Tabelle 2. (Fortsetzung)

Nr.	Indikatorlösungen und Mischungsverhältnis	MI = Misch-Indikator AI = Abgeschirmter Indikator	Bereich	Farbwechsel	Bemerkungen

11	1 Teil Methylorange
	    0,1 g in 100 ml Wasser
	1 Teil Xylencyanol FF
	    0,1 g in 100 ml Wasser
	3 Teile Phenolphthalein
	    0,1 g in 100 ml Ethanol (96%)
		AI	4,5	rosa-violett-grün	Guter Indikator zur Titration der 1. und 2. Stufe von ortho-Phosphorsäure (Siehe Nr. 30)

12	2 Teile Methylrot-Natriumsalz
	    0,1 g in 100 ml Wasser
	3 Teile Kupferphthalocyanin 4,4',4'',4'''-tetrasulfonat
	    0,1 g in 100 ml Wasser
		AI	4,6—5,5	rosa-grün	

13	3 Teile Bromkresolblau oder Bromkresolgrün
	    0,1 g in 100 ml Ethanol (96%)
	1 Teil Methylrot
	    0,2 g in 100 ml Ethanol (96%)
		MI	5,1	weinrot-grün	Sehr scharfe Farbänderung, ausgezeichneter Indikator Mischindikator nach Mortimer

14	2 Teile Methylrot
	    0,03 g in 120 ml Ethanol (96%)
	3 Teile Methylenblau
	    0,1 g in 100 ml Ethanol (96%)
		AI	5,2	rotviolett-grau-grün	Mischindikator nach Tashiro

15	1 Teil Methylrot
	    0,2 g in 100 ml Ethanol (96%)
	1 Teil Methylenblau
	    0,1 g in 100 ml Ethanol (96%)
		AI	5,4	rotviolett-grau-grün	Bei pH 5,2 rotviolett, bei pH 5,4 schmutzig graublau, bei pH 5,6 schmutziggrün. In dunkler Flasche aufbewahren.

16	1 Teil Bromkresolgrün-Natriumsalz
	    0,1 g in 100 ml Wasser
	1 Teil Alizarinsulfonsäure-Natriumsalz
	    0,1 g in 100 ml Wasser
		MI	5,6	violett-
				gelbgrün
					Bei pH 5,6 rotbraun. Sehr guter Indikator

17	1 Teil Chlorphenolrot Natriumsalz
	    0,1 g in 100 ml Wasser
	1 Teil Anilinblau
	    0,1 g in 100 ml Wasser
		AI	5,8	grün-violett	Bei pH 5,8 schwach violett

18	1 Teil Bromkresolgrün Natriumsalz
	    0,1 g in 100 ml Wasser
	1 Teil Chlorphenolrot Natriumsalz
	    0,1 g in 100 ml Wasser
		MI	6,1	gelbgrün-
				blauviolett
					Bei pH 5,4 blaugrün,
					bei pH 5,8 blau,
					bei pH 6,0 blau mit Stich ins Violette,
					bei pH 6,2 blauviolett

19	1 Teil Bromkresolpurpur Natriumsalz
	    0,1 g in 100 ml Wasser
	1 Teil Bromthymolblau Natriumsalz
	    0,1 g in 100 ml Wasser
		MI	6,7	gelb-violettblau	Bei pH 6,2 gelbviolett,
					bei pH 6,6 violett,
					bei pH 6,8 blauviolett

20	2 Teile Bromthymolblau Natriumsalz
	    0,1 g in 100 ml Wasser
	1 Teil Azolithmin
	    0,1 g in 100 ml Wasser
		MI	6,9	violett-blau	

21	1 Teil Neutralrot
	    0,1 g in 100 ml Ethanol (96%)
	1 Teil Methylenblau
	    0,1 g in 100 ml Ethanol (96%)
		AI	7,0	violettblau-
				grün
					Bei pH 7,0 violettblau. Ausgezeichneter Indikator. In dunkler Flasche aufbewahren.

22	1 Teil Neutralrot
	    0,1 g in 100 ml Ethanol (96%)
	1 Teil Bromthymolblau
	    0,1 g in 100 ml Ethanol (96%)
		MI	7,2	rosa-grün	Bei pH 7,4 schmutziggrün,
					bei pH 7,2 schwach rosa,
					bei pH 7,0 deutlich rosa

Tabelle 2. (Fortsetzung)

Nr.	Indikatorlösungen und Mischungsverhältnis	MI = Misch-Indikator AI = Abgeschirmter Indikator	Bereich	Farbwechsel	Bemerkungen

23	1 Teil Phenolrot
	   0,1 g in 100 ml Ethanol (96%)
	1 Teil Methylenblau
	   0,02 g in 100 ml Wasser
		AI	7,3	grün-violett	

24	1 Teil Bromthymolblau Natriumsalz
	   0,1 g in 100 ml Wasser
	1 Teil Phenolrot Natriumsalz
	   0,1 g in 100 ml Wasser
		MI	7,5	gelb-violett	Bei pH 7,2 schmutziggrün,
					bei pH 7,4 schwach violett,
					bei pH 7,6 stark violett.
					Ausgezeichneter Indikator

25	1 Teil Kresolrot Natriumsalz
	   0,1 g in 100 ml Wasser
	3 Teile Thymolblau Natriumsalz
	   0,1 g in 100 ml Wasser
		MI	8,3	gelb-violett	Bei pH 8,2 rosa,
					bei pH 8,4 deutlich violett.
					Ausgezeichneter Indikator

26	2 Teile α-Naphtholphthalein
	   0,1 g in 100 ml Ethanol (96%)
	1 Teil Kresolrot
	   0,1 g in 100 ml Ethanol (96%)
		MI	8,3	schwachrosa-violett	Bei pH 8,2 schwach violett,
					bei pH 8,4 deutlich violett

27	1 Teil α-Naphtholphthalein
	   0,1 g in 100 ml Ethanol (96%)
	3 Teile Phenolphthalein
	   0,1 g in 100 ml Ethanol (96%)
		MI	8,9	schwachrosa-violett	Bei pH 8,6 schwach grün,
					bei pH 9,0 deutlich violett

28	1 Teil Phenolphthalein
	   0,1 g in 100 ml Ethanol (96%)
	2 Teile Methylgrün
	   0,1 g in 100 ml Ethanol (96%)
		AI	8,9	grün-violett	Bei pH 8,8 fahlblau,
					bei pH 9,0 violett

Nr.	Zusammensetzung		pH	Farbumschlag	Bemerkungen

29	1 Teil Thymolblau
	    0,1 g in 100 ml Ethanol (50%)
	3 Teile Phenolphthalein
	    0,1 g in 100 ml Ethanol (50%)
		MI	9,0	gelb-violett	Von Gelb über Grün nach Violett.
					Ausgezeichneter Indikator

30	1 Teil Methylorange
	    0,1 g in 100 ml Wasser
	1 Teil Xylencyanol FF
	    0,1 g in 100 ml Wasser
	3 Teile Phenolphthalein
	    0,1 g in 100 ml Ethanol (96%)
		AI	9,0	grün-rosa	Guter Indikator zur Titration der 1. und 2. Stufe von ortho-Phosphorsäure
					(Siehe Nr. 11)

31	Indikator flüssig pH 9—13 Merck	MI	9—13	Von gelbgrün über lindgrün-graugrün-grauviolett nach violett	Anhand einer mitgelieferten Farbskala mit 5 unterschied-lichen Farbpunkten kann der pH-Wert auf 1 pH-Einheit abgelesen werden

32	2 Teile Phenolphthalein
	    0,1 g in 100 ml Ethanol (50%)
	1 Teil α-Naphtholphthalein
	    0,1 g in 100 ml Ethanol (50%)
		MI	9,6	schwachrosa-violett	Farbe über Grün nach Violett.
					Ausgezeichneter Indikator

33	1 Teil Phenolphthalein
	    0,1 g in 100 ml Ethanol (96%)
	1 Teil Thymolphthalein
	    0,1 g in 100 ml Ethanol (96%)
		MI	9,9	farblos-violett	Bei pH 9,6 rosa,
					bei pH 10,0 violett

34	1 Teil Phenolphthalein
	    0,1 g in 100 ml Ethanol (96%)
	2 Teile Nilblau
	    0,2 g in 100 ml Ethanol (96%)
		AI	10,0	blau-rot	Bei pH 10,0 violett.
					Ausgezeichneter Indikator

35	2 Teile Thymolphthalein
	    0,1 g in 100 ml Ethanol (96%)
	1 Teil Alizaringelb
	    0,1 g in 100 ml Ethanol (96%)
		MI	10,2	gelb-violett	

36	2 Teile Nilblau
	    0,2 g in 100 ml Wasser
	1 Teil Alizaringelb
	    0,1 g in 100 ml Ethanol (96%)
		AI	10,8	grün-rotbraun	

Tabelle 3. Indikatoren für Titrationen in nichtwäßrigen Lösungsmitteln

Nr.	Indikator C. I. Nr.	Strukturformel	Summenformel Molare Masse M	zu titrieren
1	Alizaringelb R C. I. Nr. 14030	s. Tab. 1, Nr. 60		Säuren
2	Anilingelb (4-Aminoazobenzol) C. I. Nr. 11000	$H_2N-\text{C}_6H_4-N=N-C_6H_5$	$C_{12}H_{11}N_3$ $M = 197,23 \text{ g/mol}$	Alkohole
3	Azoviolett [4-(p-Nitrophenylazo)resorcinol] (Magneson I)	$HO-\text{C}_6H_2(OH)-N=N-C_6H_4-NO_2$	$C_{12}H_9N_3O_4$ $M = 259,22 \text{ g/mol}$	sehr schwache Carbonsäuren, Phenole, Enole, Imide
4	Brillantgrün C. I. Nr. 42040	s. Tab. 1, Nr. 3		Natriumsalicylat
5	Bromkresolgrün	s. Tab. 1, Nr. 32		Basen
6	Bromkresolpurpur	s. Tab. 1, Nr. 38		Basen
7	Bromphenolblau	s. Tab. 1, Nr. 26		Basen
8	Bromthymolblau	s. Tab. 1, Nr. 44		Basen

(in alphabetischer Reihenfolge)

Titrationsmittel	Lösungsmittel	Farbwechsel a = alkalisch s = sauer	Indikatorlösung (Zubereitung)
Tetraalkyl- ammonium- hydroxid-Lösun- gen 0,1 mol/l	Dimethylform- amid	gelb(s) → violettblau(a)	0,2 g in 100 ml Dimethylformamid
Lithium- aluminiumhydrid	Chloroform	gelb(s) → rotorange(a)	1,0 g in 100 ml Benzol
Kaliummethylat 0,1 mol/l, Natrium- methylat 0,1 mol/l, Tetra-n-butyl- ammonium- hydroxidlösung 0,1 mol/l	Dimethylform- amid, Pyridin, Acetonitril	rot(s) → blau(a)	gesättigt in Benzol oder 0,5 g in 100 ml Pyridin oder 0,2 g in 100 ml Toluol
Perchlorsäure 0,1 mol/l in Eisessig	Eisessig, Benzol	grün(a) → gelb(s)	0,5 g in 100 ml Eisessig
Perchlorsäure 0,1 mol/l in Eisessig	Benzol, Chlorbenzol	blau(a) → gelb(s)	gesättigt in Benzol oder 0,05 g in Ethanol (100%)
Perchlorsäure 0,1 mol/l in Eisessig	Benzol, Chlorbenzol	purpur(a) → gelb(s)	gesättigt in Benzol oder 0,1 g in 100 ml Eisessig
Perchlorsäure 0,1 mol/l in Eisessig	Benzol, Chlorbenzol	blau(a) → gelb(s)	1,0 g in 100 ml Dimethylformamid oder 0,1 g in 100 ml Eisessig
Perchlorsäure 0,1 mol/l in Eisessig	Benzol, Chlorbenzol	blau(a) → gelb(s)	1,0 g in 100 ml Dimethylformamid

Tabelle 3. (Fortsetzung)

Nr.	Indikator C. I. Nr.	Strukturformel	Summenformel Molare Masse M	zu titrieren
9	Chinaldinrot	s. Tab. 1, Nr. 19		Basen
10	4-Dimethyl-aminoazo-benzol (Dimethyl-gelb) C. I. Nr. 11020	s. Tab. 1, Nr. 23		Basen (Amine, Alkaloide)
11	Epsilonblau	s. Tab. 1, Nr. 66		Säuren
12	4-Hydroxy-azobenzol	HO—⟨⟩—N=N—⟨⟩	$C_{12}H_{10}N_2$ M = 198,23 g/mol	Carbon-säuren
13	Kongorot C. I. Nr. 22120	s. Tab. 1, Nr. 28		Basen
14	o-Kresolrot	s. Tab. 1, Nr. 9		Basen Säuren

Titrationsmittel	Lösungsmittel	Farbwechsel a = alkalisch s = sauer	Indikatorlösung (Zubereitung)
Perchlorsäure 0,1 mol/l in Eisessig	Eisessig, Propionsäure	dunkelrot(a) → farblos(s)	0,1 g in 100 ml Methanol oder 0,1 g in 100 ml Ethanol (100%) oder 0,1 g in 100 ml Eisessig
	Benzol/Nitromethan	purpur(a) → blau → grün(s)	0,2 g Chinaldinrot + 0,1 g Methylenblau in 100 ml Methanol
Perchlorsäure 0,1 mol/l in Eisessig oder p-Toluolsulfonsäure 0,1 mol/l in Chloroform	Chloroform, Dichlormethan	gelb(a) → rot(s) grün(a) → grau → violett(s)	0,1 g in 100 ml Benzol oder 0,1 g 4-Dimethylaminoazobenzol + 0,1 g Methylenblau in 100 ml Benzol
Tetraalkylammoniumhydroxid-Lösungen 0,1 mol/l		orange(s) → violett(a)	0,5 g in 100 ml Dimethylformamid
Kaliummethylat-Lösung 0,1 mol/l oder Tetraalkylammoniumhydroxid-Lösungen 0,1 mol/l	Aceton, Acetonitril, Dimethylformamid, Ethylendiamin	orange(s) → hellgelb(a)	0,1 g in 100 ml Benzol
Perchlorsäure 0,1 mol/l in Eisessig	Dioxan, Chloroform	rot(a) → blau(s)	0,1 g in 100 ml Methanol
Perchlorsäure 0,1 mol/l in Eisessig	Eisessig, Propionsäure	gelb(a) → rot(s)	0,1 g in 100 ml Dimethylformamid oder 0,5 g in 100 ml Eisessig/Chlorbenzol 1:1
Tetraalkylammoniumhydroxid-Lösungen 0,1 mol/l		rot(s) → gelb(a)	0,1 g in 100 ml Dimethylformamid

Tabelle 3. (Fortsetzung)

Nr.	Indikator C. I. Nr.	Strukturformel	Summenformel Molare Masse M	zu titrieren
15	Kristall- violett (Gentiana- violett) C. I. Nr. 42555	s. Tab. 1, Nr. 10		Basen (aliphatische und aroma- tische Amine)
16	Malachitgrün C. I. Nr. 42000	s. Tab. 1, Nr. 1		Basen
17	Metanilgelb C. I. Nr. 13065	s. Tab. 1, Nr. 11		Basen
18	Methyl- orange C. I. Nr. 13025	s. Tab. 1, Nr. 29		Basen
19	Methylrot C. I. Nr. 13020	s. Tab. 1, Nr. 35		Basen (aliphatische Amine, stick- stoffhaltige Heterocyclen
20	Methyl- violett C. I. Nr. 42535	s. Tab. 1, Nr. 7		Basen

Titrationsmittel	Lösungsmittel	Farbwechsel a = alkalisch s = sauer	Indikatorlösung (Zubereitung)
Perchlorsäure 0,1 mol/l in Eisessig	Eisessig, Essigsäure-anhydrid, Acetonitril, Benzol, Chloroform, Dioxan, Nitromethan	violett(a) → dunkelblau → blaugrün → gelbgrün → gelb(s)	gesättigt in Chlorbenzol oder 0,1−1,0 g in 100 ml Eisessig
Perchlorsäure 0,1 mol/l in Eisessig	Ameisensäure, Eisessig, Essigsäure-anhydrid	blaugrün(a) → grün → gelb(s)	0,1−1,0 g in 100 ml Eisessig
Perchlorsäure 0,1 mol/l in Eisessig	Chlorbenzol	gelb(a) → violett(s)	0,1−1,0 g in 100 ml Ethanol (100%) oder Methanol
	Propionsäure	blaßgelb(a) → purpur(s)	1,0 g in 100 ml Methanol oder 0,2 g in 100 ml Propionsäure/ Dioxan 1:1
Perchlorsäure 0,1 mol/l in Eisessig	Dioxan	gelb(a) → orange(s)	0,25 g in 100 ml Aceton oder als Mischindikator mit Xylenolorange in Dioxan
Perchlorsäure 0,1 mol/l in Eisessig	Dioxan	gelb(a) → orange → rosa(s)	0,1 g in 100 ml Dioxan oder 0,05−0,1 g in 100 ml Ethanol (100%) oder 1,0 g in 100 ml Methanol
	Aceton, Acetonitril, Isobutylmethyl-keton	gelb(a) → orange → rosa → violettrot(s)	gesättigt in Acetonitril
Perchlorsäure 0,1 mol/l in Eisessig	Eisessig/Chlor-benzol/Essig-säureanhydrid, Eisessig, Propionsäure	violett(a) → blau → blaugrün → gelb(s)	0,2 g in 100 ml Chlorbenzol oder 0,2 g in 100 ml Eisessig oder 1,0 g in 100 ml Ethanol (100%)

Tabelle 3. (Fortsetzung)

Nr.	Indikator C. I. Nr.	Strukturformel	Summenformel Molare Masse M	zu titrieren
21	1-Naphthol-benzein (α-Naphthol-benzein, p-Naphthol-benzein)	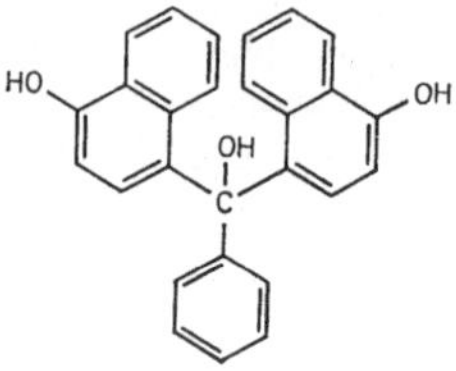		Basen (aliphatische und aroma-tische Amine)
22	Neutralrot C. I. Nr. 50040	s. Tab. 1, Nr. 48		Basen (mittel- bis sehr schwache)
23	Nilblau A C. I. Nr. 51180	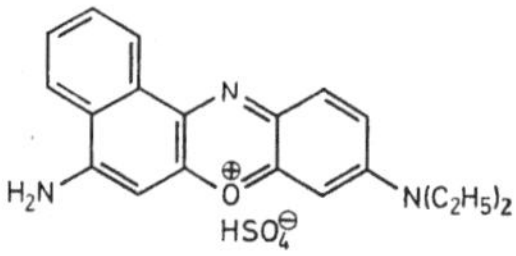	$C_{20}H_{21}N_3O_5S$ $M = 415,47\,g/mol$	Basen (sehr schwache)
24	2-Nitro-anilin	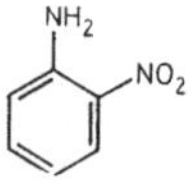	$C_6H_6N_2O_2$ $M = 138,12\,g/mol$	Säuren
25	Oracetblau B	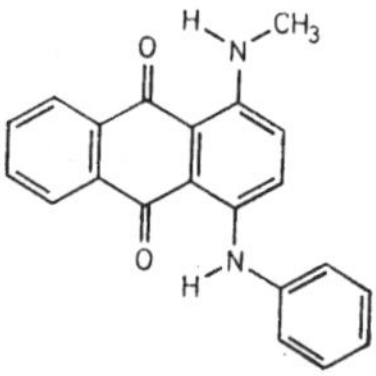	$C_{21}H_{16}N_2O_2$ $M = 328,37\,g/mol$	Basen
26	Phenol-phthalein	s. Tab. 1, Nr. 56		Carbon-säuren und Sulfonamide

Titrationsmittel	Lösungsmittel	Farbwechsel a = alkalisch s = sauer	Indikatorlösung (Zubereitung)
Perchlorsäure 0,1 mol/l in Eisessig	Eisessig, Essigsäure- anhydrid,	gelb(a) → grün(s)	0,02 — 1,0 g in 100 ml Eisessig
	Nitromethan/ Essigsäure- anhydrid,	gelb(a) → gras- grün → efeu- grün(s)	
	Aceton, Acetonitril, Ethylmethyl- keton	gelb(a) → blaß- grün → gras- grün(s)	0,1 — 1,0 g in 100 ml 2-Propanol
Perchlorsäure 0,1 mol/l in Eisessig	Aceton	gelb(a) → rot(s)	0,2 — 1,0 g in 100 ml Benzol oder 0,2 g in 100 ml Methanol
Perchlorsäure 0,1 mol/l in Eisessig	Eisessig, Essigsäure- anhydrid	blau(a) → farblos(s)	0,02 g in 100 ml Eisessig
Tetra-n-butyl- ammonium- hydroxid-Lösung 0,1 mol/l oder Kaliummethylat- Lösung 0,1 mol/l	Aceton, tert-Butanol, Dimethyl- formamid, Pyridin	gelb(s) → orange(a)	0,2 — 1,0 g in 100 ml Benzol
Perchlorsäure 0,1 mol/l in Eisessig	Benzol, Eisessig, Essigsäure/ Quecksilber(II)- acetat-Lösung	blau(s) → purpur → rosa(a)	0,1 — 0,5 g in 100 ml Eisessig
Kaliummethylat- Lösung 0,1 mol/l oder Tetra-n-butyl- ammonium- hydroxid-Lösung 0,1 mol/l	Benzol, Ketone (Aceton), Pyridin, Toluol	farblos(s) → rot(a)	gesättigt in Benzol oder 0,1 — 1,0 g in 100 ml Ethanol (100%) oder 0,2 g in 100 ml Methanol oder 0,1 g in 100 ml 2-Propanol

Tabelle 3. (Fortsetzung)

Nr.	Indikator C. I. Nr.	Strukturformel	Summenformel Molare Masse M	zu titrieren
27	Sudan III C. I. Nr. 26 100	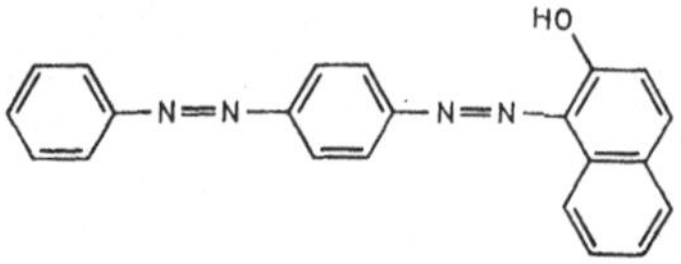	$C_{22}H_{16}N_4O$ $M = 352,40$ g/mol	Basen
28	Thymolblau	s. Tab. 1, Nr. 13		Basen substiuierte Benzoesäuren schwache Säuren starke Säuren Dicyanamid, Barbiturate, Thiobarbi- turate
29	Thymol- phthalein	s. Tab. 1, Nr. 57		Säuren
30	Triphenyl- carbinol	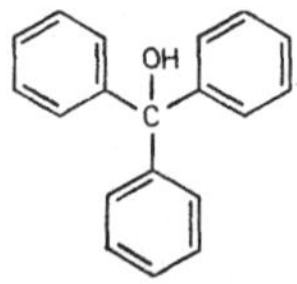	$C_{19}H_{16}O$ $M = 260,32$ g/mol	sehr schwache Basen

Titrationsmittel	Lösungsmittel	Farbwechsel a = alkalisch s = sauer	Indikatorlösung (Zubereitung)
Perchlorsäure 0,1 mol/l in Eisessig	Benzol, Eisessig, Propionsäure	rot(a) → blau(s)	0,1 g in 100 ml Benzol oder 0,05 g in 100 ml Chloroform oder 0,02 – 0,5 g in 100 ml Eisessig oder 0,4 g in 100 ml Ethanol (100%)
Perchlorsäure 0,1 mol/l in Eisessig	Ethylenglycol- monomethyl- ether, Methanol	gelb(a) → rot(s)	0,3 g in 100 ml Dioxan oder 0,3 g in 100 ml Methanol
Tetra-n-butyl- ammonium- hydroxid-Lösung 0,1 mol/l	Aceton, Aceton/Pyridin	gelb(s) → blau(a)	oder 0,3 g in 100 ml Dimethylformamid oder 0,1 g in 100 ml Ethanol (100%) oder 0,1 g in 100 ml 2-Propanol
	Acetonitril, Benzol/ Methanol	gelb(s) → grün → blau(a) rot(s) → gelb → blau(a)	
Kaliummethylat- Lösung 0,1 mol/l	n-Butylamin, Dimethyl- formamid, Dioxan, Pyridin	rot(s) → gelb → blau(a)	
Tetraalkyl- ammonium- hydroxid-Lösungen 0,1 mol/l	Aceton	farblos(s) → blau(a)	0,5 g in 100 ml Dimethylformamid oder 0,1 – 1,0 g in 100 ml Ethanol (100%) oder 0,1 – 0,2 g in 100 ml Methanol
Perchlorsäure 0,1 mol/l in Eisessig	Eisessig/ Eissgsäure- anhydrid, Essigsäure- anhydrid Nitromethan/ Essigsäure- anhydrid	farblos(a) → gelb(s)	0,1 g in 100 ml Ethanol (100%)

Tabelle 3. (Fortsetzung)

Nr.	Indikator C. I. Nr.	Strukturformel	Summenformel Molare Masse M	zu titrieren
31	Tropaeolin 0 C. I. Nr. 14 270	s. Tab. 1, Nr. 64		Barbiturate
32	Tropaeolin 00 (Helianthin) C. I. Nr. 13 080	s. Tab. 1, Nr. 18		schwache bis sehr schwache Basen
33	Xylencyanol FF C. I. Nr. 43 535	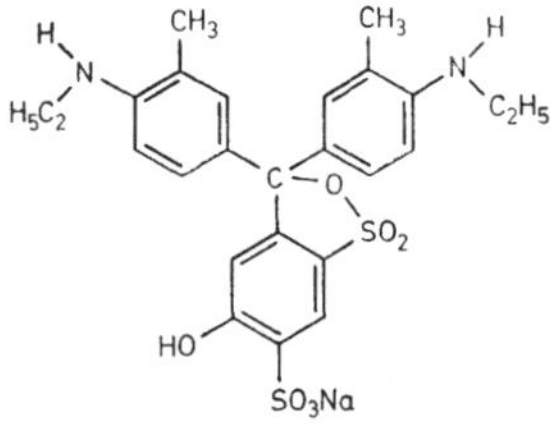	$C_{25}H_{27}N_2NaO_7S_2$ $M = 554{,}62$ g/mol	Basen

Titrationsmittel	Lösungsmittel	Farbwechsel a = alkalisch s = sauer	Indikatorlösung (Zubereitung)
Kaliummethylat 0,1 mol/l	Ethylmethyl- keton	gelb(s) → grün(a)	0,4 g Tropaeolin 0 + 0,6 g Thymol- phthalein in 100 ml Dimethylformamid
Perchlorsäure 0,1 mol/l in Eisessig	Eisessig, Eisessig/Essig- säureanhydrid, Eisessig/Propion- säureanhydrid	orangegelb(a) → purpur → magenta(s)	0,5 g in 100 ml Eisessig
	Aceton, Acetonitril, Ethylmethyl- keton, Isobutylmethyl- keton	gelb(a) →alpen- veilchenblau → magenta(s)	
	Benzol/Nitro- methan	gelb(a) → magenta(s)	0,1 g in 100 ml Methanol
Perchlorsäure 0,1 mol/l in Eisessig	hydrogencarbo- nathaltige Lösungsmittel	grün(a) → orange(s)	0,08 g Xylen- cyanol FF + 0,15 g Methylorange in 100 ml Wasser

Tabelle 4. Adsorptions-Indikatoren (in alphabetischer Reihenfolge)

Nr.	Indikator C. I. Nr.	Strukturformel	Summenformel Molare Masse M	zu bestimmende Ionen (Titrierlösung in Klammern)	Reaktion mit Farbwechsel	Indikatorlösung (Zubereitung)
1	Alizarinsulfonsäure Natriumsalz (Monohydrat) (Alizarinrot S) C. I. Nr. 58005	s. Tab. 1, Nr. 34		SCN^- (Ag^+); Ferrocyanide, Molybdat (Pb^{2+}); NO_3^- ($TiCl_3$) in Salzsäure	Oberflächenfällung gelb-rot	0,4—1 g in 10 ml Wasser
2	Bengalrosa (3,4,5,6-Tetrachlor-2′,4′,5′,7′-tetrajodfluorescein) C. I. Nr. 45440	HO—...—O ... —O, COOH, Cl (Strukturformel)	$C_{20}H_4Cl_4J_4O_5$ $M = 973{,}72\,g/mol$	J^- (Ag^+)	Oberflächenfällung rot-bläulichrot	0,1 g des Dinatrium- oder Dikaliumsalzes in 100 ml Wasser
3	Bromkresolpurpur	s. Tab. 1, Nr. 38		Cl^-, Br^-, SCN^- (Ag^+)	Oberflächenfällung hellviolett-blaugrün	0,1 g des Natriumsalzes in 100 ml Wasser
4	Bromphenolblau	s. Tab. 1, Nr. 26		Cl^-, $Cl^- + J^-$ (Ag^+); Hg^{2+} (Cl^-, Br^-) Cl^-, Br^- (Hg^{2+})	Oberflächenfällung violett-bläulichgrün	0,1 g des Natriumsalzes in 100 ml Wasser

5	Brompyrogallol-rot	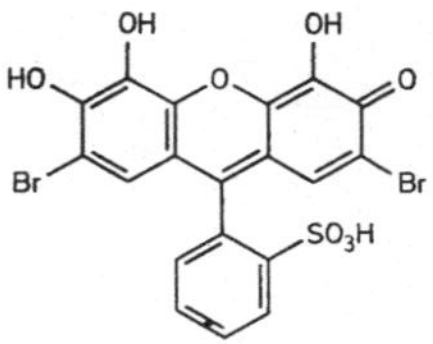	$C_{19}H_{10}Br_2O_8S$ $M = 558{,}17$ g/mol	Cl^-, Br^-, J^-, SCN^- (Ag^+)	Oberflächen-komplexbldg. rot-orangegelb	0,05 g in 100 ml Ethanol (50%)
6	Bromthymol-blau	s. Tab. 1, Nr. 44		Cl^-, Br^-, J^-, SCN^- (Ag^+)	Oberflächen-fällung farblos-blau	0,1 g in 100 ml Ethanol (96%)
7	Chinin	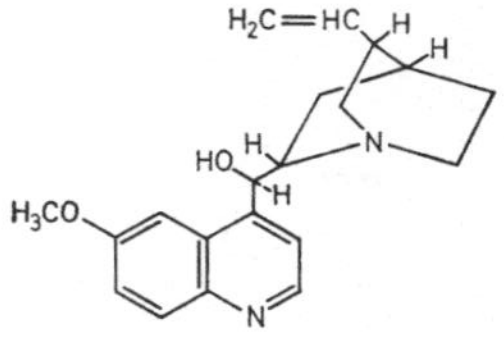	$C_{20}H_{24}N_2O_2$ $M = 324{,}43$ g/mol	Cl^-, Br^-, J^-, SCN^- (Ag^+)	Oberflächen-fluoreszenz farblos-gelblichgrüne Fluoreszenz	0,1 g in 100 ml Ethanol (96%)
8	Chlorphenolrot	s. Tab. 1, Nr. 36		Cl^-, Br^- (Hg^{2+})	Oberflächen-fällung gelb-violett	0,1 g des Natriumsalzes in 100 ml Wasser
9	o-Dianisidin	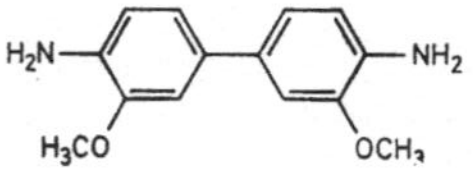	$C_{14}H_{16}N_2O_2$ $M = 244{,}28$ g/mol	Zn^{2+} [(Hexa-cyanoferrat(II)]	Oberflächen-redoxreaktion violett-farblos	0,1 g in 100 ml Ethanol (96%)

Tabelle 4. (Fortsetzung)

Nr.	Indikator C. I. Nr.	Strukturformel	Summenformel Molare Masse M	zu bestimmende Ionen (Titrierlösung in Klammern)	Reaktion mit Farbwechsel	Indikatorlösung (Zubereitung)
10	4′,5′-Dibrom-fluorescein		$C_{20}H_{10}Br_2O_5$ M = 490,13 g/mol	Br^-, J^- (Ag^+); PO_4^{3-} (Pb^{2+})	Oberflächen-fällung gelblichrot-rötlichviolett	0,1 g in 100 ml Ethanol (70%)
11	2′,7′-Dichlor-fluorescein (Dichlor(R)-fluorescein)		$C_{20}H_{10}Cl_2O_5$ M = 401,19 g/mol	Cl^-, Br^-, J^- (Ag^+); Borate (Pb^{2+})	Oberflächen-fällung grünlichgelb-rot	0,1 g des Natriumsalzes in 100 ml Wasser oder 0,1 g in 100 ml Ethanol (70%)
12	5-(4-Dimethyl-aminobenzy-liden)-rhodanin		$C_{12}H_{12}N_2OS_2$ M = 264,37 g/mol	Hg_2^{2+} (Br^-)	Oberflächen-komplexbldg. violettrot-blaßblau	0,03 g in 100 ml Aceton

13	Diphenylamin	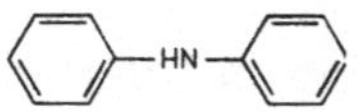	$C_{12}H_{11}N$ $M = 169,22\,g/mol$	Cl^-, Br^-, J^-, SCN^- (Ag^+); erforderlich die Anwesen- heit von Jod oder Vanadat; Ag^+ (Br^-)	Oberflächen- redoxreaktion violett-grün	1 g in 100 ml Schwefelsäure (96%) + 10 ml Schwefelsäure 2,5 mol/l + 1 ml Kalium- dichromat- lösung 1/60 mol/l
14	1,5-Diphenyl- carbazid	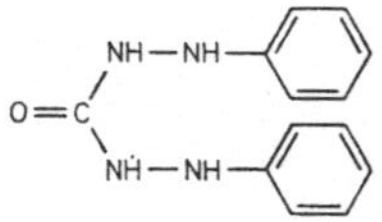	$C_{13}H_{14}N_4O$ $M = 242,27\,g/mol$	Hg_2^{2+} (Cl^- + Br^-); Cl^- (Hg_2^{2+}); CN^- (Ag^+)	Oberflächen- komplexbldg. bläulichviolett- farblos	0,1 g in 100 ml Ethanol (96%)
15	1,5-Diphenyl- carbazon	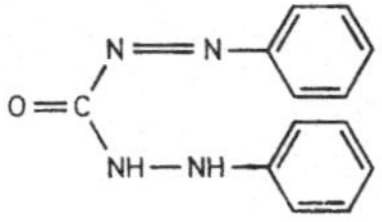	$C_{13}H_{12}N_4O$ $M = 240,26\,g/mol$	Cl^-, Br^-, J^-, SCN^- (Ag^+) in Gegenwart von $HgCl_2$	Oberflächen- komplexbldg. rot-blauviolett	0,1 g in 100 ml Ethanol (96%)
16	Eosin gelblich Dinatriumsalz (2′,4′,5′,7′- Tetrabrom- fluorescein Dinatriumsalz) C. I. Nr. 45380	s. Tab. 1, Nr. 4		Br^-, J^-, SCN^- (Ag^+); in Gegenwart von Cl^- das SCN^- bei pH 1 (Ag^+); Pb^{2+} (Sulfat oder Molybdat)	Oberflächen- fällung gelblichrot- rötlichviolett	0,5 g des Natriumsalzes in 100 ml Wasser

Tabelle 4. (Fortsetzung)

Nr.	Indikator C. I. Nr.	Strukturformel	Summenformel Molare Masse M	zu bestimmende Ionen (Titrierlösung in Klammern)	Reaktion mit Farbwechsel	Indikatorlösung (Zubereitung)
17	Eosin B (bläulich) C. I. Nr. 45400	s. Tab. 1, Nr. 17		Br^-, J^-, (Ag^+)	Oberflächen-fällung rosa-blaurosa	0,5 g des Natriumsalzes in 100 ml Wasser
18	Erythrosin extra gelblich (4′,5′-Dijod-fluorescein) C. I. Nr. 45425 A:1 C. I. Nr. des Na- oder K-Salzes: 45425	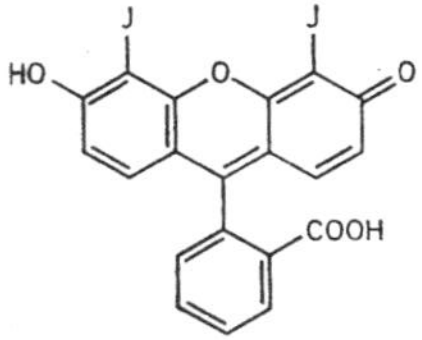	$C_{20}H_{10}J_2O_5$ $M = 584{,}12\,\text{g/mol}$	J^- (Ag^+)	Oberflächen-fällung gelblichrot-rötlichviolett	0,1 g des Dinatriumsalzes in 100 ml Wasser oder 0,1 g der freien Säure in 100 ml Ethanol (96%)
19	Erythrosin extra bläulich (2′,4′,5′,7′-Tetra-jodfluorescein Dinatriumsalz) C. I. Nr. 45430	s. Tab. 1, Nr. 5		J^- (Ag^+); Molybdat (Pb^{2+})	Oberflächen-fällung rot-rötlich-violett	0,1 g des Dinatriumsalzes in 100 ml Wasser
20	p-Ethoxy-chrysoidin	s. Tab.1, Nr. 30		J^- (Ag^+)	Oberflächen-Säure-Base-Reaktion gelb-zwiebelrot	0,2 g in 100 ml Wasser oder 0,2 g in 100 ml Ethanol (96%)

Nr.	Name	Struktur	Formel	Ionen	Reaktion	Lösung
21	Fluorescein C. I. Nr. 45350		$C_{20}H_{12}O_5$ $M = 332,32$ g/mol	Cl^-, Br^-, J^-, SCN^- (Ag^+)	Oberflächen-fällung grünlichgelb-rosa	0,2 g des Dinatriumsalzes in 100 ml Wasser oder 0,2 g in 100 ml Ethanol (96%)
22	Kongorot C. I. Nr. 22120	s. Tab. 1, Nr. 28		Cl^-, Br^-, J^-, SCN^- (Ag^+)	Oberflächen-Säure-Base-Reaktion blau-rot	0,1 g in 100 ml Wasser
23	Lactoflavin (Riboflavin)		$C_{17}H_{20}N_4O_6$ $M = 376,36$ g/mol	Ag^+ (SCN^-)	Oberflächen-fluoreszenz	gesättigt in Wasser
24	Metanilgelb C. I. Nr. 13065	s. Tab. 1, Nr. 11		Cl^-, Br^-, J^-, (Ag^+) (Cl^- in schwach essigsaurer Lösung, Br^- bei pH 2)	Oberflächen-fällung gelb-rot Oberflächen-Säure-Base-Reaktion rot-blau	0,2 g in 100 ml Wasser
25	Methylrot	s. Tab. 1, Nr. 35		Zn^{2+} [(Hexa-cyanoferrat(III)]	Oberflächen-Säure-Base-Reaktion rosa-gelb	0,1 g in 100 ml Ethanol (96%)

Tabelle 4. (Fortsetzung)

Nr.	Indikator C. I. Nr.	Strukturformel	Summenformel Molare Masse M	zubestimmende Ionen (Titrierlösung in Klammern)	Reaktion mit Farbwechsel	Indikatorlösung (Zubereitung)
26	Neutralrot C. I. Nr. 50040	s. Tab. 1, Nr. 48		Br^-, J^- (Ag^+)	Oberflächen- redoxreaktion violettrot- gelblichrot	0,1 g in 100 ml Ethanol (70%)
27	Phenosafranin C. I. Nr. 50200		$C_{18}H_{15}ClN_4$ M = 322,79 g/mol	Cl^-, Br^- (Ag^+); J^- (Ag^+) in Gegenwart von Kaliumnitrat; Ag^+ (Br^-)	Oberflächen- Säure-Base- Reaktion rot-blau	0,2 g in 100 ml Wasser
28	Phloxin (3,5-Dichlor- 2′,4′,5′,7′-tetra- bromfluorescein) (Dichlor(P)- tetrabrom(R)- fluorescein		$C_{20}H_6Br_4Cl_2O_5$ M = 760,78 g/mol	Br^-, J^- (Ag^+)	Oberflächen- fällung gelblichrot- rötlichviolett	0,1 g des Dinatriumsalzes in 100 ml Wasser oder 0,1 g in 100 ml Ethanol (96%)

29	1-(2-Pyridylazo)-2-naphthol (PAN)	$C_{15}H_{11}N_3O$ $M = 249,27$ g/mol	J^- (Ag^+) in Gegenwart von Cu^{2+}-Ionen; Cu^{2+} (EDTA)	Oberflächen-komplexbldg. rötlichviolett-blaßgrün	gesättigt in Ethanol (96%)
30	Rhodamin 6 G C. I. Nr. 45 160	$C_{28}H_{31}ClN_2O_3$ $M = 479,02$ g/mol	Ag^+ (Br^-)	Oberflächen-Säure-Base-Reaktion gelblichrot-rötlichviolett	0,05 g in 100 ml Wasser
31	Tartrazin C. I. Nr. 19 140	$C_{16}H_9N_4Na_3O_9S_2$ $M = 534,37$ g/mol	Ag^+ (Halogenide und SCN^-); $J^- + Cl^-$ (Ag^+)	Oberflächen-fällung farblos-grün	0,5 g in 100 ml Wasser

Literatur zu Tabelle 1

1. Bishop, E. (Ed.): Indicators, International Series of Monographs in Analytical Chemistry Nr. 51, Oxford: Pergamon Press 1972
2. Jander, G.; Jahr, K. F.; Knoll, H.: Maßanalyse. Theorie und Praxis der klassischen und der elektrochemischen Titrierverfahren, 11. Auflage, Sammlung Göschen Bd. 221/221 a, Berlin: de Gruyter 1966
3. Kolthoff, I. M.: Die Maßanalyse, 2. Auflage, 1. und 2. Teil, Berlin: Springer 1930
4. Lille, R. D. (Ed.): H. J. Conn's Biological Stains, 9th Ed. The Williams and Wilkins Company Baltimore, Baltimore, Md. USA: Waverly Press Inc.
5. Müller, G. O.: Praktikum der quantitativen chemischen Analyse, 5. Auflage, Leipzig: S. Hirzel 1959
6. Rast, K.: Indikatoren, Houben-Weyl, Methoden der organischen Chemie, Bd. 3/2, S. 105—133, Stuttgart: Thieme 1955
7. Tomiček, O.: Chemical Indicators. London: Butterworths Scientific Publications 1951
8. Ullmann, F.: Enzyklopädie der technischen Chemie, Bd. VIII, Seite 763 bis 775, München: Urban und Schwarzenberg 1957
9. Windholz, M. (Ed.): The Merck Index, An Encyclopedia of Chemicals and Drugs, 9th Ed., Rahway, N. J. USA: Merck and Co. 1976
10. "pH Values and their Determination", 8th. Ed., BDH Chemicals Ltd., Poole, U. K. 1970
11. "Biological Stains, Dyes, and Indicators", MCB Manufacturing Chemists, Cincinnati, Ohio, USA 1977

Literatur zu Tabelle 2

1. Kolthoff, I. M.: Die Maßanalyse, 2. Auflage, 1. und 2. Teil, Berlin: Springer 1930
2. Bishop, E. (Ed.): Indicators, International Series of Monographs in Analytical Chemistry Nr. 51, Oxford: Pergamon Press 1972
3. Tomiček, O.: Chemical Indicators, London: Butterworths Scientific Publications 1951
4. Jander, G.; Jahr, K. F.; Knoll, H.: Maßanalyse, Theorie und Praxis der klassischen und der elektrochemischen Titrierverfahren, 11. Auflage, Sammlung Göschen, Bd. 221/221a, Berlin: de Gruyter 1966

Literatur zu Tabelle 3

1. Bishop, E. (Ed.): Indicators, International Series of Monographs in Analytical Chemistry Nr. 51, Oxford: Pergamon Press 1972
2. Huber, W.: Titrationen in nichtwäßrigen Lösungsmitteln. Methoden der Analyse in der Chemie, Band 1, Frankfurt/M.: Akad. Verlagsges. 1964
3. Kucharsky, J.; Safarik, L.: Titrations in Non-Aqueous Solvents, Amsterdam, London, New York: Elsevier 1965
4. Rast, K.: Indikatoren, Houben-Weyl, Methoden der organischen Chemie, Bd. 3/2, Seite 105—133, Stuttgart: Thieme 1955
5. Stammbach, K.: Titrationen in nichtwäßrigen Lösungsmitteln. Schweizerische Laboranten-Zeitung, Separatdruck 1970
6. Beckett, A. H.; Tinley, E. H.: Titration in Non-Aqueous Solvents, 3rd Ed. BDH Chemicals Ltd., Poole, U. K.
7. Titrations in Non-Aqueous Media, Carlo Erba, Mailand
8. Titrationen in nichtwäßrigen Systemen, E. Merck, Darmstadt

9. Rink, M.: „Titrationen in nichtwäßrigem Medium mit Perchlorsäure in Eisessig“, Pharmazie *15*, 519—523 (1960)
10. Rink, M.; Lux, R.; Riemhofer, M.: Gehaltsbestimmung einiger Sulfate organischer Basen im wasserfreien Medium. DAZ, *100*, 1231—1234 (1960)
11. Rink, M.; Riemhofer, M.: Über die Indikatoren zur Titration sauer reagierender Verbindungen im wasserfreien Medium mit Tetramethyl-ammoniumhydroxid, Pharmazeutische Zeitung *107*, 462—464 (1962)
12. Stock, J. T.; Purdy, W. C.: Indicators for Nonaqueous Acid-Base Titrimetry Part I, Chemist-Analyst *48*, 22—28 (1959)
13. Stock, J. T.; Purdy, W. C.: Indicators for Nonaqueous Acid-Base Titrimetry Part II, Chemist-Analyst *48*, 50—56 (1959)

Literatur zu Tabelle 4

1. Bishop, E. (Ed.): Indicators, International Series of Monographs in Analytical Chemistry Nr. 51, Oxford: Pergamon Press 1972
2. Jander, G.; Fajans, K.: Neue maßanalytische Methoden, Stuttgart: Enke 1956
3. Kolthoff, I. M.: Die Maßanalyse, 2. Auflage, 1. und 2. Teil, Berlin: Springer 1930
4. Tomiček, O.: Chemical Indicators, London: Butterworths Scientific Publications 1951
5. Wellings, A. W.: Adsorption Indicators, 5th Ed. BDH Chemicals Ltd., Poole, U. K.
6. Müller, G.; Detter, A.: Halogen-Bestimmungen mit Adsorptions-Indikatoren, DAZ *94*, 1119—1120 (1954)
7. Singh, E.: A Review on Adsorption Indicators Fresenius, Z. Anal. Chem. *283*, 299—300 (1977)

Filter-Atemschutzgeräte

Dr. C. E. van der Smissen

Drägerwerk AG, Postfach 1339, D - 2400 Lübeck

Filter-Atemschutzgeräte sollen den Gerätträger vor gesundheitsschädlichen Stoffen in der Atemluft schützen, bleiben dabei aber abhängig von der Umgebungsatmosphäre (Übersicht 1). Ihr besonderer Vorteil liegt darin, daß sie leicht und ortsunabhängig sind, weshalb der Gerätträger bei der Arbeit (wie auf der Flucht) nur wenig behindert wird. Im Gegensatz zu Sauerstoff bzw. Luft liefernden Geräten (Preßluftatmer, Sauerstoff-Kreislaufgeräte, medizinische Beatmungsgeräte) ist der Anwendungsbereich von Filter-Atemschutzgeräten aber dadurch eingeschränkt, daß die Umgebungsatmosphäre mindestens 17 Vol.-% Sauerstoff auf-

Übersicht 1.

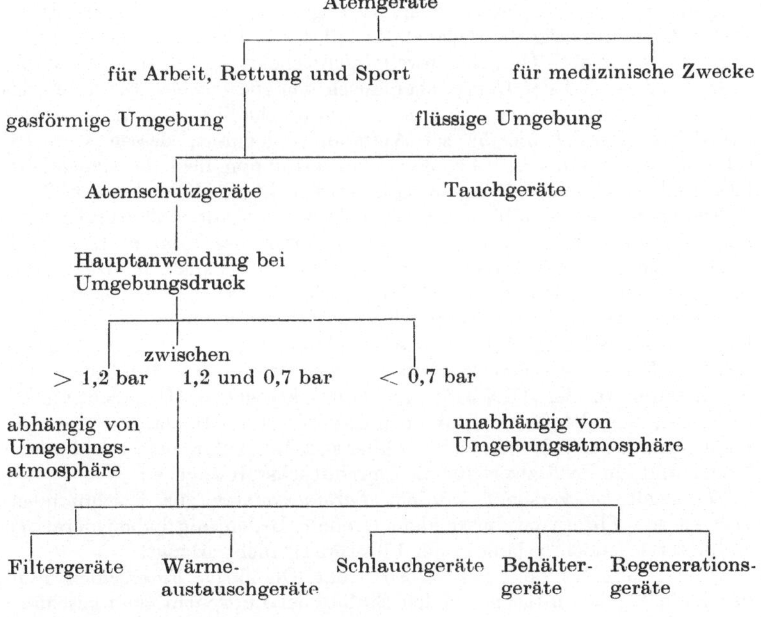

weisen muß und der Schadstoffanteil 1 Vol.-% (bei Kleinfiltern 0,1 Vol.-%) nicht übersteigen darf. Ferner darf die Konzentration von Schwebstoffen nicht größer als das 200fache des MAK-Wertes sein.

Ein weiterer wichtiger Unterschied zwischen Filtergeräten und Sauerstoff bzw. Luft liefernden Geräten besteht in der Erkennung des Endes der *Gebrauchszeit*. Während ein Nachlassen der Lieferung von Sauerstoff bzw. Luft leicht erkannt werden kann (durch Manometeranzeige oder Zusammenfallen des Atembeutels), ist die Bestimmung des Zeitpunktes der Erschöpfung von Atemfiltern differenzierter. Schwebstoffilter (Partikelfilter) verstopfen mit zunehmender Beladung, so daß schließlich der Atemwiderstand unerträglich hoch wird. Atemwiderstände von Filtern, an denen mit einem kontinuierlichen Luftstrom von 30 l/min eine Druckdifferenz von 2,5 mbar gemessen wird, werden in der Regel vom Geräteträger gerade noch als erträglich empfunden. Bei Überschreitung dieses Wertes sollte das Filter ausgewechselt werden. Eine kurzzeitige Verwendung von Partikelfiltern mit höheren Druckdifferenzen ist normalerweise ungefährlich, da bei den meisten Filtern die Abscheideleistung mit steigender Beladung konstant bleibt oder sich verbessert. Ist dies nicht der Fall (z. B. bei manchen elektrostatisch wirksamen Filtern), wird dementsprechend die Gebrauchszeit nicht nur durch den Atemwiderstand, sondern auch durch das Erreichen des maximalen Durchlaßgrades (Übersicht 5) begrenzt (Ermittlung des Endes der Gebrauchszeit dann entsprechend dem im folgenden für Gasfilter beschriebenen Verfahren).

Im Gegensatz zu den Partikelfiltern ändert sich bei Filtern zum Schutz gegen gasförmige Schadstoffe während ihrer Gebrauchszeit der Atemwiderstand nicht (ausgenommen CO-Filter), so daß dieser zur Erschöpfungsanzeige von Gasfiltern nicht herangezogen werden kann. Stattdessen können häufig die Schadstoffe selbst das Ende der Gebrauchszeit anzeigen, wenn ihre Geruchsschwelle ausreichend weit unter dem MAK-Wert liegt, so daß der Geräteträger durch das spurenweise Einatmen des Schadstoffes zwar gewarnt, aber noch nicht geschädigt wird. Als besonders deutliches Beispiel hierfür sei Ammoniak genannt, dessen Geruchsschwelle bei 5 ppm, sein MAK-Wert aber bei 50 ppm liegt. Ist eine gefahrlose Sinneswahrnehmung des Schadstoffes nicht möglich, dann muß die Gebrauchszeit eines Filters abgeschätzt werden unter Zugrundelegung der Durchbruchszeit des Schadstoffes unter bestimmten Filterprüfbedingungen, der am Arbeitsplatz herrschenden Schadstoffkonzentration und der Arbeitsleistung des Geräteträgers. Für viele Schadstoffe sind Durchbruchszeiten unter Standard-Filterprüfbedingungen bekannt und können von Filterherstellern oder Prüfstellen zur Verfügung gestellt werden. Für einige charakteristische Schadstoffe sind Mindest-Durchbruchszeiten in der DIN 3181 Teil 1 wiedergegeben (Übersicht 2). Ist für einen Schadstoff die Durchbruchszeit unter Standardbedingungen nicht bekannt, so läßt sich vielfach über sein Molekulargewicht und seinen Siedepunkt ein Schätzwert für die Durchbruchszeit angeben.

Vereinzelt ist versucht worden, *Farbindikatoren* zur Erschöpfungsanzeige von Filtern zu verwenden. Größere Bedeutung haben derartige Indikatoren jedoch bislang in der Filterpraxis nicht erlangt.

Einen Sonderfall stellt das *CO-Filter* dar. Die aktive Filterschicht muß durch ein Trockenmittel gegen den Einfluß der Luftfeuchtigkeit geschützt werden. Nach Erschöpfung des Trockenmittels bewirkt der durchbrechende Wasserdampf ein Zusammenbacken einer Warnschicht, wodurch der Atemwiderstand stark erhöht und damit der Gerätträger veranlaßt wird, die Gefahrenzone zu verlassen. In einer anderen Ausführung des CO-Filters wird durch den durchbrechenden Wasserdampf ein Geruchsstoff freigesetzt, der dem Gerätträger das Ende der Filtergebrauchszeit anzeigt.

Übersicht 2. Gasaufnahmevermögen von Atemschutzfiltern

Gasfiltertyp	Prüfgas	Durchbruchskriterium	Mindest-Durchbruchszeiten in Minuten für Gasfilter der		
			Klasse 1 Prüfkonzentration 0,1 Vol.-%	Klasse 2 Prüfkonzentration 0,5 Vol.-%	Klasse 3 Prüfkonzentration 1,0 Vol.-%
A	CCl_4	10	80	40	60
B	Cl_2	1	20	20	30
	H_2S	10	40	40	60
	HCN	10[a]	25	25	35
E	SO_2	5	20	20	30
K	NH_3	25	50	40	60

[a] $HCN + (CN)_2$

Übersicht 3. Filtergeräte

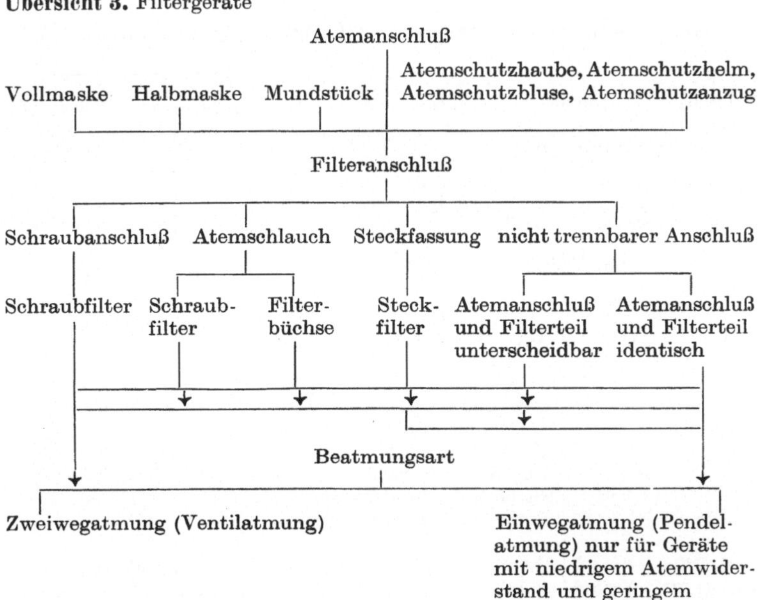

Filter-Atemschutzgeräte bestehen aus dem Atemanschluß und dem Filter (Übersicht 3). Als Atemanschluß werden verwendet: Vollmaske, Halbmaske, Mundstück, Atemschutzhaube, Atemschutzhelm, Atemschutzbluse und Atemschutzanzug. Die Verbindung zwischen Filter und Atemanschluß wird bei größeren Filtern meistens über den Rundgewindeanschluß nach DIN 3183 hergestellt, bei kleineren Filtern durch Steckfassungen. Besonders schwere Filter (Filterbüchsen) werden in einer Tragevorrichtung am Körper getragen und mittels eines Faltenschlauches ebenfalls über einen Rundgewindeanschluß mit dem Atemanschluß verbunden.

Übersicht 4. Einteilung von Atemschutzfiltern

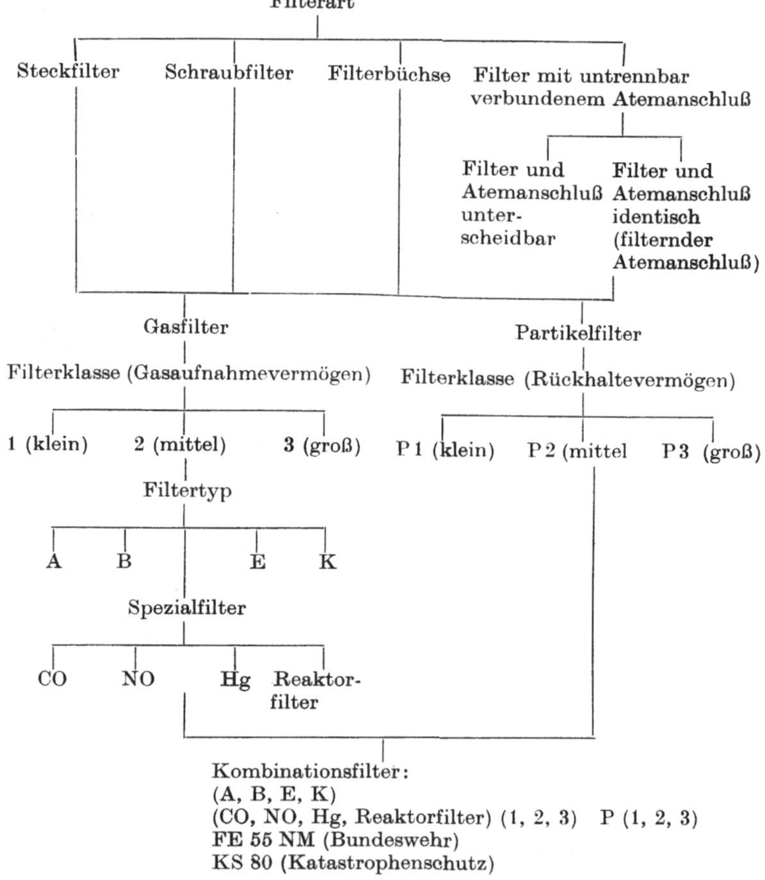

Bei besonders kleinen oder leichten Filtergeräten sind häufig Atemanschluß und Filter nicht voneinander trennbar, so daß nach Erschöpfung des Filters auch der Atemanschluß mit weggeworfen wird. Hierzu gehören vor allem die filternden Atemanschlüsse (leichte Halbmasken), bei denen der Atemanschluß selbst aus Filtermaterial besteht, und nicht trennbare Kombinationen aus Filtern mit Mundstückgarnituren. Aber auch andere nicht trennbare Kombinationen aus Filtern und Atemanschlüssen sind gebräuchlich bzw. denkbar.

Filtergeräte werden sowohl für den Atemschutz bei Arbeit und Rettung als auch für den Fluchtfall verwendet. Grundsätzlich kann man für beide Anwendungsbereiche dieselben Geräte verwenden. Speziell für den *Fluchtfall* wird man aber solche Geräte bevorzugen, die besonders handlich sind, so daß sie leicht mitgeführt und im Notfall schnell angelegt werden können. Daher besteht die Mehrzahl der Filterfluchtgeräte aus Kombinationen von Filter und Mundstück bzw. Filter und Halbmaske. Dazu kann bei Vorhandensein aggressiver Gase zum Schutz der Augen eine Gasschutzbrille verwendet werden.

Die Atemschutzfilter bilden zwei große Gruppen, Partikelfilter und Gasfilter, die jeweils weiter in drei *Filterklassen* unterteilt werden, die Gasfilter darüber hinaus noch in vier *Filtertypen* (und einige weitere Spezialfilter) (Übersicht 4). Sie werden vorzugsweise (an Vollmasken mit Rundgewindeanschluß oder in Verbindung mit Atemschläuchen ausschließlich) unter Zweiwegatmung (Ventilatmung) benutzt. Filter mit niedrigen Atemwiderständen können auch in Einwegatmung (Pendelatmung) benutzt werden. Dabei ist aber zu berücksichtigen, daß das Gesamtvolumen des Atemschutzgerätes (Atemanschluß und Filter) ausreichend klein ist, da sonst der Anteil der Ausatemluft, der wieder eingeatmet wird (Pendelvolumen), im Verhältnis zur Frischluft zu groß wird.

Übersicht 5. Filterleistung von Partikelfiltern

Partikelfilterklasse	a) Durchlaßgrad	
	max. Durchlaßgrad in % bei 95 l/min bei Prüfung mit	
	NaCl	Paraffinöl
P1	20	—
P2	6	2
P3	0,05	0,01
	b) Einspeichervermögen max. Druckdifferenz am Filter bei Luftdurchgang von 95 l/min nach Einspeicherung von 1,5 g Quarzstaub	
P1, P2	4,0 mbar	

Die drei Filterklassen der *Partikelfilter* unterscheiden sich durch ihre Filterleistungen, die in DIN 3181 Teil 2 festgelegt sind (Übersicht 5). Für die Klasse P1 darf unter den DIN-Prüfbedingungen der Durchlaßgrad für Natriumchloridaerosol maximal 20% betragen, für die Klasse P2 6% und für die Klasse P3 nur 0,05%. Für die Klassen P2 und P3 werden zusätzlich noch maximal zulässige Durchlaßgrade für Paraffinölaerosol von 2% bzw. 0,01% festgelegt. Weiterhin wird für P2 und P3 gefordert, daß bei der Prüfung des Einspeichervermögens nach Beladung mit 1,5 g Quarzstaub der Atemwiderstand bei Luftdurchgang von 95 Litern pro Minute 4,0 mbar nicht übersteigen darf.

Gekennzeichnet werden Partikelfilter durch die Kennfarbe weiß bzw. einen *weißen Ring*, den Kennbuchstaben P und die Partikelfilterklasse 1 bis 3.

Die Anwendungsbereiche der Partikelfilterklassen sind folgende:

P 1: Schutz gegen inerte Schwebstoffe   ⎫ Definition
P 2: Schutz gegen gesundheitsschädliche Schwebstoffe   ⎬ siehe
P 3: Schutz gegen giftige Schwebstoffe   ⎭ Übersicht 6

Partikelfilter können aufgebaut sein aus Glasfaserpapier, Mischungen von Mikroglasfasern mit Naturfasern oder Kunstfasern, Mikrokunstfasern oder Mischungen von Harzen mit Natur- oder Kunstfasern. Die Filterfunktion kann rein mechanischer Natur sein (Glasfaserpapier) oder auf elektrostatische Kräfte zurückgehen (Harz-Wolle-Mischungen und manche Mikrokunstfasern).

Übersicht 6. Anwendungsbereiche von Partikelfiltern

Partikelfilterklasse	1	2	3
Stoffe, gegen die Schutz geboten wird	inert	gesundheitsschädlich, d. h.	giftig, d. h.
Klassifikation nach der Verordnung über gefährliche Arbeitsstoffe		X_n oder X_j und/oder	T und/oder
MAK-Werte	8,0 mg/m³	$> 0{,}1$ mg/m³ und/oder asbesthaltig	$\leq 0{,}1$ mg/m³ und/oder cancerogen, radioaktiv, Mikroorganismen, proteolytische Enzyme

Die drei Filterklassen der *Gasfilter* unterscheiden sich durch ihre Gasaufnahmekapazität. Klasse 1 umfaßt Kleinfilter (in der Regel Steckfilter von Halbmasken), Klasse 2 Normalfilter (hauptsächlich Schraubfilter) und Klasse 3 Großfilter (Filterbüchsen).

Die Unterteilung der Gasfilter in Filtertypen ergibt sich aufgrund der unterschiedlichen Filterprinzipien, nach denen die Schadstoffe aus der Atemluft entfernt werden müssen (Übersicht 7). Das einfachste *Filterprinzip* ist die physikalische Adsorption an Stoffen mit großer Oberfläche. Hierfür wird in Atemschutzfiltern vornehmlich Aktivkohle mit einer Oberfläche von etwa 1000 m² pro g Kohle verwendet. Filter mit einer solchen Füllung tragen nach DIN 3181 Teil 1 eine *braune Kennfarbe* und vor der Bezeichnung für die Filterklasse (1 bis 3) den Kennbuchstaben A. Der Filtertyp A kann in der Regel zum Schutz gegen Stoffe mit Siedepunkten über 65°C eingesetzt werden (Ausnahmen siehe am Ende der Übersicht 10). Sollen Schadstoffe mit niedrigeren Siedepunkten

Übersicht 7. Gasfiltertypen

Filtertyp		Sorptionsmittel	Filterfunktion	Hauptanwendungsbereich
Kenn-buchstabe	Kennfarbe			
A	braun	Aktivkohle ohne Imprägnierung	Adsorption	organische Gase und Dämpfe, z. B. von Lösemitteln
B	grau	Aktivkohle imprägniert mit Kupfer- und Chromsalzen	Chemisorption	anorganische Gase und Dämpfe, z. B. Chlor, Schwefelwasserstoff, Cyanwasserstoff (Blausäure)
E	gelb	Aktivkohle mit alkalischer Imprägnierung	Chemisorption	Schwefeldioxid, Chlorwasserstoff
K	grün	Aktivkohle imprägniert mit Kupfer- oder Zinksulfat	Chemisorption	Ammoniak
CO	schwarz	Kupferoxid und Mangandioxid, daneben Trockenmittel	katalytische Oxidation	Kohlenoxid
Hg	rot	Aktivkohle imprägniert mit Kaliumiodid und Iod	Chemisorption	Quecksilberdampf
Reaktorfilter	orange	Aktivkohle imprägniert mit Kaliumiodid	Isotopenaustausch	radioaktives Iod inklusive radioaktives Methyliodid
NO	blau	Kupferoxid und Mangandioxid	Oxidation und Chemi sorption	nitrose Gase inklusive Stickstoffmonoxid
FE 55 NM [a]	olivgrün	Aktivkohle imprägniert mit Kupfer- und Chromsalzen	Adsorption und Chemisorption	organische und anorganische Gase und Dämpfe, giftige Schwebstoffe
KS 80 [a]	grau, orangefarbener u. weißer Ring	Aktivkohle imprägniert mit Kupfer- und Chromsalzen und Kaliumiodid	Adsorption, Chemisorption und Isotopenaustausch	organische und anorganische Gase und Dämpfe, radioaktives Iod inklusive radioaktives Methyliodid, giftige Schwebstoffe

[a] Kombinationsfilter

aus der Atemluft entfernt werden, ist folgendes zu beachten: Je niedriger
der Siedepunkt eines Stoffes liegt, desto schwieriger ist die adsorptive
Bindung des Stoffes im Filter. Bis zu einem gewissen Grade kann man dem
entgegenwirken durch Verwendung größerer Filter oder von Aktivkohle
feinerer Körnung. Gewicht und Dimensionen des Filters sowie dessen
Atemwiderstand setzen hier aber praktische Grenzen, so daß die Filter-
kapazität nicht beliebig vergrößert werden kann. Statt dessen müssen
chemische Bindungskräfte für die Funktion von Atemfiltern mit herangezogen werden. Dies geschieht dadurch, daß die Aktivkohle mit Schwer-
metallsalzen oder Alkalien imprägniert wird. So lassen sich Chlor, Blau-
säure, Schwefelwasserstoff und eine Anzahl weiterer saurer Gase durch
Kupfer- und Chromsalze binden bzw. zersetzen. Nach DIN 3181 Teil 1
wird ein Filter mit einer derartigen Wirksamkeit mit einer *grauen Kennfarbe* und dem Kennbuchstaben B bezeichnet. Ein B-Filter schützt auch
gegen dieselben Schadstoffe wie ein A-Filter, nur mit etwas geringerer
Aufnahmekapazität.

Zur Bindung von *Ammoniak*, seiner leicht flüchtigen Derivate und
Hydrazin wird eine Imprägnierung mit Kupfer- oder Zinksulfat benutzt.
Die *Kennfarbe ist grün* und der Kennbuchstabe K.

Schwefeldioxid wird durch stark alkalische Adsorbentien, z. B. Aktivkohle mit einer Imprägnierung aus Kaliumkarbonat, zurückgehalten.
Filter mit dieser Füllung tragen eine *gelbe Kennfarbe* und den Kennbuchstaben E. E-Filter sind auch gut wirksam gegenüber Fluorwasserstoff,
Chlorwasserstoff und Ameisensäure.

Neben den vorstehend aufgeführten vier genormten Filtertypen sind in
DIN 3181 Teil 1 noch folgende Filtertypen aufgeführt, die zur Normung
vorgeschlagen worden sind: Filter gegen Kohlenoxid, nitrose Gase
inklusive Stickstoffmonoxid, Quecksilber und gegen radioaktives Iod
inklusive radioaktives Methyliodid.

Das *CO-Filter, Kennfarbe schwarz* und Kennbuchstaben CO, enthält
einen Katalysator aus Kupferoxid und Mangandioxid (Hopkalit), an dem
Kohlenoxid mit Luftsauerstoff zu Kohlendioxid umgesetzt wird. Da Luftfeuchtigkeit den Katalysator nach kurzer Zeit unwirksam machen würde,
enthält das CO-Filter vor dem Katalysator eine Trockenmittelschicht.

Das *NO-Filter, Kennfarbe blau* und Kennbuchstaben NO, enthält
ebenfalls Kupferoxid und Mangandioxid, an dessen Oberfläche Stickstoffmonoxid zu Stickstoffdioxid oxidiert wird. Das Stickstoffdioxid wird
dann chemisch gebunden. Im Gegensatz zum CO-Filter enthält das
NO-Filter kein Trockenmittel.

Quecksilberdämpfe werden zwar von einem A-Filter oder einem B-Filter
kurzzeitig in ausreichendem Maße aus der Atemluft entfernt, für längere
Einsatzzeiten ist jedoch das Filter mit der *Kennfarbe rot* und den Kennbuchstaben Hg besser geeignet. Dies enthält als Filtermaterial Aktivkohle mit einer Imprägnierung von Iod und Kaliumiodid.

Zum Schutz gegen das in kerntechnischen Anlagen auftretende radioaktive Methyliodid wird das *Reaktorfilter, Kennfarbe orange*, eingesetzt.
Es enthält mit Kaliumiodid imprägnierte Aktivkohle.

Alle Gasfilter lassen sich mit *Schwebstoffiltern* kombinieren. Der Gas-
filterkennzeichnung werden dann ein *weißer Ring*, der Buchstabe P
und die Bezeichnung für die Partikelfilterklasse (1 bis 3) hinzugefügt.

Die vollständige Kennzeichnung eines *Kombinationsfilters* nach DIN 3181 Teil 1 ist somit wie folgt:

Kennfarbe des Gasfilters (braun, grau, gelb, grün) + weißer Ring
Kennbuchstabe des Gasfilters (A, B, E, K) + Bezeichnung der Gasfilterklasse (1, 2, 3)
Kennbuchstabe des Partikelfilters P + Bezeichnung der Partikelfilterklasse (1, 2, 3).

Der Vollständigkeit halber seien noch zwei weitere Filtertypen erwähnt, die bei staatlichen Organisationen anzutreffen sind: das Filter FE 55 NM (*olivgrün*) *für die Bundeswehr* und das Filter KS 80 für die Einheiten des *Katastrophenschutzes* (*Kennfarbe grau mit orangefarbenem und weißem Ring*). Beim Filter FE 55 NM handelt es sich um eine Kombination aus einem P3-Filter mit einem B2-Filter besonders hoher Leistung, während das Filter KS 80 eine Kombination aus P3-Filter und B2-Filter, das zusätzlich die Eigenschaften des Reaktorfilters aufweist, darstellt (ersetzt das ältere Zivilschutzfilter, ein P3-B2-Filter).

Übersicht 8. Einschränkungen für den Gebrauch von Filtergeräten

---

Filtergeräte dürfen nicht benutzt werden, wenn

1 der Sauerstoffgehalt der Umgebungsatmosphäre unter 17 Vol.-% liegt
2 die Konzentration aller Schadgase (bei CO-Filtern aller Fremdgase) 1 Vol.-%, bei Kleinfiltern 0,1 Vol.-% überschreitet
3 die Konzentration von Schwebstoffen den 200fachen MAK-Wert überschreitet
4 Behälter und enge Räume (Bunker, Kesselwagen, Rohrleitungen, Gruben, Kanäle u. ä.) befahren werden sollen
5 die Umgebungsverhältnisse unbekannt sind oder die Zusammensetzung der Umgebungsatmosphäre sich nachteilig verändern kann

---

Wegen der besonderen Schwierigkeiten, niedrig siedende Schadstoffe durch Filter aus der Atemluft zu entfernen, sind in der Übersicht 10 die wichtigsten Stoffe mit Siedepunkten unter 65 °C zusammengefaßt. Für jeden Stoff ist angegeben, ob ein Filteratemschutz möglich ist. Ist der Einsatz von Gasfiltern beschränkt auf größere Filter, dann ist hinter den Filterkennbuchstaben angegeben; kein Kleinfilter. Der Kennbuchstabe ist in Klammern gesetzt, wenn ein Filteratemschutz zweifelhaft ist. Ein Strich in der Filterspalte bedeutet, daß ein Filteratemschutz nicht möglich oder nicht sinnvoll ist.

In Übersicht 9 sind die wichtigsten *Vorschriften, Richtlinien und Normen*, die sich mit Filter-Atemschutzgeräten befassen, aufgeführt. Mit der ständigen Überprüfung und Weiterentwicklung des vorliegenden Regelwerkes über Filter-Atemschutzgeräte sind der Fachausschuß Persönliche Schutzausrüstung, Arbeitskreis Atemschutz beim Hauptverband der gewerblichen Berufsgenossenschaften e. V. in Heidelberg und der Arbeitsausschuß Atemgeräte für Arbeit und Rettung im Normenausschuß Feinmechanik und Optik des DIN befaßt. Prüfstellen für Filter-Atemschutzgeräte sind das Berufsgenossenschaftliche Institut für Arbeitssicherheit in Bonn und die Hauptstelle für das Grubenrettungswesen der Bergbau-Berufsgenossenschaft in Hohenpeißenberg.

Übersicht 9. Vorschriften, Richtlinien, Normen betreffend Filteratemschutzgeräte

---

 1 Atemschutz-Merkblatt des Deutschen Ausschusses für Atemschutzgeräte
 2 Unfallverhütungsvorschrift der gewerblichen Berufsgenossenschaften VBG 1a „Schutz gegen gefährliche chemische Stoffe"
 3 Verordnung über gefährliche Arbeitsstoffe
 4 Diverse Merkblätter der gewerblichen Berufsgenossenschaften über den Umgang mit gefährlichen chemischen Stoffen, z. B. Nr. G 8 Merkblatt über den Umgang mit Chlor
 5 Strahlenschutzverordnung
 6 Merkblatt für die Verwendung von Filtergeräten in den der Bergaufsicht unterstehenden Betrieben
 7 Richtlinien der Biologischen Bundesanstalt Braunschweig für Land- und Forstwirtschaft
    Merkblatt Nr. 18 Allgemeine Vorsichtsmaßnahmen beim Umgang mit Pflanzenbehandlungsmitteln
    Diverse weitere Merkblätter, z. B. Nr. 22 Vorsichtsmaßnahmen bei der Anwendung von Methylbromid
 8 Pflanzenschutzmittel-Verzeichnis der Biologischen Bundesanstalt Braunschweig
 9 DIN 3179   Einteilung von Atemgeräten
10 DIN 3180 Teil 1   Benennungen für Atemanschlüsse
11 DIN 3180 Teil 5   Benennungen für Filtergeräte
12 DIN 3181 Teil 1   Gas- und Kombinationsfilter für Atemschutzgeräte. Anforderungen, Prüfung, Kennzeichnung
13 DIN 3181 Teil 2   Partikelfilter für Atemschutzgeräte. Anforderungen, Prüfung, Kennzeichnung
14 DIN 3183   Anschlüsse für Atemgeräte
15 DIN 58646 Teil 1   Anforderungen, Prüfung, Kennzeichnung von Vollmasken
16 DIN 58646 Teil 2   Anforderungen, Prüfung, Kennzeichnung von Halbmasken
17 DIN 58646 Teil 3   Anforderungen, Prüfung und Kennzeichnung von Mundstückgarnituren
18 DIN 58646 Teil 4   Anforderungen, Prüfung, Kennzeichnung von Atemschutzhauben, Atemschutzhelmen und Atemschutzblusen
19 DIN 58646 Teil 6   Anforderungen, Prüfung, Kennzeichnung von Atemschutzanzügen
20 DIN 58645 Teil 3   Anforderungen, Prüfung, Kennzeichnung von Filtergeräten mit nicht trennbarer Halbmaske (Filternde Halbmaske) (Partikelfilternde Halbmaske)
21 DIN 58645 Teil 4   Anforderungen, Prüfung, Kennzeichnung von Filtergeräten mit nicht trennbarer Halbmaske (filternde Halbmaske) (Gas- und kombiniert filternde Halbmaske)
22 DIN 58645 Teil 7   Anforderungen, Prüfung, Kennzeichnung von Atemschutzhelmen und Atemschutzhauben mit Lufteigenversorgung
23 Maximale Arbeitsplatzkonzentrationen der Senatskommission zur Prüfung gesundheitsschädlicher Arbeitsstoffe der Deutschen Forschungsgemeinschaft (jährliche Publikation)
24 Europäische Atemschutznormen des CEN (Comité Européen de Normalisation), bearbeitet vom TC 79
25 Internationale Atemschutznormen der ISO (International Organization for Standardization), bearbeitet vom TC 94

Übersicht 10. Filteratemschutz gegen niedrig siedende Stoffe

In Übersicht 10 sind hauptsächlich Stoffe mit Siedepunkten unter 65 °C aufgenommen worden, da Stoffe mit höheren Siedepunkten in der Regel von A-Filtern wie von B-Filtern in ausreichendem Maße zurückgehalten werden.

Zum Schutz gegen Stoffe, die sich zu leicht flüchtigen sauren Gasen zersetzen können (z. B. Phosphoroxidchlorid), sollten vorzugsweise B-Filter verwendet werden.

Bei hoch siedenden Stoffen ist zu beachten, daß diese sowohl als Schwebstoff als auch als Dampf in der Umgebungsluft vorkommen können. In diesem Falle gibt nur ein Kombinationsfilter ausreichenden Schutz.

Stoff	Summen-formel	Siede-punkt °C	MAK-Wert 1979 ppm	MAK-Wert 1979 mg/m³	Filtertyp
Acetaldehyd	C_2H_4O	20,2	200	360	A, B
Aceton	C_3H_6O	56,5	1 000	2 400	A, B
Acetylen	C_2H_2	−83,6			—
Acrolein	C_3H_4O	52,1	0,1	0,25	A, B
Äthan	C_2H_6	−88,5			—
Äthanthiol	C_2H_6S	37	0,5	1	A, B
Äthylamin	C_2H_7N	16,6	10	18	A, K
Äthylenimin	C_2H_5N	55	0,5 canc.[a]	1	K, A [b]
Äthylenoxid	C_2H_4O	10,7	50	90	(A) [b]
Äthylensulfid	C_2H_4S	55			A, B
Allylchlorid	C_3H_5Cl	45,7	1	3	A, B
Ameisensäure-äthylester	$C_3H_6O_2$	54	100	300	A, B
Ameisensäure-methylester	$C_2H_4O_2$	31,5	100	250	A, B
Ammoniak	NH_3	−33,4	50	35	K
Antimonwasserstoff	SbH_3	−17	0,1	0,5	B
Argon	Ar	−185,9			—
Arsenwasserstoff	AsH_3	−58,5	0,05	0,2	B
Bortrifluorid	BF_3	−99,9	1	3	B
Brom	Br_2	58,2	0,1	0,7	B
Bromäthan (Äthylbromid)	C_2H_5Br	38,3	200	890	A, B
Bromcyan	BrCN	61,4			B
Bromtrifluormethan	$CBrF_3$	−58,7	1 000	6 100	(A)
Bromwasserstoff	HBr	−66,8	5	17	B
1,3-Butadien	C_4H_6	−4,8	1 000	2 200	—
n-Butan	C_4H_{10}	−0,5	1 000	2 350	—
Chlor	Cl_2	−34,1	0,5	1,5	B
Chloräthan (Äthylchlorid)	C_2H_5Cl	13,1	1 000	2 600	A
2-Chlor-1,3-butadien (Chloropren)	C_4H_5Cl	59,4	10	36	A

[a] bislang nur im Tierversuch eindeutig cancerogen, und zwar unter Bedingungen, die der möglichen Exponierung des Menschen am Arbeitsplatz vergleichbar sind bzw. aus denen Vergleichbarkeit abgeleitet werden kann

[b] kein Kleinfilter

Übersicht 10. (Fortsetzung)

Stoff	Summen-formel	Siede-punkt °C	MAK-Wert 1979 ppm	MAK-Wert 1979 mg/m³	Filtertyp
Chlorcyan	$ClCN$	12,2			B
Chlordioxid	ClO_2	11	0,1	0,3	B
Chlortrifluoräthylen	C_2ClF_3	−26,8			—
Chlortrifluorid	ClF_3	11,8	0,1	0,4	B
Chlorwasserstoff	HCl	−85	5	7	B, E
Cyanwasserstoff	HCN	25,7	10	11	B
Cyclopentadien	C_5H_6	40	75	200	A
Cyclopentan	C_5H_{10}	49,5			A
Diäthyläther	$C_4H_{10}O$	34,6	400	1 200	A
Diäthylamin	$C_4H_{11}N$	56,3	25	75	K, A
Diazomethan	CH_2N_2	−24	0,2 canc.[a]	0,4	B
Diboran	B_2H_6	−92,5	0,1	0,1	B
Dibromdifluor-methan	CBr_2F_2	25	100	860	A
1,1-Dichloräthan	$C_2H_4Cl_2$	57,3	100	400	A
1,1-Dichloräthylen (Vinylidenchlorid)	$C_2H_2Cl_2$	37	10	40	A
1,2-Dichloräthylen trans	$C_2H_2Cl_2$	48,4	200	790	A, B
1,2-Dichloräthylen cis	$C_2H_2Cl_2$	60,3	200	790	A, B
Dichlordifluor-methan	CCl_2F_2	−29,8	1 000	4 950	(A)
Dichlorfluormethan	$CHCl_2F$	8,9	1 000	4 200	(A)
Dichlormethan	CH_2Cl_2	40,7	200	720	A, B
1,2-Dichlor-1,1,2,2-tetrafluoräthan	$C_2Cl_2F_4$	3,8	1 000	7 000	(A)
Dicyan	C_2N_2	−21,2	10	22	B
Dimethoxymethan	$C_3H_8O_2$	42,3	1 000	3 100	A, B
Dimethylamin	C_2H_7N	7,4	10	18	K
1,1-Dimethyl-hydrazin	$C_2H_8N_2$	62	0,1 canc.[a]	0,25	K
Dimethylsulfid	C_2H_6S	37,3			
Distickstoffoxid	N_2O	−88,5			—
Essigsäuremethyl-ester	$C_3H_6O_2$	57	200	610	A, B
Fluor	F_2	−188,1	0,1	0,2	B
Fluorwasserstoff	HF	19,5	3	2	B, E
Formaldehyd	CH_2O	−21	1	1,2	B
Furan	C_4H_4O	32			A, B
Germanium-wasserstoff	GeH_4	−88,4			(B)
Helium	He	−268,9			—
Hydrazin	N_2H_4	113,5	0,1 canc.[a]	0,13	K
Isobutylen	C_4H_8	−6,6			—
Isopren	C_5H_8	34,3			—
Isopropylamin	C_3H_9N	32,4	5	12	A, K

Übersicht 10. (Fortsetzung)

Stoff	Summen-formel	Siede-punkt °C	MAK-Wert 1979 ppm	MAK-Wert 1979 mg/m³	Filtertyp
Isopropylbromid	C_3H_7Br	59,9			A, B
Isopropylnitrit	$C_3H_7NO_2$	40			B
Keten	C_2H_2O	−56	0,5	0,9	(B)
Kohlendioxid	CO_2	−78,5 subl.	5000	9000	—
Kohlenoxid	CO	−191,5	50	55	CO
Methan	CH_4	−164			—
Methanol	CH_4O	64,7	200	260	A, B
Methanthiol	CH_4S	5,8	0,5	1	B
Methylacetylen	C_3H_4	−27,5	1000	1650	—
Methylbromid	CH_3Br	4,6	20	80	A
Methylisocyanat	C_2H_3NO	37,4	0,02	0,05	A, B
Methyliodid	CH_3I	42,3	canc.[a]		A, Reaktor
Monochlordimethyl-äther	C_2H_5ClO	59,2	canc.[b]		A, B
Neon	Ne	−246,1			—
Nickeltetracarbonyl	NiC_4O_4	42,4	0,1 canc.[a]	0,7	CO
Ozon	O_3	−110,5	0,1	0,2	CO, NO A, B
Pentaboran	B_5H_9	58	0,005	0,01	B
1,3-Pentadien	C_5H_8	42			A, B
n-Pentan	C_5H_{12}	36,2	1000	2950	A
Phosgen	$COCl_2$	8,2	0,1	0,4	B
Phosphor(III)-chlorid	PCl_3	74,1	0,5	3	B
Phosphoroxidchlorid	$POCl_3$	105,3	0,5	3	B
Phosphorwasserstoff	PH_3	−87,8	0,1	0,15	B
Propan	C_3H_8	−44,5	1000	1800	—
Propionaldehyd	C_3H_6O	48,8			A, B
n-Propylamin	C_3H_9N	47,8			A, K
Propylen	C_3H_6	−47			—
Propylenimin	C_3H_7N	63	2 canc.[a]	5	A, K
Propylenoxid	C_3H_6O	34,1	50	120	A, B
Quecksilberdampf	Hg	356,7	0,01	0,1	Hg
Sauerstoff	O_2	−183			—
Schwefeldioxid	SO_2	−10,1	5	13	E
Schwefelhexafluorid	SF_6	−63,7 subl.	1000	6000	(A)
Schwefelkohlenstoff	CS_2	46,4	10	30	A
Schwefelpentafluorid	S_2F_{10}	29	0,025	0,25	A, B
Schwefeltetrafluorid	SF_4	−38			(A)
Schwefelwasserstoff	H_2S	−60,4	10	15	B
Selenwasserstoff	H_2Se	−41,5	0,05	0,2	B
Siliziumtetrahydrid	SiH_4	−111,4			(B)

[b] verursacht beim Menschen erfahrungsgemäß bösartige Geschwülste

Übersicht 10. (Fortsetzung)

Stoff	Summen- formel	Siede- punkt	MAK-Wert 1979		Filtertyp
		°C	ppm	mg/m³	
Stickstoff	N_2	$-195,8$			—
Stickstoffdioxid	NO_2	$21,1$	5	9	B, CO, NO
Stickstoffmonoxid	NO	$-151,7$			NO, CO, B
Titan(IV)-chlorid	$TiCl_4$	$136,5$			B
Trichlorfluormethan	CCl_3F	$24,9$	1 000	5 600	A, B
Trichlormethan (Chloroform)	$CHCl_3$	$61,7$	10	50	A, B
Trichlorsilan	$SiHCl_3$	$31,5$			B
1,1,2-Trichlor-1,2,2-trifluoräthan	$C_2Cl_3F_3$	$47,6$	1 000	7 600	A, B
Trimethylamin	C_3H_9N	$2,9$			K
Trimethylbor	C_3H_9B	$-21,8$			(A, B)
Vinylacetylen	C_4H_4	3			—
Vinylbromid	C_2H_3Br	$15,8$			A, B
Vinylchlorid	C_2H_3Cl	$-13,9$	canc.[b]		A, B
Wasserstoff	H_2	$-252,8$			—

IV. Basisteil

Die relativen Atommassen der Elemente

Den in der Tabelle verwendeten Namen und Symbolen der chemischen Elemente liegt die DIN-Norm 32 640[1] zugrunde, die auf der Basis der „IUPAC-Regeln für die Nomenklatur der anorganischen Chemie 1970"[2] erstellt wurde. Gemäß der Empfehlung dieser Norm wird anstelle der früher verwendeten Begriffe „Ordnungszahl" oder „Kernladungszahl" der Begriff „Protonenzahl" verwendet. Die Zahlenwerte der relativen Atommassen (früher Atomgewichte) der Elemente wurden der IUPAC-Veröffentlichung „Atomic Weights of the Elements 1977"[3] entnommen.

Zahlenwerte der Atommassen in Klammern: Diese Angaben beziehen sich auf radioaktive Elemente, deren Atommasse nicht ohne Kenntnis der Herkunft und damit der Isotopenzusammensetzung angegeben werden kann. In diesen Fällen ist die Nukleonenzahl (Massenzahl) mit der höchsten Halbwertszeit angegeben.

Tabelle: Namen und Symbole der chemischen Elemente, alphabetisch geordnet nach den Namen

Name		Symbol	Protonenzahl	relative Atommasse
Deutsch	Englisch			
Actinium	Actinium	Ac	89	227,027 8
Aluminium	Aluminium	Al	13	26,981 54
Americium	Americium	Am	95	(243)
Antimon	Antimony	Sb	51	121,75
Argon	Argon	Ar	18	39,948
Arsen	Arsenic	As	33	74,921 6
Astat	Astatine	At	85	(210)
Barium	Barium	Ba	56	137,33
Berkelium	Berkelium	Bk	97	(247)
Beryllium	Beryllium	Be	4	9,012 18
Bismut (Wismut)	Bismuth	Bi	83	208,980 4
Blei (Plumbum)	Lead (Plumbum)	Pb	82	207,2
Bor	Boron	B	5	10,81
Brom	Bromine	Br	35	79,904

[1] DIN 32 640 (Juli 1980), Chemische Elemente und einfache organische Verbindungen. Namen und Symbole. Beuth-Verlag, GmbH, Berlin 30 und Köln 1.

[2] International Union of Pure and Applied Chemistry (IUPAC). Regeln für die Nomenklatur der anorganischen Chemie 1970. Deutsche Fassung. Verlag Chemie, Weinheim 1976.

[3] Atomic Weights of the Elements 1977 (IUPAC Commission on Atomic Weights). Pure Applied Chem. *51*, 407 (1979).

Tabelle (Fortsetzung)

Name		Symbol	Protonenzahl	relative Atommasse
Deutsch	Englisch			
Cadmium	Cadmium	Cd	48	112,41
Caesium	Caesium	Cs	55	132,9054
Calcium	Calcium	Ca	20	40,08
Californium	Californium	Cf	98	(251)
Cer	Cerium	Ce	58	140,12
Chlor	Chlorine	Cl	17	35,453
Chrom	Chromium	Cr	24	51,996
Cobalt	Cobalt	Co	27	58,9332
Curium	Curium	Cm	96	(247)
Dysprosium	Dysprosium	Dy	66	162,50
Einsteinium	Einsteinium	Es	99	(252)
Eisen (Ferrum)	Iron (Ferrum)	Fe	26	55,847
Erbium	Erbium	Er	68	167,26
Europium	Europium	Eu	63	151,96
Fermium	Fermium	Fm	100	(257)
Fluor	Fluorine	F	9	18,998403
Francium	Francium	Fr	87	(223)
Gadolinium	Gadolinium	Gd	64	157,25
Gallium	Gallium	Ga	31	69,72
Germanium	Germanium	Ge	32	72,59
Gold (Aurum)	Gold (Aurum)	Au	79	196,9665
Hafnium	Hafnium	Hf	72	178,49
Helium	Helium	He	2	4,00260
Holmium	Holmium	Ho	67	164,9304
Indium	Indium	In	49	114,82
Iod	Iodine	I	53	126,9045
Iridium	Iridium	Ir	77	192,22
Kalium	Potassium	K	19	39,0983
Kohlenstoff (Carbon)	Carbon	C	6	12,011
Krypton	Krypton	Kr	36	83,80
Kupfer (Cuprum)	Copper (Cuprum)	Cu	29	63,546
Lanthan	Lanthanum	La	57	138,9055
Lawrencium	Lawrencium	Lr	103	(260)
Lithium	Lithium	Li	3	6,941
Lutetium	Lutetium	Lu	71	174,967
Magnesium	Magnesium	Mg	12	24,305
Mangan	Manganese	Mn	25	54,9380
Mendelevium	Mendelevium	Md	101	(258)
Molybdän	Molybdenum	Mo	42	95,94
Natrium	Sodium	Na	11	22,98977
Neodym	Neodymium	Nd	60	144,24
Neon	Neon	Ne	10	20,179
Neptunium	Neptunium	Np	93	237,0482
Nickel (Niccolum)	Nickel	Ni	28	58,70
Niob	Niobium	Nb	41	92,9064
Nobelium	Nobelium	No	102	(259)
Osmium	Osmium	Os	76	190,2
Palladium	Palladium	Pd	46	106,4
Phosphor	Phosphorus	P	15	30,97376
Platin	Platinum	Pt	78	195,09

Tabelle (Fortsetzung)

Name		Symbol	Protonenzahl	relative Atommasse
Deutsch	Englisch			
Plutonium	Plutonium	Pu	94	(244)
Polonium	Polonium	Po	84	(209)
Praseodym	Praseodymium	Pr	59	140,9077
Promethium	Promethium	Pm	61	(145)
Protactinium	Protactinium	Pa	91	231,0359
Quecksilber (Mercurium)	Mercury	Hg	80	200,59
Radium	Radium	Ra	88	226,0254
Radon	Radon	Rn	86	(222)
Rhenium	Rhenium	Re	75	186,207
Rhodium	Rhodium	Rh	45	102,9055
Rubidium	Rubidium	Rb	37	85,4678
Ruthenium	Ruthenium	Ru	44	101,07
Samarium	Samarium	Sm	62	150,4
Sauerstoff (Oxygen)	Oxygen	O	8	15,9994
Scandium	Scandium	Sc	21	44,9559
Schwefel (Sulfur)	Sulfur	S	16	32,06
Selen	Selenium	Se	34	78,96
Silber (Argentum)	Silver (Argentum)	Ag	47	107,868
Silicium	Silicon	Si	14	28,0855
Stickstoff (Nitrogen)	Nitrogen	N	7	14,0067
Strontium	Strontium	Sr	38	87,62
Tantal	Tantalum	Ta	73	180,9479
Technetium	Technetium	Tc	43	(98)
Tellur	Tellurium	Te	52	127,60
Terbium	Terbium	Tb	65	158,9254
Thallium	Thallium	Tl	81	204,37
Thorium	Thorium	Th	90	232,0381
Thulium	Thulium	Tm	69	168,9342
Titan	Titanium	Ti	22	47,90
Uran	Uranium	U	92	238,029
Vanadium	Vanadium	V	23	50,9415
Wasserstoff (Hydrogen)	Hydrogen	H	1	1,0079
Wolfram	Tungsten (Wolfram)	W	74	183,85
Xenon	Xenon	Xe	54	131,30
Ytterbium	Ytterbium	Yb	70	173,04
Yttrium	Yttrium	Y	39	88,9059
Zink (Zincum)	Zinc	Zn	30	65,38
Zinn (Stannum)	Tin (Stannum)	Sn	50	118,69
Zirconium	Zirconium	Zr	40	91,22

Maximale Arbeitsplatzkonzentrationen

Der MAK-Wert (maximale Arbeitsplatz-Konzentration) ist die höchstzulässige Konzentration eines Arbeitsstoffes als Gas, Dampf oder Schwebstoff in der Luft am Arbeitsplatz, die nach dem gegenwärtigen Stand der Kenntnis auch bei wiederholter und langfristiger, in der Regel täglich 8-stündiger Einwirkung, jedoch bei Einhaltung einer durchschnittlichen Wochenarbeitszeit bis zu 45 Stunden, im allgemeinen die Gesundheit der Beschäftigten nicht beeinträchtigt und diese nicht unangemessen belästigt. Textauszüge und nachstehende Zusammenstellung der für den Analytiker wichtigsten MAK-Werte wurden aus der Mitteilung 15 der Senatskommission zur Prüfung gesundheitsschädlicher Arbeitsstoffe (Deutsche Forschungsgemeinschaft) vom 05. Juni 1979 entnommen. Diese ist auch als Anlage 4 Bestandteil der Unfallverhütungsvorschriften der Berufsgenossenschaft der chemischen Industrie. Dort findet sich die vollständige Liste der Stoffe mit MAK-Werten.

Die MAK-Werte geben für die Beurteilung der Bedenklichkeit oder Unbedenklichkeit der am Arbeitsplatz vorhandenen Konzentrationen eine Urteilsgrundlage ab. Sie sind jedoch keine Konstanten, aus denen das Eintreten oder Ausbleiben von Wirkungen bei längeren oder kürzeren Einwirkungszeiten errechnet werden kann. Ebensowenig läßt sich aus MAK-Werten eine festgestellte oder angenommene Schädigung im Einzelfalle herleiten; für die Beurteilung einer Schadstoffwirkung entscheidet der ärztliche Befund unter Berücksichtigung der äußeren Umstände des Fallherganges.

Die maximale Arbeitsplatzkonzentration von Gasen, Dämpfen und flüchtigen Schwebstoffen wird in der folgenden Tabelle in von den Zustandsgrößen Temperatur und Luftdruck unabhängigen Volumenanteilen (ppm)[1] sowie in der von den Zustandsgrößen abhängigen Massenkonzentration (mg/m^3) für eine Temperatur von 20°C und einem Luftdruck von 1013 mbar angegeben, die von nichtflüchtigen Schwebstoffen (Staub, Rauch, Nebel) nur in mg/m^3. Nichtflüchtige Schwebstoffe sind solche, deren Dampfdruck so klein ist, daß bei gewöhnlicher Temperatur keine gefährlichen Konzentrationen in der Gasphase auftreten können.

Da die Flüchtigkeit eines Arbeitsstoffes für die Gesundheitsgefährdung eine bedeutsame Rolle spielen kann, wurde für eine Reihe leichtflüchtiger Stoffe der Dampfdruck in der letzten Spalte aufgenommen. Die Kenntnis des Dampfdruckes ermöglicht unter gleichzeitiger Bewertung der am Ort gegebenen Freisetzungsbedingungen die Abschätzung des Risikos eines Auftretens gesundheitsschädlicher Dampfkonzentrationen.

---

[1] Ein ppm entspricht einem Kubikzentimeter (cm^3) Arbeitsstoff je Kubikmeter (m^3) Luft.

In Spalte 5 der Tabelle 1 bedeutet:

H: Gefahr der Hautresorption. Diese kann bei vielen Arbeitsstoffen in der Praxis eine ungleich größere Vergiftungsgefahr bedeuten als die Einatmung. Beim Umgang mit solchen Stoffen ist größte Sauberkeit von Haut, Haaren und Kleidung für den Gesundheitsschutz von besonderer Bedeutung. Das „H" weist jedoch nicht auf eine eventuelle Hautreizungsgefahr hin.

S: Gefahr der Sensibilisierung. Je nach persönlicher Disposition können nach Sensibilisierung z. B. der Haut oder der Atemwege allergische Erscheinungen unterschiedlich schnell und stark durch Stoffe verschiedener Art ausgelöst werden. Auch die Einhaltung des MAK-Wertes gibt hier keine Sicherheit gegen des Auftreten derartiger Reaktionen. Fallen Arbeitsstoffe durch häufigere Sensibilisierung als gewöhnlich auf, werden sie in der MAK-Werte-Liste in der 5. Spalte durch ein „S" gekennzeichnet.

Tabelle 1. Liste der für den Analytiker wichtigsten Stoffe mit MAK-Werten

Stoff	Formel	MAK ppm	mg/m³	H; S	Dampfdruck in mbar bei 20°C
Acetaldehyd	$CH_3 \cdot CHO$	200	360		1000
Acetamid	$CH_3 \cdot CO \cdot NH_2$	vgl. Tab. 4			
Aceton	$CH_3 \cdot CO \cdot CH_3$	1000	2400		233
Acetonitril	$CH_3 \cdot CN$	40	70		
Acrolein	$CH_2 : CH \cdot CHO$	0,1	0,25		
Acrylamid	$CH_2 : CH \cdot CONH_2$		0,3	H	
Acrylnitril	$CH_2 : CH \cdot CN$	vgl. Tab. 3		H	
Acrylsäureethylester	$CH_2 : CH \cdot COO \cdot C_2H_5$	25	100	H	39
Acrylsäuremethylester	$CH_2 : CH \cdot COO \cdot CH_3$	10	35	H	93
Allylalkohol	$CH_2 : CH \cdot CH_2 \cdot OH$	2	5	H	24
Allylchlorid	$CH_2 : CH \cdot CH_2 \cdot Cl$	1	3		393
		vgl. Tab. 4			
Ameisensäure	$HCOOH$	5	9		
Ameisensäureethylester	$HCOO \cdot C_2H_5$	100	300		256
Ameisensäuremethylester	$HCOO \cdot CH_3$	100	250		640
2-Aminoethanol	$NH_2 \cdot CH_2 \cdot CH_2 \cdot OH$	3	6		
Ammoniak	NH_3	50	35		
iso-Amylalkohol	$(CH_3)_2CH \cdot CH_2 \cdot CH_2 \cdot OH$	100	360		3
Anilin	$C_6H_5 \cdot NH_2$	5	19	H	
Anisidin (o,p-Isomeren)	$NH_2 \cdot C_6H_4 \cdot OCH_3$	0,1	0,5	H	
Antimonwasserstoff	SbH_3	0,1	0,5		
Arsenwasserstoff	AsH_3	0,05	0,2		
Asbest (Feinstaub)		vgl. Tab. 2 und Abschnitt IV der Originalmitteilung			

Tabelle 1. (Fortsetzung)

Stoff	Formel	MAK		H; S	Dampf-druck in mbar bei 20 °C
		ppm	mg/m³		
Benzol	C_6H_6	vgl. Tab. 2		H	101
Benzotrichlorid	$C_6H_5 \cdot CCl_3$	vgl. Tab. 4			
Biphenyl	$(C_6H_5)_2$	0,2	1		
Bleitetraethyl	$Pb(C_2H_5)_4$	0,01	0,075	H	
(als Pb berechnet)					
Bleitetramethyl	$Pb(CH_3)_4$	0,01	0,075	H	
(als Pb berechnet)					
Bortrifluorid	BF_3	1	3		
Brom	Br_2	0,1	0,7		
Bromethan	$C_2H_5 \cdot Br$	200	890		507
Bromwasserstoff	HBr	5	17		
1,3-Butadien	$CH_2 : CH \cdot CH : CH_2$	1000	2200		
Butan	C_4H_{10}	1000	2350		
Butanol	$C_4H_9 \cdot OH$	100	300		4—40
(alle Isomeren)					
p-tert. Butyltoluol	$C_4H_9 \cdot C_6H_4 \cdot CH_3$	10	60		
Calciumoxid	CaO		5	H	
Chinon	$C_6H_4O_2$	0,1	0,4		
Chlor	Cl_2	0,5	1,5		
Chloracetaldehyd	$Cl \cdot CH_2 \cdot CHO$	1	3		
Chlorethan	$C_2H_5 \cdot Cl$	1000	2600		
2-Chlorethanol	$Cl \cdot CH_2 \cdot CH_2OH$	5	16	H	
Chlorbenzol	$C_6H_5 \cdot Cl$	50	230		12
Chlorbrommethan	$CH_2 \cdot Cl \cdot Br$	200	1050		147
Chloroform	$CHCl_3$	10	50		210
		vgl. Tab. 4			
Chlorwasserstoff	HCl	5	7		
Chromtrioxid	CrO_3		0,1		
		vgl. Tab. 4			
Cyanide			5	H	
(als CN berechnet)					
Cyanwasserstoff	HCN	10	11	H	
Cyclohexan	C_6H_{12}	300	1050		104
Cyclohexanol	$C_6H_{11} \cdot OH$	50	200		1
Cyclohexanon	$C_6H_{10}O$	50	200		5
Cyclohexylamin	$C_6H_{11} \cdot NH_2$	10	40		
DDT	$(C_6H_4Cl)_2CH \cdot CCl_3$		1	H	
Diazomethan	$CH_2 : N_2$	0,2	0,4		
		vgl. Tab. 3			
1,2-Dibromethan	$CH_2Br \cdot CH_2Br$	vgl. Tab. 3		H	15
1,1-Dichlorethan	$CHCl_2 \cdot CH_3$	100	400		240
1,2-Dichlorethan	$CH_2Cl \cdot CH_2Cl$	20	80		87
		vgl. Tab. 4			
1,2-Dichlorethylen	$CHCl : CHCl$	200	790		220
o-Dichlorbenzol	$C_6H_4Cl_2$	50	300		∼1
p-Dichlorbenzol	$C_6H_4Cl_2$	75	450		∼1
2,2′-Dichlordiethyl-ether	$C_2H_4Cl \cdot O \cdot C_2H_4Cl$	15	90	H	1
		vgl. Tab. 4			

Tabelle 1. (Fortsetzung)

Stoff	Formel	MAK ppm	mg/m³	H; S	Dampfdruck in mbar bei 20°C
Dichlordifluormethan	CF_2Cl_2	1000	4950		
Dichlordimethylether	$Cl \cdot CH_2 \cdot O \cdot CH_2 \cdot Cl$	vgl. Tab. 2			
Dichlorfluormethan	$CHFCl_2$	1000	4200		
Dichlormethan	CH_2Cl_2	200	720		453
1,2-Dichlorpropan	$CH_2Cl \cdot CHCl \cdot CH_3$	75	350		56
Dicyan	$(CN)_2$	10	22	H	
Dicyclohexylperoxid	vgl. Abschn. Va) der Orig.-Mitteilung				
Diethylamin	$(C_2H_5)_2NH$	25	75		
Difluordibrommethan	CF_2Br_2	100	860		
Dimethylamin	$(CH_3)_2NH$	10	18		
N,N-Dimethylanilin	$C_6H_5 \cdot N(CH_3)_2$	5	25	H	
Dimethylformamid	$HCO \cdot N(CH_3)_2$	20	60	H	4
N,N-Dimethylnitrosamin	$(CH_3)_2N \cdot NO$	vgl. Tab. 3			
Dimethylsulfat	$(CH_3)_2SO_4$	0,01 vgl. Tab. 3	0,05	H	
Dinitrobenzol (alle Isomeren)	$C_6H_4(NO_2)_2$	0,15	1	H	
Dinitrotoluol (alle Isomeren)	$CH_3 \cdot C_6H_3(NO_2)_2$		1,5	H	
Dioxan	$O \cdot CH_2CH_2 \cdot O \cdot CH_2 \cdot CH_2$	50 vgl. Tab. 4	180	H	41
Diphenylether (Dampf)	$C_6H_5 \cdot O \cdot C_6H_5$	1	7		
Diphenylether/ Biphenylmischung (Dampf)		1	7		
Eisenpentacarbonyl	$Fe(CO)_5$	0,1	0,8		
Epichlorhydrin	$O \cdot CH_2 \cdot CH \cdot CH_2Cl$	vgl. Tab. 3		H	
Essigsäure	$CH_3 \cdot COOH$	10	25		
Essigsäureethylester	$CH_3 \cdot COO \cdot C_2H_5$	400	1400		97
Essigsäureanhydrid	$(CH_3 \cdot CO)_2O$	5	20		
Essigsäuremethylester	$CH_3 \cdot COO \cdot CH_3$	200	610		220
Ethanol	$C_2H_5 \cdot OH$	1000	1900		59
Ethylether	$C_2H_5 \cdot O \cdot C_2H_5$	400	1200		587
Ethylamin	$C_2H_5 \cdot NH_2$	10	18		
Ethylbenzol	$C_6H_5 \cdot C_2H_5$	100	435		9
Ethylendiamin	$NH_2 \cdot C_2H_4 \cdot NH_2$	10	25		
Ethylenglykolmonoethylether	$C_2H_5 \cdot O \cdot C_2H_4 \cdot OH$	200	740	H	7

Tabelle 1. (Fortsetzung)

Stoff	Formel	MAK		H; S	Dampfdruck in mbar bei 20°C
		ppm	mg/m³		
Ethylenglykol-monomethylether	$CH_3 \cdot O \cdot C_2H_4 \cdot OH$	25	80	H	11
Ethylenimin	$CH_2 \cdot CH_2 \cdot NH$	0,5	1	H	
		vgl. Tab. 3			
Ethylenoxid	$CH_2 \cdot CH_2 \cdot O$	50	90		
Fluor	F_2	0,1	0,2		
Fluorwasserstoff	HF	3	2		
Formaldehyd	HCHO	1	1,2	S	
Heptan	C_7H_{16}	500	2000		48
Hexachlorethan	C_2Cl_6	1	10		
γ-Hexachlorcyclo-hexan (Lindan)	$C_6H_6Cl_6$		0,5	H	
Hexan (n-Hexan)	C_6H_{14}	100	360		160
Hydrazin	$NH_2 \cdot NH_2$	0,1	0,13	H S	
		vgl. Tab. 3			
Hydrochinon	$C_6H_4(OH)_2$		2		
Jod	J_2	0,1	1		
Kampfer	$C_{10}H_{16}O$	2	13		
Keten	$CH_2 : CO$	0,5	0,9		
Kohlendioxid	CO_2	5000	9000		
Kohlenoxid	CO	50	55		
Kresol (alle Isomeren)	$CH_3 \cdot C_6H_4 \cdot OH$	5	22	H	
Mesityloxid	$(CH_3)_2C : CH \cdot CO \cdot CH_3$	25	100		
Methacrylsäure-methylester	$CH_2 : C(CH_3) \cdot COO \cdot CH_3$	100	410		37
Methanol	$CH_3 \cdot OH$	200	260	H	128
Methylacetylen	$CH_3 \cdot C : CH$	1000	1650		
Methylamin	$CH_3 \cdot NH_2$	10	12		
N-Methylanilin	$C_6H_5 \cdot NHCH_3$	2	9	H	
Methylbromid	$CH_3 \cdot Br$	20	80	H	
Methylchlorid	$CH_3 \cdot Cl$	50	105		
Methyljodid	CH_3J	vgl. Tab. 3			
Methylmercaptan	$CH_3 \cdot SH$	0,5	1		
N-Methylpyrrolidon	$CO(CH_2)_3 \cdot N \cdot CH_3$	100	400		
α-Methylstyrol	$C_6H_5 \cdot C(CH_3) : CH_2$	100	480		3
Monochlordimethyl-ether	$CH_3 \cdot O \cdot CH_2Cl$	vgl. Tab. 2			213
Morpholin	C_4H_9NO	20	70		
Naphthalin	$C_{10}H_8$	10	50		
2-Naphthylamin	$C_{10}H_7 \cdot NH_2$	vgl. Tab. 2		H	
Nickelcarbonyl	$Ni(CO)_4$	0,1	0,7	H	
		vgl. Tab. 3			
Nitroethan	$C_2H_5 \cdot NO_2$	100	810		
Nitrobenzol	$C_6H_5(NO_2)$	1	5	H	
Nitromethan	CH_3NO_2	100	250		

Tabelle 1. (Fortsetzung)

Stoff	Formel	MAK		H; S	Dampfdruck in mbar bei 20 °C
		ppm	mg/m³		
1-Nitropropan	$CH_2NO_2 \cdot CH_2 \cdot CH_3$	25	90		
2-Nitropropan	$CH_3 \cdot CHNO_2 \cdot CH_3$	vgl. Tab. 3			
Octan	C_8H_{18}	500	2350		15
Ozon	O_3	0,1	0,2		
Pentan	C_5H_{12}	1000	2950		573
Phenol	$C_6H_5 \cdot OH$	5	19	H	
Phenylhydrazin	$C_6H_5 \cdot NH \cdot NH_2$	5	22	H S	
		vgl. Tab. 4			
Phosgen	$COCl_2$	0,1	0,4		
Phosphorpentoxid	P_2O_5		1		
Phosphorwasserstoff	PH_3	0,1	0,15		
Pikrinsäure	$C_6H_2(OH)(NO_2)_3$		0,1	H	
Propan	C_3H_8	1000	1800		
iso-Propylether	$[(CH_3)_2CH]_2O$	500	2100		180
iso-Propylalkohol	$(CH_3)_2CH \cdot OH$	400	980		43
Propylenoxid	$CH_3 \cdot CH \cdot CH_2 \cdot O$	50	120		
Pyridin	C_5H_5N	5	15		20
Quecksilber	Hg	0,01	0,1		
Quecksilberverbindungen, organische (als Hg berechnet)			0,01	H S*	
Salpetersäure	HNO_3	10	25		
Schwefeldioxid	SO_2	5	13		
Schwefelhexafluorid	SF_6	1000	6000		
Schwefelkohlenstoff	CS_2	10	30	H	400
Schwefelsäure	H_2SO_4		1		
Schwefelwasserstoff	H_2S	10	15		
Selenwasserstoff	H_2Se	0,05	0,2		
Stickstoffdioxid	NO_2	5	9		
Styrol	$C_6H_5 \cdot CH : CH_2$	100	420		6
1,1,2,2-Tetrabromethan	$CHBr_2 \cdot CHBr_2$	1	14		0,1
1,1,2,2-Tetrachlorethan	$CHCl_2 \cdot CHCl_2$	1	7	H	7
Tetrachlorethylen	$CCl_2 : CCl_2$	100	670		19
Tetrachlorkohlenstoff	CCl_4	10	65	H	120
Tetrahydrofuran	$CH_2(CH_2)_3 \cdot O$	200	590		200
o-Toluidin	$CH_3 \cdot C_6H_4 \cdot NH_2$	5	22	H	
		vgl. Tab. 4			
Toluol	$C_6H_5 \cdot CH_3$	200	750		29
1,1,1-Trichlorethan	$CCl_3 \cdot CH_3$	200	1080		133

* Gewisse organische Quecksilberverbindungen können erfahrungsgemäß zu starker Sensibilisierung führen.

Tabelle 1. (Fortsetzung)

Stoff	Formel	MAK		H; S	Dampfdruck in mbar. bei 20 °C
		ppm	mg/m³		
1,1,2-Trichlorethan	$CH_2Cl \cdot CHCl_2$	10	45	H	25
		vgl. Tab. 4			
Trichlorethylen	$CCl_2:CHCl$	50	260		77
		vgl. Tab. 4			
1,2,4-Trichlorbenzol	$C_6H_3 \cdot Cl_3$	5	40		
Trichlorfluormethan	$CFCl_3$	1 000	5 600		889
Triethylamin	$(C_2H_5)_3N$	25	100		
Trifluorbrommethan	CF_3Br	1 000	6 100		
Trinitrotoluol	$CH_3 \cdot C_6H_2(NO_2)_3$	0,15	1,5	H	
Vinylchlorid	$CH_2:CHCl$	vgl. Tab. 2			
Vinylidenchlorid	$CH_2:CCl_2$	10	40		667
		vgl. Tab. 4			
Wasserstoffperoxid	H_2O_2	1	1,4		
Xylol (alle Isomeren)	$(CH_3)_2C_6H_4$	200	870	7—9	

Der Umgang mit erwiesenen oder potentiellen krebserzeugenden Arbeitsstoffen erfordert besondere Vorsicht und Maßnahmen der Gesundheitsvorsorge. Diese Stoffe werden daher in den Tabellen 2—4 aufgeführt.

Tabelle 2. Stoffe, die beim Menschen erfahrungsgemäß bösartige Geschwülste zu verursachen vermögen

4-Aminodiphenyl
Arsentrioxid und Arsenpentoxid, arsenige Säure, Arsensäure und ihre Salze
Asbest (in Form atembarer Stäube)
Benzidin und seine Salze
Benzol
Bitumen, teer-, teeröl- oder pechhaltig
chromathaltiger Staub aus dem alkalischen Oxidations-Prozeß mit Kalk bei der Chromat-Herstellung
Dichlordimethylether
Monochlordimethylether
2-Naphthylamin
Nickel (in Form atembarer Stäube von Nickelmetall, Nickelsulfid und sulfidischen Erzen, Nickeloxid und Nickelcarbonat, wie sie bei der Herstellung und Weiterverarbeitung auftreten können)
Steinkohlenteer
Vinylchlorid
Zinkchromat

Tabelle 3. Stoffe, die sich bisher nur im Tierversuch eindeutig als cancerogen erwiesen haben

Acrylnitril	Ethylenimin
Beryllium und seine Verbindungen	Hexamethylphosphorsäuretriamid
Calciumchromat	Hydrazin
N-Chlorformyl-morpholin	Kobalt (in Form atembarer Stäube
„Chromic-chromate"	von Kobaltmetall
Diazomethan	und schwerlöslichen Kobaltsalzen)
1,2-Dibrom-3-chlorpropan	4,4'-Methylen-bis(2-chloranilin)
1,2-Dibromethan	Methyljodid
3,3'-Dichlorbenzidin	Nickelcarbonyl
Diethylsulfat	5-Nitroacenaphthen
Dimethylcarbamidsäurechlorid	2-Nitronaphthalin
1,1'-Dimethylhydrazin in 1,1-Di-	2-Nitropropan
methylhydrazin	1,3-Propansulton
1,2-Dimethylhydrazin	β-Propiolacton
N,N-Dimethylnitrosamin	Propylenimin
Dimethylsulfat	Strontiumchromat
Epichlorhydrin	

Tabelle 4. Stoffe, bei denen nach neueren Befunden der Krebsforschung ein nennenswertes krebserzeugendes Potential zu vermuten ist

Acetamid	o-Dianisidin
Alkali-Chromate	4,4'-Diaminodiphenylmethan
Allylchlorid	2,2'-Dichlordiethylether
Antimontrioxid	1,2-Dichlorethan
Benzalchlorid	Diethylcarbamidsäurechlorid
Benzotrichlorid	Dioxan
Benzylchlorid	Heptachlor
Bitumen, nicht verschnitten	Isopropylöl (Rückstand bei der
Bleichromat	Isopropylalkohol-Herstellung)
Cadmium und seine Verbindungen	Kepone
(Cadmiumoxid, Cadmiumchlorid,	Phenylhydrazin
Cadmiumsulfat; ferner	N-Phenyl-2-naphthylamin
Cadmiumsulfid als Ausgangsstoff	o-Tolidin
bei technischen Prozessen)	o-Toluidin
Chlordan	1,1,2-Trichlorethan
Chlorierte Biphenyle (technische	Trichlorethylen
Produkte)	Vinylidenchlorid
Chloroform	2,4-Xylidin
Chromtrioxid	

Für Stoffe nach Tabelle 2, deren Einwirkung nach dem gegenwärtigen Stand der Kenntnis eine eindeutige Krebsgefährdung für den Menschen bedeutet, enthält Tabelle 1 keine Konzentrationswerte, da keine noch als unbedenklich anzusehende Konzentration angegeben werden kann. Bei

einigen dieser Stoffe bildet auch die Aufnahme durch die unverletzte Haut
eine große Gefahr.

Von den in Tabelle 3 genannten Stoffen erhalten diejenigen, die ihrem
Wirkungsprofil nach denen der Tabelle 2 zuzuordnen sind, ebenfalls keine
Konzentrationswerte in Tabelle 1. Bei einigen tierexperimentell schwach
carcinogen wirksamen Stoffen sind früher aufgestellte MAK-Werte als
vorläufig beibehalten worden.

Sofern für die in Tabelle 4 aufgeführten Stoffe bisher MAK-Werte vorlagen,
werden diese zunächst beibehalten.

Bezüglich besonderer Schutz- und Überwachungsmaßnahmen informieren die Unfallverhütungsvorschriften der Berufsgenossenschaft der
chemischen Industrie (Anlage 4).

Informations- und Behandlungszentren für Vergiftungsfälle mit durchgehendem 24-Stunden-Dienst

Beratungsstelle für Vergiftungserscheinungen
an der Universitäts-Kinderklinik, KAVH
Heubnerweg 6, **1000 Berlin 19**
Tel. (030) 30 23 0 22

Reanimationszentrum der Medizinischen Klinik und Poliklinik
der Freien Universität im Klinikum Westend
Spandauer Damm 130, **1000 Berlin 19**
Tel. (030) Durchwahl 30 35 466/436/22 15
Klinikzentrale 30 351

Universitäts-Kinderklinik und Poliklinik Bonn
Informationszentrale gegen Vergiftungen
Adenauerallee 119, **5300 Bonn**
Tel. (0228) Durchwahl 21 35 05
Klinikzentrale 21 70 51-56

Medizinische Klinik des Städtischen Krankenhauses
Salzdahlumer Straße 90, **3300 Braunschweig**
Tel. (0531) Durchwahl 6 22 90
Klinikzentrale 69 10 71

Kliniken der Freien Hansestadt Bremen
Zentralkrankenhaus St.-Jürgen-Straße
Klinikum für innere Medizin, Intensivstation
St.-Jürgen-Straße, **2800 Bremen**
Tel. (0421) Durchwahl 49 75 268 oder 49 73 688

Universitäts-Kinderklinik Freiburg
Informationszentrale für Vergiftungen
Mathildenstraße 1, **7800 Freiburg**
Tel. (0761) Durchwahl 27 04 361
Klinikzentrale 27 01, Pforte 27 04 300-01

Universitäts-Kinderklinik und Poliklinik
Humboldtallee 38, **3400 Göttingen**
Tel. (0551) Durchwahl 39 62 39/39 62 41
Klinikzentrale 39 62 10/11 (Verm. a. d. diensthabenden Arzt)

II. Medizinische Abteilung des Krankenhauses Barmbek
Giftinformationszentrale
Rübenkamp 148, Haus 18, **2000 Hamburg 60**
Tel. (040) Durchwahl 63 85 345/346

Universitäts-Kinderklinik Homburg/Saar
Informationszentrale für Vergiftungen
6650 Homburg/Saar
Tel. (06841) Durchwahl 16 22 57/16 28 46
Klinikzentrale 161

I. Medizinische Universitätsklinik Kiel
Zentralstelle zur Beratung bei Vergiftungsfällen
Schittenhelmstraße 12, **2300 Kiel**
Tel. (0431) Durchwahl 5974268
Klinikzentrale 5971, Pforte 5972444/2445

Städtisches Krankenhaus Kemperhof, Koblenz
I. Medizinische Klinik
Koblenzer Straße 115—155, **5400 Koblenz**
Tel. (0261) Zentrale 46021

Städtische Krankenanstalten Ludwigshafen
Entgiftungszentrale
Bremserstraße 79, **6700 Ludwigshafen**
Tel. (0621) Durchwahl 503431
Klinikzentrale 5031

Zentrum für Entgiftung und Giftinformation
II. Medizinische Klinik und Poliklinik der Universität
Langenbeckstraße 1, **6500 Mainz**
Tel. (06131) Durchwahl 22333/192418
Klinikzentrale 191

Giftnotruf München
(Toxikologische Abteilung der II. Medizinischen Klinik rechts
der Isar der Technischen Universität)
Ismaninger Straße 22, **8000 München 80**
Tel. (089) Durchwahl 41402211
Telex: 05-24404 klire d

Medizinische Klinik und Poliklinik
Westring 3, **4400 Münster**
Tel. (0251) Durchwahl 836245/6259/6188
Klinikzentrale 831, trop. Vergiftungen 835555 (Toxikologie; nur werktags erreichbar)

II. Medizinische Klinik der Städtischen Krankenanstalten
Toxikologische Abteilung
Flurstraße 17, **8500 Nürnberg 5**
Tel. (0911) Durchwahl 3982451

Marienhospital-Kinderabteilung
Hauptkanal rechts 75, **2990 Papenburg**
Tel. (04961) Klinikzentrale 831 (Verm. a. d. diensthabenden Arzt der Kinderabteilung)

Organisationen der Analytischen Chemie im deutschsprachigen Raum

Internationale Organisationen

International Union of Pure and Applied Chemistry (IUPAC)
  Analytical Chemistry Division
  Vorsitzender: Professor Dr. T. S. West, Aberdeen
Federation of European Chemical Societies (FECS)
  Working Party on Analytical Chemistry (WPAC)
  Vorsitzender: Professor Dr. H. Malissa, Wien

Nationale Organisationen

Bundesrepublik Deutschland

Gesellschaft Deutscher Chemiker
  Fachgruppe „Analytische Chemie"
  Vorsitzender: Professor Dr. W. Fresenius, Taunusstein

    mit folgenden Arbeitskreisen:
  Deutscher Arbeitskreis für Spektroskopie (DASp)
  Vorsitzender: Dr. H. Walz, Leverkusen
  Arbeitskreis Chromatographie
  Vorsitzender: Professor Dr. E. Bayer, Tübingen
  Arbeitskreis Archäometrie
  Vorsitzender: Professor Dr. H. Knoll, Berlin
  Arbeitskreis Mikro- und Spurenanalyse der Elemente (A. M. S. E. L.)
  Vorsitzender: Dr. E. Grallath, Schwäbisch Gmünd
  Arbeitskreis Kristallstrukturanalyse von Molekülverbindungen (KSAM)
  Vorsitzender: Dr. A. Gieren, Martinsried bei München
  Diskussionsgruppe Analytik im Umweltschutz (DAU)
  Vorsitzender: Professor Dr. W. Fresenius, Taunusstein

Die Fachgruppe „Analytische Chemie" hält auf dem Gebiet der analytischen Chemie engen Kontakt mit den GDCh-Fachgruppen:
  Lebensmittelchemie und gerichtliche Chemie
  Vorsitzender: Professor Dr. W. Baltes, Berlin
  Nuclearchemie
  Vorsitzender: Professor Dr. F. Baumgärtner, Mainz
  Waschmittelchemie
  Vorsitzender: Professor Dr. K. F. Blomeyer, Strombeek-Bever
  Wasserchemie
  Vorsitzender: Professor Dr. K.-E. Quentin, München

Arbeitsgemeinschaft Massenspektrometrie
Vorsitzender: Professor Dr. K. Heumann, Regensburg

sowie mit

dem Chemikerausschuß des Vereins Deutscher Eisenhüttenleute (VDEh)
Vorsitzender: Dr. K. H. Koch, Dortmund

dem Chemikerausschuß der Gesellschaft Deutscher Metallhütten- u. Bergleute (GDMB)
Vorsitzender: Professor Dr. G. Kraft, Frankfurt

der Deutschen Gesellschaft für Klinische Chemie e. V.
Vorsitzender: Professor Dr. med. A. Delbrück, Hannover

Deutsche Demokratische Republik

Chemische Gesellschaft der DDR

FV Analytik
Vorsitzender: Professor Dr. G. Ackermann, Freiburg

Österreich

Verein Österreichischer Chemiker

Österreichische Gesellschaft für Mikrochemie und Analytische Chemie
Vorsitzende: Prof. Dr. Maria Kuhnert-Brandstätter, Innsbruck

Schweiz

Schweizerische Gesellschaft
für Analytische und Angewandte Chemie
Vorsitzender: Dr. E. Bovay, Bern

Schweizerische Gesellschaft
für Instrumentalanalytik und Mikrochemie
Vorsitzender: Prof. Dr. Th. Clerc, Bern

Sachverzeichnis

Abwasser 255
Adsorptionschromatographie 63, 151
Adsorptions-Indikatoren 306
Affinitätschromatographie 63 ff.
—, Anwendungen 78, 92
—, Durchführung 78
—, funktionelle Gruppen 70
—, gruppenspezifische Liganden 82
—, Liganden 75 ff.
—, Nucleinsäuren 88
—, Schema 64
—, Seitenketten 67
—, Träger 66, 71, 72
Affinitätsharze 63, 73
Agarose 65
AMP-Agarose 69
Ampere 6
Analysenautomaten 31 ff.
Analysenkanäle 34
Analysentechnik, manuelle 41
Analytische Chemie, Organisationen
  346
Äquivalenzpunkt 267
Arbeitsplatzkonzentrationen,
  maximale 336
ASA-System 38
Atemschutzfilter 320
Atommassen 9, 334
Ausschlußchromatographie 157
Ausschütteln 47
Auto-Analyzer-System 35
Automation eines Laborbereiches
  44
Automatisierung 31 ff.

Biochemie 172
Bipotentiometrie 198

Candela 6
Chelatakkumulierung 227

Chromatographie (s. a. die spez.
  Methoden) 40, 139 ff.
—, covalente 89
—, hydrophobe 91
CO-Filter 318, 324

Dehydrogenasen 69
Differentialrefraktometer 149

Einheiten, atomphysikalische 19
— -Namen 24
— -Systeme 3 ff.
Elektroden, mit elektroneutralen
  Ladungsträgern 202
—, mit flüssiger Membran 201
Elektrodentypen 200
Elektronenspinresonanz 97 ff.
Elektronenstrahlmikrosonde 181
Elemente, Gas-Chromatographie
  176
— in Wässern, Nachweisverfahren
  263 ff.
— -Spurenanalyse 161, 255
—, gas-chromatographische 170 ff.
Eluentengemische 153
Elutionskraft 153
Endpunktsanzeige, elektrochemische
  197
Enzyme 63 ff.
—, Isolierung 80 ff.
Enzymreinigungen 71
ESR-spektroskopische Untersuchg.
  97, 100, 101
Ethyl-Radikal 100
Extraktionssysteme 50

Festkörperelektroden 200
—, ionenselektive 201
Filteratemschutz, gegen niedrig
  siedende Stoffe 327

Filter-Atemschutzgeräte   317
—, Gebrauchszeit   318
—, Normen   326
Fluorescein   311
Fluoreszenzdetektor   150
Flüssigkeitschromatographie   139 ff.
Funktionelle Gruppen, chem.
   Nachweis   233 ff.
Gas-Chromatographie   161, 162
—, Detektoren   168
—, Methodenvergleiche   177
—, Nachweisgrenzen für anorg.
   Verbb.   169
—, Trennsubstanzen   167

Gasfilter   322, 323

Hochleistungs-Flüssigkeits-
   Affinitätschromatographie   88
HPLC   139 ff.
—, Detektoren   148
—, Einfluß d. Teilchengröße   142
—, Gradientelution   157
—, Pumpen   146
—, Trennungen, präparative   159
—, Umkehrphasen   154

Immunchemie   92
Immunologische Substanzen,
   Affinitätschromatographie   87
Indikatoren   267
—, für Titrationen etc.   272 ff.
Ionenaustausch-Chromatographie
   157
Isobutylmethylketon   50

Katastrophenschutz-Filter   325
Kationentrennung durch Aus-
   schütteln   52 ff.
Kelvin   6
Kilogramm   6
Komplexbildner   162
Komplexstärke   68
Kongorot   277, 296, 311
Kontrollharz   67
Konzentrationen   20
Krebserzeugende Arbeitsstoffe   342
Kristallspektrometer   183

Laborgrundoperationen   35
Lackmus   279
Lithiumaluminiumhydrid   295
LKB-Analysensystem   39

MAK-Werte   327, 336
Maßsysteme   4

Metallchelat-Chromatographie   89
Metallelektroden   202
Metallhalogenide   47, 48
Meter   6
Methoden, bipotentiometrische
   203
Methylrot   298
Mettler-SL-Analysensystem   33
Miniaturisierung   42
Mischindikatoren   288
Mol   9, 13, 16
Molarität   21

Naturkonstanten   28
Neutralrot   300
Normalität   21

Organische Chemie, funktionelle
   Gruppen   233 ff.
Organische Gruppen, Nachweis
   236 ff.

Partikelfilter   321
part per billion   23
part per million   23
part per trillion   23
Perchlorsäure   295, 297, 299, 301,
   303
pH-Indikatorpapiere   268
Polarograph   214
Polarographie   211
Potentiometrie   198
Präfixe   18
Pulspolarographie   212
—, analyt. Aspekte   218
—, differentielle   211
—, Verzögerungszeit   217
Pulsinversvoltammetrie   211, 220
—, kathodische   224
Pulsvoltammetrie   211, 212

Quecksilber   51
Quecksilberdämpfe   324

Radikale   97 ff.
—, Darstellung   102
—, ESR-Daten   104 ff.
Radikal-Ionen   103
Rasterelektronenmikroskop   181
Reaktionsdetektor   150
Retentionsparameter   139
Röntgenemissionsanalyse, Matrix-
   korrektur   189

Röntgenspektralanalyse 181
—, Auflösungsvermögen 190
— am REM, Leistungskriterien 192, 193
Röntgenspektrometer-Kristalle 186

Säure-Base-Indikatoren 267
Schwebstoffilter 324
Schwefeldioxid-Filter 324
Sekunde 6
SI-Einheiten 3ff.
Spacer 66
Spektrometer, fokussierende 184
Spektrometerorientierungen 187
Spektrometrie 181
Spinquantenzahlen 99
Sprühreagentien 234
Spurenanalyse, anorganische 161
Stoffmenge 11
Stoffportion 11

Tetrahydroxy-hexamethylendiamin 68
Titrationen, coulometrische Reagenzerzeugung 207
—, Endpunktsanzeige (elektrochem.) 197

Titrationen, Polarisationsmethoden 204
—, Wechselstromtechniken 206
Trennparameter 141
Trennsysteme, chromatographische 151
Trennungen, extraktive 49
Tüpfelreaktionen 233

Umrechnungsfaktoren 26ff.
Umwelt, Wässer 263
Umweltmaterialien 172
Universalindikator 289
UV-Detektoren 149

Val 13
Vergiftungen 344
Verteilungschromatographie 156
Verteilungsverhalten 47
Voltammetrie 211
Vorsatzzeichen 18

Wasser 255
Wasseranalytik 226
Wasserbestandteile, Analysenmethoden 259ff.
Weinanalytik 227

Zentrifugalanalyzer 39

Chemiker-Kalender

Chemiker-Kalender

Herausgegeben
von H. U. v. Vogel

Zweite neubearbeitete Auflage
von Claudia Synowietz

Springer-Verlag
Berlin · Heidelberg · New York

Herausgeber:
H. U. v. Vogel

2., neubearbeitete
Auflage von
C. Synowietz. 1974.
6 Abbildungen.
IX, 606 Seiten
Gebunden DM 29,80
ISBN 3-540-06138-X

Inhaltsübersicht: Maßeinheiten. – Mathematik. – Physikalische Eigenschaften der Elemente und Verbindungen: Anorganische Stoffe. Organische Stoffe. – Dichtetabellen. – Löslichkeitstabellen. – Thermodynamische Tabellen. – Dampfdrucke. – Anhang. – Sachverzeichnis.

Der Chemiker-Kalender, seit 1880 Handwerkszeug aller Chemiker, ist auch in seiner neuen Auflage ein übersichtliches Taschenbuch geblieben. Vieles wurde verbessert. Die große Tabelle der Elemente und anorganischen Verbindungen ist wesentlich erweitert worden. Daten wurden auf den neuesten Stand gebracht. Für das Aussehen der Substanzen und die kristalline Struktur hat man eine besondere Spalte eingerichtet. Auch die organische Tabelle wurde erweitert, kontrolliert und ergänzt. Die für den Praktiker bedeutsame Tabelle der Handels- und Vulgärnamen ist gewachsen. Zusätzlich wurden maßanalytische Faktoren und ihre Logarithmen, wie sie für quantitative Bestimmungen gebraucht werden, aufgenommen.

Springer-Verlag Berlin · Heidelberg · New York

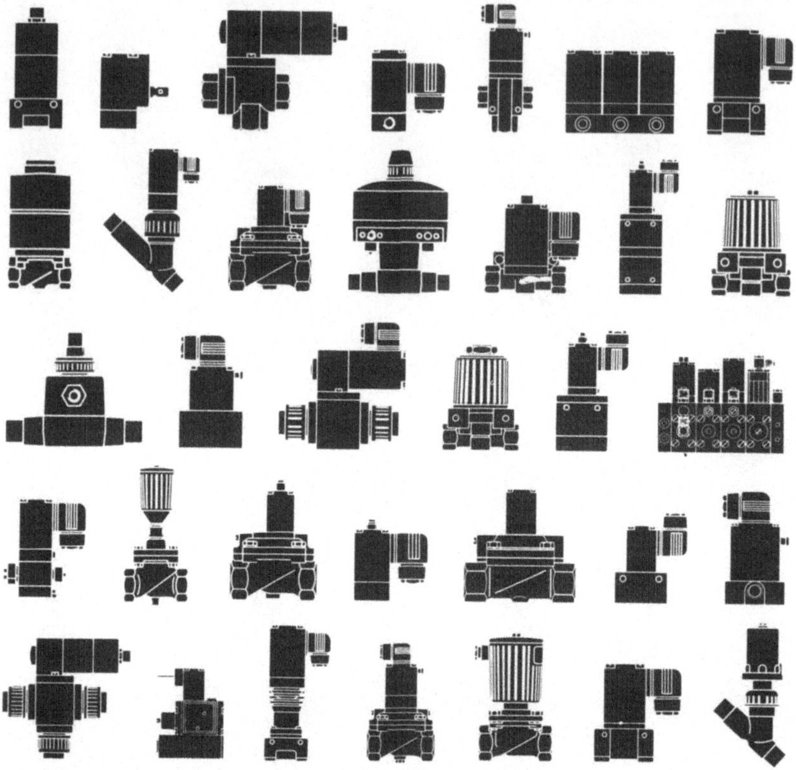

Wir sind eine große Familie und bekommen regelmäßig Nachwuchs

Bürkert GmbH
Postfach 20, D-7118 Ingelfingen
Ruf (0 79 40) 10-1, Telex 07 4 116

bürkert

Gegenseitiges Ergänzen zeichnet eine gute Familie aus. Das ist unsere Stärke. Gemeinsam können wir fast alles. Das will etwas heißen. Unter uns sind Spezialisten für feinste Steuerungen, aber auch Kraftprotze für Dampf oder viel, viel Wasser sowie andere, die mit Aggressionen jeder Art fertigwerden. Uns kann man auf die Probe stellen!

Wir haben etwas gegen zeitraubende Routine...

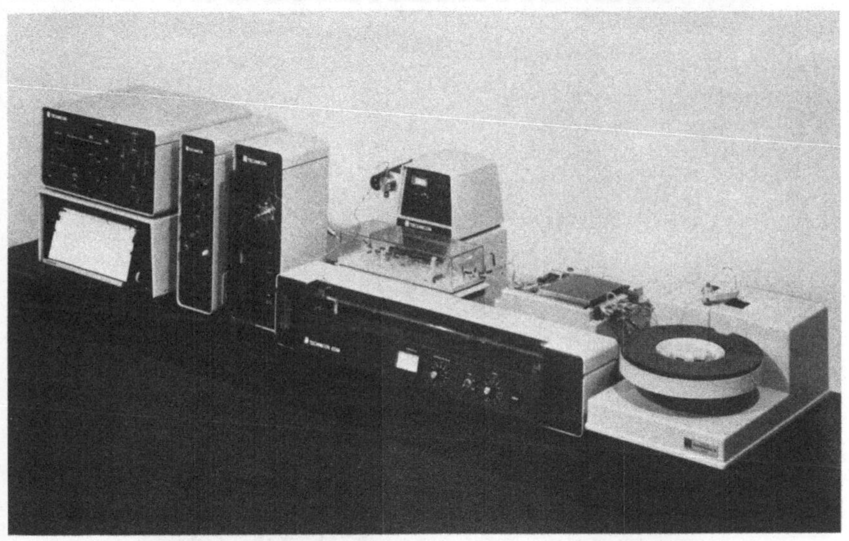

…denn es kostet Ihr Geld, wenn Ihre Mitarbeiterin teure Zeit mit langwierigen Routinearbeiten verbringt. Deshalb hat Technicon® das neue **FAST-LC-System** entwickelt. Der Name **FAST** steht für **F**ully **A**utomated **S**ample **T**reatment. Das FAST-LC-System ermöglicht die **vollautomatische** Vorbereitung flüssiger oder fester Proben ohne manuelle Arbeitsschritte vor der Trennsäule.

Ihre Vorteile:

☐ verkürzte Analysenzeiten,

☐ höhere Präzision durch Wegfall manueller Arbeitsschritte,

☐ einfachste Bedienbarkeit.

Bitte fordern Sie weitere Informationen über unser **Technicon® FAST-LC-System** an.

Technicon

Technicon GmbH
Im Rosengarten 11
6368 Bad Vilbel
Tel. (0 61 93) *82 81

Mit Titrierautomaten von SCHOTT-GERÄTE erleben Sie, wie einfach und bedienungssicher höchste Genauigkeit sein kann. Beim Titrieren und Dosieren.

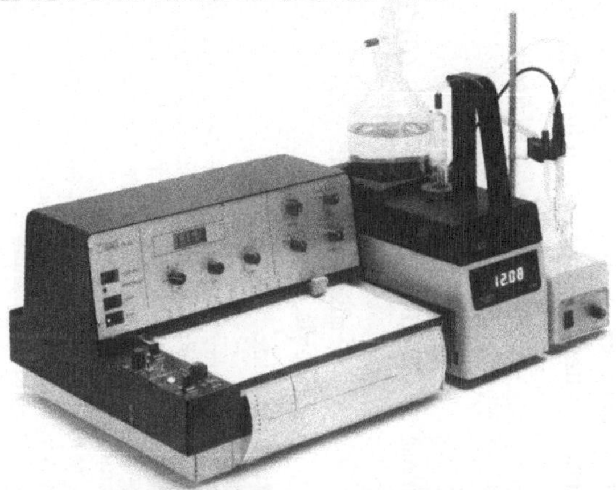

Bei Titrierautomaten von SCHOTT-GERÄTE ist die Bedienung so einfach und sicher, daß Sie sich ganz auf Ihre Analyse konzentrieren können.

Ob Sie mit dem Titrier-Handregler, mit dem Endpunkt-Titrator oder mit dem universellen Titrationsschreiber titrieren – immer sind mit dem Anschluß des Gerätes sofort die Funktionen eindeutig zugeordnet. Ebenso beim Dosieren. Ob manuell oder mit dem praktischen Dosier-Programmer.

Sie brauchen nichts umzustellen oder neu zu justieren. Sie bedienen das System eindeutig immer nur an einer Stelle. Jeder Betriebszustand wird angezeigt – auch Unterlassungen.

Und SCHOTT-GERÄTE bietet Ihnen die Genauigkeit, die Ihnen heute kein anderes System geben kann, über einen Volumenbereich bis 50,00 ml.

Wie einfach es ist, mit den Titrierautomaten von SCHOTT-GERÄTE zu arbeiten, merken Sie bereits, wenn Sie die Wechseleinheiten der Kolbenbürette aufsetzen.

Aber das Titriersystem bietet Ihnen noch mehr: Sie können den Istwert während der ganzen Analyse verfolgen, Sie haben zwei unabhängige Sollwerte am Endpunkt-Titrator. Der Titrationsverbrauch kann mit einem Drucker registriert werden. Und Sie können den Endpunkt-Titrator mit Fernbedienung oder durch Ihren Computer steuern. Am Titrationsschreiber ermöglicht der automatische Papierrücklauf den mühelosen Vergleich mehrerer Titrationen.

SCHOTT-GERÄTE GMBH, Postfach 1130, D-6238 Hofheim a. Ts., Telefon (0 61 92) 50 30 und 80 81.

Das <u>logische</u> Konzept für moderne Elektrochemie

sgh 362 d

Kann Ihnen unser hochselektives Adsorbens FLORISIL® helfen?

Die einzigartigen Eigenschaften von **FLORISIL®** dürften Ihre schwierigsten Reinigungsprobleme lösen.
Wenn die bisher angewendeten Verfahren infolge komplizierter Reinigungs-, Klärungs-, Klassifizierungs-, Trennungs- und Isolationsprobleme nicht Ihren Anforderungen entsprechen sollten — dann versuchen Sie **FLORISIL®**!

Chemische Zusammensetzung:

MgO	$15,5 \pm 0,5\%$
SiO_2	$84,0 \pm 0,5\%$
Na_2SO_4	0,5% Durchschnitt (1,0% max.)

Verfügbare Standardqualitäten:
16/30, 30/60, 60/100, 100/200 und -100 mesh

Typische physikalische Eigenschaften:

Farbe	Weiß
pH	8,5
Oberflächeninhalt: M^2/g (BET-Methode)	298
Spez. Gewicht	2,51
Oberflächenacidität, pKa	ca. 1,5
Voids, %	26

FLORISIL TLC für Dünnschichtchromatographie

FLORISIL® wird in der ganzen Welt für eine große Zahl von Anwendungsbereichen eingesetzt, z. B. chromatographische Adsorption, Bestimmung von Thiamin und Riboflavin, Reinigung von Pharmaceutica, als Katalysator beim Kracken teilweise oxydierter Kohlenwasserstoffe, in der Entfärbung von Ölen, Fetten und Wachsen durch Perkulation oder Kontaktbehandlung, für die Trennung von Stickstoffverbindungen von Kohlenwasserstoffen und zur Trennung aromatischer Verbindungen von aliphatisch-aromatischen Mischungen.

Sicherlich wird **FLORISIL®** auch Ihnen nützen. Machen Sie einen Versuch! Fordern Sie noch heute die umfangreiche Broschüre mit umfassender Bibliographie folgenden Inhalts an: Generelle chromatographische Studien einschließlich physikalischer Konstanten; Vitamine; Alkaloide – Stickstoffverbindungen – Drogen; Steroide – Hormone; Pestizide Rückstände; Antibiotica; Erdöl und Schieferöl; Enzyme; Terpene; Lipide; Karzinogene; Verschiedene Studien.

Kostenloses Versuchsmuster auf Anfrage.

Alleinvertreter für BRD, DDR, Österreich, Bulgarien, Jugoslawien, Rumänien, Tschechoslowakei, Ungarn und UdSSR:

Herbert-Heinz Winkler 2000 Hamburg 67 — Postfach 670231 — Telefon: 040/6031177
Telex: 2-174307 — Telegramme: herwinkler

Der neue Probenwechsler E 624 für die Titrationsautomation

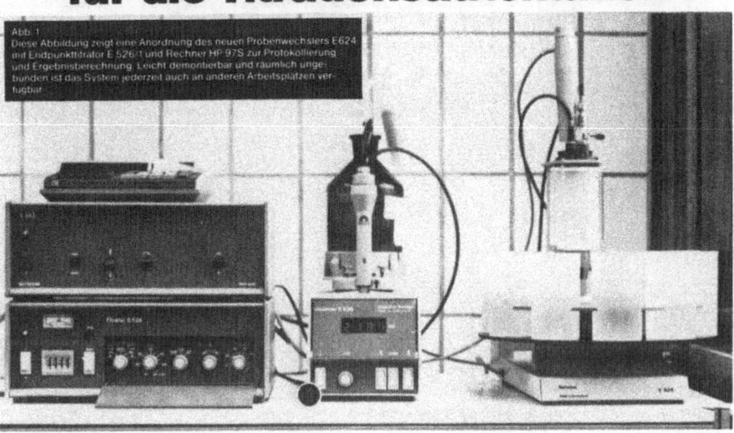

paßt an alle METROHM-Titratoren und zielt auf die Automation von kleinen und mittelgroßen Analysenserien. Die systematische Untersuchung der Analysenstrukturen in den Analytischen Labors der Industrie ergab, daß Großserien von gleichartigen Titrationen, wie sie vor allem bei der Bestimmung von CSB, N-Gehalt nach Kjeldahl-Aufschluß oder Chloriden vorkommen, nicht als typisch angesehen werden können. Von erhöhtem Interesse war es, neben dem Analysenautomaten E 553 für maximal 44 Proben ein flexibles System zu schaffen, das

- bis zu 10 Proben faßt,
- mit wenigen Handgriffen auf ein anderes Problem
- adaptierbar ist und
- preislich für jedes Labor erschwinglich ist.

Diese Forderungen klingen zwar nach der Quadratur des Kreises, konnten aber doch optimiert und gelöst werden. Damit steht jedem Titrierlabor, in dem ein

- Potentiograph E 536,
- Endpunkttitrator,
- Combititrator oder
- Titroprocessor

vorhanden ist, der Weg zur Automation offen.

Abb. 2 zeigt in der Schrägaufsicht den einfachen Aufbau, der eine kostengünstige Serienfabrikation ermöglicht. Trotzdem sind Probenvorbereitungsmaßnahmen wie

- Verdünnen
- Reagenszusatz
- Vorlagen für Rücktitrationen
- Reaktionszeiten

- automatisches Spülen
- Überlagerung mit Inertgas
- Spülen mit verschiedenen Lösungsmitteln

in den automatischen Betrieb mit einbeziehbar. Bei vorhandenem Titrator kann schon mit ca. 10.000,– für Wechsler und Steuergerät ein hoher Rationalisierungseffekt erzielt werden.

DEUTSCHE METROHM

DEUTSCHE METROHM GmbH & Co.
Elektronische Meßgeräte
Postfach 1160, 7024 Filderstadt 1
In den Birken, Plattenhardt
Telefon 0711/77 20 44
Telex 07 255 855

Technische Büros in

Hamburg, Hannover, Essen, Steinhagen, Limburg, Ingelheim, Mannheim, Freiburg, Nürnberg, München

Wägen.
Wie Sie's wollen.